A Course in Sobolev Spaces
—with applications to Partial Differential Equations

ソボレフ空間の基礎と応用

宮島静雄 著

共立出版

まえがき

「ソボレフ空間」という名称は，この空間の研究で大きな貢献をしたロシアの数学者 S.L. ソボレフ (1908–1989) にちなんでいる．S.L. ソボレフの原語での表記は С.Л. Соболев であるが，以後ソボレフ空間を「Sobolev 空間」と表記することにする．

さて，Sobolev 空間とは何かと一口で言えば，C^n 級関数のような古典的な微分積分の対象を少し拡張して，Lebesgue 積分論の枠組みで微分可能な関数を取り扱うための関数空間（関数からなる Banach 空間）であると言えよう．このようなものを考える理由は，枠組みの拡張により解析的な議論（極限の存在，連続性の詳しい評価など）がやりやすくなるということが第一である．（この点については本書第 10 章の序にも説明がある．）同様な考えから，現在は種々の関数方程式を扱うために，重み (weight) 付きの Sobolev 空間をはじめとして，Besov 空間，Triebel–Lizorkin 空間等々，Sobolev 空間と関連する様々な関数空間が使用されている．そのため関数方程式についての書物では，関数空間に関することは予備知識として最小限のページ数で紹介されることが多い．しかし，ある程度知識のある読者にとってはコンパクトで要領がよい記述は非常に役に立つが，初学者にとってはイメージがつかみにくく，「よくわかった」というところまで行きにくい．

これに対して，本書は Sobolev 空間の基礎と応用を初学者向けに丁寧に述べたものであり，英語の書物でときおり見かける表現で言えば "leisurely course"（ゆったりした教程）を提供しようとするものである．関数空間の一ユーザーとして著者が本書で心がけたことは，本格的な「Sobolev 空間論」あるいは「関数空間論」は望むべくもない代わりに，できるだけわかりやすく自己完結的に記述することと，初歩的な段階に閉じこもらないようにすることである．そのために注釈も多くなったが，本書の先への案内として役に立てば幸いである．

本書を読むための予備知識としては微分積分学の確実な知識の他は，ユークリッド空間 $\mathbb{R}^N$ の位相，Lebesgue 積分，ノルム空間，Banach 空間の定義や位相に関するごく初歩的な知識で十分なように配慮してある．Lebesgue 積分については，Lebesgue の収束定理や Fubini の定理などの一般的知識を越える部分で必要なものは本書において大体証明を述べておいた．唯一の例外は Radon–Nikodym の定理であるが，とばしても全体の理解にはほとんど支障はない．

本書では線分条件をみたす境界を持つ領域や，Gagliardo–Nirenberg の不等式を扱うなど，単純な微積分学と積分論の手法で得られる結果の限界に近いところまで広く丁寧に述べている．しかし，単純な微積分以外の手段を用いた結果や文献もところどころで簡単に紹介し，巻末の「あとがきに代えて」では実解析的手法の一端として，最大関数の L^p 有界性や Hardy–Littlewood–Sobolev の不等式などを証明付きで述べた．これらが読者にとって，これからの勉学の参考となることを期待したい．また，初読の際はとばしてもよいと思われる少し詳しい結果を述べてある節または小節には星印 '*' をつけておいた．（これらの節では一部の結果の証明は参考文献を明記するだけとなっている．）本書では一般の結果を述べる前に易しい場合の証明をしているので，これらをとばしても Sobolev 空間の初歩をひととおり学ぶには差し支えないと思う．

　本書では初学者向けに易から難へと同様な結果を重ねて述べているところがある一方，ポテンシャル論による精細な議論や補間空間論など述べられていないことも多く，応用面についてもごく基本的なことしか触れられなかった．本書より進んだ話題については，たとえば和書では田辺広城氏の『関数解析』[46]（巻末文献番号，以下同様）が Sobolev 空間およびその応用について大変詳しい．また洋書では Adams and Fournier [2] や Maz'ja [19], Ziemer [32] のような関数空間についての専門書もたくさんある．本書では Sobolev 空間（と関連する Hölder 空間）しか扱っていないが，本書が読者にとって，Sobolev 空間を自信を持って使いこなし，専門的な書物や解析学の現場へ進む一助となるならば，著者としては無上の喜びである．また，望みを言わしていただけるなら，そのような読者のために，現代的関数空間論のわかりやすく本格的な和書の出現を期待したい．

　本書の出版にあたっては，東京理科大学の同僚である宮岡悦良氏をはじめ，多くの方にお世話になったが，中でも共立出版株式会社の小山透氏にはたいへんお力添えをいただき，厚く感謝申し上げる．小山氏と編集部の吉村修司氏には編集面でも多数の有益なご指摘をいただき，衷心よりお礼を申し上げる．また，同僚の岡澤登先生には "Kondrashov" 氏本来のキリル文字での綴りをご教示いただき，大変ありがたく存じます．最後になったが，本書の原稿を精読された理学博士 田中視英子氏の注意により，多くのミスを正すことができたことをここに記し感謝したい．

2006 年 7 月 6 日
著者識す

目　　次

第I部　Sobolev 空間の基礎　　1

第1章　準　　備　　3
1.1　記号と積の微分に関する補題 3
1.2　Lebesgue 積分論からの準備 6
1.3　1 の分解 19
1.4　関数空間の一覧表 21

第2章　Sobolev 空間の定義　　27
2.1　超 関 数 27
2.2　Sobolev 空間の定義 34
2.3　Banach 空間としての Sobolev 空間 * 38
2.4　Sobolev 空間導入の意義 42

第3章　Sobolev 空間の元の特徴付け　　45
3.1　弱導関数と通常の導関数 * 45
3.2　弱導関数の相手の一般化，なめらかな関数との積 60
3.3　なめらかな関数の稠密性 63
3.4　差分商による特徴付け 81

第4章　積，代入，変数変換　　85
4.1　Sobolev 空間の元の積 85
4.2　代　　入 87
4.3　変数変換 91

第5章　$\mathbb{R}^N$ における Sobolev の埋蔵定理　　95
5.1　$\mathbb{R}^N$ における 1 階の Sobolev 空間に対する埋蔵定理 95
5.2　$\mathbb{R}^N$ における高階の Sobolev 空間に対する埋蔵定理 105
5.3　Fourier 変換との関係 111

第6章 拡張定理と一般領域での Sobolev の埋蔵定理　　119
- 6.1 序 119
- 6.2 なめらかな境界を持つ場合の拡張作用素の存在 121
- 6.3 なめらかな境界を持つ場合の埋蔵定理 132
- 6.4 境界のなめらかさを仮定しない場合の拡張定理と埋蔵定理* ... 135

第7章 Rellich–Kondrashov の定理　　153
- 7.1 コンパクト性に関する準備 153
- 7.2 Rellich–Kondrashov の定理 159

第8章 補間定理と Gagliardo–Nirenberg の不等式　　167
- 8.1 補間定理 167
- 8.2 Gagliardo–Nirenberg の不等式* 174

第9章 広義の境界値 — Trace Operator　　187
- 9.1 超平面への trace 187
- 9.2 なめらかな境界の場合 192
- 9.3 境界値と分数次の Sobolev 空間* 195
- 9.4 trace に関する補遺* 201

第 II 部　Sobolev 空間の応用　　209

第10章 2 階線型楕円型方程式の解の存在　　211
- 10.1 序 211
- 10.2 2 階線型楕円型方程式に対応する変分問題の解の存在 ... 212
- 10.3 汎関数 $I(u)$ の最小値を実現する関数の意味 217
- 10.4 他の境界条件の取り扱い 226

第11章 2 階線型楕円型方程式の解の正則性　　231
- 11.1 序 231
- 11.2 $\mathbb{R}^N$ の場合 232
- 11.3 内部正則性 235
- 11.4 $\mathbb{R}^N_+$ の場合の大域的正則性 237
- 11.5 C^2 級の有界な境界を持つ領域の場合の大域的正則性 ... 242

目　次　　　　　　　　　　　　　　　　　　　　　　　　　　　　　　　　v

　　11.6　正則性定理の応用 253
　　11.7　補　　遺* 257

第 12 章　Sobolev 空間を用いた非線型問題の解析　　　　　263
　　12.1　変分法と Fréchet 微分 263
　　12.2　汎関数の臨界点 (critical point) 266
　　12.3　峠の定理 269
　　12.4　半線型楕円型方程式の非自明解の存在 271

あとがきに代えて　　　　　　　　　　　　　　　　　　　283
　　A.1　絶対連続関数の微分可能性の直接証明 283
　　A.2　Hardy–Littlewood–Sobolev の不等式 287
　　A.3　補間空間と作用素の補間 292
　　A.4　Lebesgue 積分における微分定理と最大関数の不等式 . 294
　　A.5　文献案内 300

参考文献　　　　　　　　　　　　　　　　　　　　　　　303

索　　引　　　　　　　　　　　　　　　　　　　　　　　307

第Ⅰ部

Sobolev空間の基礎

この基礎編では，まず Lebesgue 積分と微分積分学に関する多少の準備の後，弱導関数の考えによって微分の意味を拡張して Sobolev 空間を定義する．そして，Sobolev 空間の，関数空間としての様々な性質を調べていく．

対象となる性質としては，通常の偏導関数と弱導関数との関係や，なめらかな関数の Sobolev 空間における稠密性などから始める．なめらかな関数の稠密性は，Sobolev 空間に関する事実の証明手段として，普通の微分積分を自由に使うことを正当化するものであり，抽象的には，Sobolev 空間はなめらかな関数からなる関数空間の完備化に他ならないことを示している．また，積や代入（合成），変数変換といった，関数に対してよく用いられる操作に対して，Sobolev 空間の元がどのような振る舞いをするかを調べる．

そして，応用上重要なこととして，Sobolev 空間と L^p 空間あるいは Hölder 連続な関数の空間との包含関係（連続埋め込み，Sobolev の埋蔵定理）や，有界領域の場合の埋め込み写像のコンパクト性（Rellich–Kondrashov の定理）についての諸事実が証明される．これらについては，$\mathbb{R}^N$ の開集合上の Sobolev 空間の元の，全空間までの拡張可能性が鍵になっている．

さらに，Sobolev 空間の元に対して，弱導関数のノルムが，その最高階と 0 階の弱導関数のノルムによって評価されるという補間定理，およびそれを精密化した Gagliardo–Nirenberg の不等式が証明されている．そして最後に，$\mathbb{R}^N$ の開集合上の Sobolev 空間の元について，広義の境界値がどのような意味で定まるかを調べて，古典的なベクトル解析の定理が Sobolev 空間の元を対象としても成り立つことを示している．

第1章
準　　備

この章では基本的な記号と，主題である Sobolev 空間の理論で必要となる微分積分学，積分論からの準備を述べる．そして参照の便宜のため，章の最後に本書の本題である関数空間の記号説明一覧を掲げるが，詳しくは正式な定義において説明するので定義の番号を付記してある．

1.1　記号と積の微分に関する補題

本節では数学で慣用的に使われるごく基本的な記号と定義をまとめて説明する．必要に応じて確認しておいていただきたい．索引も活用して頂ければ幸いである．また，積の微分（Leibniz の微分法則）とその「逆」についての補題を述べておく．

集合と論理　集合 A と B について $A \cap B$ はそれらの共通部分，$A \cup B$ は合併集合を表す．$A \setminus B$ は「A に属するが B には属さない元の全体の集合」を表し，**A と B の差集合** と呼ばれる．ある全体集合 U の部分集合しか考えない場合は $U \setminus A$ を A^c で表し，A の補集合という．$A \setminus B$ は $A \cap B^c$ とも表すことができる．また $A \subset B$ は A が B に含まれることを表す．このとき A は B の部分集合であるという．

集合 A と自然数 N に対して A^N は A の元 N 個の順序のついた組全体の集合（A の N 個の直積集合）を表す．

f を集合 X から Y への写像とするとき，$A \subset X$ に対して f による A の像を $f(A) := \{f(x) \mid x \in A\}$ と書く．$B \subset Y$ に対して f による B の原像を $f^{-1}(B) := \{x \in X \mid f(x) \in B\}$ で表す．写像 f の A への制限（単に $x \in A$ についてだけ $f(x)$ を対応させることにしたもの）を $f|_A$ で表す．写像が，たとえば実数 x に x^2 を対応させるというように，定義域の一般元 u にある操作を施して得られる v を対応させる，具体的な対応の規則として表せる場合には，

$u \mapsto v$ という記号で表す．

また，集合に関する定数記号として $\mathbb{N}$（自然数全体の集合），$\mathbb{Z}_+$（非負整数全体の集合），$\mathbb{R}$（実数全体の集合）を使用する．

論理記号はあまり使用しないが，「ならば」を表す "$\Longrightarrow$" と「任意の」を表す $\forall$ をときどき使う．"$\forall$" は等式や不等式のあとに "$f(x) \geq 0 \ (\forall x \geq 0)$" などのように成立範囲を明示するために使うことが多い．また，条件あるいは主張の同値関係を表す記号 "$\Longleftrightarrow$" も使用する．すなわち "$A \Longleftrightarrow B$" は『「A ならば B」かつ「B ならば A」』ということを意味する．

Euclid 空間 $\mathbb{R}^N$　本書では $x \in \mathbb{R}^N$ の第 i 成分を x_i で表し，ベクトル x の長さ，すなわち $(x_1^2 + \cdots + x_N^2)^{1/2}$ を $|x|$ で表す．$x \in \mathbb{R}^N$ の ε 近傍 $B(x,\varepsilon)$ が $B(x,\varepsilon) := \{y \in \mathbb{R}^N \mid |y - x| < \varepsilon\}$ で定義されることは周知であろう．

必要に応じて $x' := (x_1, x_2, \ldots, x_{N-1})$ という記号を用い，$x = (x', x_N)$ と表す．さらに，$x \in \mathbb{R}^N$, $K \subset \mathbb{R}^N$ に対して，$\mathrm{dist}(x, K) := \inf\{|x - y| \mid y \in K\}$ は x と集合 $K \subset \mathbb{R}^N$ との距離を表す記号である．また $A, B \subset \mathbb{R}^N$ に対して

$$\mathrm{dist}(A, B) := \inf\{\mathrm{dist}(x, B) \mid x \in A\} = \inf\{|x - y| \mid x \in A, y \in B\}$$

とする．点と集合の距離について $|\mathrm{dist}(x, A) - \mathrm{dist}(y, A)| \leq |x - y|$ が成り立つことは容易にわかるが，有用な事実である．

$A \subset \mathbb{R}^N$ の（位相的）内部は A°，（位相的）閉包は $\overline{A}$ で表し，∂A で A の（位相的）境界を表す．

$\mathbb{R}^N$ の開集合 ω, Ω に対して，ω の閉包 $\overline{\omega}$ がコンパクトで $\overline{\omega} \subset \Omega$ が成り立つことを $\omega \Subset \Omega$ という記号で表す．

ノルム空間　ノルム空間の元 u のノルムは一般に $\|u\|$ で表すが，はっきりさせたい場合は，$\|u\|_{L^p}$ などのようにいかなるノルムを用いているかを表す添字を付ける．

積分論　$\Omega \subset \mathbb{R}^N$ として，Px は $x \in \Omega$ に対して意味を持つ主張とする．ある Lebesgue 測度が 0 の集合 $\Omega' \subset \Omega$ を除いて Px が真となるとき「主張 Px は Ω でほとんどいたるところ成り立つ」という．英語の "almost everywhere" の頭文字を取って同じことを「Px は Ω で **a.e.** に成り立つ」という．

また，本書で「可測」と言うときは特に断らない限り Lebesgue 可測のことを指す．

1.1. 記号と積の微分に関する補題

微分 （N 次元の）**多重指数** $\alpha = (\alpha_1, \ldots, \alpha_N) \in \mathbb{Z}_+^N$ に対して

$$\partial^\alpha := \left(\frac{\partial}{\partial x_1}\right)^{\alpha_1} \left(\frac{\partial}{\partial x_2}\right)^{\alpha_2} \cdots \left(\frac{\partial}{\partial x_N}\right)^{\alpha_N} = \frac{\partial^{|\alpha|}}{\partial x_1^{\alpha_1} \partial x_2^{\alpha_2} \cdots \partial x_N^{\alpha_N}}$$

とする．α に対して $|\alpha| := \sum_{k=1}^N \alpha_k$ を多重指数 α の**長さ**というが，∂^α は $|\alpha|$ 階の微分作用素となる．また $\alpha! := \alpha_1! \alpha_2! \cdots \alpha_N!$ と定める．

変数 x_i に対する u の偏導関数は簡単のため $\partial_i u$ で表すことがある．もちろん $\partial u/\partial x_i$ という記法も用いる．また，N 変数関数 $u(x_1, \ldots, x_N)$ の偏導関数 $\partial_1 u$, $\partial_2 u, \ldots, \partial_N u$ をこの順番で並べたベクトル（$\mathbb{R}^N$）値関数を ∇u で表す．ベクトル $\nabla u(x)$ の長さは上に述べたように $|\nabla u(x)| = ((\partial_1 u)(x)^2 + \cdots + (\partial_N u)(x)^2)^{1/2}$ であるが，実数値関数 $|\nabla u(x)|$ の L^p ノルム $\||\nabla u|\|_{L^p}$ を $\|\nabla u\|_{L^p}$ で表すことも多い．

N 次元空間における重要な微分作用素として $\sum_{i=1}^N \partial^2/\partial x_i^2$ があるが，これをラプラシアンと呼び，Δ で表す．

β も多重指数とするとき，$\beta \leq \alpha$ とは β の各成分が対応する α の成分以下であることを意味し，このとき $\alpha - \beta$ は成分ごとに差を取って得られる多重指数を表す．従って $|\alpha - \beta| = |\alpha| - |\beta|$ となる．また，一般化された二項係数 $\binom{\alpha}{\beta}$ を

$$\binom{\alpha}{\beta} := \frac{\alpha!}{\beta!(\alpha-\beta)!} = \prod_{i=1}^N \binom{\alpha_i}{\beta_i}$$

で定義する（β_i は β の第 i 成分）．この記号を使うと N 変数の十分なめらかな関数 $u(x), v(x)$ に関する積の微分法則（Leibniz の法則）が次のように表現できる．

補題 1.1 N 変数の十分なめらかな関数 $u(x), v(x)$ と多重指数 α について次が成り立つ：

$$\partial^\alpha(uv) = \sum_{\beta \leq \alpha} \binom{\alpha}{\beta} (\partial^\beta u)(\partial^{\alpha-\beta} v). \tag{1.1}$$

証明． 1 変数に対するこの公式はよく知られており，微分回数に関する帰納法で容易に証明できる．多変数の場合も同様であるが，ここでは 1 変数の結果を使って 2 変数の場合を直接示してみよう．$\alpha = (\alpha_1, \alpha_2)$ と成分で表すと，1 変数の場合の結果から次々に

$$\partial^\alpha(uv) = \partial_2^{\alpha_2}\left(\partial_1^{\alpha_1}(uv)\right)$$

$$= \partial_2^{\alpha_2}\left\{\sum_{\beta_1 \leq \alpha_1}\binom{\alpha_1}{\beta_1}(\partial_1^{\beta_1}u)(\partial_1^{\alpha_1-\beta_1}v)\right\}$$

$$= \sum_{\beta_1 \leq \alpha_1}\binom{\alpha_1}{\beta_1}\partial_2^{\alpha_2}\left[(\partial_1^{\beta_1}u)(\partial_1^{\alpha_1-\beta_1}v)\right]$$

$$= \sum_{\beta_1 \leq \alpha_1}\sum_{\beta_2 \leq \alpha_2}\binom{\alpha_1}{\beta_1}\binom{\alpha_2}{\beta_2}(\partial_2^{\beta_2}\partial_1^{\beta_1}u)(\partial_2^{\alpha_2-\beta_2}\partial_1^{\alpha_1-\beta_1}v)$$

$$= \sum_{\beta \leq \alpha}\binom{\alpha}{\beta}(\partial^\beta u)(\partial^{\alpha-\beta}v)$$

となって証明される．∎

(1.1) の逆のような結果をときどき使用するので次に述べておく．

補題 1.2 N 変数の十分なめらかな関数 $u(x), v(x)$ と多重指数 α に対して次が成り立つ：

$$u\partial^\alpha v = \sum_{\beta \leq \alpha}(-1)^{|\beta|}\binom{\alpha}{\beta}\partial^{\alpha-\beta}((\partial^\beta u)v). \tag{1.2}$$

証明． 簡略に述べる．1 変数関数の場合の (1.2) は，(1.1) を用いて，α に関する帰納法で容易に証明される．多変数の場合も $|\alpha|$ に関する帰納法で示されるが，ここでは 1 変数の結果から $N=2$ の場合に直接示す方法を述べておこう．まず $\partial^\alpha v = \partial_1^{\alpha_1}(\partial_2^{\alpha_2}v)$ と考えると 1 変数の場合の (1.2) から

$$u\partial^\alpha v = \sum_{\beta_1 \leq \alpha_1}(-1)^{\beta_1}\binom{\alpha_1}{\beta_1}\partial_1^{\alpha_1-\beta_1}((\partial_1^{\beta_1}u)(\partial_2^{\alpha_2}v))$$

が得られる．次に $(\partial_1^{\beta_1}u)(\partial_2^{\alpha_2}v)$ を，(1.2) において u に $\partial_1^{\beta_1}u$ を代入したもの（第 2 変数についての偏微分しか現れないので，これも 1 変数の場合から成り立つ）を使って展開し，整理すればよい．∎

1.2 Lebesgue 積分論からの準備

本書では $\mathbb{R}^N$ あるいはその開集合上の Lebesgue 積分論については予備知識として仮定する．たとえば可測関数やその積分の定義，p 乗可積分関数の空間

1.2. Lebesgue 積分論からの準備

$L^p(\Omega)$ ($\Omega \subset \mathbb{R}^N, 1 \leq p \leq \infty$), Lebesgue の収束定理やその根拠の Fatou の補題, Fubini–Tonelli の定理[1]などは自由に使用する.

念のために述べておくと, $1 \leq p < \infty$ のとき可測集合 $A \subset \mathbb{R}^N$ 上の L^p 空間 $L^p(A)$ とは, A 上の可測関数 u で $\int_A |u(x)|^p\, dx$ が有限となる関数全体から, a.e. に等しい関数を同一視してできる線型空間である. 従って L^p 空間の元とは厳密に言うと可測関数のある同値類であるが, その任意の代表元を同値類そのもののように扱うことが多い (しかし, 本書で扱う Sobolev の埋蔵定理, 特に Morrey の定理などでは「特定の良い代表元を選ぶ」ということが関係してくるので多少意識した方がよい). $L^p(A)$ は $\|u\| := \left(\int_A |u(x)|^p\, dx\right)^{1/p}$ をノルムとして Banach 空間になっている.

$p = \infty$ の場合は, $L^\infty(A)$ とは A 上の可測関数 u で本質的に有界なもの, すなわちある定数 $M \geq 0$ に対して a.e. に $|u(x)| \leq M$ となるもの全体から, a.e. に等しい関数を同一視してできる線型空間である. この空間は $\|u\| := \inf\{M \geq 0 \mid |u(x)| \leq M \text{ a.e.}\}$ をノルムとして Banach 空間である.

しかし, Sobolev 空間について述べるためにはこれらのような Lebesgue 積分論の本当に基礎的な部分を少し超えた知識が必要となるので, 参照の便宜のために簡便な証明とともに必要な事項を述べておく. 詳しい証明については拙著 [55] や巻末文献 [58] などを見ていただきたい.

以下, この節では $A \subset \mathbb{R}^N$ の Lebesgue 測度を $\mu(A)$ で表す[2].

Lebesgue 測度の正則性と連続関数による近似　はじめに Lebesgue 測度と位相との関連を示す重要な命題を述べる.

命題 1.3 (Lebesgue 測度の正則性)　任意の Lebesgue 可測集合 $A \subset \mathbb{R}^N$ に対して

$$\mu(A) = \inf\{\mu(O) \mid O \text{ は開集合で } A \subset O \text{ をみたす}\} \tag{1.3}$$
$$= \sup\{\mu(K) \mid K \text{ はコンパクトで } K \subset A \text{ をみたす}\} \tag{1.4}$$

が成り立つ.

---

[1] Fubini の定理は可積分関数の積分順序交換を保証するものであるが, 可積分性を前提にせずとも非負可測関数に対しては順序交換が許されることまでを含んだ主張を指す.

[2] 後に A の Lebesgue 測度を $|A|$ でも表す. 定義段階では測度そのものが大事なので文字を使うが, 関数空間を駆使する現場ではたまに登場する測度そのものに「貴重な」文字を一つ割り当てるのはもったいないという感覚になるのである.

証明. (1.3) の証明：$\mu(A) = \infty$ の場合には明らかに成立するので $\mu(A) < \infty$ としよう．Lebesgue 測度の定義から

$$\mu(A) = \inf\left\{\sum_{n=1}^{\infty} \mu(I_n) \;\middle|\; I_n \text{ は } \mathbb{R}^N \text{ の区間で, } A \subset \bigcup_{n=1}^{\infty} I_n \text{ をみたす}\right\}$$

である．($\mu(I_n)$ は区間[3] I_n の各辺の長さの積で与えられる「N 次元体積」に等しい．）よって，任意の $\varepsilon > 0$ に対して $\mathbb{R}^N$ の区間の列 $\{I_n\}_n$ で $A \subset \bigcup_{n=1}^{\infty} I_n$ かつ $\sum_{n=1}^{\infty} \mu(I_n) < \mu(A) + \varepsilon$ をみたすものが存在する．このとき各 n に対して I_n をほんの少し大きくした区間 J_n を取れば，$I_n \subset J_n^\circ$ ($= J_n$ の位相的内部) かつ $\sum_{n=1}^{\infty} \mu(J_n) < \sum_{n=1}^{\infty} \mu(I_n) + \varepsilon$ をみたすようにできる．このとき $O := \bigcup_{n=1}^{\infty} J_n^\circ$ は開集合で $A \subset O$ かつ

$$\mu(O) = \mu\left(\bigcup_{n=1}^{\infty} J_n^\circ\right) \leq \sum_{n=1}^{\infty} \mu(J_n^\circ) = \sum_{n=1}^{\infty} \mu(J_n) < \mu(A) + 2\varepsilon$$

となる．これは (1.3) が成り立つことを示している．((1.3) の等号の代わりに $\leq$ とした主張は，測度の単調性から常に成立していることに注意．）

(1.4) の証明：自然数 n に対して $B_n := \{x \in \mathbb{R}^N \mid |x| \leq n\}$ とする．このとき $\mu(B_n \setminus A) < \infty$ だから (1.3) により開集合 O_n で $B_n \setminus A \subset O_n$ かつ $\mu(O_n) < \mu(B_n \setminus A) + 1/n$ をみたすものが存在する．このとき $K_n := B_n \setminus O_n$ はコンパクトで $K_n \subset B_n \cap A$ かつ $(B_n \cap A) \setminus K_n \subset O_n \setminus (B_n \setminus A)$ が成り立つことが容易にわかる．よって $\mu((B_n \cap A) \setminus K_n) \leq \mu(O_n \setminus (B_n \setminus A)) < 1/n$ となるので，$\mu(K_n) > \mu(B_n \cap A) - 1/n$ が成り立つ．$\lim_{n\to\infty} \mu(B_n \cap A) = \mu(A)$ だから，これで (1.4) が証明された．((1.4) の等号の代わりに $\geq$ とした主張は，測度の単調性から常に成立していることに注意．) ∎

次に重要な関数のクラスを導入する．(超関数の定義の節では歴史を尊重して $C_0^\infty(\Omega)$ の代わりに $\mathscr{D}(\Omega)$ という記号を使用するので注意していただきたい．)

定義 1.4 一般の $S \subset \mathbb{R}^N$ に対してその上の連続関数（実数値または複素数値）の全体を $C(S)$ で表すが，特に $\mathbb{R}^N$ の開集合 Ω に対して，Ω 上の連続関数 φ でその台 (support) $\operatorname{supp}\varphi := \overline{\{x \in \mathbb{R}^N \mid \varphi(x) \neq 0\}}$ が Ω に含まれるコンパクト集合であるものの全体を $C_0(\Omega)$ で表す．(上に引いた線はその集合の $\mathbb{R}^N$ での閉包を表す．) $C_0(\Omega)$ は線型空間になっているが，sup ノルム $\|\varphi\| := \max_{x \in \Omega} |\varphi(x)|$

---

[3] 理論的には半開区間というものから出発すると便利だが，実質上は開区間あるいは閉区間としても同じ．

に関して完備ではない．また $\varphi \in C_0(\Omega)$ ならば φ は Ω の境界の近傍で恒等的に 0 ということに注意しなくてはならない．$C_0(\Omega)$ の元で，無限回微分可能なもの全体を $C_0^\infty(\Omega)$ で表す．また，$k \in \mathbb{N}$ に対して $C_0^k(\Omega) := C^k(\Omega) \cap C_0(\Omega)$ とする．

上の定義では連続関数の台 (support) の定義を述べたが，台の概念は連続でなくても定義できる．(実は後に定義する超関数についても定義可能．) ここでは，ときどき必要となる可測関数の台についてだけ定義を述べておこう．

定義 1.5（可測関数の台） $\Omega \subset \mathbb{R}^N$ を開集合，$f : \Omega \to \mathbb{R}$ を可測関数とする．このとき開集合 $\omega \subset \Omega$ で f の ω への制限 $f|_\omega$ が ω 上で a.e. に 0 となるようなもの全体の中で最大の集合 ω_0 が存在する．(この条件をみたす ω 全体の和集合を ω_0 とすればよい．) このとき $\Omega \setminus \omega_0$ の閉包を f の台 (support) と言う．f が連続なときは定義 1.4 における定義と一致する．

上の定義の正当性について少し補足しておこう．

$$\Lambda := \{\omega \mid \omega \subset \Omega \text{ は開集合で}, \ f|_\omega \text{ は a.e. に } 0\}$$

として，$\omega_0 := \bigcup_{\omega \in \Lambda} \omega$ も Λ に属することを言えばよいが，Lebesgue 測度の正則性から，$K \subset \omega_0$ をみたす任意のコンパクト集合 K に対して $f|_K$ が a.e. に 0 であることを示せばよい．K が ω_0 のコンパクト集合とすると，任意の $x \in K$ に対してある $\omega \in \Lambda$ で $x \in \omega$ をみたすものがあるが，K のコンパクト性から有限個の $\omega_1, \ldots, \omega_n \in \Lambda$ で $K \subset \bigcup_{i=1}^n \omega_i$ となる．このとき $\omega_i \in \Lambda$ から $f|_K$ が a.e. に 0 であることがわかるので，我々の主張は証明された．

次の結果は Lebesgue 測度の正則性の帰結である．

定理 1.6 $\Omega \subset \mathbb{R}^N$ を開集合とすると，$1 \leq p < \infty$ に対して，$C_0(\Omega)$ は $L^p(\Omega)$ で稠密である．

証明. はじめに $p = 1$ の場合を示す．可積分関数の定義により，有限な測度を持つ可測集合 $A \subset \Omega$ の**定義関数** χ_A（A 上で値が 1, その補集合上で値が 0 の関数を A の定義関数という）の一次結合全体が $L^1(\Omega)$ の中で稠密であるから，このような χ_A を $C_0(\Omega)$ の元でいくらでも近似できることを示せばよい．また，$C \subset \mathbb{R}^N$ に対して $\mathrm{dist}(x, C)$ は点 x と集合 C との距離 $\inf\{|x - y| \mid y \in C\}$ を表すものとする．

さて，まず Ω に対してコンパクト集合の列 $\{K_n\}_n$ で各 n で $K_n \subset K_{n+1}^\circ$ かつ $\Omega = \bigcup_{n=1}^\infty K_n$ をみたすものが存在することに注意しよう．実際 $n \in \mathbb{N}$ に対して $K_n := \{x \in \Omega \mid |x| \leq n, \mathrm{dist}(x, \Omega^c) \geq 1/n\}$ と置けばよい（$\Omega = \mathbb{R}^N$ のときは 2 番目の条件は考えない）．$n \to \infty$ のとき $A \cap K_n$ の定義関数は Lebesgue の収束定理により χ_A に $L^1(\Omega)$ で収束するので，ある n に対して $A \subset K_n$ となっている場合に示されれば十分である．このとき Lebesgue 測度の正則性から任意の $\varepsilon > 0$ に対して，コンパクト集合 K と開集合 $O \subset \mathbb{R}^N$ で，$K \subset A \subset O$ かつ $\mu(A) - \varepsilon < \mu(K), \mu(O) < \mu(A) + \varepsilon$ をみたすものが存在する．ここで $A \subset K_n$ としているので O の代わりに $O \cap K_{n+1}^\circ$ を考えれば $O \subset K_{n+1}^\circ$ もみたされているとしてよい．このとき $f(x) := \mathrm{dist}(x, O^c)/(\mathrm{dist}(x, K) + \mathrm{dist}(x, O^c))$ とすれば，f は連続で $0 \leq f \leq 1$ をみたし，かつ K 上で $f = 1, O^c$ で $f = 0$ となっているから $f \in C_0(\Omega)$ である．これらから，

$$\|\chi_A - f\|_{L^1(\Omega)} = \int_\Omega |\chi_A - f|\, d\mu$$
$$\leq \int_{O \setminus K} d\mu = \mu(O) - \mu(K) < 2\varepsilon$$

が成り立ち，$\varepsilon > 0$ は任意なので $p = 1$ の場合は証明された．

次に一般の $1 \leq p < \infty$ の場合を証明しよう．$f \in L^p(\Omega)$ とすると，すぐ上で考えたコンパクト集合の列 $\{K_n\}_n$ に対して $|f\chi_{K_n}| \leq |f|$ かつ $n \to \infty$ のとき各点収束で $f\chi_{K_n} \to f$ だから，Lebesgue の収束定理により $\|f\chi_{K_n} - f\|_{L^p(\Omega)} \to 0$ となる．従って，$f\chi_{K_n}$ が $C_0(\Omega)$ の元でいくらでも近似できることを言えばよいので，$f(x)$ は $|x|$ が十分大きいところでは 0 としてよい．そう仮定した上で，$n \in \mathbb{N}$ として，$f_n(x)$ を $|f(x)| \leq n$ のときは $f_n(x) = f(x)$，それ以外のときは $f_n(x) = 0$ で定める．f_n は可測で，$|f_n - f| \leq |f|$ かつ $n \to \infty$ のとき各点収束で $f_n \to f$ だから，Lebesgue の収束定理により $\|f_n - f\|_{L^p(\Omega)} \to 0$ となる．ところが，f_n の定義から，$f_n(x)$ も $|x|$ が十分大きい所では 0 で，しかも $|f_n| \leq n$ だから $f_n \in L^1(\Omega)$ がわかる．従って $p = 1$ の場合の結果より，任意の $\varepsilon > 0$ に対して $\varphi \in C_0(\Omega)$ で $\|f_n - \varphi\|_{L^1(\Omega)} < \varepsilon$ となるものがある．$|f_n| \leq n$ なので $|\varphi| \leq n$ としてよい[4)]．そうすると，

$$\int_\Omega |f_n - \varphi|^p\, d\mu = \int_\Omega |f_n - \varphi|^{p-1}|f_n - \varphi|\, d\mu \leq (2n)^{p-1}\|f_n - \varphi\|_{L^1(\Omega)}$$

[4)] 詳しく言うと，$|t| \leq n$ では $r(t) := t$，$|t| > n$ では $r(t) := nt/|t|$ と定義した連続関数を使って，φ の代わりに $r \circ \varphi$ を考えてやればよい．

1.2. Lebesgue 積分論からの準備

だから $\|f_n - \varphi\|_{L^p(\Omega)} \leq (2n)^{1-1/p}\varepsilon^{1/p}$ となる．n を固定した上で，$\varepsilon > 0$ は任意に取れるので，f_n は $L^p(\Omega)$ において $C_0(\Omega)$ の閉包に属する．そして $\|f_n - f\|_{L^p(\Omega)} \to 0$ だったから，f も $C_0(\Omega)$ の閉包に属することが証明された．∎

次の定理は Lebesgue の収束定理は適用できず，定理 1.6 を使わなければならない重要な結果である．

定理 1.7 $1 \leq p < \infty$, $f \in L^p(\mathbb{R}^N)$ とする．$h \in \mathbb{R}^N$ に対して $(\tau_h f)(x) := f(x - h)$（$f$ の平行移動）とすると，$\lim_{h \to 0} \|\tau_h f - f\|_{L^p(\mathbb{R}^N)} = 0$ が成り立つ．

証明． $\varepsilon > 0$ を任意に取ると，定理 1.6 により $\varphi \in C_0(\mathbb{R}^N)$ で $\|f - \varphi\|_{L^p} < \varepsilon$ をみたすものがある．φ に対しては，ある $\delta > 0$ があって $|h| < \delta$ ならば $\|\tau_h \varphi - \varphi\|_{L^p} < \varepsilon$ となることは明らか．（φ の一様連続性による．）よって，$|h| < \delta$ のとき

$$\begin{aligned}
\|\tau_h f - f\|_{L^p} &\leq \|\tau_h f - \tau_h \varphi\|_{L^p} + \|\tau_h \varphi - \varphi\|_{L^p} + \|\varphi - f\|_{L^p} \\
&= \|\tau_h(f - \varphi)\|_{L^p} + \|\tau_h \varphi - \varphi\|_{L^p} + \|\varphi - f\|_{L^p} \\
&= \|f - \varphi\|_{L^p} + \|\tau_h \varphi - \varphi\|_{L^p} + \|\varphi - f\|_{L^p} < 3\varepsilon
\end{aligned}$$

となる．（Lebesgue 積分が平行移動で不変なことを用いている．）$\varepsilon > 0$ は任意なので，定理が成り立つことが示された．∎

合成積と Young の不等式 L^p 関数を連続関数よりももっとなめらかな関数で近似するためには，合成積というものを導入する必要があるが，まずもっと基本的な Hölder の不等式を念のために述べておこう．

定理 1.8（Hölder の不等式） $\Omega \subset \mathbb{R}^N$ は可測で，$p, q \in [1, \infty]$ は $1/p + 1/q = 1$ をみたすものとする．（$1/\infty = 0$ とみなす．）このとき $f \in L^p(\Omega)$, $g \in L^q(\Omega)$ ならば積 fg は $L^1(\Omega)$ に属し，Hölder の不等式

$$\left| \int_\Omega f(x) g(x) \, dx \right| \leq \|f\|_{L^p} \|g\|_{L^q} \tag{1.5}$$

が成り立つ．

証明. $p=1, q=\infty$ あるいは $p=\infty, q=1$ の場合は容易なので省略する.

$1 < p, q < \infty$ の場合は,まず実数 $a, b \geq 0$ に対して成り立つ次の Young の不等式に注意する:
$$ab \leq \frac{a^p}{p} + \frac{b^q}{q} \quad (1/p + 1/q = 1). \tag{1.6}$$
この不等式は $b=0$ では自明に成立するので,両辺を b^q で割って $x := a/b^{q-1}$ と置いた $x \leq x^p/p + 1/q \ (x \geq 0)$ という不等式と同値である.この x についての不等式は微分して増減を調べれば容易に証明できる.

さて,(1.6) に $a = |f(x)|/\|f\|_{L^p}$, $b = |g(x)|/\|g\|_{L^q}$ $(x \in \Omega)$ を代入して x について積分すれば
$$\frac{1}{\|f\|_{L^p}\|g\|_{L^q}} \int_\Omega |f(x)g(x)|\,dx$$
$$\leq \frac{1}{p\|f\|_{L^p}^p} \int_\Omega |f(x)|^p\,dx + \frac{1}{q\|g\|_{L^q}^q} \int_\Omega |g(x)|^q\,dx$$
$$= \frac{1}{p} + \frac{1}{q} = 1$$
が得られ,これから定理の主張は明らかである. ∎

Hölder の不等式から帰納的に次の系は容易に導かれるので証明は省く.

系 1.9 (一般化された Hölder の不等式) $\Omega \subset \mathbb{R}^N$, $p_1, \ldots, p_n \geq 1$ は $1 = \sum_{i=1}^n 1/p_i$ をみたす定数とすると,$f_i \in L^{p_i}(\Omega)$ $(i=1,\ldots,n)$ に対して $\prod_{i=1}^n f_i \in L^1(\Omega)$ で
$$\left| \int_\Omega \prod_{i=1}^n f_i(x)\,dx \right| \leq \prod_{i=1}^n \|f_i\|_{L^{p_i}}$$
が成り立つ.

定理 1.10 (合成積 (convolution) の存在) $1 \leq p \leq \infty$ として,$f \in L^1(\mathbb{R}^N)$, $g \in L^p(\mathbb{R}^N)$ とすると,ほとんどいたるところの $x \in \mathbb{R}^N$ に対して
$$(f * g)(x) := \int_{\mathbb{R}^N} f(x-y)g(y)\,dy = \int_{\mathbb{R}^N} f(y)g(x-y)\,dy \tag{1.7}$$
は意味を持ち,$f * g \in L^p(\mathbb{R}^N)$ かつ
$$\|f * g\|_{L^p} \leq \|f\|_{L^1} \|g\|_{L^p} \tag{1.8}$$
が成り立つ.((1.8) を **Young の不等式**という.)

1.2. Lebesgue 積分論からの準備

証明. この証明中では $\|\cdot\|_{L^p}$ などは単に $\|\cdot\|_p$ と書くことにする.

$\int_{\mathbb{R}^N} |f(x-y)||g(y)|\,dy$ は, ∞ まで認めれば, 値は常に確定しているので, まずこれについて考える. はじめに $1 < p < \infty$ の場合を考えると, $1/p + 1/q = 1$ となる $1 < q < \infty$ がある. そして $|f(x-y)| = |f(x-y)|^{1/p}|f(x-y)|^{1/q}$ と考えて, Hölder の不等式により,

$$\int_{\mathbb{R}^N} |f(x-y)||g(y)|\,dy$$
$$\leq \left(\int_{\mathbb{R}^N} |f(x-y)||g(y)|^p\,dy\right)^{1/p} \left(\int_{\mathbb{R}^N} |f(x-y)|\,dy\right)^{1/q}$$

が得られる. ここで右辺の第 2 の積分は x によらずに常に値は $\|f\|_1$ である. よって

$$\int_{\mathbb{R}^N} \left(\int_{\mathbb{R}^N} |f(x-y)||g(y)|\,dy\right)^p dx$$
$$\leq \|f\|_1^{p/q} \int_{\mathbb{R}^N} \left[\int_{\mathbb{R}^N} |f(x-y)||g(y)|^p\,dy\right] dx$$

となるが, 右辺の積分は非負関数の積分なので Fubini–Tonelli の定理により

$$\int_{\mathbb{R}^N} \left[\int_{\mathbb{R}^N} |f(x-y)||g(y)|^p\,dy\right] dx = \int_{\mathbb{R}^N} \left[\int_{\mathbb{R}^N} |f(x-y)|\,dx\right] |g(y)|^p\,dy$$
$$= \|f\|_1 \|g\|_p^p$$

と変形される. よって

$$\int_{\mathbb{R}^N} \left(\int_{\mathbb{R}^N} |f(x-y)||g(y)|\,dy\right)^p dx \leq \|f\|_1^{p/q}\|f\|_1\|g\|_p^p = \|f\|_1^p\|g\|_p^p \tag{1.9}$$

が成り立ち, (1.9) 左辺の積分の値は有限である. よって, ほとんどいたるところの x について $\int_{\mathbb{R}^N} |f(x-y)||g(y)|\,dy < \infty$ であり, $(f*g)(x)$ を定める積分がほとんどいたるところの x に対して存在することが示された. (1.9) はまた $\|f*g\|_p \leq \|f\|_1\|g\|_p$ も導くので, 定理は証明された.

$p = 1$ の場合は Hölder の不等式を経由せずに

$$\int_{\mathbb{R}^N} \left[\int_{\mathbb{R}^N} |f(x-y)||g(y)|\,dy\right] dx = \int_{\mathbb{R}^N} \left[\int_{\mathbb{R}^N} |f(x-y)||g(y)|\,dx\right] dy$$
$$= \|f\|_1 \|g\|_1$$

が得られるのでよい.

$p = \infty$ のときは,$|f(x-y)g(y)| \leq \|g\|_\infty |f(x-y)|$ (a.e. y) から $\int_{\mathbb{R}^N} |f(x-y)g(y)|\,dy \leq \|f\|_1 \|g\|_\infty$ となるので,この場合も成り立つ.

(1.7) の 2 番目の等号は $x-y$ を改めて y と置く変数変換で得られる.∎

定義 1.11 上の定理により,$1 \leq p \leq \infty$ として,$f \in L^1(\mathbb{R}^N), g \in L^p(\mathbb{R}^N)$ に対して定まる $f * g \in L^p(\mathbb{R}^N)$ を f と g との**合成積 (convolution)** という.

mollifier を用いた近似と変分法の基本補題 Friedrichs の mollifier(軟化子)について説明しておこう.

まず $\mathbb{R}^N$ 上の無限回微分可能な関数 $\rho(x) \geq 0$ で,$|x| > 1$ では $\rho(x) = 0$ で $\int_{\mathbb{R}^N} \rho(x)\,dx = 1$ をみたすものを取る.このような $\rho(x)$ の例としては次のものがある:

$$\rho(x) := \begin{cases} c\exp\left\{-\dfrac{1}{1-|x|^2}\right\} & (|x| < 1), \\ 0 & (|x| \geq 1). \end{cases} \tag{1.10}$$

ここで c は $\int_{\mathbb{R}^N} \rho(x)\,dx = 1$ となるように定めた定数である.$\rho(x)$ が無限回微分可能であることは,$\rho(x)$ が $\mathbb{R}^N$ から $\mathbb{R}$ への無限回微分可能な写像 $x \mapsto 1 - |x|^2$ と,1 変数の無限回微分可能な関数

$$\psi(t) := \begin{cases} c\exp\left\{-\dfrac{1}{t}\right\} & (t > 0), \\ 0 & (t \leq 0) \end{cases}$$

との合成であることからわかる.($\psi(t)$ の微分可能性については微分積分のテキストでよく取り上げられているが,たとえば拙著『微分積分学 I』(共立出版) pp. 92–93 で示されている.)

さて,このような $\rho(x)$ が指定されたとき,連続なパラメータ $\varepsilon > 0$ を持つ $\rho_\varepsilon(x) := \rho(x/\varepsilon)/\varepsilon^N$ という族 $\{\rho_\varepsilon\}_{\varepsilon > 0}$ を(**Friedrichs の**)**mollifier** というのである.(自然数 n に対して $\rho_n(x) := n^N \rho(nx)$ と置き,$\{\rho_n\}_n$ という関数列を用いる場合もある.)

mollifier の作用について次が成り立つことはよく知られている.

定理 1.12 $\{\rho_\varepsilon\}_{\varepsilon > 0}$ を $\mathbb{R}^N$ での Friedrichs の mollifier とし,$f \in L^p(\mathbb{R}^N)$ ($1 \leq p < \infty$) とする.このとき次のことが成り立つ.

1.2. Lebesgue 積分論からの準備

(i) 各 $\varepsilon > 0$ について合成積 $(\rho_\varepsilon * f)(x) := \int_{\mathbb{R}^N} \rho_\varepsilon(y) f(x-y)\, dy$ $(x \in \mathbb{R}^N)$ は $\mathbb{R}^N$ 上で C^∞ 級の関数で，多重指数 α に対して $\partial^\alpha (\rho_\varepsilon * f) = (\partial^\alpha \rho_\varepsilon) * f$ が成り立つ．(この等式は $\rho_\varepsilon * f$ の偏導関数が「積分記号下の微分」で与えられることを言っている．)

(ii) $\varepsilon \downarrow 0$ のとき $\|\rho_\varepsilon * f - f\|_{L^p(\mathbb{R}^N)} \to 0$ となる．

証明． (i): $(\rho_\varepsilon * f)(x)$ が（a.e. でなく）すべての $x \in \mathbb{R}^N$ に対して有限な数として定まることは明らかである．$\rho_\varepsilon * f$ が連続関数になることは，$\check{f}(x) := f(-x)$ $(x \in \mathbb{R}^N)$ によって $\check{f} \in L^p(\mathbb{R}^N)$ を定めると，$q := p/(p-1)$ ($p=1$ のときは $q = \infty$) として

$$|(\rho_\varepsilon * f)(x) - (\rho_\varepsilon * f)(x')| = \left| \int_{\mathbb{R}^N} \rho_\varepsilon(y) \{\check{f}(y-x) - \check{f}(y-x')\}\, dy \right|$$
$$\leq \|\rho_\varepsilon\|_{L^q} \|\tau_x \check{f} - \tau_{x'} \check{f}\|_{L^p}$$

であることからわかる．(Hölder の不等式と定理 1.7 参照．)

次に $\rho_\varepsilon * f$ の偏微分可能性を示そう．$1 \leq i \leq N$ に対して e_i を第 i 座標方向の単位ベクトルとし，$t \in \mathbb{R}$ $(t \neq 0)$ とする．このとき

$$\frac{1}{t}\{(\rho_\varepsilon * f)(x + te_i) - (\rho_\varepsilon * f)(x)\}$$
$$= \int_{\mathbb{R}^N} \frac{\rho_\varepsilon(x + te_i - y) - \rho_\varepsilon(x - y)}{t} f(y)\, dy$$

と変形され，右辺の積分範囲は x と $\varepsilon > 0$ を固定した場合，$0 < |t| < 1$ の範囲では t に無関係に $B(x, 1+\varepsilon)$ (x を中心とする半径 $1+\varepsilon$ の球) としてよい．そして平均値の定理から

$$\left| \frac{\rho_\varepsilon(x + te_i - y) - \rho_\varepsilon(x-y)}{t} \right| \leq \max\left\{ \left| \frac{\partial \rho_\varepsilon}{\partial x_i}(z) \right| \,\Big|\, |z - x| \leq 1 + \varepsilon \right\}$$

かつ $t \to 0$ で $\{\rho_\varepsilon(x + te_i - y) - \rho_\varepsilon(x - y)\}/t \to (\partial \rho_\varepsilon / \partial x_i)(x - y)$ であるから Lebesgue の収束定理により

$$\lim_{t \to 0} \frac{1}{t}\{(\rho_\varepsilon * f)(x + te_i) - (\rho_\varepsilon * f)(x)\}$$
$$= \int_{\mathbb{R}^N} \frac{\partial \rho_\varepsilon}{\partial x_i}(x - y) f(y)\, dy = ((\partial_i \rho_\varepsilon) * f)(x)$$

が成り立つ. 以上で $\rho_\varepsilon * f$ が各方向に 1 回偏微分可能で偏導関数が ρ_ε の偏導関数と f の合成積で与えられることが示された.

ここまでの証明をよく見ると, ρ_ε の性質のうち C^∞ 級であることと台が原点を中心とする半径 ε の球に含まれることしか用いられていない. よって, ここまでの議論が $(\partial_i \rho_\varepsilon) * f$ にも適用できて, $\rho_\varepsilon * f$ が 2 回偏微分可能で偏導関数が ρ_ε の 2 回偏導関数と f の合成積であることがわかる. 同様にして帰納的に $\rho_\varepsilon * f$ は C^∞ 級で $\partial^\alpha(\rho_\varepsilon * f) = (\partial^\alpha \rho_\varepsilon) * f$ が成り立つことが示される.

(ii): ρ_ε の積分が 1 であることから
$$(\rho_\varepsilon * f)(x) - f(x) = \int_{\mathbb{R}^N} \rho_\varepsilon(y)\{f(x-y) - f(x)\}\,dy$$
であるが, 右辺の積分範囲は x に無関係に $B(0,\varepsilon)$(原点中心の半径 ε の球) としてよい. そして Hölder の不等式により
$$\left|\int_{\mathbb{R}^N} \rho_\varepsilon(y)\{f(x-y)-f(x)\}\,dy\right|$$
$$\leq \left(\int_{B(0,\varepsilon)} \rho_\varepsilon(y)\,dy\right)^{1/q}\left(\int_{B(0,\varepsilon)} \rho_\varepsilon(y)|f(x-y)-f(x)|^p\,dy\right)^{1/p}$$
$$= \left(\int_{B(0,\varepsilon)} \rho_\varepsilon(y)|f(x-y)-f(x)|^p\,dy\right)^{1/p}$$
だから
$$\|\rho_\varepsilon * f - f\|_{L^p}^p \leq \int_{\mathbb{R}^N}\int_{B(0,\varepsilon)} \rho_\varepsilon(y)|f(x-y)-f(x)|^p\,dy\,dx$$
$$= \int_{B(0,\varepsilon)} \rho_\varepsilon(y)\|\tau_y f - f\|_{L^p}^p\,dy$$
$$\leq \sup\{\|\tau_y f - f\|_{L^p}^p \mid |y| < \varepsilon\}$$
が成り立つ. よって, 定理 1.7 により (ii) が成り立つことがわかる. ∎

Remark 1.13 定理 1.12 において $\{\rho_\varepsilon\}_{\varepsilon>0}$ の代わりに $\{\rho_n\}_n$ とした場合の証明が [58, 定理 10.11], [55, 定理 6.18] などの関数解析の書物に述べられているが, 本質的にはここに述べた証明と同じである.

次のことは mollifier の使用の際に自明のように用いるのであるが, ここで確認しておこう. それは大まかに言って「$\rho_\varepsilon * f$ の台は f の台から ε 程度しかふくらまない」ということである.

命題 1.14 $\mathbb{R}^N$ 上の可測関数 f が任意の有界閉集合の上で可積分であり，ある可測集合 K の外では a.e. に 0 であるとする．このとき $\{\rho_\varepsilon\}_{\varepsilon>0}$ を Friedrichs の mollifier とすると，各 $\varepsilon > 0$ に対して $\mathrm{dist}(x, K) > \varepsilon$ をみたす x では $(\rho_\varepsilon * f)(x) = 0$ が成り立つ．

証明． $x \in \mathbb{R}^N$ が $\mathrm{dist}(x, K) > \varepsilon$ をみたすとすると，$|y - x| < \varepsilon$ ならば $y \notin K$ である．よってこのとき

$$(\rho_\varepsilon * f)(x) = \int_{\mathbb{R}^N} \rho_\varepsilon(x-y) f(y)\, dy = \int_{|x-y|<\varepsilon} \rho_\varepsilon(x-y) f(y)\, dy$$

の積分範囲では a.e. に $f(y) = 0$ だから $(\rho_\varepsilon * f)(x) = 0$ となる．∎

定理 1.12 の応用を二つ述べよう．

定理 1.15 $\Omega \subset \mathbb{R}^N$ を開集合，$1 \leq p < \infty$ とすると，$C_0^\infty(\Omega)$ は $L^p(\Omega)$ で稠密である．

証明． $f \in L^p(\Omega)$ とすると，任意の $\varepsilon > 0$ に対して定理 1.6 により $\varphi \in C_0(\Omega)$ で $\|f - \varphi\|_{L^p} < \varepsilon$ をみたすものがある．φ は Ω^c 上では 0 として，自然に $C_0(\mathbb{R}^N)$ の元とみなされる．$\{\rho_\eta\}_\eta$ を $\mathbb{R}^N$ での mollifier とすると，命題 1.14 により十分小さい $\eta > 0$ に対して $\rho_\eta * \varphi$ の台は Ω に含まれ，$\rho_\eta * \varphi \in C_0^\infty(\Omega)$ とみなせる．そして定理 1.12 により $\eta \to 0$ で $\|\rho_\eta * \varphi - \varphi\|_{L^p(\mathbb{R}^N)} \to 0$ だから，十分小さい $\eta > 0$ に対して $\|f - \rho_\eta * \varphi\|_{L^p(\Omega)} \leq \|f - \varphi\|_{L^p(\Omega)} + \|\rho_\eta * \varphi - \varphi\|_{L^p(\mathbb{R}^N)} < \varepsilon$ となる．これは定理が成り立つことを示している．∎

定理 1.16（変分法の基本補題） $\Omega \subset \mathbb{R}^N$ を開集合とし，Ω 上の可測関数 f は Ω に含まれる任意のコンパクト集合上で可積分[5]とする．このとき，任意の $\varphi \in C_0^\infty(\Omega)$ に対して $\int_\Omega f(x) \varphi(x)\, dx = 0$ が成り立つならば $f = 0$ (a.e.) である．

---

[5] のちに超関数の定義の際に述べるように，通常この条件を $f \in L^1_{loc}(\Omega)$ で表す．

証明. 任意に $\psi \in C_0^\infty(\Omega)$ を取ると, ψf は Ω の外部での値を 0 と定めれば $L^1(\mathbb{R}^N)$ の元と考えられる. そうすると, 任意の $\varphi \in C_0^\infty(\mathbb{R}^N)$ に対して $\int_{\mathbb{R}^N} \varphi(x)(\psi f)(x)\,dx = 0$ となる. 実際, $\varphi\psi \in C_0^\infty(\Omega)$ と見なせるから, 仮定により $\int_{\mathbb{R}^N} \varphi(\psi f)\,dx = \int_\Omega (\varphi\psi)f\,dx = 0$ となる. これより, $\{\rho_\varepsilon\}_{\varepsilon>0}$ を mollifier とすると, $\rho_\varepsilon * (\psi f) = 0$ であることがわかる. 定理 1.12 から $\|\rho_\varepsilon*(\psi f) - \psi f\|_{L^1} \to 0$ ($\varepsilon \downarrow 0$) なので, $\psi f = 0$ (a.e.) が成り立つ. $\psi \in C_0^\infty(\Omega)$ は任意だったので, これは $f = 0$ (a.e.) を意味する. ∎

L^p のノルム収束と各点収束 次の事実は積分論における基本事項であるが, 本書でもよく用いるので念のために述べておこう ($\|f\|_{L^p}$ は $\|f\|$ と略記する).

命題 1.17 $\Omega \subset \mathbb{R}^N$ を開集合, $1 \leq p \leq \infty$ とするとき, $L^p(\Omega)$ の関数列 $\{f_n\}_n$ が $\sum_{n=1}^\infty \|f_n\| < \infty$ をみたすならば $\sum_{n=1}^\infty f_n$ は L^p のノルムで絶対収束し, 同時にその極限に a.e. に各点収束する. また $\|\sum_{n=1}^\infty f_n\| \leq \sum_{n=1}^\infty \|f_n\|$ が成り立つ.

証明. $1 \leq p < \infty$ の場合, 単調収束定理から
$$\int_\Omega \left(\sum_{n=1}^\infty |f_n(x)|\right)^p dx = \lim_{n\to\infty} \int_\Omega \left(\sum_{k=1}^n |f_k(x)|\right)^p dx = \lim_{n\to\infty} \left\|\sum_{k=1}^n |f_k|\right\|^p$$
であることと
$$\left\|\sum_{k=1}^n |f_k|\right\| \leq \sum_{k=1}^n \|f_k\| \leq \sum_{k=1}^\infty \|f_k\| < \infty$$
から a.e. に $g(x) := \sum_{n=1}^\infty |f_n(x)| < \infty$ が成り立ち, $g \in L^p(\Omega)$ となる. 従って a.e. $x \in \Omega$ で $f(x) := \sum_{n=1}^\infty f_n(x)$ が絶対収束し, $|f(x)| \leq g(x)$ が a.e. に成り立つので $f \in L^p(\Omega)$ である. さらに
$$\left|f(x) - \sum_{k=1}^n f_k(x)\right| = \left|\sum_{k=1}^\infty f_k(x) - \sum_{k=1}^n f_k(x)\right| \leq g(x)$$
であり, 上式左辺は a.e. で 0 に各点収束するので Lebesgue の収束定理により $\sum_{k=1}^n f_k$ は f にノルム収束する.

$p = \infty$ の場合は, $m < n$ とすると部分和について
$$\left\|\sum_{k=1}^n f_k - \sum_{k=1}^m f_k\right\| \leq \sum_{k=m+1}^n \|f_k\| \to 0 \quad (n > m \to \infty)$$

が成り立ち，部分和が Cauchy 列をなすことと，L^∞ の完備性から部分和のノルム収束がわかる．また，$p = \infty$ の場合ノルム収束は自動的に a.e. に各点収束することを導く．

命題の最後に述べた極限に関する三角不等式は，部分和に関する三角不等式の極限を取れば得られる．■

命題 1.18 $\Omega \subset \mathbb{R}^N$ を開集合，$1 \leq p \leq \infty$ とするとき，$L^p(\Omega)$ のノルム収束する関数列 $\{f_n\}_n$ はその極限に a.e. に各点収束する部分列を持つ．

証明． $p = \infty$ のときは $\{f_n\}_n$ 自身が a.e. に収束するので問題はない．$1 \leq p < \infty$ の場合は，$f \in L^p(\Omega)$ を f_n の極限とすると $\|f - f_n\|_{L^p} \to 0 \ (n \to \infty)$ だから，適当な部分列 $\{f_{n_i}\}_i$ で $\|f_{n_i} - f\|_{L^p} < 1/2^i$ をみたすものが存在する．よって前命題により a.e. に $\sum_{i=1}^\infty |f_{n_i} - f|$ が有限な値に収束する．従って a.e. に $f(x) = \lim_{i \to \infty} f_{n_i}(x)$ が成り立つ．■

1.3　1 の分解

解析学において局所的なものを大域的なものに結び合わせる道具として，1 の分解 (partition of unity) は重要なものであり，本書でもしばしば必要となるので簡単な場合に絞って証明つきで述べておこう．

補題 1.19（連続関数による **1 の分解**）　$K \subset \mathbb{R}^N$ は閉集合，$\{O_i\}_{i=1,\ldots,n}$ は K の開被覆とする．このときある $f_1, \ldots, f_n \in C(\mathbb{R}^N)$ で，$\mathbb{R}^N$ 上 $0 \leq f_i \leq 1$ かつ $\mathrm{supp}\, f_i \subset O_i$ をみたし，K のある近傍上で $\sum_{i=1}^n f_i = 1$ となるものが存在する．また，特に O_i が有界なら $f_i \in C_0(\mathbb{R}^N)$ となる．

証明．Step 1: $\mathbb{R}^N$ において一般に，閉集合 A と開集合 O が $A \subset O$ をみたしているとき，開集合 U で $A \subset U$ かつ $\overline{U} \subset O$ をみたすものが存在することを示そう．そのためには $x \in \mathbb{R}^N$ に対して $f(x) := \mathrm{dist}(x, A)/(\mathrm{dist}(x, A) + \mathrm{dist}(x, O^c))$ が常に意味を持ち，$\mathbb{R}^N$ 上で連続なことに注意する．(A, O^c が閉かつ $A \cap O^c = \emptyset$ なので分母は 0 にならない．) これに対して $U := \{x \mid f(x) < 1/2\}$ と置けば条件がみたされる．実際 U は開集合で $A \subset U$ は明らかである．また，f の連

続性から $B := \{x \mid f(x) \leq 1/2\}$ は閉集合で,$x \in O^c$ ならば $f(x) = 1$ なので $B \cap O^c = \emptyset$ すなわち $B \subset O$ である.よって $\overline{U} \subset B \subset O$ となって条件がみたされる.

Step 2: $i = 1, \ldots, n$ に対して開集合 U_i で $\overline{U_i} \subset O_i$ かつ $K \subset \bigcup_{i=1}^{n} U_i$ をみたすものの存在を示す.まず $K_1 := K \setminus \bigcup_{i=2}^{n} O_i$ とすると,$K \subset \bigcup_{i=1}^{n} O_i$ から K_1 は $K_1 \subset O_1$ をみたす閉集合となる.よって,Step 1 により,$K_1 \subset U_1$ かつ $\overline{U_1} \subset O_1$ をみたす開集合 U_1 が存在する.これに対して $K \subset U_1 \cup (\bigcup_{i=2}^{n} O_i)$ が成り立つことに注意する.次に,$K_2 := (K \cap U_1^c) \setminus \bigcup_{i=3}^{n} O_i$ と置くと,上の注意から K_2 は $K_2 \subset O_2$ をみたす閉集合である.よってまた Step 1 により,$K_2 \subset U_2$ かつ $\overline{U_2} \subset O_2$ をみたす開集合 U_2 が存在する.ここでまた $K \subset U_1 \cup U_2 \cup (\bigcup_{i=3}^{n} O_i)$ となる.以下同様にして,$U_1, \ldots, U_k$ まで $K \subset U_1 \cup \cdots \cup U_k \cup (\bigcup_{i=k+1}^{n} O_k)$ をみたすものが得られたら,$K_{k+1} := (K \cap U_1^c \cap \cdots \cap U_k^c) \setminus \bigcup_{i=k+2}^{n} O_i$ として $K_{k+1} \subset U_{k+1}$ かつ $\overline{U_{k+1}} \subset O_{k+1}$ をみたす開集合 U_{k+1} が取れるので,この構成は U_n を作るまで実行できる.こうしてできた開集合 U_i $(i = 1, 2, \ldots, n)$ は,$\overline{U_i} \subset O_i$ と $K_i \subset U_i$ をみたしている.また,最終段階で $K_n = K \cap U_1^c \cap \cdots \cap U_{n-1}^c \subset U_n$ だから $K \subset \bigcup_{i=1}^{n} U_i$ がわかる.

Step 3: 各 $i = 1, \ldots, n$ に対して $\overline{U_i} \subset O_i$ なので,もう一度 Step 1 を使うと,開集合 V_i で,$\overline{U_i} \subset V_i$ かつ $\overline{V_i} \subset O_i$ となるものが存在することがわかる.そこで $g_i(x) := \mathrm{dist}(x, V_i^c)/(\mathrm{dist}(x, V_i^c) + \mathrm{dist}(x, \overline{U_i}))$ と置くと $g_i \in C(\mathbb{R}^N)$ で,$0 \leq g_i \leq 1$,$\overline{U_i}$ 上で $g_i = 1$ かつ V_i^c 上で $g_i = 0$ が成り立つ.このとき $f_1 := g_1$ と置き,$i > 1$ に対しては帰納的に $f_i := g_i \prod_{j=1}^{i-1} (1 - g_j)$ と定義すると,これらが求める関数となる.実際,構成法から $0 \leq f_i \leq 1$ であり,$\mathrm{supp}\, f_i \subset \mathrm{supp}\, g_i \subset \overline{V_i} \subset O_i$ となる.そして $\sum_{i=1}^{n} f_i = 1 - \prod_{i=1}^{n} (1 - g_i)$ となるので,$\bigcup_{i=1}^{n} \overline{U_i}$ 上で $\sum_{i=1}^{n} f_i = 1$ であることがわかる.($x \in \overline{U_i}$ ならば $g_i(x) = 1$ となることに注意すればよい.)よって $\sum_{i=1}^{n} f_i$ は K の開近傍 $\bigcup_{i=1}^{n} U_i$ 上で 1 となり,求める f_i が得られたことがわかる.

補題の最後の主張は $\mathrm{supp}\, f_i \subset O_i$ から明らか.■

補題 1.19 では連続関数による 1 の分解を得たが,mollifier を使って C^∞ 級関数による 1 の分解が得られる.

命題 1.20 ($C_0^\infty(\mathbb{R}^N)$ 関数による 1 の分解) $K \subset \mathbb{R}^N$ は有界閉集合,$\{O_i\}_{i=1}^{n}$

は K の開被覆とする．このとき，ある $\varphi_1,\ldots,\varphi_n\in C_0^\infty(\mathbb{R}^N)$ で，
$$0\le\varphi_i\le 1,\quad \operatorname{supp}\varphi_i\subset O_i,\quad K\text{ のある近傍上で }\sum_{i=1}^n\varphi_i=1$$
という条件をみたすものが存在する．

証明． K が有界なので O_i も有界としてよい．(K を含むような開球 B を取り，O_i の代わりに $O_i\cap B$ を用いればよい．)

補題 1.19 により次のような連続関数による 1 の分解 $\{f_i\}_{i=1}^n$ が存在する：
$$f_i\in C(\mathbb{R}^N),\quad 0\le f_i\le 1,\quad \operatorname{supp}f_i\subset O_i,\quad K\text{ のある近傍上で }\sum_{i=1}^n f_i=1.$$

ρ_ε を Friedrichs の mollifier として，十分小さな $\varepsilon>0$ を取り，各 i に対して $\varphi_i:=f_i*\rho_\varepsilon$ とすれば，$\varphi_i\in C_0^\infty(\mathbb{R}^N)$ が $\operatorname{supp}\varphi_i\subset O_i$ をみたし（命題 1.14 参照），命題のその他の主張も成り立つことが容易にわかる．(ε が i によらないので $\sum_i\varphi_i=(\sum_i f_i)*\rho_\varepsilon$ であることに注意する．) ∎

次の形での 1 の分解も成立するが，ここでは紹介するだけにし（拙著 [55] 定理 7.47 で証明されている），本書で必要となる特別な場合をのちに補題 3.19 として証明する．

定理 1.21（ユークリッド空間でのなめらかな 1 の分解）　U を $\mathbb{R}^d$ の開集合，開集合族 $\{U_\lambda\}_{\lambda\in\Lambda}$ は $U=\bigcup_{\lambda\in\Lambda}U_\lambda$ をみたすとする．このとき，同じ集合 Λ を添字とする，U 上の関数の族 $\{f_\lambda\}_{\lambda\in\Lambda}$ で次の条件をみたすものが存在する：

(1) 任意の λ について $f_\lambda\in C^\infty(U)$ で，U 上 $f_\lambda\ge 0$ かつ U_λ の補集合上では $f_\lambda=0$；
(2) 関数項級数 $\sum_{\lambda\in\Lambda}f_\lambda$ は各点の近傍で実質的には有限和として確定し，U 上で $\sum_{\lambda\in\Lambda}f_\lambda=1$ をみたす；
(3) 各 λ に対して $\overline{\{x\in U\mid f_\lambda(x)\ne 0\}}\cap U\subset U_\lambda$ が成り立つ．

1.4　関数空間の一覧表

参照の便宜のため，本書に登場する関数空間を一覧表に整理したものを掲げる．索引と合わせて役立てていただければ幸いである．最後に関連する記号も多少採録した．

関数空間

- $C(S)$: $S \subset \mathbb{R}^N$ 上の実数値連続関数の全体（定義 1.4）.
- $C(\Omega)$: 開集合 $\Omega \subset \mathbb{R}^N$ 上の実数値連続関数の全体.
- $C_0(\Omega)$: $C(\Omega)$ の元 u でその台，すなわち $\{x \in \Omega \mid u(x) \neq 0\}$ の閉包が Ω のコンパクト部分集合となるもの全体（定義 1.4）.
- $C^k(\Omega)$: $k = 0, 1, 2, \ldots$ として，開集合 $\Omega \subset \mathbb{R}^N$ 上の C^k 級（すなわち k 階以下の偏導関数がすべて存在して連続な）実数値関数の全体．$C^0(\Omega)$ は $C(\Omega)$ と等しい（定義 1.4）.
- $C_0^k(\Omega)$: $C^k(\Omega) \cap C_0(\Omega)$ のこと（定義 1.4）.
- $C^\infty(\Omega)$: Ω 上で何回でも偏微分可能な関数の全体．$\bigcap_{k=1}^\infty C^k(\Omega)$ に等しい（定義 1.4）.
- $C_0^\infty(\Omega)$: $C^\infty(\Omega) \cap C_0(\Omega)$ のこと．超関数の理論ではこれを $\mathscr{D}(\Omega)$ で表し，Ω 上のテスト関数の空間という（定義 1.4, 2.1）.
- $C^k(\overline{\Omega})$: $C^k(\Omega)$ の元 u で，$|\alpha| \leq k$ をみたす任意の多重指数 α について，$\partial^\alpha u$ が Ω 上で有界かつ $\overline{\Omega}$ まで連続に延長可能なもの全体のなす空間．$\|u\|_{C^k(\overline{\Omega})} := \sum_{|\alpha| \leq k} \sup_{x \in \Omega} |\partial^\alpha u(x)|$ をノルムとして Banach 空間となる．$\Omega = \mathbb{R}^N$ の場合に限り[6] $C^k(\Omega)$ の定義と衝突するが，第 5 章以降の，Sobolev の埋蔵定理に関係する場合はこちらの有界性を課した方の意味で使う（定義 6.11）.
- $C^{k,\sigma}(\overline{\Omega})$: $k = 0, 1, 2, \ldots, 0 < \sigma \leq 1$, $\Omega \subset \mathbb{R}^N$ を開集合とするとき，$u \in C^k(\overline{\Omega})$ のうち，$|\alpha| = k$ をみたす α に対して $\partial^\alpha u$ がすべて Ω 上で一様に σ 次 Hölder 連続となるものの全体を $C^{k,\sigma}(\overline{\Omega})$ で表す．$C^{k,\sigma}(\overline{\Omega})$ は

$$\|u\|_{k,\sigma} := \|u\|_{C^k(\overline{\Omega})} + \sum_{|\alpha|=k} \sup_{\substack{x,y \in \Omega \\ x \neq y}} \frac{|\partial^\alpha u(x) - \partial^\alpha u(y)|}{|x-y|^\sigma}$$

をノルムとして Banach 空間になる．また，$C^{k,0}(\overline{\Omega}) := C^k(\overline{\Omega})$ と定義する（定義 5.10, 6.11）.
- $\mathscr{D}(\Omega)$: 開集合 $\Omega \subset \mathbb{R}^N$ 上のテスト関数全体の空間．$C_0^\infty(\Omega)$ と等しい（定義 2.1）.
- $\mathscr{D}'(\Omega)$: Ω 上の超関数全体の空間（定義 2.3）.

---

[6] Ω が空集合のときも $\overline{\Omega} = \Omega$ だが，その場合は考える必要がない．

1.4. 関数空間の一覧表

$L^p(\Omega)$: $\Omega \subset \mathbb{R}^N$ は開集合とし，$1 \le p < \infty$ のときは Ω 上で p 乗可積分な関数全体の空間．$\|u\|_{L^p} := \left(\int_\Omega |u(x)|^p\, dx \right)^{1/p}$ をノルムとして Banach 空間となる．$p = \infty$ のときは $L^p(\Omega)$ は Ω 上で本質的に有界，すなわち，ある定数 M で $|u(x)| \le M$ (a.e. $x \in \Omega$) となる可測関数 u の全体を表す．このような M の最小値 $\|u\|_{L^\infty}$ をノルムとして Banach 空間となる．

$L^1_{loc}(\Omega)$: Ω 上の局所可積分関数の空間．すなわち Ω 上の可測関数で，Ω に含まれる任意のコンパクト集合上で可積分な関数全体の集合 (p.28)．同様に局所的に p 乗可積分な関数全体の空間を $L^p_{loc}(\Omega)$ で表すが，本書では使わない．

$\mathscr{S}(\mathbb{R}^N)$: $\mathbb{R}^N$ 上の急減少関数全体の空間（定義 5.19）．

$\mathscr{S}'(\mathbb{R}^N)$: $\mathbb{R}^N$ 上の緩増加超関数全体の空間．$\mathscr{S}(\mathbb{R}^N)$ 上の連続線型汎関数全体の空間である（定義 5.20）．

$H^m(\Omega)$: L^2 で考えた m 階の Sobolev 空間．

$$(u,v)_{H^m} := \sum_{|\alpha| \le m} (\partial^\alpha u, \partial^\alpha v)_{L^2}$$

を内積とする Hilbert 空間（定義 2.17）．

$H^m_0(\Omega)$: $H^m(\Omega)$ における $C_0^\infty(\Omega)$ の閉包（定義 2.19）．

$H^m_{loc}(\Omega)$: 局所的に H^m に属する関数全体の集合．すなわち Ω 上の可測関数で，任意の $\omega \Subset \Omega$ に対して $u|_\omega \in H^m(\omega)$ となるもの全体の集合（命題 11.1）．

$H^{-m}(\Omega)$: $H^m(\Omega)$ 上の連続線型汎関数の全体（共役空間）．Hilbert 空間における Riesz の表現定理によって $H^m(\Omega)$ と同一視できるが，$\Omega = \mathbb{R}^N$ の場合には $\int_{\mathbb{R}^N} (1+|\xi|^2)^{-m/2} |\hat{u}(\xi)|^2\, d\xi < \infty$ をみたす緩増加超関数 $u \in \mathscr{S}'(\mathbb{R}^N)$ の全体とも同一視できる (Remark 2.24)．

$W^{1,p}(\Omega)$: L^p で考えた 1 階の Sobolev 空間．$u \in L^p(\Omega)$ ($\Omega \subset \mathbb{R}^N$) のうち，各方向の弱導関数 $\partial_i u$ がすべて $L^p(\Omega)$ に属するもの全体．$\|u\|_{W^{1,p}} := \|u\|_{L^p} + \sum_{i=1}^N \|\partial_i u\|_{L^p}$ をノルムとして Banach 空間となる（定義 2.17）．

$W^{1,p}_0(\Omega)$: $W^{1,p}(\Omega)$ における $C_0^\infty(\Omega)$ の閉包（定義 2.19）．

$W^{m,p}(\Omega)$: L^p で考えた m 階の Sobolev 空間．$|\alpha| \leq m$ をみたす任意の α に対して弱導関数 $\partial^\alpha u \in L^p(\Omega)$ となるもの全体．$\|u\|_{W^{m,p}} := \sum_{|\alpha|\leq m} \|\partial^\alpha u\|_{L^p}$ をノルムとして Banach 空間となる（定義 2.17）．

$W_0^{m,p}(\Omega)$: $W^{m,p}(\Omega)$ における $C_0^\infty(\Omega)$ の閉包（定義 2.19）．

$W^{-m,q}(\Omega)$: $1 \leq p < \infty, 1/p + 1/q = 1$ とするときの，$W_0^{m,p}(\Omega)$ 上の連続線型汎関数全体（共役空間；Remark 2.24 参照）．

ノルム，セミノルム

$\|\nabla u\|$: 実数値関数 $|\nabla u(x)| := \left(\sum_{i=1}^N (\partial_i u)^2\right)^{1/2}$ のノルムの略記．

$|u|_{j,p,\Omega}$: $1 \leq p \leq \infty$, $u \in W^{m,p}(\Omega)$, $0 \leq j \leq m$ に対して $|u|_{j,p,\Omega} := \sum_{|\alpha|=j} \|\partial^\alpha u\|_{L^p(\Omega)}$. $\Omega = \mathbb{R}^N$ の場合は $|u|_{j,p}$ と省略．

$p < 0$ の場合 Hölder 空間が対象となり，$-N/p = k + \sigma$ ($k \in \mathbb{Z}_+, 0 \leq \sigma < 1$) として，$0 < \sigma < 1$ のときは $u \in C^{j+k,\sigma}(\mathbb{R}^N)$ を前提として

$$|u|_{j,p,\mathbb{R}^N} := \sum_{|\alpha|=j+k} \sup_{x,y,x\neq y} \frac{|\partial^\alpha u(x) - \partial^\alpha u(y)|}{|x-y|^\sigma}.$$

$-N/p = k \in \mathbb{Z}_+$ のときは

$$|u|_{j,p,\mathbb{R}^N} := \sum_{|\alpha|=j+k} \|\partial^\alpha u\|_{L^\infty}.$$

（一般の $\Omega \subset \mathbb{R}^N$ でも同様に定義できるが，本書では使っていない．）

$|u|_{j,p}$: $\Omega = \mathbb{R}^N$ の場合の $|u|_{j,p,\Omega}$ の省略形．

$|u|_p$: $0 < p < \infty$ の場合は $\Omega \subset \mathbb{R}^N$ 上の可測関数 u に対して $|u|_p := \left(\int_\Omega |u(x)|^p\, dx\right)^{1/p}$. $p = \infty$ の場合は $|u|_p := \|u\|_{L^\infty}$. $-\infty < p < 0$ の場合は $|u|_{0,p,\mathbb{R}^N}$ を表す．$p = -\infty$ のとき $|u|_p := \|u\|_{L^\infty}$.

関数に対する作用

$\mathscr{F}u$: u の Fourier 変換．

$\hat{u}$: u の Fourier 変換．

$\partial_i u$: $\partial u/\partial x_i$ の略記．

1.4. 関数空間の一覧表

$\partial^\alpha u$: 多重指数 $\alpha = (\alpha_1, \ldots, \alpha_N) \in \mathbb{Z}_+^N$ に対して
$$\partial^\alpha u := \frac{\partial^{|\alpha|}}{\partial x_1^{\alpha_1} \cdots \partial x_N^{\alpha_N}} u.$$

Δu: $\Delta u(x) := \sum_{i=1}^N \partial^2 u / \partial x_i^2 \ (x \in \mathbb{R}^N)$.

$\tau_h u$: $(\tau_h u)(x) := u(x - h)$.

$\mathrm{D}_h u$: $(\mathrm{D}_h u)(x) := \dfrac{u(x+h) - u(x)}{|h|}$.

$f * g$: f, g の合成積.
$$(f * g)(x) = \int_{\mathbb{R}^N} f(y)g(x-y)\,dy = \int_{\mathbb{R}^N} f(x-y)g(y)\,dy.$$

$u|_\omega$: u の定義域を本来のものから ω に制限して得られる関数.

$\overline{u}$: u が $\Omega \subset \mathbb{R}^N$ で定義されているとき,u を Ω^c では 0 として $\mathbb{R}^N$ 全体に定義域を拡張した関数.本書では複素共役の意味で $\overline{u}$ を使うことはほとんどないが,その際はそのように断って使用する.

$\mathbb{R}^N$ の位相

$B(x, \varepsilon)$: x の ε 近傍.$B(x, \varepsilon) := \{y \in \mathbb{R}^N \mid |x - y| < \varepsilon\}$.

A°: A の内部.

$\overline{A}$: A の閉包.

∂A: A の境界.$\overline{A} \setminus A^\circ$ に等しい.

$\omega \Subset \Omega$: $\mathbb{R}^N$ の開集合 ω, Ω に対して,ω の閉包 $\overline{\omega}$ がコンパクトで $\overline{\omega} \subset \Omega$ が成り立つこと.

集合

$\mathbb{N}$: 自然数全体の集合.

$\mathbb{Z}_+$: 非負整数全体の集合.

$\mathbb{R}$: 実数全体の集合.

$\mathbb{R}^N$: N 次元数ベクトル全体の集合.成分ごとの演算によりベクトル空間と考える.

$\mathbb{R}_+^N$: $\mathbb{R}^N$ の元で,第 N 成分が正のもの全体の集合.半空間.$\mathbb{R}^N$ で考えた境界は $\mathbb{R}^{N-1}$ と同一視される.

第2章
Sobolev 空間の定義

　Sobolev 空間とはあらっぽく言えば，導関数も Lebesgue 積分の意味で考えて，普通の意味で微分可能な関数よりも広い範囲の関数を解析学の世界で正当に扱えるようにしたものである．現段階ではこれを直ちに正確な意味で説明することはできないが，解析学の問題を関数に関する方程式という形で定式化し，解の存在などの問題を取り扱うにはいまやなくてはならないものである．

　ここではまず微分の意味を広い意味で考える**超関数としての微分**を解説した後に Sobolev 空間の定義を述べる．

2.1　超　関　数

　関数から超関数へ視点を変更するためには，まずテスト関数の空間を導入する必要がある．集合としては実は定義 1.4 で定義した $C_0^\infty(\Omega)$ と同じものであるが，念のため詳しく述べる．

定義 2.1（**Schwartz のテスト関数の空間 $\mathscr{D}(\Omega)$**）Ω を $\mathbb{R}^N$ の開集合とするとき，記号 $\mathscr{D}(\Omega)$ は，台 (support) が Ω のコンパクト部分集合となっているような，Ω 上の無限回微分可能な（実数値または複素数値の）関数の全体の集合を表す．ここで Ω 上の関数 φ の台 $\mathrm{supp}\,\varphi$ とは，$\{x \in \Omega \mid \varphi(x) \neq 0\}$ の閉包を言う．$\mathscr{D}(\Omega)$ の元を一般に**テスト関数**という．$\mathscr{D}(\Omega)$ が通常の線型演算について閉じていることは明らかであろう．

Remark 2.2　$\mathscr{D}(\Omega)$ は集合としては定義 1.4 で導入した $C_0^\infty(\Omega)$ と同じものである．この集合を表すのに $C_c^\infty(\Omega)$ という記号もよく使われる．本書では，この超関数の節以外では $C_0^\infty(\Omega)$ の方をもっぱら使用する．超関数の理論では $\mathscr{D}(\Omega)$ は単なる線型空間ではなく，位相を備えた**位相線型空間**の意味で使用するが，本書ではそこまでは必要ない（[41], [55] 参照）．

　これから $\Omega \subset \mathbb{R}^N$ 上の関数の概念を拡張していくのであるが，すべての実数値関数を含むような拡張ではなく，ある程度の限定はある．解析学の問題に

登場するような関数はたとえば連続であるとか,積分可能といった,ある程度素直な関数である.そこで Ω 上の可測関数 u で局所可積分（Ω に含まれる任意のコンパクト集合上で可積分）な関数としよう.（Ω 上の局所可積分関数全体の集合を $L^1_{loc}(\Omega)$ で表す.）そうすると任意のテスト関数 $\varphi \in \mathscr{D}(\Omega)$ に対して $T_u(\varphi) := \int_\Omega u(x)\varphi(x)\,dx$ が定まる.そして,対応 $\varphi \longmapsto T_u(\varphi)$ は $\mathscr{D}(\Omega)$ 上の線型汎関数[1]となる.u と線型汎関数 T_u の対応は $1:1$ なのでこれらを同一視すれば,局所可積分な関数全体を拡張したものとして $\mathscr{D}(\Omega)$ 上の線型汎関数全体を考えることができる.しかし $\mathscr{D}(\Omega)$ 上の線型汎関数全体では逆に広すぎて具合が悪いことがあるので,次のような意味で連続なものだけ考えるのである.

定義 2.3（Ω 上の超関数） $\Omega \subset \mathbb{R}^N$ を開集合とするとき,$\mathscr{D}(\Omega)$ 上の線型汎関数 T で次の条件をみたすものを Ω 上の（Schwartz の）**超関数 (distribution)** と言う：

$\{\varphi_n\}_n$ が $\mathscr{D}(\Omega)$ の関数列で,台 $\operatorname{supp}\varphi_n$ が n によらない一定のコンパクト集合 $K(\subset \Omega)$ に含まれ,φ_n のすべての階の偏導関数が $n \to \infty$ のとき K 上で 0 に一様収束するものとすると,必ず $T(\varphi_n) \to 0$ が成り立つ.

Ω 上の（Schwartz の）超関数全体の集合を $\mathscr{D}'(\Omega)$ で表す.$\mathscr{D}'(\Omega)$ は $\mathscr{D}(\Omega)$ 上の線型汎関数全体のなす線型空間の部分空間であることは明らかである.また,$T \in \mathscr{D}'(\Omega)$ の $\varphi \in \mathscr{D}(\Omega)$ における値を $\langle T, \varphi \rangle$ で表すこともよくある.

超関数の定義の動機となった,$u \in L^1_{loc}(\Omega)$ に対する T_u が上の意味での超関数になっていることを確かめよう.

命題 2.4 $\Omega \subset \mathbb{R}^N$ を開集合とするとき,$u \in L^1_{loc}(\Omega)$ が定める $\mathscr{D}(\Omega)$ 上の汎関数 $T_u(\varphi) := \int_\Omega u(x)\varphi(x)\,dx$ $(\varphi \in \mathscr{D}(\Omega))$ は Ω 上の超関数となる.また,対応 $u \mapsto T_u$ は $1:1$ である.（ただし,a.e. に等しい局所可積分関数は同一視する.）

証明. $\{\varphi_n\}_n$ を $\mathscr{D}(\Omega)$ の関数列で,台 $\operatorname{supp}\varphi_n$ が n によらない一定のコンパクト集合 $K(\subset \Omega)$ に含まれ,φ_n のすべての階の偏導関数が $n \to \infty$ のとき K 上で 0 に一様収束するものとしよう.このとき

$$|T_u(\varphi_n)| \leq \int_K |u(x)|\,|\varphi_n(x)|\,dx \leq \int_K |u(x)|\,dx \cdot \sup_{x \in K} |\varphi_n(x)|$$

---

[1] 汎関数とは functional の訳で,もっとも広義には単にスカラー値の普通の関数にすぎない.関数解析では Banach 空間から Banach 空間への写像を考えるのが当たり前なのでそれと区別して言うのである.

2.1. 超関数

で，$n \to \infty$ のとき $\sup_{x \in K} |\varphi_n(x)| \to 0$ だから $T_u(\varphi_n) \to 0$ となる．よって $T_u \in \mathscr{D}'(\Omega)$ が確かめられた．

対応 $u \mapsto T_u$ が $1:1$ であることは，変分法の基本補題（定理 1.16）の主張そのものである． ■

命題 2.4 によって $u \in L^1_{loc}(\Omega)$ と $T_u \in \mathscr{D}'(\Omega)$ を同一視することができて，$\mathscr{D}'(\Omega)$ は $L^1_{loc}(\Omega)$ を拡張した「関数空間」と考えることができる．ただし，ここで括弧付きで「関数空間」と述べたのは，$\mathscr{D}'(\Omega)$ の要素はもはや Ω の各点に数値を対応させた普通の関数とは解釈できないからである．これを如実に示す最も簡単な例は **Dirac の超関数**と呼ばれるもので，これはある点 $x_0 \in \Omega$ を固定して，テスト関数 $\varphi \in \mathscr{D}(\Omega)$ に対して $\varphi(x_0)$ を対応させる汎関数である．この汎関数を δ_{x_0} で表すと，どんな局所可積分関数 u によっても $\delta_{x_0} = T_u$ とはならない．実際，もしも $\delta_{x_0} = T_u$ となったとすると $\varphi \in \mathscr{D}(\Omega)$ の台が x_0 を含まなければ $\int_\Omega u(x)\varphi(x)\,dx = \delta_{x_0}(\varphi) = 0$ となるが，これから $\Omega \setminus \{x_0\}$ に変分法の基本補題を適用すれば u が $\Omega \setminus \{x_0\}$ で a.e. 0 となることがわかり，$T_u = 0$ となる．一方，明らかに $\delta_{x_0} \neq 0$ だから矛盾である．なお，δ_{x_0} はより正確には **x_0 に集中した Dirac の超関数**と呼ばれる．

本書では Schwartz の超関数については，その定義と次に述べる微分（拡張された導関数）以外のことは必要としないが，さらに知りたい読者はたとえば Schwartz 自身の著書 [41] が詳しいので参照していただきたい．同じく Schwartz による [42] はより実際家向けである．

ここでは超関数の特徴付けについての次の結果を証明抜きに述べるだけにとどめよう．（証明はたとえば [55, 命題 5.76] にもある．）

命題 2.5 $\mathscr{D}(\Omega)$ 上の線型汎関数 T に対して次の条件は同値である．

(i) T は Ω 上の超関数，すなわち $T \in \mathscr{D}'(\Omega)$；

(ii) Ω の任意のコンパクト部分集合 K に対して，自然数 m と定数 $C > 0$ で，$\mathrm{supp}\,\varphi \subset K$ をみたす任意の $\varphi \in \mathscr{D}(\Omega)$ に対して

$$|T(\varphi)| \leq C \sum_{\alpha : |\alpha| \leq m} \sup_{x \in K} |\partial^\alpha \varphi(x)| \tag{2.1}$$

をみたすようなものが存在する．

Remark 2.6 Schwartz の超関数とは，ある集合の各点に数値を対応させるという関数の概念から，関数のある機能（$\mathscr{D}(\Omega)$ 上の線型汎関数を与える）に着目点を移して得られたものであることに注意していただきたい．

超関数の微分　超関数は普通の意味での関数ではないので，微分の意味も改めて定義しなくてはならないが，u と T_u の同一視をしているので，普通の意味で微分可能な関数の場合には普通の微分に対応するようにしなくてはならない．そのためのヒントとなるのは部分積分の公式である．簡単のため 1 次元の開区間 $I = (a,b)$ で考えると，$u \in C^1(I)$, $\varphi \in \mathscr{D}(I)$ ならば

$$\int_I u'(x)\varphi(x)\,dx = -\int_I u(x)\varphi'(x)\,dx$$

が成り立つ．この式の左辺はもちろん u が微分できなければ意味がないが，右辺は u が局所可積分なだけで意味があることに注意しよう．このことこそが次の定義のヒントなのである．

定義 2.7　$\Omega \subset \mathbb{R}^N$ を開集合，$i = 1, 2, \ldots, N$, $T \in \mathscr{D}'(\Omega)$ とするとき，$\varphi \in \mathscr{D}(\Omega)$ に対して $S_i(\varphi) := -T(\partial_i\varphi)$ を対応させる汎関数は $\mathscr{D}'(\Omega)$ の元となるので（証明は次の命題 2.8），この S_i を $\partial T/\partial x_i$ あるいは $\partial_i T$ で表し，T の x_i 方向への偏導関数という．

定義を早く述べるために後回しにしたことを述べよう．

命題 2.8　$\Omega \subset \mathbb{R}^N$ を開集合，$i = 1, 2, \ldots, N$, $T \in \mathscr{D}'(\Omega)$ とするとき，$\varphi \in \mathscr{D}(\Omega)$ に対して $S_i(\varphi) := -T(\partial_i\varphi)$ を対応させる線型汎関数は $\mathscr{D}'(\Omega)$ の元となる．

証明．$\{\varphi_n\}_n$ を $\mathscr{D}(\Omega)$ の関数列で，台 $\mathrm{supp}\,\varphi_n$ が n によらない一定のコンパクト集合 $K(\subset \Omega)$ に含まれ，φ_n のすべての階の偏導関数が $n \to \infty$ のとき K 上で 0 に一様収束するものとしよう．このとき $\partial_i\varphi_n$ も台が K に含まれ，$\partial_i\varphi$ のすべての階の偏導関数が $n \to \infty$ のとき K 上で 0 に一様収束する．よって $S_i(\varphi_n) = -T(\partial_i\varphi_n)$ は $n \to \infty$ のとき 0 に収束するので，$S_i \in \mathscr{D}'(\Omega)$ が証明された．∎

命題 2.8 は任意の超関数が各方向に 1 回偏微分可能であることを示しているが，その偏導関数も超関数なのでもう一度各方向に偏微分できる．従って，**超関数は何回でも偏微分可能**となることに注意しよう．

次に超関数の微分は順序交換を許すことを確かめよう．

命題 2.9　$\Omega \subset \mathbb{R}^N$ を開集合，$i, j = 1, 2, \ldots, N$, $T \in \mathscr{D}'(\Omega)$ とするとき

$$\frac{\partial}{\partial x_i}\left(\frac{\partial T}{\partial x_j}\right) = \frac{\partial}{\partial x_j}\left(\frac{\partial T}{\partial x_i}\right)$$

2.1. 超関数

が成り立つ．

証明． 便宜上この証明の中では $\varphi \in \mathscr{D}(\Omega)$ の $S \in \mathscr{D}'(\Omega)$ による像を $\langle S, \varphi \rangle$ で表す．こうすると，任意の $\varphi \in \mathscr{D}(\Omega)$ に対して $\partial_i(\partial_j \varphi) = \partial_j(\partial_i \varphi)$ という微分積分学で知られた事実と超関数の微分の定義から

$$\left\langle \frac{\partial}{\partial x_i}\left(\frac{\partial T}{\partial x_j}\right), \varphi \right\rangle = -\left\langle \frac{\partial T}{\partial x_j}, \frac{\partial \varphi}{\partial x_i} \right\rangle$$
$$= \left\langle T, \frac{\partial}{\partial x_j}\left(\frac{\partial \varphi}{\partial x_i}\right) \right\rangle$$
$$= \left\langle T, \frac{\partial}{\partial x_i}\left(\frac{\partial \varphi}{\partial x_j}\right) \right\rangle$$
$$= -\left\langle \frac{\partial T}{\partial x_i}, \frac{\partial \varphi}{\partial x_j} \right\rangle$$
$$= \left\langle \frac{\partial}{\partial x_j}\left(\frac{\partial T}{\partial x_i}\right), \varphi \right\rangle$$

と変形されて，命題が証明される．■

例 2.10 **(1)．** C^1 級の関数 u に対して，超関数と見なしたときの微分と通常の微分が一致すること，すなわち $\partial_i T_u = T_{\partial_i u}$ が成り立つことを確かめよう．$\Omega \subset \mathbb{R}^N$ を開集合，$u \in C^1(\Omega)$ とすると $u \in L^1_{loc}(\Omega)$ で，任意の $i = 1, 2, \ldots, N$ に対して $\partial_i u$ も局所可積分だから $\partial_i T_u$ も $T_{\partial_i u}$ もともに Ω 上の超関数としての意味がある．そして，任意のテスト関数 $\varphi \in \mathscr{D}(\Omega)$ に対して，微分積分学の部分積分の公式によって

$$T_{\partial_i u}(\varphi) = \int_\Omega (\partial_i u(x))\varphi(x)\, dx = -\int_\Omega u(x) \partial_i \varphi(x)\, dx = (\partial_i T_u)(\varphi)$$

となるので我々の主張は確かに成り立つ．

(2)． 原点を含む 1 次元の開区間 $I := (a, b)$ を考え，I 上の局所可積分関数 $H(x)$ を

$$H(x) := \begin{cases} 1 & (x \geq 0), \\ 0 & (x < 0) \end{cases}$$

で定める．（$H(x)$ は Heaviside の関数と呼ばれる.）このとき，超関数としての Heaviside の関数の微分は原点に集中した Dirac の超関数となる．実際，1 変数

なので超関数の微分も通常の関数と同様にダッシュをつけて表すと，$\varphi \in \mathscr{D}(I)$ に対して

$$(T_H)'(\varphi) = -T_H(\varphi') = -\int_I H(x)\varphi'(x)\,dx$$
$$= -\int_0^b \varphi'(x)\,dx = \varphi(0) = \delta_0(\varphi)$$

となる．

Remark 2.11 超関数は何回でも微分可能で線型演算について閉じているので，N 変数の定数係数の形式的な微分作用素 $P := \sum_\alpha a_\alpha \partial^\alpha$ を作用させることができる．ここで ∂^α は多重指数 $\alpha = (\alpha_1, \ldots, \alpha_N) \in \mathbb{Z}_+^N$ の定める微分作用素 $\partial_1^{\alpha_1} \partial_2^{\alpha_2} \cdots \partial_N^{\alpha_N}$ を表している．これに対して超関数 $E \in \mathscr{D}'(\mathbb{R}^N)$ が $PE = \delta_0$（$= 0$ に集中した Dirac の超関数）をみたすとき，E は微分作用素 P に対する**基本解**と呼ばれる．基本解は f を与えたときの $Pu = f$ の解 u を求める際に重要な役割を果たすが[2]，ここに述べたような定数係数の P に対して必ず存在することが知られている（Malgrange–Ehrenpreis の定理，[31] 参照）．

ラプラシアンや波動作用素などの古典的な微分作用素の基本解はよく知られており，微分方程式の理論では重要な役割を果たしている．基本解を具体的に求めるには Fourier 変換を利用するとよいのであるが，超関数（一部分に限定されるが）に対する Fourier 変換については 5.3 節（詳しくは [42]）を参照していただきたい．基本解の具体的な例については [47], [35], [49] などを見ていただきたい．

例 2.12 $\mathbb{R}^3$ における局所可積分関数 $E(x) := -1/(4\pi|x|)$ $(x \in \mathbb{R}^3)$ はラプラシアン Δ の基本解である．これを示すにはテスト関数 $\varphi \in \mathscr{D}(\mathbb{R}^3)$ に対して，$R > 0$ を $\{x \in \mathbb{R}^3 \mid |x| < R\}$ が φ の台を含むように大きく取り，

$$(\Delta E)(\varphi) = E(\Delta \varphi) = -\lim_{\varepsilon \downarrow 0} \int_{\{\varepsilon < |x| < R\}} \frac{\Delta \varphi}{4\pi|x|}\,dx$$

を計算する．極限を取る前の積分をベクトル解析の Green の公式を用いて書き換えると，$\Omega := \{x \in \mathbb{R}^3 \mid \varepsilon < |x| < R\}$ として

$$\int_{\{\varepsilon<|x|<R\}} \frac{\Delta\varphi}{4\pi|x|}\,dx = \frac{1}{4\pi}\int_{\partial\Omega} \frac{1}{|x|}\frac{\partial\varphi}{\partial n}\,dS - \frac{1}{4\pi}\int_{\partial\Omega} \varphi \frac{\partial}{\partial n}\frac{1}{|x|}\,dS$$
$$= \frac{1}{4\pi\varepsilon}\int_{|x|=\varepsilon} \frac{\partial\varphi}{\partial n}\,dS - \frac{1}{4\pi\varepsilon^2}\int_{|x|=\varepsilon} \varphi\,dS \qquad (2.2)$$

---

[2] 本書では触れている余裕がないが，超関数の合成積を用いると，$Pu = f$ の解を $u = E * f$ と表示できる．

2.1. 超関数

となる．（$x \neq 0$ で $\Delta(1/|x|) = 0$ であることに注意．）ここで dS は境界の面積要素であり，$\partial/\partial n$ は Ω の外向き法線方向の微分である．(2.2) で $\varepsilon \downarrow 0$ とすれば $-\varphi(0)$ に収束することが容易にわかるので，確かに $E(x)$ は Δ の基本解である．

超関数と C^∞ 級関数の積 超関数は微分に関しては非常によい性質を持っていることがわかったが，その代わりに普通の関数と異なって超関数同士の積はうまく定義できない．しかし C^∞ 級関数と超関数の積なら問題なく定義可能である．実際，$\Omega \subset \mathbb{R}^N$ を開集合とするとき，$\varphi \in C^\infty(\Omega)$ と $T \in \mathscr{D}'(\Omega)$ の積は次のようにすればよい：任意の $\psi \in \mathscr{D}(\Omega)$ に対して $T(\varphi\psi)$ を対応させる $\mathscr{D}(\Omega)$ 上の線型汎関数は Ω 上の超関数となるので，この超関数を φ と T との積と定め φT で表す．すなわち，任意の $\psi \in \mathscr{D}(\Omega)$ に対して $(\boldsymbol{\varphi T})(\boldsymbol{\psi}) := \boldsymbol{T(\varphi\psi)}$ とするのである．実際，$\varphi\psi \in \mathscr{D}(\Omega)$ だから $T(\varphi\psi)$ は確かに意味を持つ．また，$\{\psi_n\}_n$ を台が共通のコンパクト集合 $K \subset \Omega$ に含まれ，任意の多重指数 α に対して $\partial^\alpha \psi_n$ が K 上で 0 に一様収束するものとすれば，$\{\varphi\psi_n\}_n$ も同じ性質を持つので $T(\varphi\psi_n) \to 0 \, (n \to \infty)$ となって，汎関数 $\psi \longmapsto T(\varphi\psi)$ は確かに Ω 上の超関数となる．

Remark 2.13 C^∞ 級関数と超関数の積に対して $(\varphi\psi)T = \varphi(\psi T)$ や $\varphi(S + T) = \varphi S + \varphi T$ が成り立つ．また，局所可積分関数 u から定まる超関数 T_u と C^∞ 級関数 φ の積は，局所可積分関数 φu から定まる超関数と一致する．

後の正則性の議論で必要となるので，C^∞ 級関数との積と微分演算の関係をまとめておこう．

命題 2.14 $\Omega \subset \mathbb{R}^N$ を開集合，$\varphi \in C^\infty(\Omega)$，$T \in \mathscr{D}'(\Omega)$ とするとき，各 $i = 1, 2, \ldots, N$ に対して

$$\partial_i(\varphi T) = (\partial_i \varphi)T + \varphi(\partial_i T) \tag{2.3}$$

が成り立つ．また，ラプラシアン $\Delta := \sum_{i=1}^N \partial^2/\partial x_i^2$ に対して次が成り立つ：

$$\Delta(\varphi T) = (\Delta\varphi)T + 2\sum_{i=1}^N (\partial_i \varphi)(\partial_i T) + \varphi \Delta T. \tag{2.4}$$

証明． (2.3) の右辺の各項は C^∞ 級関数と超関数の積として意味を持ち，従ってその和も超関数として定まることに注意．この等式の証明はテスト関数 ψ へ

の両辺の作用を考えれば容易にできるので読者に任せる. (2.4) は (2.3) を反復使用すれば得られる. ∎

2.2 Sobolev 空間の定義

弱導関数 $\Omega \subset \mathbb{R}^N$ を開集合, u を Ω 上の局所可積分関数とするとき, u は超関数の意味では微分可能であるが, 一般には微分した結果は局所可積分関数では表せず, いわば彼岸の世界の住人になってしまう. もちろん例 2.10 で確認したように, C^1 級関数を超関数と見て 1 回微分したものは普通に微分したものと同一視できるが, 一般には Heaviside の関数のように微分すると普通の意味での関数とはならないのである. しかしなるべく普通の関数の世界にとどまっている方が便利なので, 次の定義を導入する

定義 2.15 $\Omega \subset \mathbb{R}^N$ は開集合, i は $1, 2, \ldots, N$ のどれかとする. $u \in L^1_{loc}(\Omega)$ に対して次の $(\mathrm{WD})_i$ をみたすような局所可積分関数 v_i が存在するとき, v_i を u の x_i 方向の**弱導関数**, あるいは**超関数の意味での導関数**という:

$$(\mathrm{WD})_i \qquad \int_\Omega u(x) \frac{\partial \varphi}{\partial x_i}(x)\, dx = - \int_\Omega v_i(x) \varphi(x)\, dx \quad (\forall \varphi \in C_0^\infty(\Omega)).$$

これは u の定める超関数 T_u に対してその微分 $\partial_i T_u$ が局所可積分関数 v_i の定める超関数 T_{v_i} に一致するということを言っている. 局所可積分関数とそれが定める超関数の対応が 1:1 だから (命題 2.4) v_i は一意的に決まるので, v_i を普通の導関数と同じ記号 $\partial u / \partial x_i$ または $\partial_i u$ で表す. この記号は, 普通の意味で $\partial u / \partial x_i$ が存在して連続であるような場合には同じものを表す (例 2.10).

もっと一般に, 多重指数 $\alpha \in \mathbb{Z}_+^N$ に対して

$$\int_\Omega u(x) \partial^\alpha \varphi(x)\, dx = (-1)^{|\alpha|} \int_\Omega v_\alpha(x) \varphi(x)\, dx \quad (\forall \varphi \in C_0^\infty(\Omega))$$

をみたすような局所可積分関数 v_α を u の ∂^α に関する弱導関数という. (これも L^1_{loc} の元として一意的に定まるので $\partial^\alpha u$ と書く.) u が $C^{|\alpha|}$ 級ならば v_α は通常の意味の $\partial^\alpha u$ に a.e. に等しい.

局所可積分関数の弱導関数とは, 超関数の意味で微分して一応彼岸の世界の住人になったような導関数が, 実は現実の世界のものとして捉えられる, という状況を取り出した概念であることに注意していただきたい.

2.2. Sobolev 空間の定義

例 2.16 1 次元開区間 $I := (-1, 1)$ で考えると，関数 $u(x) := |x|$ は C^1 級ではなく，原点では通常の意味で微分可能でもない．しかし $(-1, 0]$, $[0, 1)$ では C^1 級なので，任意の $\varphi \in C_0^\infty(I)$ に対して

$$-\int_I u(x)\varphi'(x)\,dx = -\int_{-1}^0 (-x)\varphi'(x)\,dx - \int_0^1 x\varphi'(x)\,dx$$

$$= -\bigl[-x\varphi(x)\bigr]_{-1}^0 + \int_{-1}^0 -\varphi(x)\,dx$$

$$\quad - \bigl[x\varphi(x)\bigr]_0^1 + \int_0^1 \varphi(x)\,dx$$

$$= \int_{-1}^0 -\varphi(x)\,dx + \int_0^1 \varphi(x)\,dx$$

となる．最後の式は，$v(x)$ を $x > 0$ では 1，$x < 0$ では -1 として定めた局所可積分関数 v を使って $\int_I v(x)\varphi(x)\,dx$ と書けるから，

$$-\int_I u(x)\varphi'(x)\,dx = \int_I v(x)\varphi(x)\,dx$$

となって，v が u の弱導関数であることがわかる．この場合，実は $x = 0$ 以外では u は通常の意味で微分可能で $u'(x) = v(x)$ であるが，これは偶然ではないことが後に定理 3.6 で明らかにされる．

Sobolev 空間 $W^{m,p}(\Omega)$ いまや弱導関数の概念を用いて，導関数の存在を L^p 空間的に捉えた Sobolev 空間を定義できるようになった．

定義 2.17 $1 \le p \le \infty$，$\Omega \subset \mathbb{R}^N$ は開集合とする．このとき，各 $i = 1, \ldots, N$ に対して $L^p(\Omega)$ に属するような x_i 方向の弱導関数を持つ $u \in L^p(\Omega)$ 全体の集合を $W^{1,p}(\Omega)$ と定める．（念のため $L^p(\Omega) \subset L^1_{loc}(\Omega)$ に注意しよう．）

より一般に，$m \in \mathbb{N}$ に対して，$|\alpha| \le m$ をみたすすべての多重指数 α に対して，u の ∂^α に関する弱導関数 $v_\alpha (= \partial^\alpha u) \in L^p(\Omega)$ が存在するとき $u \in W^{m,p}(\Omega)$ と定義する．$u \in W^{m,p}(\Omega)$ は

$$\|u\|_{W^{m,p}} := \sum_{|\alpha| \le m} \|\partial^\alpha u\|_{L^p} \tag{2.5}$$

をノルムとして Banach 空間になる．ただし $p = 2$ のときは $W^{m,p}(\Omega)$ を $H^m(\Omega)$ と書き，$\overline{\partial^\alpha v(x)}$ を $\partial^\alpha v(x)$ の共役複素数として，内積

$$(u, v)_{H^m(\Omega)} := \sum_{|\alpha| \le m} \int_\Omega \partial^\alpha u(x) \overline{\partial^\alpha v(x)}\,dx \tag{2.6}$$

が意味を持つので，これから定まるノルム（これは上記のノルムと同値）を使用して Hilbert 空間として扱うことが普通である（[55, 命題 6.26] 参照）．

なお $m=0$ のときには $W^{m,p}(\Omega) := L^p(\Omega)$ と定義しておく．

上の定義の中で早めに宣言してしまったが，$W^{m,p}(\Omega)$ が確かに Banach 空間になっていることを証明しておこう．

定理 2.18 $m \in \mathbb{N}, 1 \leq p \leq \infty, \Omega \subset \mathbb{R}^N$ は開集合とすると，$W^{m,p}(\Omega)$ は $L^p(\Omega)$ の部分線型空間であり，(2.5) で定めた $\|\cdot\|_{W^{m,p}}$ に関して Banach 空間となる．特に $p=2$ のときは (2.6) を内積として $W^{m,p}(\Omega)$ は Hilbert 空間となる．（この内積で考える線型空間 $W^{m,2}(\Omega)$ を $H^m(\Omega)$ で表す．）

また，$|\alpha| \leq m$ ならば $W^{m,p}(\Omega)$ から $L^p(\Omega)$ への写像 $u \mapsto \partial^\alpha u$ は線型写像となる．

証明． $u, v \in W^{m,p}(\Omega)$ とすると，$|\alpha| \leq m$ をみたす任意の多重指数 α に対して弱導関数 $\partial^\alpha u, \partial^\alpha v$ は $L^p(\Omega)$ の元となる．よって $\partial^\alpha u + \partial^\alpha v \in L^p(\Omega)$ であり，任意の $\varphi \in C_0^\infty(\Omega)$ に対して

$$\begin{aligned}\int_\Omega (u+v)(x)\partial^\alpha\varphi(x)\,dx &= \int_\Omega u(x)\partial^\alpha\varphi(x)\,dx + \int_\Omega v(x)\partial^\alpha\varphi(x)\,dx \\ &= (-1)^{|\alpha|}\int_\Omega (\partial^\alpha u(x))\varphi(x)\,dx \\ &\quad + (-1)^{|\alpha|}\int_\Omega (\partial^\alpha v(x))\varphi(x)\,dx \\ &= (-1)^{|\alpha|}\int_\Omega (\partial^\alpha u(x)+\partial^\alpha v(x))\varphi(x)\,dx\end{aligned}$$

が成り立つので，$\partial^\alpha u + \partial^\alpha v \in L^p(\Omega)$ が $u+v$ の ∂^α に関する弱導関数となる．これは $u+v \in W^{m,p}(\Omega)$ であることと $\partial^\alpha(u+v) = \partial^\alpha u + \partial^\alpha v$ を示している．

同様にして $u \in W^{m,p}(\Omega)$ の定数倍も $W^{m,p}(\Omega)$ に属し，$\partial^\alpha(cu) = c\partial^\alpha u$ （c は定数，$|\alpha| \leq m$）であることがわかる．

以上で $W^{m,p}(\Omega)$ が線型空間となることと，定理の最後の主張が証明されたので，次に $W^{m,p}(\Omega)$ が $\|\cdot\|_{W^{m,p}}$ で Banach 空間となることを示そう．まず $\|\cdot\|_{W^{m,p}}$ がノルムであることは，$\partial^\alpha(u+v) = \partial^\alpha u + \partial^\alpha v, \partial^\alpha(cu) = c\partial^\alpha u$ と $\|\cdot\|_{L^p}$ がノルムの公理をみたすことから明らかである．（$\|u\|_{W^{m,p}} = 0$ ならば $u = 0$ であることも，$\|u\|_{W^{m,p}} = 0$ ならば定義より $\|u\|_{L^p} = 0$ となることから明らか．）

2.2. Sobolev 空間の定義

$\{u_k\}_k$ を $W^{m,p}(\Omega)$ の Cauchy 列とすると，$|\alpha| \leq m$ をみたす任意の α に対して $\|\partial^\alpha u_k - \partial^\alpha u_l\|_{L^p} \leq \|u_k - u_l\|_{W^{m,p}}$ だから，$\{\partial^\alpha u_k\}_k$ は $L^p(\Omega)$ の Cauchy 列となり，従ってある $v_\alpha \in L^p(\Omega)$ に L^p のノルムで収束する．特に $\alpha = 0$ とすると u_k がある $v \in L^p(\Omega)$ に L^p のノルムで収束することがわかる．よって，各 k で成り立つ弱導関数の等式

$$\int_\Omega u_k(x) \partial^\alpha \varphi(x)\, dx = (-1)^{|\alpha|} \int_\Omega (\partial^\alpha u_k(x)) \varphi(x)\, dx \quad (\forall \varphi \in C_0^\infty(\Omega))$$

で $k \to \infty$ とすると，Hölder の不等式からわかる連続性により

$$\int_\Omega v(x) \partial^\alpha \varphi(x)\, dx = (-1)^{|\alpha|} \int_\Omega v_\alpha(x) \varphi(x)\, dx \quad (\forall \varphi \in C_0^\infty(\Omega))$$

が得られる．$v_\alpha \in L^p(\Omega)$ であるからこれは $v \in W^{m,p}(\Omega)$ かつ $\partial^\alpha v = v_\alpha$ であることを示している．また，各 α で $\|\partial^\alpha(u_k - v)\|_{L^p} = \|\partial^\alpha u_k - v_\alpha\|_{L^p}$ であるから $\|u_k - v\|_{W^{m,p}} \to 0\ (k \to \infty)$ が成り立つ．これによって $W^{m,p}(\Omega)$ が完備であることが示された．

次に $p = 2$ の場合を考えよう．このとき (2.6) が $W^{m,2}(\Omega)$ 上の内積になることは明らかである．実際，この内積から定まるノルムを $\|u\|_{H^m}$ で表し，$|\alpha| \leq m$ をみたす多重指数 α の個数を n とすれば，$u \in W^{m,2}(\Omega)$ に対して

$$\frac{1}{n}\Big(\sum_{|\alpha| \leq m} \|\partial^\alpha u\|_{L^2}\Big)^2 \leq \|u\|_{H^m}^2 = \sum_{|\alpha| \leq m} \|\partial^\alpha u\|_{L^2}^2 \leq \Big(\sum_{|\alpha| \leq m} \|\partial^\alpha u\|_{L^2}\Big)^2$$

が成り立つことがわかる．これから $\|u\|_{W^{m,2}}/\sqrt{n} \leq \|u\|_{H^m} \leq \|u\|_{W^{m,2}}$ となって，内積から定まるノルムは $W^{m,2}(\Omega)$ のノルム (2.5) と同値であることが示される．よって，すでに示した完備性から $W^{m,2}(\Omega)$ は内積 (2.6) によって Hilbert 空間となる．■

部分空間 $W_0^{m,p}(\Omega)$　偏微分方程式の境界値問題を Sobolev 空間の枠組みで考えるときは次の部分空間が重要になる．

定義 2.19　$1 \leq p \leq \infty$, $\Omega \subset \mathbb{R}^N$ は開集合とする．このとき Banach 空間 $W^{1,p}(\Omega)$ における $C_0^\infty(\Omega)$ の閉包を $W_0^{1,p}(\Omega)$ で表す．$W_0^{1,p}(\Omega)$ は $W^{1,p}(\Omega)$ の閉部分空間なので $\|\cdot\|_{W^{1,p}}$ によって Banach 空間となる．特に $p = 2$ のとき $W_0^{1,p}(\Omega)$ は $H_0^1(\Omega)$ で表され，$H^1(\Omega)$ の内積によって Hilbert 空間となる．同様に，一般の $m \in \mathbb{N}$ に対して $W^{m,p}(\Omega)$ での $C_0^\infty(\Omega)$ の閉包を $W_0^{m,p}(\Omega)$ で表す．特に $p = 2$ のとき $W_0^{m,p}(\Omega)$ を $H_0^m(\Omega)$ で表す．

大まかに言って，$u \in W_0^{1,p}(\Omega)$ ということは u が Ω の境界上では 0 ということなのだが，もともとの定義では u の $\partial\Omega$ 上での値には意味がないので，こう言っても数学的には何のことかわからない．正確な意味づけは後の定理 9.8 を参照のこと．

2.3　Banach 空間としての Sobolev 空間 *

この節では共役空間や弱収束列などの関数解析のある程度の知識を仮定する．

Sobolev 空間の共役空間　Banach 空間として関数解析的に Sobolev 空間を取り扱う上では，その共役空間（有界線型汎関数全体のなす Banach 空間）について調べる必要がある．共役空間に関する一般的事項については拙著 [55] などの関数解析の書物に任せるが，本書では Banach 空間 X の共役空間を X^* で表すことにする．

Sobolev 空間の共役空間を扱う基礎は L^p 空間についての次の事実である．

定理 2.20　$\Omega \subset \mathbb{R}^d$ は開集合で $1 \le p < \infty$ とする．このとき $1/p + 1/q = 1$ をみたす q が定まる．（$p = 1$ の場合は $q = \infty$ と解釈する．）この q に対して，$\tau \colon L^q(\Omega) \to (L^p(\Omega))^*$ が

$$\tau(g)(f) := \int_\Omega f(x) g(x)\, dx \qquad (f \in L^p(\Omega),\ g \in L^q(\Omega))$$

によって定義され，τ は $L^q(\Omega)$ から $(L^p(\Omega))^*$ の上への等長同型写像となる．

この定理の証明については積分論の書物を見ていただきたいが，[55] にも定理 6.44 として述べられている．通常 $L^p(\Omega)$ ($1 \le p < \infty$) の共役空間 $(L^p(\Omega))^*$ はこの定理の写像 τ を介して $L^q(\Omega)$ と同一視される．

Sobolev 空間の共役空間を表現するもう一つの鍵は L^p 空間の直積への埋め込みである．$\Omega \subset \mathbb{R}^N, m \in \mathbb{N}$ としよう．このとき，長さ $|\alpha|$ が m 以下の N 次元の多重指数 α 全体の集合を Λ_m で表し，Λ_m の元の個数を ℓ_m とする．そうすると $W^{m,p}(\Omega)$ から $L^p(\Omega)$ の ℓ_m 個の直積ノルム空間 $L^p(\Omega)^{\ell_m}$ への写像 τ が $u \in W^{m,p}(\Omega) \longmapsto (\partial^\alpha u)_{\alpha \in \Lambda_m}$ で定められる．$L^p(\Omega)^{\ell_m}$ はノルムを $\|(v_\alpha)_{\alpha \in \Lambda_m}\| := \sum_{\alpha \in \Lambda_m} \|v_\alpha\|_{L^p}$ で定めてあるものとすると，この写像は $W^{m,p}(\Omega)$ から $L^p(\Omega)^{\ell_m}$ への等長写像（ノルムを変えない）である．また，$(\phi_\alpha)_{\alpha \in \Lambda_m} \in \left(L^p(\Omega)^*\right)^{\ell_m}$ と

2.3. Banach 空間としての Sobolev 空間 *

すると，
$$(v_\alpha)_{\alpha \in \Lambda_m} \in L^p(\Omega)^{\ell_m} \longmapsto \sum_{|\alpha| \leq m} \phi_\alpha(v_\alpha)$$

は $L^p(\Omega)^{\ell_m}$ 上の有界線型汎関数となるが，この対応により $\left(L^p(\Omega)^{\ell_m}\right)^*$ は線型空間として $\left(L^p(\Omega)^*\right)^{\ell_m}$ と同一視される．$(\phi_\alpha)_{\alpha \in \Lambda_m} \in \left(L^p(\Omega)^*\right)^{\ell_m}$ のノルムを $\|(\phi_\alpha)_{\alpha \in \Lambda_m}\| := \max_\alpha \|\phi_\alpha\|_{(L^p)^*}$ で定めると，この対応は等長になる．

$W^{m,p}(\Omega)$ の共役空間 以上のことに注意すれば次の結果は容易に得られる．

定理 2.21 $\Omega \subset \mathbb{R}^N$ を任意の開集合，$m \in \mathbb{N}$, $1 \leq p < \infty$ とする．また $1 < q \leq \infty$ を $1/p + 1/q = 1$ で定められた p の共役指数とする．このとき $W^{m,p}(\Omega)$ 上の任意の有界線型汎関数 F に対して $(v_\alpha)_{\alpha \in \Lambda_m} \in L^q(\Omega)^{\ell_m}$ で

$$F(u) = \sum_{|\alpha| \leq m} \int_\Omega (\partial^\alpha u)(x) v_\alpha(x)\, dx \quad \text{かつ} \quad \|F\| = \max_{|\alpha| \leq m} \|v_\alpha\|_{L^q}$$

をみたすものが存在する．

証明． 定理の前に説明した写像 τ により $W^{m,p}(\Omega)$ は $L^p(\Omega)^{\ell_m}$ のある閉部分空間 $\mathcal{W}$ へ等長に写される．従って $F \in W^{m,p}(\Omega)^*$ から $\mathcal{W}$ 上の有界線型汎関数 $F \circ \tau^{-1}$ が得られる（ノルムも等しい）．Hahn–Banach の拡張定理 ([55, 系 2.60]) により，$\mathcal{W}$ 上の有界線型汎関数はノルムを変えずに $L^p(\Omega)^{\ell_m}$ 上の有界線型汎関数 Φ に延長される．$\left(L^p(\Omega)^{\ell_m}\right)^*$ は $(L^p(\Omega)^*)^{\ell_m}$ と等長同型で，さらに $L^p(\Omega)^*$ は $L^q(\Omega)$ と同一視されるので，Φ に対して $(v_\alpha)_{\alpha \in \Lambda_m} \in L^q(\Omega)^{\ell_m}$ で $\|\Phi\| = \max_{|\alpha| \leq m} \|v_\alpha\|_{L^q}$ かつ

$$\Phi((u_\alpha)_{\alpha \in \Lambda_m}) = \sum_{|\alpha| \leq m} \int_\Omega u_\alpha(x) v_\alpha(x)\, dx \quad (\forall (u_\alpha)_{\alpha \in \Lambda_m} \in L^p(\Omega)^{\ell_m})$$

をみたすものがある．$u \in W^{m,p}(\Omega)$ に対して $\Phi(\tau(u)) = F \circ \tau^{-1} \circ \tau(u) = F(u)$ で，$\tau(u)$ の α 成分は $\partial^\alpha u$ なので上式は定理が成り立つことを示している．∎

Remark 2.22 定理 2.21 の v_α は F に対して一般には一意的には決まらない．

$W_0^{m,p}(\Omega)$ の共役空間 $W_0^{m,p}(\Omega)$ の場合は超関数を使って共役空間の別の表現ができることを示そう．

定理 2.23 $\Omega \subset \mathbb{R}^N$ を任意の開集合，$m \in \mathbb{N}$, $1 \leq p < \infty$ とする．また，$1 < q \leq \infty$ を $1/p + 1/q = 1$ で定められた p の共役指数とする．このとき次の (i), (ii) が成り立つ．

(i) $|\alpha| \leq m$ をみたす N 次元の多重指数 α すべてに対して $v_\alpha \in L^q(\Omega)$ が定められているとする．このとき $v_\alpha \in L^1_{loc}(\Omega)$ だから超関数として

$$T := \sum_{|\alpha| \leq m} \partial^\alpha v_\alpha \in \mathscr{D}'(\Omega) \tag{2.7}$$

が定まるが，T は $\mathscr{D}(\Omega)$ 上で $\|\cdot\|_{W^{m,p}}$ ノルムで連続となり，従って一意的に $W_0^{m,p}(\Omega)$ 上に連続延長され，$W_0^{m,p}(\Omega)^*$ の元を定める．

(ii) $W_0^{m,p}(\Omega)$ 上の任意の有界線型汎関数 F は上の (i) の形の超関数から得られる．

証明． (i): T を定理に述べた形の超関数とすると，任意の $\varphi \in C_0^\infty(\Omega)$ に対して

$$T(\varphi) = \int_\Omega \sum_{|\alpha| \leq m} (\partial^\alpha v_\alpha)(x)\varphi(x)\,dx$$
$$= \sum_{|\alpha| \leq m} (-1)^{|\alpha|} \int_\Omega v_\alpha(x)(\partial^\alpha \varphi)(x)\,dx \tag{2.8}$$

と変形される．従って，(2.8) に Hölder の不等式を適用することにより

$$|T(\varphi)| \leq \sum_{|\alpha| \leq m} \|v_\alpha\|_{L^q} \|\partial^\alpha \varphi\|_{L^p} \leq \left(\sum_{|\alpha| \leq m} \|v_\alpha\|_{L^q}\right) \|\varphi\|_{W^{m,p}}$$

となって $C_0^\infty(\Omega)$ 上の線型汎関数として T は $\|\cdot\|_{W^{m,p}}$ ノルムで連続である．$W_0^{m,p}(\Omega)$ は $C_0^\infty(\Omega)$ の $\|\cdot\|_{W^{m,p}}$ に関する閉包なので，これから T が $W_0^{m,p}(\Omega)$ 上の連続線型（= 有界線型）汎関数として一意的に延長されることがわかる．念のために延長の仕方を述べると，任意の $u \in W_0^{m,p}(\Omega)$ に対して u に $\|\cdot\|_{W^{m,p}}$ のノルムで収束するような $C_0^\infty(\Omega)$ の点列 $\{\varphi_n\}_n$ が存在するので u に対する値を $\lim_{n \to \infty} \langle T, \varphi_n \rangle$ とすればよい．（さらに詳しくは，たとえば [55, 定理 1.42] を参照．）

2.3. Banach 空間としての Sobolev 空間 *

(ii): $W_0^{m,p}(\Omega)$ 上の有界線型汎関数 F は Hahn–Banach の拡張定理により $W^{m,p}(\Omega)$ 上の有界線型汎関数 $\widetilde{F}$ に拡張される．$\widetilde{F}$ に定理 2.21 を適用すると，$|\alpha| \leq m$ をみたす各多重指数 α に対して $v_\alpha \in L^q(\Omega)$ を取って，

$$\widetilde{F}(u) = \sum_{|\alpha| \leq m} \int_\Omega (\partial^\alpha u)(x) v_\alpha(x)\, dx \quad (\forall u \in W^{m,p}(\Omega))$$

が成り立つようにできる．上式において $u \in C_0^\infty(\Omega)$ のときは右辺の積分は (2.7) の T によって $\langle T, u \rangle$ と表されるから，結局 $u \in C_0^\infty(\Omega)$ に対して $F(u) = \langle T, u \rangle$ が成り立ち，(ii) の主張が証明された．∎

Remark 2.24 $W_0^{m,p}(\Omega)$ の共役空間は定理 2.23 の表現から $W^{-m,q}(\Omega)$ $(1/p + 1/q = 1)$ と書かれることがある．特に $p = 2$ の場合は $H^{-m}(\Omega)$ と書くが，$\Omega = \mathbb{R}^N$ の場合は Fourier 変換（超関数まで拡張したもの）との関係でこの記法は非常に自然なものと言える（5.3 節参照）．

Sobolev 空間の反射性 Banach 空間 X の共役空間 X^* 自身が Banach 空間なのでその共役空間 $(X^*)^*$（通常これを X^{**} で表す）が定まる．一般に $x \in X$ とするとき，$f \in X^*$ に対して $f(x)$ を対応させる写像 $\tau(x)$ は $|f(x)| \leq \|x\|\|f\|$ から X^{**} の元となる．$\|x\| = \|\tau(x)\|$ も成り立つので x と $\tau(x)$ を同一視することによって $X \subset X^{**}$ とみなすことができるが，特に $X = X^{**}$ となるとき X は**反射的**であると言われる．反射的 Banach 空間は一般の Banach 空間に比べてよい性質を持っているが，Sobolev 空間について次のことが成り立ち，大変有用である．(第 II 部応用編で実際に用いられる．)

定理 2.25 $\Omega \subset \mathbb{R}^N$ が開集合，$1 < p < \infty$, $m \in \mathbb{N} \cup \{0\}$ とすると $W^{m,p}(\Omega)$, $W_0^{m,p}(\Omega)$ は反射的 Banach 空間となる．従って，$W^{m,p}(\Omega), W_0^{m,p}(\Omega)$ の任意の有界点列は弱収束する部分列を持つ．

証明． $W_0^{m,p}(\Omega), W^{m,p}(\Omega)$ が $L^p(\Omega)^{\ell_m}$ の閉部分空間と同型であることと次の (1) から (3) の関数解析の基礎事項により，$1 < p < \infty$ のときの反射性がわかる：

(1) $1 < p < \infty$ のとき $L^p(\Omega)$ は反射的．（定理 2.20 から容易にわかる．[55, 定理 6.46] 参照．）

(2) 反射的 Banach 空間の直積ノルム空間として $L^p(\Omega)^{\ell_m}$ は $1 < p < \infty$ のとき反射的である．$\left((L^p(\Omega)^{\ell_m}\right)^*$ は $(L^p(\Omega)^*)^{\ell_m}$ と同一視されることを用いればよい．)

(3) 反射的 Banach 空間の閉部分空間は反射的である ([55, 定理 2.110])．

最後の有界点列の弱収束についての主張も関数解析の標準的知識である ([55, 定理 2.114])．∎

Remark 2.26 非線型偏微分方程式への Sobolev 空間の応用ではさらに L^p 空間の一様凸性 ([55, 定理 6.56]) などの特性が用いられることがある．

2.4 Sobolev 空間導入の意義

やや先走りだが，Sobolev 空間の導入にどのような意義があるのかを簡単に述べておこう．下に述べることの多くは本書の後半部でさらに説明するが，ほんの入り口だけなので基本的には読者がこれからの解析学との付き合いの中で Sobolev 空間の効用を体験していかれることを期待したい．

- 微分作用素の定義域に自然に現れて，関数解析の舞台が整う．

  例 Hilbert 空間 $L^2(\mathbb{R}^N)$ における作用素として応用上非常に重要なものは**自己共役作用素**であるが，量子力学に現れる作用素は非有界なものである．中でもラプラシアン $\Delta = \sum_{i=1}^N \partial^2/\partial x_i^2$ は運動方程式の記述に不可欠なものであるが，素朴には 2 回微分可能な関数に対してしか作用できない．これを関数解析的に扱う方法の一つは，$C_0^\infty(\mathbb{R}^N)$ で考えた Δ の作用素としての閉包を考えることであるが，そうするとその閉包作用素の定義域は何になるのかよくわからなくなる．

  この場合，実はその閉包作用素の定義域が $H^2(\mathbb{R}^N)(= W^{2,2}(\mathbb{R}^N))$ で，閉包作用素の作用は，$u \in H^2(\mathbb{R}^N)$ に対して Sobolev 空間の元としての導関数を使って $\sum_{i=1}^N \partial^2 u/\partial x_i^2 \in L^2$ を対応させるものとなる．

  全空間でなく有界領域 $\Omega \subset \mathbb{R}^N$ の場合には境界条件を考慮しなければいけないが，代表的なものである**斉次 Dirichlet 条件**では，定義域を

  $$\mathcal{D}(\Delta_D) := \{\, u \mid u \in H^2(\Omega) \cap H_0^1(\Omega) \,\}$$

2.4. Sobolev 空間導入の意義

として，作用は Δ として $L^2(\Omega)$ における自己共役作用素が得られる．(ここでも後述の「正則性の問題」が関係する．定理 11.16 参照.)

- 方程式の解の存在を議論する場として適切である（もちろん方程式によるが）．

  解の概念を**弱解**というものに拡張して Sobolev 空間の中で解の存在が証明できる問題が多数あり，**まず存在を確保した上で**，解のなめらかさの問題は**正則性の問題**という形で別に取り扱うという戦略が有効なのである（第 II 部参照）．

  例　Poisson 方程式：
  $$\begin{cases} -\Delta u = f & (\text{in } \Omega), \\ u = 0 & (\text{on } \partial\Omega). \end{cases}$$

  u がこの方程式の弱解であるということは，$u \in H_0^1(\Omega)$ であり，かつ
  $$\int_\Omega \nabla u \cdot \nabla v \, dx = \int_\Omega fv \, dx \quad (\forall v \in H_0^1(\Omega)) \tag{WS}$$
  をみたすこととして定義される．**Poincaré の不等式** (10.16) によって，$\int_\Omega \nabla u \cdot \nabla v \, dx$ は Hilbert 空間 $H_0^1(\Omega)$ の内積と同等なので，Riesz の表現定理によって，任意の $f \in L^2(\Omega)$ に対して (WS) をみたす $u \in H_0^1(\Omega)$ の存在が言える．この弱解 $u \in H_0^1(\Omega)$ が実は $H^2(\Omega)$ に属することを言うのが正則性の問題である．

- Sobolev の埋蔵定理によって，Sobolev 空間同士の関係が明らかになり，特に非線型方程式の取り扱いが Sobolev 空間内部で可能になる（5 章，12 章参照）．

- Rellich–Kondrashov の定理，補間不等式などが証明できて，低階の微分は高階微分に比べて**無視できるほど小さい**[3] ことが確立され，**摂動論**が有効に使えるようになる．摂動論については [38] が理解しやすい（8 章参照）．

なお，より実際的な方面では，2 階楕円型方程式の境界値問題を解くための**有限要素法**の基礎に Sobolev 空間が用いられている．本書では残念ながら触れている余裕はないが，巻末文献の [8], [15], [18] などを参照していただきたい．

---

[3] あえてやや不正確な述べ方をしている．実際は 0 階の項を配慮する必要がある．定理 8.5 の不等式を見ていただきたい．

第3章
Sobolev 空間の元の特徴付け

Sobolev 空間は弱導関数を基に定義されたが，弱導関数が超関数でなく普通の関数になることと微分積分学の意味での微分可能性の関係が当然疑問になる．この問題について，ここまでは C^1 級関数なら弱導関数と普通の導関数が一致するという結果しか示していないが，この章では Sobolev 空間と普通に微分できる関数との関係をいろいろな面からもっと詳しく検討する．最後の節の差分商による特徴付けは応用編で活用される．

3.1 弱導関数と通常の導関数 *

はじめに Sobolev 空間の定義の元になる弱導関数（超関数の意味の微分）の定義を復習しておこう．

$1 \leq p \leq \infty, \Omega \subset \mathbb{R}^N$ は開集合とする．$u \in L^p(\Omega)$ に対して次の $(\mathrm{WD})_i$ をみたすような局所可積分関数 v_i を u の x_i 方向の**弱導関数**あるいは**超関数の意味での導関数**というのであった：

$$(\mathrm{WD})_i \qquad \int_\Omega u(x) \frac{\partial \varphi}{\partial x_i}(x)\, dx = -\int_\Omega v_i(x) \varphi(x)\, dx \quad (\forall \varphi \in C_0^\infty(\Omega)).$$

この定義は便利ではあるが，微分の話を部分積分の公式の成立という「**積分形**」の間接的なもので定義しているので，我々が高校以来親しんでいる普通の微分との関連がわかりにくい．この関連を解明するためには 1 変数関数の微分に関する補題 3.3 が必要であるが，当面の目的である命題 3.4 の主張のうち，「$u \in W^{1,p}(I)$ ならば $u(x) - u(y) = \int_y^x u'(t)\, dt$」という部分の証明には Fubini の定理だけで十分なので，そのための議論をまず補題 3.1 として述べよう．

補題 3.1 f_1, g_1 が 1 次元区間 I 上で局所可積分，$c, c' \in \mathbb{R}, x_0 \in I$ として $f(x) := \int_{x_0}^x f_1(t)\, dt + c$, $g(x) := \int_{x_0}^x g_1(t)\, dt + c' \; (x \in I)$ と定める．このとき，

任意の $x, y \in I$ に対して

$$\int_y^x f(t)g_1(t)\,dt = \bigl[f(t)g(t)\bigr]_y^x - \int_y^x f_1(t)g(t)\,dt \tag{3.1}$$

が成り立つ.

証明. $y \leq x$ として証明すべき式の左辺から出発すると,定義から $f(t) - f(y) = \int_y^t f_1(s)\,ds$ なので

$$\begin{aligned}
\int_y^x f(t)g_1(t)\,dt &= \int_y^x \left[\int_y^t f_1(s)\,ds + f(y)\right] g_1(t)\,dt \\
&= \int_y^x \left[\int_y^t f_1(s)\,ds\right] g_1(t)\,dt + f(y)\int_y^x g_1(t)\,dt \\
&= \int_y^x \left[\int_y^t f_1(s)\,ds\right] g_1(t)\,dt + f(y)g(x) - f(y)g(y)
\end{aligned} \tag{3.2}$$

となる.ここで右辺の累次積分は $f_1(s)g_1(t)$ が $[y,x] \times [y,x]$ 上で可積分なので積分順序を変更することができて

$$\begin{aligned}
\int_y^x \left[\int_y^t f_1(s)\,ds\right] g_1(t)\,dt &= \int_y^x \left[\int_s^x g_1(t)\,dt\right] f_1(s)\,ds \\
&= \int_y^x (g(x) - g(s))f_1(s)\,ds \\
&= g(x)\int_y^x f_1(s)\,ds - \int_y^x f_1(s)g(s)\,ds \\
&= g(x)f(x) - g(x)f(y) - \int_y^x f_1(s)g(s)\,ds
\end{aligned}$$

が得られる.これを (3.2) に代入すれば証明すべき式が得られる.

$x \leq y$ の場合も $\int_y^x$ を $-\int_x^y$ と書き直せばよい.∎

次に弱導関数と普通の導関数の関係を述べるのに必要な用語の定義を与えておこう.

定義 3.2 $-\infty \leq a < b \leq \infty$ とするとき,a, b を端点とする区間 I (開区間,閉区間,半開区間のいずれでもよい) 上で定義された関数 f が I 上で**絶対連続**であるとは,任意の $\varepsilon > 0$ に対してある $\delta > 0$ があって,I の互いに素

3.1. 弱導関数と通常の導関数 *

（異なる二つの共通部分が空）な任意有限個の部分区間 (a_i, b_i) $(i=1,\ldots,n)$ が $\sum_{i=1}^{n}(b_i - a_i) < \delta$ をみたすならば $\sum_{i=1}^{n}|f(b_i) - f(a_i)| < \varepsilon$ となることを言う．

特に 1 個の部分区間を考えれば，I 上で絶対連続な関数は I 上で一様連続であることがわかるが，逆は成り立たない[1]．

絶対連続性と微分可能性，Lebesgue 積分の不定積分との関係を与える次の補題は重要であるが，本書の大部分を読むのに必須ではないし Lebesgue 積分のやや進んだ理論を用いるので，(i) の証明の困難な部分と (ii) の微分可能性は巻末の「あとがきに代えて」で述べる．また，(ii) の主張の一部の証明は Radon–Nikodym の定理を用いるので，参考文献を挙げておいた．

補題 3.3 f を $\mathbb{R}$ の区間 I（非有界でもよい）上で定義された連続関数とすると，次の (i), (ii), (iii) が成り立つ：

(i) I 上局所可積分な関数 g があって

$$f(x) - f(y) = \int_y^x g(t)\,dt \qquad (\forall x, y \in I) \tag{3.3}$$

が成り立つならば，f は I に含まれる任意の有界閉区間上で絶対連続である．また f は I 上で a.e. に（普通の意味で）微分可能，かつ $f' = g$ (a.e.) となる．

(ii) f は I の任意の有界部分区間上で絶対連続とすると，f は I 上で a.e. に（普通の意味で）微分可能，かつ導関数 f' は I 上局所可積分で

$$f(x) - f(y) = \int_y^x f'(t)\,dt \qquad (\forall x, y \in I)$$

が成り立つ．

(iii) f, g がともに I の任意の有界部分区間上で絶対連続とすると，次の部分積分の公式が成り立つ：

$$\int_y^x f(t)g'(t)\,dt = \bigl[f(t)g(t)\bigr]_y^x - \int_y^x f'(t)g(t)\,dt \quad (\forall x, y \in I,\ y \leq x).$$

---

[1] しかし f が I 上で一様に Lipschitz 連続（特に $C_0^1(I)$ の元）ならば，f は I 上で絶対連続である．

証明．(i): ここでは f の絶対連続性だけを証明し，微分可能性の証明は「あとがきに代えて」で述べる．さて J を I に含まれる有界閉区間とすると仮定から $\int_J |g(x)|\,dx < \infty$ である．これから，任意の $\varepsilon > 0$ に対してある $\delta > 0$ が取れて，J に含まれる可測集合 A が $|A| < \delta$ をみたすならば $\int_A |g(x)|\,dx < \varepsilon$ が成り立つようにできる．実際 $n \in \mathbb{N}$ に対して $g_n(x) := \min\{|g(x)|, n\}$ とすると，Lebesgue の収束定理から十分大きい自然数 n について $\int_J |g(x)| - g_n(x)\,dx < \varepsilon/2$ となる．この n に対して $\delta > 0$ を $n\delta < \varepsilon/2$ をみたすように取れば，$A \subset J$ かつ $|A| < \delta$ ならば

$$\int_A |g(x)|\,dx = \int_A |g(x)| - g_n(x)\,dx + \int_A g_n(x)\,dx < \frac{\varepsilon}{2} + \frac{\varepsilon}{2} = \varepsilon$$

となる．このとき (a_i, b_i) $(i = 1, \ldots, k)$ が互いに素な J の部分区間で $\sum_{i=1}^{k}(b_i - a_i) < \delta$ とすると

$$\sum_{i=1}^{k} |f(b_i) - f(a_i)| \leq \sum_{i=1}^{k} \left| \int_{a_i}^{b_i} g(x)\,dx \right| \leq \int_{\bigcup_{i=1}^{k}(a_i, b_i)} |g(x)|\,dx < \varepsilon$$

となって f の絶対連続性が証明された．

(ii): 直接的な証明はたとえば [58, 第 5 章] にあり，本書では「あとがきに代えて」の中の定理 A.3 で微分可能性についての直接証明を述べてある．しかし積分論の知識があれば次の方法が見通しがよい：絶対連続関数 f からできる Lebesgue–Stieltjes 測度が Lebesgue 測度に関して絶対連続になることが容易に示されるので，Radon–Nikodym の定理により f は (i) の仮定をみたすことが言える；あとは (i) の結果を使えばよい．もう少し詳しく言うと，外測度を基にする 1 次元 Lebesgue 測度の構成は，区間 $(a, b]$ の長さ $b - a$ から出発するが，これを $f(b) - f(a)$ で置き換えて構成されるものが f から定まる Lebesgue–Stieltjes 測度 ν である．ν は $\nu((a, b]) = f(b) - f(a)$ をみたし，$|A| = 0$ ならば $\nu(A) = 0$ が成り立つという意味で，Lebesgue 測度に関して絶対連続となる．(f が絶対連続な場合の話である．) 従って Radon–Nikodym の定理によりある局所可積分な g によって $\nu(A) = \int_A g(x)\,dx$ となり，特に A が区間の場合を考えると，f は (3.3) をみたすことがわかる．よって f は a.e. に微分可能で $g = f'$ となるので (ii) の主張が証明される．Lebesgue–Stieltjes 測度については積分論の教科書（たとえば [44, 第 7 章]）を見ていただきたい．Radon–Nikodym の定理はすべての積分論の教科書にあると言ってよいが，拙著 [55] にも証明がある（定理 6.41）．

3.1. 弱導関数と通常の導関数 *

(iii): (i), (ii) を認めれば f', g' は局所可積分で $x_0 \in I$ に対して $f(x) = \int_{x_0}^x f'(t)\,dt + f(x_0)$, $g(x) = \int_{x_0}^x g'(t)\,dt + g(x_0)$ が成り立つ．よって補題 3.1 において f_1, g_1 に f', g' を代入できて，(iii) が確かめられる． ∎

1 次元区間の場合 補題 3.3 により 1 次元区間上の Sobolev 空間について，弱導関数と通常の導関数の関係，および $W^{1,p}$ の元の絶対連続性を用いた特徴付けが得られる．

命題 3.4 $I := (a,b)$ $(-\infty \le a < b \le \infty)$ を 1 次元区間，$1 \le p \le \infty$ とし，$u \in L^p(I)$ とする．このとき $u \in W^{1,p}(I)$ となるための必要十分条件は，u と $L^p(I)$ の元として同値な関数で，I の任意の有界部分区間上で絶対連続で，a.e. に定まるその導関数が $L^p(I)$ に属するものが存在することである．また，このとき u' は u の弱導関数に一致し，u を $L^p(I)$ の元として同値なものに置き換えれば $u(x) - u(y) = \int_y^x u'(t)\,dt$ が成り立つ．

証明． $I = \mathbb{R}$ ならば後の定理 3.6 で示されており，一般の開区間の場合でも第 6 章の拡張定理（定理 6.9）を用いて $I = \mathbb{R}$ の場合に帰着できるのであるが，ここでは直接的な証明を与えよう．

必要性：$u \in W^{1,p}(I)$ とすると u の弱導関数 v は $L^p(I)$ に属するので，$x_0 \in I$ を任意に固定して $\tilde{u}(x) := \int_{x_0}^x v(t)\,dt$ $(x \in I)$ を定義することができて，補題 3.3 により $\tilde{u}$ は I の任意の有界部分区間上で絶対連続である．よって，$\tilde{u}$ と任意の $\varphi \in C_0^\infty(I)$ に対して，補題 3.3 (iii) を $\mathrm{supp}\,\varphi$ を含むような I の有界部分区間で適用して

$$\int_I \tilde{u}(x)\varphi'(x)\,dx = -\int_I v(x)\varphi(x)\,dx$$

が得られる（補題 3.1 を v と φ' に適用してもよい）．一方，v が u の弱導関数だから $\int_I u(x)\varphi'(x)\,dx = -\int_I v(x)\varphi(x)\,dx$ なので，$\int_I (u(x) - \tilde{u}(x))\varphi'(x)\,dx = 0$ $(\forall \varphi \in C_0^\infty(I))$ がわかる．ここで $\varphi_0 \in C_0^\infty(I)$ で $\int_I \varphi_0(x)\,dx = 1$ をみたすものを取り，任意の $\varphi \in C_0^\infty(I)$ に対して $\psi(x) := \varphi(x) - \varphi_0(x)\int_I \varphi(t)\,dt$ と置く．このとき $\psi \in C_0^\infty(I)$ であるが，さらに $\Psi(x) := \int_a^x \psi(t)\,dt$ とすると $\Psi \in C_0^\infty(I)$ および $\Psi' = \psi$ が成り立つことが容易にわかる．よって $U(x) := u(x) - \tilde{u}(x)$ として

$$0 = \int_I U(x)\Psi'(x)\,dx = \int_I U(x)\left\{\varphi(x) - \varphi_0(x)\int_I \varphi(t)\,dt\right\}dx$$
$$= \int_I U(x)\varphi(x)\,dx - \int_I U(x)\varphi_0(x)\int_I \varphi(t)\,dt\,dx$$
$$= \int_I U(t)\varphi(t)\,dt - \left(\int_I U(x)\varphi_0(x)\,dx\right)\int_I \varphi(t)\,dt$$
$$= \int_I \left\{U(t) - \left(\int_I U(x)\varphi_0(x)\,dx\right)\right\}\varphi(t)\,dt$$

が成り立ち,変分法の基本補題によって a.e. t で $U(t) = \int_I U(x)\varphi_0(x)\,dx$ が成り立つ.よって,定数 $C := \int_I U(x)\varphi_0(x)\,dx$ に対して $u(x)$ と $C + \int_{x_0}^x v(t)\,dt$ は $L^p(I)$ の元として同値となり,補題 3.3 により後者は I の任意の有限部分区間で絶対連続であり,その導関数 v は $L^p(I)$ に属する.また,命題の最後の主張も成り立っていることがわかる.

十分性: u が I の任意の部分区間で絶対連続で $u' \in L^p(I)$ としよう.このとき,任意の $\varphi \in C_0^\infty(I)$ を取り,$\mathrm{supp}\,\varphi \subset [a_1, b_1]$ $(a < a_1 < b_1 < b)$ とすると,補題 3.3 から $\int_I u'(x)\varphi(x)\,dx$ に部分積分を適用できて

$$\int_I u'(x)\varphi(x)\,dx = \int_{a_1}^{b_1} u'(x)\varphi(x)\,dx$$
$$= \left[\int_{a_1}^x u'(t)\,dt\,\varphi(x)\right]_{a_1}^{b_1} - \int_{a_1}^{b_1}\left(\int_{a_1}^x u'(t)\,dt\right)\varphi'(x)\,dx$$
$$= -\int_I (u(x) - u(a_1))\varphi'(x)\,dx$$
$$= -\int_I u(x)\varphi'(x)\,dx$$

が得られる.これは u が $L^p(I)$ に属する弱導関数を持つことを示しているので,$u \in W^{1,p}(I)$ が証明された.また,弱導関数と普通の意味の導関数が一致していることも同時に示されている.∎

Remark 3.5 (1) 書物によっては 1 次元空間での Sobolev 空間の定義を命題 3.4 による言い換え,つまり絶対連続で a.e. に定義される通常の意味の導関数が L^p に属するものの全体としているものがあるが,この命題によって我々の定義と同値であることがわかる.

(2) 1 次元の区間での Sobolev 空間は,Sobolev 空間に親しむための大事な手がかりであるが,一般次元の場合とは異なる点も多いので注意しなくてはならない.たとえば

3.1. 弱導関数と通常の導関数 *

$u \in W^{1,p}(I)$ は（同値な関数を選び直せば）絶対連続となってしまう．それどころか $1 < p \le \infty$ ならば $x, y \in I$ $(y < x)$ に対して Hölder の不等式から

$$|u(x) - u(y)| = \left|\int_y^x u'(t)\,dt\right| \le \int_y^x |u'(t)|\,dt \le |x-y|^{1-1/p} \|u'\|_{L^p(I)}$$

となって，Hölder 連続性まで持っていることになる．（従って有界区間の場合には u はその閉包まで連続延長できる．）これは 2 次元以上の空間では一般に期待できないことであるが，安易に 1 次元で成り立つことを一般次元でも成り立つと思い込みさえしなければ，1 次元での考察も役に立つ．この $W^{1,p}$ の元の Hölder 連続性のことも，実は後に Morrey の定理（定理 5.9）で一般次元の場合を考えることになる．

一般次元の場合の弱導関数と普通の導関数の関係 * 次の定理は問題になっている関連を明らかにしている．ここでは x_N に関する弱偏導関数について述べているが，これは記述の都合上の理由によるもので，もちろんどの変数についても同様な結果が成り立つ．

定理 3.6 $1 \le p \le \infty$, $u \in L^p(\mathbb{R}^N)$ とするとき，弱導関数 $\partial u / \partial x_N \in L^p(\mathbb{R}^N)$ が存在するための必要十分条件は次の条件が成り立つことである：$x = (x', x_N) \in \mathbb{R}^{N-1} \times \mathbb{R} = \mathbb{R}^N$ とするとき，u の $L^p(\mathbb{R}^N)$ としての適当な代表元を取ると

$$\begin{cases} \text{a.e. } x' \text{ に対して } x_N \mapsto u(x', x_N) \text{ は } x_N \text{ に対して局所的に絶対連続であ} \\ \text{り，通常の意味での導関数 } \partial u/\partial x_N \text{ に対して } \mathbb{R}^N \text{ 上で } |\partial u/\partial x_N| \le v \\ \text{をみたす } v \in L^p(\mathbb{R}^N) \text{ が存在する．} \end{cases}$$

また，このとき通常の微分積分学的な意味での偏導関数 $\partial u/\partial x_N$ は $\mathbb{R}^N$ 上 a.e. に定まって可測であり，L^p の元として x_N についての弱導関数と等しい[2]．

証明のために補題を準備しておこう．

補題 3.7 u が $\mathbb{R}^N$ の可測関数で，a.e. $x' \in \mathbb{R}^{N-1}$ に対して $u(x', x_N)$ は x_N について局所的に絶対連続とすると，$\mathbb{R}^N$ で a.e. に通常の偏微分係数 $\partial u/\partial x_N$ が存在し，$\partial u/\partial x_N$ は $\mathbb{R}^N$ 上で可測となる．

証明． 仮定により，ある $A \subset \mathbb{R}^{N-1}$ で $\mathbb{R}^{N-1} \setminus A$ の測度が 0，かつ任意の $x' \in A$ に対して $u(x', x_N)$ が x_N について局所的に絶対連続となるものが存在する．こ

---

[2] 従って結局は v として普通の偏導関数 $\partial u/\partial x_N$ の絶対値が取れるのだが，十分条件としてなるべく弱い形にするために，条件は普通の偏導関数 $\partial u/\partial x_N$ 自身が L^p の元となることを要求しない形に述べられている．

のとき, $x' \in A$ ならば補題 3.3 により $u(x', x_N)$ は ($\mathbb{R}$ 上) a.e. に x_N について微分可能であり, 通常の偏微分係数 $\partial u/\partial x_N$ が存在する. $\partial u/\partial x_N$ が存在するような点全体が $\mathbb{R}^N$ の可測集合を成すならば, Fubini の定理によって $\partial u/\partial x_N$ が a.e. に存在することがわかるが, それは未知なので次のように Dini の微分係数を考える (値として $\pm\infty$ も認める):

$$D^{\pm}u(x) := \limsup_{h \downarrow 0} \frac{u(x', x_N \pm h) - u(x', x_N)}{\pm h},$$
$$D_{\pm}u(x) := \liminf_{h \downarrow 0} \frac{u(x', x_N \pm h) - u(x', x_N)}{\pm h}.$$

ここで重要なのは, $x' \in A$ に対しては $u(x', x_N)$ が x_N に関して絶対連続なので, Dini の微分係数の定義で $\limsup, \liminf$ を考える $h > 0$ を有理数に限って動かしても同じ値が得られることである. (h を有理数で近似すれば差分商も近似できる.) 従って, $D^{\pm}u(x)$ を例に取って言うと, $\mathbb{Q}$ を有理数全体の集合として

$$D^{\pm}u(x', x_N) = \lim_{n \to \infty} \sup_{\substack{h \in \mathbb{Q}, \\ 0 < h < 1/n}} \frac{u(x', x_N \pm h) - u(x', x_N)}{\pm h}$$

となり, これが任意の $x' \in A$, $x_N \in \mathbb{R}$ で成り立つので, $D^{\pm}u$ が $\mathbb{R}^N$ 上で可測関数となることがわかる. ($x' \notin A$ のときの値は可測性には影響しない.) 同様にして $D_{\pm}u$ も可測関数となることがわかる. よって

$$\mathscr{N} := \{x \in \mathbb{R}^N \mid D^{\pm}u(x), D_{\pm}u(x) \text{ の中に異なる値がある}\}$$

とすると, $\mathscr{N}$ は $\mathbb{R}^N$ の可測集合である. さらに

$$\mathscr{N}' := \{x \in \mathbb{R}^N \mid D^+u(x) = \infty \text{ または } D^+(u) = -\infty\}$$

も $\mathbb{R}^N$ の可測集合である. そして偏微分可能性の定義から, 任意の x', x_N に対して

$$(x', x_N) \notin \mathscr{N} \cup \mathscr{N}' \iff u \text{ は } (x', x_N) \text{ で } x_N \text{ 方向に偏微分可能}$$

が成り立つから, 通常の微分積分学の意味で $\partial u/\partial x_N$ が存在するような点の全体は可測集合になる. $x' \in A$ ごとに x_N に関して a.e. に $\partial u/\partial x_N$ が存在するので, $\mathscr{N} \cup \mathscr{N}'$ の x'–切り口 $\{x_N \mid (x', x_N) \in \mathscr{N} \cup \mathscr{N}'\}$ は 1 次元測度が 0 であり, 従って Fubini の定理により $\mathscr{N} \cup \mathscr{N}'$ の N 次元測度も 0 である.

3.1. 弱導関数と通常の導関数 *

以上により，測度 0 の集合 $\mathscr{N} \cup \mathscr{N}'$ の点以外では普通の意味での偏微分係数 $(\partial u/\partial x_N)(x)$ が存在し可測関数 $D^+u(x)$ に等しいから，$\partial u/\partial x_N$ は $\mathbb{R}^N$ で a.e. に定義され可測である． ∎

定理 3.6 の証明

必要性：$u \in L^p(\mathbb{R}^N)$ かつその弱導関数 $v := \partial u/\partial x_N$ も $L^p(\mathbb{R}^N)$ に属するものとする．この必要性の証明のために，u を L^p の元として同値なあるものに取り直すと a.e. x' に対して

$$u(x', x_N) = \int_0^{x_N} v(x', t)\, dt + (x' \text{だけの関数}) \tag{3.4}$$

が成り立つことを示そう．まず a.e. x' について $v(x', x_N)$ は x_N に関して可測で局所可積分であることに注意しよう．実際 $1 \le p < \infty$ のときは $v \in L^p(\mathbb{R}^N)$ から a.e. x' で $\int_{\mathbb{R}} |v(x', x_N)|^p\, dx_N < \infty$ であるからよいし，$p = \infty$ のときも明らかに成り立つ．さて，任意の $\varphi \in C_0^\infty(\mathbb{R}^N)$ に対して

$$-\int_{\mathbb{R}^N} u(x) \frac{\partial \varphi}{\partial x_N}(x)\, dx = \int_{\mathbb{R}^N} v(x) \varphi(x)\, dx$$

$$= \int_{\mathbb{R}^{N-1}} \left\{ \int_{-\infty}^\infty v(x', x_N) \varphi(x', x_N)\, dx_N \right\} dx'$$

$$= \int_{\mathbb{R}^{N-1}} \left\{ \left[\int_0^{x_N} v(x', t)\, dt\, \varphi(x', x_N) \right]_{-\infty}^\infty \right.$$

$$\left. - \int_{\mathbb{R}} \int_0^{x_N} v(x', t)\, dt\, \frac{\partial \varphi}{\partial x_N}(x', x_N)\, dx_N \right\} dx'$$

$$= -\int_{\mathbb{R}^{N-1}} \left\{ \int_{\mathbb{R}} \int_0^{x_N} v(x', t)\, dt\, \frac{\partial \varphi}{\partial x_N}(x', x_N)\, dx_N \right\} dx'$$

という変形が許される．実際，最初の等号は弱導関数の定義で成り立ち，次の等号は Fubini の定理（x_N についての積分が a.e. x' について存在），その次は補題 3.3 で認めた部分積分（補題 3.1 でも可），最後は単なる計算である．なお，上の変形で x_N に関する積分を便宜上 $-\infty$ から ∞ までとしているが，φ や $\partial_N \varphi$ が掛かっているので実際は x' に無関係なある有限区間上で積分するだけである．よって

$$\int_{\mathbb{R}^{N-1}} \left\{ \int_{\mathbb{R}} \left(u(x', x_N) - \int_0^{x_N} v(x', t)\, dt \right) \frac{\partial \varphi}{\partial x_N}(x', x_N)\, dx_N \right\} dx' = 0$$

$$(\forall \varphi \in C_0^\infty(\mathbb{R}^N)) \tag{3.5}$$

が成り立つ．ここで注意しなくてはいけないのは，積分が累次積分であることと，φ が $C_0^\infty(\mathbb{R}^N)$ 全体を動くときに $\partial_N \varphi$ の動く範囲をはっきりさせる必要があることである．後者については，まず $\varphi_0 \in C_0^\infty(\mathbb{R})$ で $\mathrm{supp}\, \varphi_0 \subset (-1, 1)$ かつ $\int_\mathbb{R} \varphi_0(t)\, dt = 1$ となるものを取る．そして $\varphi \in C_0^\infty(\mathbb{R}^N)$ に対して

$$\tilde{\varphi}(x) := \varphi(x) - \varphi_0(x_N) \int_\mathbb{R} \varphi(x', t)\, dt,$$

$$\Phi(x) := \int_{-\infty}^{x_N} \tilde{\varphi}(x', t)\, dt$$

と置く．($\mathrm{supp}\, \varphi_0, \mathrm{supp}\, \varphi$ の有界性から Φ の積分範囲の下限を実際は x' に無関係な有限な数に取れる．) $\int_\mathbb{R} \varphi_0(t)\, dt = 1$ と $\mathrm{supp}\, \varphi_0, \mathrm{supp}\, \varphi$ の有界性から $|x_N|$ が十分大ならば $\Phi(x', x_N) = 0$ となることなどに注意すると $\Phi \in C_0^\infty(\mathbb{R}^N)$ であることがわかり，定義から $\partial \Phi / \partial x_N = \tilde{\varphi}$ も成り立つ．よって (3.5) の φ としてこの Φ を代入できるので，

$$U(x', x_N) := u(x', x_N) - \int_0^{x_N} v(x', t)\, dt \tag{3.6}$$

と置くと，任意の $\varphi \in C_0^\infty(\mathbb{R}^N)$ に対して

$$\int_{\mathbb{R}^{N-1}} \left\{ \int_\mathbb{R} U(x', x_N) \Big(\varphi(x', x_N) - \varphi_0(x_N) \int_\mathbb{R} \varphi(x', t)\, dt \Big) dx_N \right\} dx' = 0 \tag{3.7}$$

が成り立つことがわかる．ここで U が局所可積分（これは後に証明する）なので，$U(x', x_N)\varphi_0(x_N)\varphi(x', t)$ が (x', x_N, t) の関数としてコンパクトな台を持ち，積分可能であることに注意すると

$$\int_{\mathbb{R}^{N-1}} \left\{ \int_\mathbb{R} U(x', x_N)\varphi_0(x_N) \Big(\int_\mathbb{R} \varphi(x', t)\, dt \Big) dx_N \right\} dx'$$
$$= \int_{\mathbb{R}^{N-1}} \left\{ \int_\mathbb{R} \Big(\int_\mathbb{R} U(x', x_N)\varphi_0(x_N)\, dx_N \Big) \varphi(x', t)\, dt \right\} dx'$$
$$= \int_{\mathbb{R}^{N-1}} \left\{ \int_\mathbb{R} \Big(\int_\mathbb{R} U(x', t)\varphi_0(t)\, dt \Big) \varphi(x', x_N)\, dx_N \right\} dx'$$

が成り立つ．（最後は積分変数の名前を変更している．) よって

$$\Psi(x') := \int_\mathbb{R} U(x', t) \varphi_0(t)\, dt$$

と置くと，これは a.e. x' に定まる x' のみの関数で，(3.7) は

$$\int_{\mathbb{R}^{N-1}} \left\{ \int_\mathbb{R} (U(x', x_N) - \Psi(x')) \varphi(x', x_N)\, dx_N \right\} dx' = 0 \tag{3.8}$$

3.1. 弱導関数と通常の導関数 *

と書き換えられる．ここで Ψ が局所可積分であること（これも後に示す）を認めると，前に認めた U の局所可積分性と合わせれば (3.8) は

$$\int_{\mathbb{R}^N} \left(U(x', x_N) - \Psi(x')\right)\varphi(x)\, dx = 0 \quad (\forall \varphi \in C_0^\infty(\mathbb{R}^N))$$

と累次積分でない形に書き直せる $(x = (x', x_N))$．よって，変分法の基本補題（定理 1.16）により $U(x) - \Psi(x') = 0$ $(\text{a.e.}\, x \in \mathbb{R}^N)$ が成り立つ．$\mathcal{N} := \{\, x \in \mathbb{R}^N \mid U(x) - \Psi(x') \neq 0\,\}$ と置くと $\mathcal{N}$ は $\mathbb{R}^N$ の Lebesgue 可測集合で測度 $|\mathcal{N}| = 0$ だから，Fubini の定理によって

$$0 = |\mathcal{N}| = \int_{\mathbb{R}^{N-1}} \left|\{\, x_N \in \mathbb{R} \mid (x', x_N) \in \mathcal{N}\,\}\right| dx'$$

となり，$\mathbb{R}^{N-1}$ においてほとんどいたるところの x' に対して $(x', x_N) \in \mathcal{N}$ となる x_N の 1 次元 Lebesgue 測度は 0 である．すなわち，$\mathbb{R}^{N-1}$ の部分集合 B で $N-1$ 次元 Lebesgue 測度が 0 のものがあって，

$$x' \notin B \text{ ならば } u(x', x_N) - \int_0^{x_N} v(x', t)\, dt - \Psi(x') = 0 \quad (\text{a.e.}\, x_N)$$

となる．よって $L^p(\mathbb{R}^N)$ の元として u は $\int_0^{x_N} v(x', t)\, dt + \Psi(x')$ と同値であり，従って常に

$$u(x) = \int_0^{x_N} v(x', t)\, dt + \Psi(x') \quad (x = (x', x_N)) \tag{3.9}$$

が成り立つとしてよい．

話をはっきりさせるために $A \subset \mathbb{R}^{N-1}$ を $x' \in \mathbb{R}^{N-1}$ で $v(x', x_N)$ が x_N について局所可積分となるものの全体としよう．（証明のはじめに注意したように A の補集合は $N-1$ 次元 Lebesgue 測度が 0 である．）さて任意に $x' \in A$ を固定すると (3.9) から $u(x', x_N)$ は x_N について局所的に絶対連続かつ（$\mathbb{R}$ 上）a.e. に通常の（微分積分学的な意味の）$\partial u/\partial x_N$ が存在し，それは $v(x', x_N)$ に等しい（補題 3.3）．よって補題 3.7 により $\mathbb{R}^N$ 上 a.e. に通常の偏微分係数 $\partial u/\partial x_N$ が存在し，可測である．さらに各 $x' \in A$ に対して $v(x', x_N) = (\partial u/\partial x_N)(x', x_N)$ $(\text{a.e.}\, x_N)$ だから $\partial u/\partial x_N \in L^p(\mathbb{R}^N)$ となり，定理の必要性の部分が証明された．（定理の条件における v として $v = |\partial u/\partial x_N|$ とすればよい．）

さて，一息ついたが後回しにしてあった U, Ψ の局所可積分性を証明しなくてはならない．U の定義 (3.6) において u は $L^p(\mathbb{R}^N)$ の元なので当然局所可積分となる．よって $\int_0^{x_N} v(x', t)\, dt$ が $\mathbb{R}^N$ で局所可積分であることを示せばよい

が，任意の $R > 0$ に対して

$$\int_{|x'|<R} \int_{|x_N|<R} \left| \int_0^{x_N} v(x', t) \, dt \right| dx_N dx'$$
$$\leq \int_{|x'|<R} \int_{|x_N|<R} \int_{|t|<R} |v(x', t)| \, dt \, dx_N \, dx'$$
$$= 2R \int_{|x'|<R} \int_{|t|<R} |v(x', t)| \, dt \, dx' < \infty$$

だからこれは成り立つ．（$v \in L^p(\mathbb{R}^N)$ だから v が局所可積分であることを用いている．）

次に $\Psi(x')$ について考えると，$\operatorname{supp} \varphi_0 \subset (-1, 1)$ としてあったので

$$|\Psi(x')| \leq \|\varphi_0\|_{L^\infty} \int_{-1}^1 |U(x', t)| \, dt$$

が成り立つ．よって任意の $R > 0$ に対してすでに確認した U の局所可積分性から

$$\int_{|x'|<R} \int_{|x_N|<R} |\Psi(x')| \, dx_N dx'$$
$$\leq 2R \|\varphi_0\|_{L^\infty} \int_{|x'|<R} \int_{-1}^1 |U(x', t)| \, dt \, dx' < \infty$$

が成り立ち，確かに $\Psi(x')$ は $\mathbb{R}^N$ で局所可積分である．

十分性：u が定理の条件をみたすものとする．このとき補題 3.7 により通常の偏微分係数 $\partial u / \partial x_N$ は $\mathbb{R}^N$ 上 a.e. に定義され可測であり，さらに定理の仮定を合わせると $\partial u / \partial x_N \in L^p(\mathbb{R}^N)$ となる．よって $\varphi \in C_0^\infty(\mathbb{R}^N)$ とすると，Fubini の定理と補題 3.3 の (iii) から

$$\int_{\mathbb{R}^N} u(x) \frac{\partial \varphi}{\partial x_N}(x) \, dx = \int_{\mathbb{R}^{N-1}} \left[\int_{\mathbb{R}} u(x', x_N) \frac{\partial \varphi}{\partial x_N}(x', x_N) \, dx_N \right] dx'$$
$$= \int_{\mathbb{R}^{N-1}} \left[-\int_{\mathbb{R}} \frac{\partial u}{\partial x_N}(x', x_N) \varphi(x', x_N) \, dx_N \right] dx'$$
$$= -\int_{\mathbb{R}^N} \frac{\partial u}{\partial x_N}(x) \varphi(x) \, dx$$

となって，通常の意味の $\partial u / \partial x_N \in L^p(\mathbb{R}^N)$ が u の x_N 方向の弱導関数であることが示された．

3.1. 弱導関数と通常の導関数 *

また，定理の最後の主張は十分性の証明の中で示されている．■

$u \in W^{1,p}(\mathbb{R}^N)$ とすると，定理 3.6 により各 $i = 1, 2, \ldots, N$ に対して u と a.e. に等しい関数で，x_i 方向に絶対連続なものが存在することがわかる．しかし，この関数は定理 3.6 を使う限りでは i ごとに異なったものになってしまう．i によらず共通の関数が取れることを定理 3.6 から示すことは困難なようである．後に登場する Sobolev の表示公式（補題 5.13）

$$u(x) = \frac{1}{\omega_N} \sum_{i=1}^N \int_{\mathbb{R}^N} \frac{x_i - y_i}{|x-y|^N} \frac{\partial u}{\partial y_i}(y) \, dy$$

を用いた実解析的議論によってこのことを示すことができるが，Fubini の定理のみに基づく定理 3.6 に比べると手間がかかる．ここではもう少し簡単な mollifier を使った議論でこの事実を示そう．ただしこの部分は初読の際にはとばしても影響がないので，後に回してある補題 3.14 を使用する．この証明は [32] に述べられているものである．なお次の定理は，弱導関数というものが実は普通の意味の偏導関数に非常に近いということを示していると見ることができる．

定理 3.8 $u \in L^p(\mathbb{R}^N)$ $(1 \leq p \leq \infty)$ とすると，$u \in W^{1,p}(\mathbb{R}^N)$ となるための必要十分条件は，u と a.e. に等しい $\tilde{u}$ で次の条件をみたすものが存在することである：各 $i = 1, \ldots, N$ について，ほとんど至る所の $(x_1, \ldots, x_{i-1}, x_{i+1}, \ldots, x_N) \in \mathbb{R}^{N-1}$ に対して

$$x_i \mapsto \tilde{u}(x_1, \ldots, x_{i-1}, x_i, x_{i+1}, \ldots, x_N)$$

が x_i の関数として局所的に絶対連続で，通常の意味の偏導関数 $\partial \tilde{u} / \partial x_i$ に対して $\mathbb{R}^N$ 上 $|\partial \tilde{u}/\partial x_i| \leq v_i$ をみたす $v_i \in L^p(\mathbb{R}^N)$ が存在する．また，このとき（通常の意味の）偏導関数は $\mathbb{R}^N$ 上 a.e. に存在して可測であり，弱導関数に a.e. に一致する．

証明． 十分性は前定理の証明をそのまま各方向に使えばよいので必要性のみ示す．任意の有界区間 $K := \prod_{i=1}^N [a_i, b_i]$ の上でほとんど至る所の座標軸に平行な直線上で絶対連続な代表元が取れて，しかもそのときの偏導関数が弱導関数に a.e. に一致することを言えば十分なので，以下すべて K の上で考える．（有界区間の列 $\{K_n\}_n$ で $K_n \subset K_{n+1}^\circ$ $(\forall n)$ かつ $\bigcup_n K_n = \mathbb{R}^N$ をみたすものを取り，K_n 上で条件をみたす代表元を選び延長していけばよい．）Friedrichs の

mollifier $\{\rho_\varepsilon\}_{\varepsilon>0}$ を固定し, $x \in \mathbb{R}^N$ を $x = (x', x_N) \in \mathbb{R}^{N-1} \times \mathbb{R}$ と書く. p が有限か無限大かで場合を分ける必要がある.

$1 \leq p < \infty$ の場合: $u \in W^{1,p}(\mathbb{R}^N)$ とすると $\rho_\varepsilon * u \in C^\infty(\mathbb{R}^N)$ で $\|\rho_\varepsilon * u - u\|_{L^p(\mathbb{R}^N)} \to 0 \ (\varepsilon \downarrow 0)$ であるから特に $\|\rho_\varepsilon * u - u\|_{L^1(K)} \to 0 \ (\varepsilon \downarrow 0)$ である. (K の有界性と Hölder の不等式に注意.) よってある部分列 $\{\rho_{\varepsilon_n}\}_n$ ($n \to \infty$ のとき $\varepsilon_n \to 0$) で, K 上 a.e. に $(\rho_{\varepsilon_n} * u)(x) \to u(x)$ となるものが存在する (命題 1.18). 一方, 補題 3.14 を用いると同様にして $\|\partial(\rho_\varepsilon * u)/\partial x_N - \partial u/\partial x_N\|_{L^1(K)} \to 0$ もわかるので ($\partial u/\partial x_N$ は弱導関数の意味. 以下も断らない限り同様), Fubini の定理から

$$\int_{\prod_{i \neq N}[a_i,b_i]} \left[\int_{a_N}^{b_N} \left| \frac{\partial(\rho_\varepsilon * u)}{\partial x_N} - \frac{\partial u}{\partial x_N} \right| (x', x_N) \, dx_N \right] dx' \to 0 \quad (\varepsilon \downarrow 0)$$

となる. よって, 必要ならさらに部分列を取れば, a.e. $x' \in \prod_{i=1}^{N-1}[a_i, b_i]$ に対して

$$\int_{a_N}^{b_N} \left| \frac{\partial(\rho_{\varepsilon_n} * u)}{\partial x_N} - \frac{\partial u}{\partial x_N} \right| (x', x_N) \, dx_N \to 0 \quad (n \to \infty) \tag{3.10}$$

となる. $\rho_{\varepsilon_n} * u$ の a.e. 収束性といま述べたことから, a.e. $x' \in \prod_{i \neq N}[a_i, b_i]$ に対して (3.10) が成り立ち, かつ $\{(x', x_N) \mid x_N \in [a_N, b_N]\}$ という線分上に $\rho_{\varepsilon_n} * u(x', x_N)$ が $u(x', x_N)$ に収束する点が存在する (実は a.e. にそうなる) ことがわかる. ところがこの両者が成り立っている x' の全体を $\mathcal{R}$ と置くと $x' \in \mathcal{R}$ に対しては, ある $\xi \in [a_N, b_N]$ で $(\rho_{\varepsilon_n} * u)(x', \xi)$ が $u(x', \xi)$ に収束するとして,

$$(\rho_{\varepsilon_n} * u)(x', x_N) = (\rho_{\varepsilon_n} * u)(x', \xi) + \int_\xi^{x_N} \frac{\partial(\rho_{\varepsilon_n} * u)}{\partial x_N}(x', t) \, dt$$

は明らかに $[a_N, b_N]$ 上で

$$u(x', \xi) + \int_\xi^{x_N} \frac{\partial u}{\partial x_N}(x', t) \, dt$$

に一様収束する. ここで (3.10) から $(\partial u/\partial x_N)(x', t) \in L^1([a_N, b_N])$ であることに注意しよう. よって

$$\tilde{u}(x) := \begin{cases} \lim_{n \to \infty} (\rho_{\varepsilon_n} * u)(x) & (極限が存在するとき), \\ 0 & (極限が存在しないとき) \end{cases} \tag{3.11}$$

3.1. 弱導関数と通常の導関数 *59

と定義すると，まず $\tilde{u}(x', x_N)$ は K 上で可測である．そして任意の $x' \in \mathcal{R}$ に対してある $\xi \in [a_N, b_N]$ があって $x_N \in [a_N, b_N]$ に対して

$$\tilde{u}(x', x_N) = \tilde{u}(x', \xi) + \int_\xi^{x_N} \frac{\partial u}{\partial x_N} u(x', t)\, dt$$

が成り立つ．故に任意の $x' \in \mathcal{R}$ に対して $\tilde{u}(x', x_N)$ は x_N 方向に絶対連続，かつ x_N に関して a.e. に通常の意味の x_N 方向偏微分係数が存在し $|\partial \tilde{u}/\partial x_i| = |\partial u/\partial x_i|$ であるから，$v_i = \partial u/\partial x_i$ として $\tilde{u}$ は x_i 方向について定理の条件をみたしている．また，a.e. に $\rho_{\varepsilon_n} * u$ は u に収束していたから，$\tilde{u}$ は u と L^p の元として同値である．

いまは x_N 軸に平行な直線上の議論をしたが，必要なら繰り返し $\{\varepsilon_n\}_n$ の部分列を取ることによって，(3.11) で定めた $\tilde{u}$ がすべての方向について同時に定理の条件をみたすようにできることがわかり，定理の主張は示された．

$\boldsymbol{p = \infty}$ **の場合**：上の証明で用いた有界閉区間 K に対して，$\varphi \in C_0^\infty(\mathbb{R}^N)$ で K の近傍で恒等的に 1 となるものが取れるが，このとき $u \in W^{1,\infty}(\mathbb{R}^N)$ は任意の $p \in [1, \infty)$ に対して $\varphi u \in W^{1,p}(\mathbb{R}^N)$ となる．よって φu に対して $1 \leq p < \infty$ の場合の証明を適用すればよい．∎

この結果から $W^{1,\infty}(\mathbb{R}^N)$ の元の特徴付けが得られるが，そのために次の定義を確認しておこう：$\Omega \subset \mathbb{R}^N$ で定義された関数 u が Ω 上で一様に **Lipschitz 連続**であるとは，ある定数 L があって，$|u(x) - u(y)| \leq L|x - y|$ $(\forall x, y \in \Omega)$ が成り立つことを言う．また，この条件をみたす定数 L の最小値を u の（Ω における）**Lipschitz 定数**という．

定理 3.9 $u \in L^\infty(\mathbb{R}^N)$ に対して $u \in W^{1,\infty}(\mathbb{R}^N)$ となるための必要十分条件は，$\mathbb{R}^N$ 上で一様に Lipschitz 連続な関数 $\tilde{u}$ で，u と a.e. に等しいものが存在することである．このとき $\tilde{u}$ は $\mathbb{R}^N$ 上 a.e. に各方向に偏微分可能で，各偏導関数は有界可測である．また，u に無関係な定数 C_1, C_2 があって，$\tilde{u}$ の Lipschitz 定数 L は $C_1 \sum_{i=1}^N \|\partial_i u\|_{L^\infty} \leq L \leq C_2 \sum_{i=1}^N \|\partial_i u\|_{L^\infty}$ をみたす．

証明．必要性： 簡単のため 2 次元の場合を扱う．このとき定理 3.8 により，$u(x, y)$ と a.e. に一致する $\tilde{u}(x, y) \in L^\infty(\mathbb{R}^2)$ で，次の条件をみたすものが存在する：ある測度 0 の集合 $\mathcal{N}_1, \mathcal{N}_2 \subset \mathbb{R}$ があり，

$$x \notin \mathcal{N}_1 \Longrightarrow \tilde{u}(x,y') - \tilde{u}(x,y) = \int_y^{y'} \frac{\partial u}{\partial y}(x,t)\,dt \quad (\forall y, \forall y' \in \mathbb{R}) \qquad (3.12)$$

$$y \notin \mathcal{N}_2 \Longrightarrow \tilde{u}(x',y) - \tilde{u}(x,y) = \int_x^{x'} \frac{\partial u}{\partial x}(t,y)\,dt \quad (\forall x, \forall x' \in \mathbb{R}) \qquad (3.13)$$

が成り立つ．ここで $\partial u/\partial x$, $\partial u/\partial y$ は u の弱導関数を表す．このとき $\mathcal{N} := (\mathcal{N}_1 \times \mathbb{R}) \cup (\mathbb{R} \times \mathcal{N}_2)$ は $\mathbb{R}^2$ で測度 0 である．よって，$(x_i, y_i) \notin \mathcal{N}$ $(i = 1, 2)$ とすれば，$M := \max\{\|\partial u/\partial x\|_{L^\infty}, \|\partial u/\partial y\|_{L^\infty}\}$ として (3.12), (3.13) により

$$\begin{aligned}
|\tilde{u}(x_2, y_2) - \tilde{u}(x_1, y_1)| &\leq |\tilde{u}(x_2, y_2) - \tilde{u}(x_2, y_1)| + |\tilde{u}(x_2, y_1) - \tilde{u}(x_1, y_1)| \\
&\leq \left|\int_{y_1}^{y_2} \frac{\partial u}{\partial y}(x_2, t)\,dt\right| + \left|\int_{x_1}^{x_2} \frac{\partial u}{\partial x}(t, y_1)\,dt\right| \\
&\leq M(|y_2 - y_1| + |x_2 - x_1|) \\
&\leq 2M|(x_1, y_1) - (x_2, y_2)|
\end{aligned}$$

が成り立ち，$\tilde{u}$ は $\mathbb{R}^2 \setminus \mathcal{N}$ 上で一様に Lipschitz 連続である．$\mathcal{N}$ が測度 0 なので $\mathbb{R}^2 \setminus \mathcal{N}$ は $\mathbb{R}^2$ で稠密である．故に距離空間の間の写像の「(一様) 連続性による延長定理」([55, 定理 1.42]) により，$\mathbb{R}^2 \setminus \mathcal{N}$ 上で一様に Lipschitz 連続な $\tilde{u}$ は，$\mathcal{N}$ 上での値を適当に変更すれば $\mathbb{R}^2$ 全体で一様に Lipschitz 連続となり，定理の必要性の部分が証明された．

十分性：u が $\mathbb{R}^2$ 上で一様に Lipschitz 連続ならば，座標軸に平行な任意の直線上において（局所的に）絶対連続なことが直ちにわかり，補題 3.3 によりその直線上で a.e. に偏微分可能かつ偏微分係数の絶対値は Lipschitz 定数以下となる．よって定理 3.8 によって $u \in W^{1,\infty}(\mathbb{R}^2)$ がわかる．

定理の条件が成り立つとき $\tilde{u}$ が各方向に a.e. に偏微分可能であることは，定理 3.8 から導かれる．また，Lipschitz 定数に関する主張は以上の証明に含まれている．■

3.2 弱導関数の相手の一般化，なめらかな関数との積

$u \in L^p(\Omega)$ の弱導関数 v_i はテスト関数 φ ($C_0^\infty(\Omega)$ の元) を相手として式 (WD)$_i$ が成り立つようなものとして定義された（定義 2.15）．しかし $u \in W^{1,p}(\Omega)$ ならば実際にはテスト関数よりも 広い範囲の φ に対して (WD)$_i$ が成

3.2. 弱導関数の相手の一般化，なめらかな関数との積

り立つことが容易にわかる．

命題 3.10 $\Omega \subset \mathbb{R}^N, 1 \leq p \leq \infty, u \in W^{1,p}(\Omega)$ とすると，任意の $\varphi \in C_0^1(\Omega)$ と $i = 1, 2, \ldots, N$ に対して

$$\int_\Omega u(x) \frac{\partial \varphi}{\partial x_i}(x) \, dx = -\int_\Omega \frac{\partial u}{\partial x_i}(x) \varphi(x) \, dx \tag{3.14}$$

が成り立つ．

証明． $\{\rho_\varepsilon\}_{\varepsilon>0}$ を $\mathbb{R}^N$ での mollifier とする．$\varphi \in C_0^1(\Omega)$ に対して $\mathrm{supp}\, \varphi \subset \omega \Subset \Omega$ をみたす開集合 ω を取ると，ある $\varepsilon_0 > 0$ があって $0 < \varepsilon < \varepsilon_0$ ならば $\rho_\varepsilon * \varphi \in C_0^\infty(\Omega)$ かつ $\mathrm{supp}\, \rho_\varepsilon * \varphi \subset \omega$ が成り立つ．そして，φ やその 1 階偏導関数の Ω 上での一様連続性から $\varepsilon \downarrow 0$ のとき

$$\sup_\omega |\rho_\varepsilon * \varphi - \varphi| \longrightarrow 0, \quad \sup_\omega |\partial_i(\rho_\varepsilon * \varphi) - \partial_i \varphi| \longrightarrow 0 \quad (1 \leq i \leq N) \tag{3.15}$$

が成り立つ．$\varepsilon > 0$ が十分小さいとき $\rho_\varepsilon * \varphi \in C_0^\infty(\Omega)$ なので $u \in W^{1,p}(\Omega)$ に対して

$$\int_\Omega u(x) \frac{\partial (\rho_\varepsilon * \varphi)}{\partial x_i}(x) \, dx = -\int_\Omega \frac{\partial u}{\partial x_i}(x) (\rho_\varepsilon * \varphi)(x) \, dx$$

が成り立つ．$\varepsilon \downarrow 0$ のとき上式で積分範囲は ω に置き換えてよく，(3.15) を使って両辺の極限を取れば (3.14) が得られる．∎

$\Omega \subset \mathbb{R}^N, 1 \leq q \leq \infty$ に対して $C_0^\infty(\Omega)$ の $W^{1,q}(\Omega)$ における閉包が $W_0^{1,q}(\Omega)$ であるから，実はもっと一般な次の結果が簡単に得られる．

命題 3.11 $\Omega \subset \mathbb{R}^N, 1 \leq p \leq \infty, u \in W^{1,p}(\Omega)$ とする．このとき $1 \leq q \leq \infty$ を p の共役指数（$1/p + 1/q = 1$ をみたすもの）とすれば任意の $\varphi \in W_0^{1,q}(\Omega)$ と $i = 1, 2, \ldots, N$ に対して

$$\int_\Omega u(x) \frac{\partial \varphi}{\partial x_i}(x) \, dx = -\int_\Omega \frac{\partial u}{\partial x_i}(x) \varphi(x) \, dx$$

が成り立つ．

証明． $\varphi \in W_0^{1,q}(\Omega)$ に対して $W^{1,q}(\Omega)$ のノルムで φ に収束する $C_0^\infty(\Omega)$ の点列 $\{\varphi_n\}_n$ が存在するから，φ_n に対して弱導関数の定義式 $(\mathrm{WD})_i$ を用い，$n \to \infty$ とすればよい．(Hölder の不等式に注意．) ∎

Remark 3.12 $C_0^1(\Omega) \subset W_0^{1,p}(\Omega)$ を認めれば命題 3.10 は命題 3.11 の系であるが，この事実も命題 3.10 の証明の中で実質的に証明されている．

なめらかな関数との積 Sobolev 空間の元の積については後に第 4 章で扱うが，その前に命題 3.10 を用いて超関数と C^∞ 級関数の積の延長として簡単にわかる次の事実を証明しておこう．

命題 3.13 $m \in \mathbb{N},\ 1 \leq p \leq \infty$ かつ $\Omega \subset \mathbb{R}^N$ は開集合とする．このとき $\varphi \in C^m(\Omega)$ の m 階以下の偏導関数がすべて有界ならば，任意の $u \in W^{m,p}(\Omega)$ に対して $\varphi u \in W^{m,p}(\Omega)$ で，$|\alpha| \leq m$ をみたす多重指数 α に対して

$$\partial^\alpha(\varphi u) = \sum_{\beta \leq \alpha} \binom{\alpha}{\beta}(\partial^\beta u)(\partial^{\alpha-\beta}\varphi) \tag{3.16}$$

が成り立つ．従って φ のみから定まる定数 C に対して，$\|\varphi u\|_{W^{m,p}} \leq C \|u\|_{W^{m,p}}$ が成り立つ．($\beta \leq \alpha$ や $\binom{\alpha}{\beta}$ の意味については 1.1 節参照．)

証明． $u \in W^{m,p}(\Omega)$ として，$|\alpha|$ に対する帰納法で $|\alpha| \leq m$ をみたす多重指数 α に対して $\partial^\alpha(\varphi u) \in L^p(\Omega)$ かつ (3.16) が成り立つことを示す．$|\alpha| = 0$ のときには明らかに成り立つので，$|\alpha| \leq m-1$ で成り立つとして，$\partial_j \partial^\alpha$ ($1 \leq j \leq N$) についても成り立つことを言えばよい．そして帰納法の仮定から，任意の $\psi \in C_0^\infty(\Omega)$ に対して

$$\int_\Omega (\varphi u)(x) \partial^\alpha \partial_j \psi(x)\, dx = (-1)^{|\alpha|} \int_\Omega \partial^\alpha(\varphi u)(x) \partial_j \psi(x)\, dx$$
$$= (-1)^{|\alpha|} \sum_{\beta \leq \alpha} \binom{\alpha}{\beta} \int_\Omega (\partial^\beta u)(\partial^{\alpha-\beta}\varphi)(x) \partial_j \psi(x)\, dx$$

であるが，$\beta \leq \alpha$ に対して $\partial^\beta u \in W^{1,p}(\Omega)$ かつ $\partial^{\alpha-\beta}\varphi \in C^1(\Omega)$ ということに注意しよう．よって $\psi \partial^{\alpha-\beta}\varphi \in C_0^1(\Omega)$ だから，命題 3.10 によって

$$\int_\Omega (\partial^\beta u)(\partial^{\alpha-\beta}\varphi)(x) \partial_j \psi(x)\, dx$$
$$= \int_\Omega (\partial^\beta u) \partial_j\{(\partial^{\alpha-\beta}\varphi)(x)\psi(x)\}\, dx - \int_\Omega (\partial^\beta u)(\partial_j \partial^{\alpha-\beta}\varphi)(x)\psi(x)\, dx$$
$$= -\int_\Omega (\partial_j \partial^\beta u)(\partial^{\alpha-\beta}\varphi)(x)\psi(x)\, dx - \int_\Omega (\partial^\beta u)(\partial_j \partial^{\alpha-\beta}\varphi)(x)\psi(x)\, dx$$

が得られ，これは

$$\partial_j\big((\partial^\beta u)(\partial^{\alpha-\beta}\varphi)\big) = (\partial_j\partial^\beta u)(\partial^{\alpha-\beta}\varphi) + (\partial^\beta u)(\partial_j\partial^{\alpha-\beta}\varphi)$$

が成り立つことを示している．仮定から上式右辺は $L^p(\Omega)$ の元となるので，以上から超関数の意味で

$$\partial_j\partial^\alpha(\varphi u) = \sum_{\beta\leq\alpha}\binom{\alpha}{\beta}\{(\partial_j\partial^\beta u)(\partial^{\alpha-\beta}\varphi) + (\partial^\beta u)(\partial_j\partial^{\alpha-\beta}\varphi)\}$$

かつ $\partial_j\partial^\alpha(\varphi u) \in L^p(\Omega)$ がわかる．$\alpha = (\alpha_1,\ldots,\alpha_j,\ldots,\alpha_N)$ に対して $\alpha' := (\alpha_1,\ldots,\alpha_j+1,\ldots,\alpha_N)$ と置くと，組み合わせ的な議論により

$$\sum_{\beta\leq\alpha}\binom{\alpha}{\beta}\{(\partial_j\partial^\beta u)(\partial^{\alpha-\beta}\varphi) + (\partial^\beta u)(\partial_j\partial^{\alpha-\beta}\varphi)\}$$
$$= \sum_{\beta\leq\alpha'}\binom{\alpha'}{\beta}(\partial^\beta u)(\partial^{\alpha'-\beta}\varphi)$$

が確かめられるので，$\partial_j\partial^\alpha(\varphi u)$ の場合にも (3.16) が成り立ち，$\partial_j\partial^\alpha(\varphi u)$ が $L^p(\Omega)$ に属することがわかり，命題は証明された． ∎

3.3 なめらかな関数の稠密性

3.3.1 $C_0^\infty(\mathbb{R}^N)$ の稠密性

Friedrichs の mollifier を用いる方法により，Sobolev 空間 $W^{m,p}(\mathbb{R}^N)$ の中で $C_0^\infty(\mathbb{R}^N)$ が稠密であることを証明しよう．そのために一つ準備をしておく．

補題 3.14 $m \in \mathbb{N}$, $1 \leq p \leq \infty$ に対して $u \in W^{m,p}(\mathbb{R}^N)$ とすると，任意の $\rho \in L^1(\mathbb{R}^N)$ と，$|\alpha| \leq m$ をみたす多重指数 α に対して $\partial^\alpha(\rho * u) = \rho * (\partial^\alpha u)$ が成り立つ．

証明． 定理の主張を証明するには，任意の $\varphi \in C_0^\infty(\mathbb{R}^N)$ に対して

$$\int_{\mathbb{R}^N}(\rho*u)(x)\partial^\alpha\varphi(x)\,dx = (-1)^{|\alpha|}\int_{\mathbb{R}^N}(\rho*\partial^\alpha u)(x)\varphi(x)\,dx \qquad (3.17)$$

が成り立つことを確かめればよい.はじめに ρ が有界な台を持つ連続関数のときを考える.このときは,$\varphi \in C_0^\infty(\mathbb{R}^N)$ と仮定しているので,次の変形がFubini の定理によって許され,このことが確かめられる:

$$\begin{aligned}
\int_{\mathbb{R}^N} (\rho * u)(x) \partial^\alpha \varphi(x)\,dx &= \int_{\mathbb{R}^N} \left(\int_{\mathbb{R}^N} \rho(y) u(x-y)\,dy \right) \partial^\alpha \varphi(x)\,dx \\
&= \int_{\mathbb{R}^N} \rho(y) \left(\int_{\mathbb{R}^N} u(x-y) \partial^\alpha \varphi(x)\,dx \right) dy \\
&= (-1)^{|\alpha|} \int_{\mathbb{R}^N} \rho(y) \left(\int_{\mathbb{R}^N} (\partial^\alpha u)(x-y) \varphi(x)\,dx \right) dy \\
&= (-1)^{|\alpha|} \int_{\mathbb{R}^N} \left(\int_{\mathbb{R}^N} \rho(y) (\partial^\alpha u)(x-y)\,dy \right) \varphi(x)\,dx \\
&= (-1)^{|\alpha|} \int_{\mathbb{R}^N} (\rho * \partial^\alpha u)(x) \varphi(x)\,dx.
\end{aligned}$$

一般の $\rho \in L^1(\mathbb{R}^N)$ の場合は,$C_0^\infty(\mathbb{R}^N)$ の列 $\{\rho_n\}_n$ で $\|\rho - \rho_n\|_{L^1} \to 0$ $(n \to \infty)$ をみたすものが取れて(定理 1.15),すでに証明したことから各 n に対して $\partial^\alpha(\rho_n * u) = \rho_n * \partial^\alpha u$ が成り立つ.ここで Young の不等式(定理 1.10)によって $\|\rho_n * \partial^\alpha u - \rho * \partial^\alpha u\|_{L^p} = \|(\rho_n - \rho) * \partial^\alpha u\|_{L^p} \leq \|\rho_n - \rho\|_{L^1} \|\partial^\alpha u\|_{L^p}$ だから,$n \to \infty$ のとき $\rho_n * \partial^\alpha u$ は $\rho * \partial^\alpha u$ に L^p のノルムで収束する.同様に $\|\rho_n * u - \rho * u\|_{L^p} \to 0$ $(n \to \infty)$ も成り立つ.よって,$\varphi \in C_0^\infty(\mathbb{R}^N)$ について各 n で成り立つことがわかっている

$$\int_{\mathbb{R}^N} (\rho_n * u)(x) \partial^\alpha \varphi(x)\,dx = (-1)^{|\alpha|} \int_{\mathbb{R}^N} (\rho_n * \partial^\alpha u)(x) \varphi(x)\,dx$$

において $n \to \infty$ とすれば (3.17) が得られる.(極限移行には Hölder の不等式が使える.) ■

定理 3.15 $m \in \mathbb{N} \cup \{0\}$, $1 \leq p < \infty$ とすると,$C_0^\infty(\mathbb{R}^N)$ は $W^{m,p}(\mathbb{R}^N)$ で稠密である.

証明. ここでは簡単に述べるにとどめる.$\{\rho_\varepsilon\}_{\varepsilon > 0}$ を $\mathbb{R}^N$ での Friedrichs の mollifier とする.また,$\chi \in C_0^\infty(\mathbb{R}^N)$ で,$0 \leq \chi \leq 1$ かつ $|x| \leq 1$ では $\chi(x) = 1$,$|x| \geq 2$ では $\chi(x) = 0$ をみたすものを取り,$\varepsilon > 0$ に対して $\chi_\varepsilon(x) := \chi(\varepsilon x)$ $(x \in \mathbb{R}^N)$ と置く.このとき,任意の $u \in W^{m,p}(\mathbb{R}^N)$,$\varepsilon > 0$ に対

3.3. なめらかな関数の稠密性

して $\chi_\varepsilon(\rho_\varepsilon * u) \in C_0^\infty(\mathbb{R}^N)$ を考えると，$\varepsilon \downarrow 0$ のとき $\|u - \chi_\varepsilon(\rho_\varepsilon * u)\|_{W^{m,p}} \to 0$ が成り立ち，定理の主張が証明されるのである．もう少し詳しくいうと，まず $|\alpha| \leq m$ をみたす多重指数 α に対して $\partial^\alpha(\chi_\varepsilon(\rho_\varepsilon * u))$ は，積の微分法則によって

$$\partial^\alpha(\chi_\varepsilon(\rho_\varepsilon * u)) = \sum_{\beta \leq \alpha} \binom{\alpha}{\beta} \partial^{\alpha-\beta}(\chi_\varepsilon) \partial^\beta(\rho_\varepsilon * u)$$

と計算される．そして $\varepsilon \downarrow 0$ のとき，補題 3.14 と定理 1.12 により $\|\partial^\beta(\rho_\varepsilon * u) - \partial^\beta u\|_{L^p} = \|\rho_\varepsilon * (\partial^\beta u) - \partial^\beta u\|_{L^p} \to 0$ であり，また他方では，$\partial^{\alpha-\beta}(\chi_\varepsilon)(x) = \varepsilon^{|\alpha|-|\beta|}(\partial^{\alpha-\beta}\chi)(\varepsilon x)$ という関係から，$\beta \leq \alpha$ かつ $\beta \neq \alpha$ ならば $\varepsilon \downarrow 0$ のとき $\|\partial^{\alpha-\beta}(\chi_\varepsilon)\|_{L^\infty} \to 0$ である．そして $\beta = \alpha$ のときは，$\|\partial^\alpha u - \chi_\varepsilon \partial^\alpha(\rho_\varepsilon * u)\| \leq \|\partial^\alpha u - \chi_\varepsilon \partial^\alpha u\| + \|\chi_\varepsilon \partial^\alpha u - \chi_\varepsilon \rho_\varepsilon * \partial^\alpha u\|$ に注意すると，これらより $\|\partial^\alpha(\chi_\varepsilon(\rho_\varepsilon * u)) - \partial^\alpha u\|_{L^p} \to 0$ $(\varepsilon \downarrow 0)$ が導かれ，$\|u - \chi_\varepsilon(\rho_\varepsilon * u)\|_{W^{m,p}} \to 0$ が証明される．∎

全空間でない場合は，これから示す局所的な稠密性定理（定理 3.17）が証明できるが，そのために一つ準備をしておく．なお，境界のなめらかさを仮定すれば，もっと強く全空間と同様の主張が成り立つ（p.120 参照）．

補題 3.16 (i) $\Omega \subset \mathbb{R}^N$, $u \in W^{m,p}(\Omega)$ $(m \in \mathbb{N} \cup \{0\}, 1 \leq p \leq \infty)$ とする．このとき，ある集合 $K \subset \Omega$ で $\mathrm{dist}(K, \Omega^c) > 0$ をみたすものがあって $\Omega \setminus K$ 上で a.e. に $u = 0$ とすると，u を Ω の外では 0 として延長した関数 $\bar{u}$ は $W^{m,p}(\mathbb{R}^N)$ の元となる．また，$|\alpha| \leq m$ をみたす多重指数 α に対して $\partial^\alpha \bar{u}$ は $\partial^\alpha u$ を Ω の外では 0 として延長した関数となる．

(ii) Ω は半空間 $\mathbb{R}_+^N = \{x \in \mathbb{R}^N \mid x_N > 0\}$ の開集合，$u \in W^{m,p}(\Omega)$ $(m \in \mathbb{N} \cup \{0\}, 1 \leq p \leq \infty)$ とする．このとき，ある集合 $K \subset \Omega$ で $\mathrm{dist}(K, \partial\Omega \cap \mathbb{R}_+^N) > 0$ をみたすものがあって $\Omega \setminus K$ 上で a.e. に $u = 0$ とすると，u を $\mathbb{R}_+^N \setminus \Omega$ では 0 として延長した関数 $\bar{u}$ は $W^{m,p}(\mathbb{R}_+^N)$ の元となり，弱導関数について (i) と同様な関係が成り立つ（図 3.1 参照）．

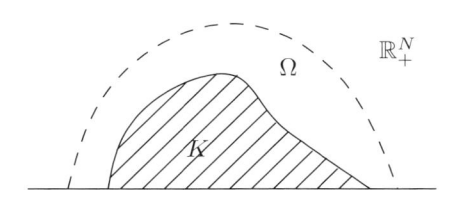

図 **3.1** 半空間内の領域

証明. (i): $r := \text{dist}(K, \Omega^c)$ として $\tilde{K} := \{x \in \mathbb{R}^N \mid \text{dist}(x, K) \leq r/2\}$ と置くと $\tilde{K}$ は閉集合で，$K \subset \tilde{K} \subset \Omega$, $\text{dist}(\tilde{K}, \Omega^c) \geq r/2$ をみたす．このとき $\{\rho_\varepsilon\}_{\varepsilon > 0}$ を mollifier とすると，命題 1.14 により十分小さい $\varepsilon > 0$ に対して $\psi := \chi_{\tilde{K}} * \rho_\varepsilon$ は台が Ω に含まれる $C^\infty(\mathbb{R}^N)$ の関数となる．（$\chi_{\tilde{K}}$ は $\tilde{K}$ の定義関数．）さらに ψ は K 上で $\psi = 1$ としてよい．実際，$x \in K$ とすると $B(x, r/2) \subset \tilde{K}$ だから，$0 < \varepsilon < r/2$ なら $(\chi_{\tilde{K}} * \rho_\varepsilon)(x) = 1$ であることが合成積の定義から容易にわかる．このとき $|\alpha| \leq m$, $\varphi \in C_0^\infty(\mathbb{R}^N)$ とすると，$\psi \overline{u} = \overline{u}$ だから

$$\int_{\mathbb{R}^N} \overline{u} \, \partial^\alpha \varphi \, dx = \int_{\mathbb{R}^N} \psi \overline{u} \, \partial^\alpha \varphi \, dx = \int_\Omega u \psi \partial^\alpha \varphi \, dx$$

となる．補題 1.2 により

$$\psi \partial^\alpha \varphi = \sum_{\beta \leq \alpha} (-1)^{|\beta|} \binom{\alpha}{\beta} \partial^{\alpha - \beta}((\partial^\beta \psi)\varphi)$$

であり，$(\partial^\beta \psi)\varphi \in C_0^\infty(\Omega)$ なので

$$\int_\Omega u \, \partial^{\alpha - \beta}((\partial^\beta \psi)\varphi) \, dx = (-1)^{|\alpha - \beta|} \int_\Omega (\partial^{\alpha - \beta} u)(\partial^\beta \psi)\varphi \, dx$$

が成り立つ．これを使ってまとめ直すと

$$\int_{\mathbb{R}^N} \overline{u} \, \partial^\alpha \varphi \, dx = (-1)^{|\alpha|} \int_\Omega \left(\partial^\alpha(\psi u)\right)\varphi \, dx = (-1)^{|\alpha|} \int_\Omega (\partial^\alpha u)\varphi \, dx \quad (3.18)$$

が得られる．（最後の等号は，$L^p(\Omega)$ の元として $\partial^\alpha(\psi u) = \partial^\alpha u$ であることから出る．これは，任意の $v \in C_0^\infty(\Omega)$ に対して $\int_\Omega u \partial^\alpha v \, dx = \int_\Omega (\psi u) \partial^\alpha v \, dx$ となることから分かる．）(3.18) は，$\partial^\alpha u$ を Ω^c では 0 として延長した関数（$\in L^p(\mathbb{R}^N)$）が $\overline{u}$ の α 次の弱導関数であることを示しているので，我々の主張が確かめられた．

(ii): $r := \text{dist}(K, \partial\Omega \cap \mathbb{R}_+^N)$ として(i)と同様に $\tilde{K}$ を取って，十分小さい $\varepsilon > 0$ に対して $\psi := \chi_{\tilde{K}} * \rho_\varepsilon$ とすると，$\psi \in C^\infty(\mathbb{R}^N)$ で $\text{supp}\, \psi \cap \mathbb{R}_+^N \subset \Omega$ が成り立つ．そして $\varphi \in C_0^\infty(\mathbb{R}_+^N)$ とすると，(i)の証明の $\mathbb{R}^N$ を $\mathbb{R}_+^N$ に置き換えればまったく同様にして $\overline{u} \in W^{m,p}(\mathbb{R}_+^N)$ であることおよび $\partial^\alpha \overline{u}$ に関する主張が証明できる．∎

定理 3.17（局所稠密性定理） $\Omega \subset \mathbb{R}^N$, $u \in W^{m,p}(\Omega)$ ($m \in \mathbb{N} \cup \{0\}$, $1 \leq p < \infty$) とすると，$C_0^\infty(\mathbb{R}^N)$ の列 $\{\varphi_n\}_n$ で，任意の $\omega \Subset \Omega$（すなわち ω は閉包が Ω に含まれるコンパクト集合となるような開集合）に対して $W^{m,p}(\omega)$ において $\varphi_n|_\omega \to u|_\omega$ となるものが存在する．

証明. u を Ω^c では 0 として延長した関数を $\overline{u}$ で表す. 定理 3.15 の証明とまったく同様に $\varepsilon > 0$ に対して χ_ε を定め, $\{\rho_\varepsilon\}_{\varepsilon>0}$ を $\mathbb{R}^N$ での mollifier とする. このとき $n \in \mathbb{N}$ に対して, $\chi_\varepsilon(\rho_\varepsilon * \overline{u})$ で $\varepsilon = 1/n$ とした関数を φ_n とおく.

まず $\varphi_n \in C_0^\infty(\mathbb{R}^N)$ であることに注意しよう. 次に, $\omega \Subset \omega' \Subset \Omega$ をみたす開集合 ω' を取ると, $\psi \in C_0^\infty(\mathbb{R}^N)$ で ω' 上で $\psi = 1$, $\mathrm{supp}\,\psi \subset \Omega$ をみたすものが取れる. このとき $\psi u \in W^{m,p}(\Omega)$ で $(\psi u)|_\omega = u|_\omega$ となる. また, $\overline{\psi u}$ で ψu を Ω^c では 0 として ψu を延長した関数を表すと, $\overline{\psi u} \in W^{m,p}(\mathbb{R}^N)$ ということが容易にわかる. 実際, 命題 3.13 により $\psi u \in W^{m,p}(\Omega)$ であり, また $\mathrm{supp}\,\psi$ は Ω のコンパクト部分集合だから $\mathrm{dist}(\mathrm{supp}\,\psi, \Omega^c) > 0$ なので補題 3.16 を適用すればよい.

さて, n が十分大きいとき, ω 上で $\chi_{1/n} = 1$ と $\rho_{1/n} * \overline{u} = \rho_{1/n} * \overline{\psi u}$ が成り立つことも合成積の定義から容易に示される ($n > 1/\mathrm{dist}(\omega, \omega'^c)$ で十分). よって n が十分大きければ $\varphi_n|_\omega = (\rho_{1/n} * \overline{\psi u})|_\omega$ が成り立つ. $|\alpha| \leq m$ をみたす多重指数 α に対して $\partial^\alpha(\rho_{1/n} * \overline{\psi u}) = \rho_{1/n} * \partial^\alpha(\overline{\psi u})$ だから, $n \to \infty$ のとき $\rho_{1/n} * (\overline{\psi u})$ は $W^{m,p}(\mathbb{R}^N)$ で $\overline{\psi u}$ に収束することがわかる (定理 3.15 の証明参照). 従って $W^{m,p}(\omega)$ の位相で $(\rho_{1/n} * \overline{\psi u})|_\omega \to \overline{\psi u}|_\omega = u|_\omega$ となる. n が十分大きければ $\varphi_n|_\omega = (\rho_{1/n} * \overline{\psi u})|_\omega$ が成り立っているから, 結局 $W^{m,p}(\omega)$ で $\varphi_n|_\omega \to u|_\omega$ となることがわかる. ∎

3.3.2　Meyers–Serrin の定理 *

なめらかな関数の稠密性に関するもう一つの結果は, Meyers と Serrin によって証明された次の定理である. 局所稠密性定理との違いは, $C_0^\infty(\mathbb{R}^N)|_\Omega$ を考えるのか $C^\infty(\Omega)$ を考えるかという点と $\omega \Subset \Omega$ における収束か Ω 全体での収束かという点である. また後に扱う線分条件の場合との違いは境界についての仮定が一切ないことである.

定理 3.18 (Meyers–Serrin) $\Omega \subset \mathbb{R}^N$ を開集合, $m \in \mathbb{N} \cup \{0\}$, $1 \leq p < \infty$ とすると, $C^\infty(\Omega) \cap W^{m,p}(\Omega)$ は $W^{m,p}(\Omega)$ で稠密である.

証明. 定理 1.6 の証明で示したように, Ω に対してコンパクト集合からなる列 $\{K_i\}_i$ で, $K_i \subset K_{i+1}^\circ$ かつ $\bigcup_{i=1}^\infty K_i = \Omega$ をみたすものが取れる. (ただし空集合は取り除いておいて $K_1 \neq \emptyset$ から始まっているとする.) また, $K_0 = K_{-1} = \emptyset$

と約束する.そして,$U_i := K_{i+2}^\circ \setminus K_{i-2}$ $(i \in \mathbb{N})$ と置く.このとき $\{U_i\}_{i=0}^\infty$ は Ω の開被覆となり,この開被覆に関するなめらかな関数による 1 の分解 $\{\varphi_i\}_i$,すなわち $\varphi_i \in C_0^\infty(\Omega)$ で supp $\varphi_i \subset U_i$,$0 \le \varphi_i$ かつ $\sum_{i=0}^\infty \varphi_i(x) = 1$ $(\forall x \in \Omega)$ をみたすものが取れる.この形の 1 の分解の存在は定理 1.21 に紹介したが,後に補題 3.19 としていまのケースに特化した形で証明しておく.ここはとりあえずこれを認めて先に進もう.また mollifier $\{\rho_\varepsilon\}_{\varepsilon>0}$ を固定しておく.

以上の準備のもとに,$u \in W^{m,p}(\Omega)$ を取り,$u = \sum_i u\varphi_i$ と分解する.このとき和 $\sum_i u\varphi_i$ は,Ω の各点のある近傍上では高々 5 項の和になっていることに注意する.これは $K_{i+1}^\circ \setminus K_{i-1}$ $(i \in \mathbb{N})$ が Ω の開被覆であることと,$|i-j| \ge 3$ ならば $(K_{i+1}^\circ \setminus K_{i-1}) \cap U_j = \emptyset$ ということからわかる.ここで命題 3.13 により $u\varphi_i \in W^{m,p}(\Omega)$ であるが,$u\varphi_i$ は Ω の補集合では 0 と延長して $W^{m,p}(\mathbb{R}^N)$ の元と考えることができる(補題 3.16).従って,$\varepsilon > 0$ を任意に固定すると,各 i に対して十分小さい $\varepsilon_i > 0$ を取れば $\|u\varphi_i - \rho_{\varepsilon_i} * (u\varphi_i)\|_{W^{m,p}(\Omega)} < \varepsilon/2^i$ かつ supp $\rho_{\varepsilon_i} * (u\varphi_i) \subset U_i$ となる.($u\varphi_i$ の台は U_i のコンパクト部分集合であることに注意.)よって,$\psi_i := \rho_{\varepsilon_i} * (u\varphi_i)$ と置くと,$\sum_i \psi_i$ は $\sum_i u\varphi_i$ と同じく Ω の各点の近傍で高々 5 項の和で表されることがわかる.これから $\sum_i \psi_i$ が意味を持ち,$C^\infty(\Omega)$ の元を定めることがわかる.また

$$\sum_{|\alpha| \le m} \sum_i \|\partial^\alpha(u\varphi_i) - \partial^\alpha \psi_i\|_{L^p(\Omega)} < \sum_i \frac{\varepsilon}{2^i} = \varepsilon$$

が成り立つから,$|\alpha| \le m$ をみたす任意の多重指数 α に対して

$$\sum_i \{\partial^\alpha(u\varphi_i) - \partial^\alpha \psi_i\}$$

は a.e. に各点で絶対収束し(命題 1.17),

$$\sum_{|\alpha| \le m} \left\| \sum_i \{\partial^\alpha(u\varphi_i) - \partial^\alpha \psi_i\} \right\|_{L^p(\Omega)} < \varepsilon$$

となる.ここで $\sum_i \psi_i$ は Ω の各点の近傍で高々 5 項の和で表されるのであったから,$\sum_i \partial^\alpha \psi_i$ は Ω 上で局所一様収束し,$\partial^\alpha(\sum_i \psi_i) = \sum_i \partial^\alpha \psi_i$ が成り立つ.よって a.e. に $\sum_i \partial^\alpha(u\varphi_i)$ も収束し

$$\left\| \sum_i \partial^\alpha(u\varphi_i) - \sum_i \partial^\alpha \psi_i \right\|_{L^p(\Omega)} < \varepsilon \tag{3.19}$$

が得られる.また,$\sum_i \partial^\alpha(u\varphi_i)$ も各点のある近傍では 5 項の和であるから,$\sum_i \partial^\alpha(u\varphi_i) \in L_{loc}^p(\Omega) \subset L_{loc}^1(\Omega)$ となる.しかも弱導関数の意味で $\partial^\alpha u =$

3.3. なめらかな関数の稠密性

$\partial^\alpha \left(\sum_i u\varphi_i \right) = \sum_i \partial^\alpha(u\varphi_i)$, すなわち

$$\int_\Omega \Big(\sum_i \partial^\alpha(u\varphi_i) \Big) \psi \, dx = (-1)^{|\alpha|} \int_\Omega \sum_i (u\varphi_i) \partial^\alpha \psi \, dx \quad (\forall \psi \in C_0^\infty(\Omega))$$

が成り立つことは容易にわかる.(supp ψ 上では有限和と同じであることと命題 3.13 を使う.)よって,変分法の基本補題から a.e. に $\partial^\alpha u = \partial^\alpha \left(\sum_i u\varphi_i \right) = \sum_i \partial^\alpha(u\varphi_i)$ が成り立つ.以上から a.e. に

$$\sum_i \{ \partial^\alpha(u\varphi_i) - \partial^\alpha \psi_i \} = \sum_i \partial^\alpha(u\varphi_i) - \sum_i \partial^\alpha \psi_i = \partial^\alpha u - \partial^\alpha \Big(\sum_i \psi_i \Big)$$

が成り立ち,(3.19) から $\sum_i \psi_i \in W^{m,p}(\Omega)$ と $\| u - \sum_i \psi_i \|_{W^{m,p}(\Omega)} < \varepsilon$ が得られる.$\varepsilon > 0$ は任意で,$\sum_i \psi_i \in W^{m,p}(\Omega) \cap C^\infty(\Omega)$ だから定理は証明された.なお,この証明では $\sum_i \psi_i$ は $W^{m,p}(\Omega)$ の級数としてノルム収束することが示されたわけではないことに注意. ∎

補題 3.19 K_i, U_i を定理 3.18 の証明中に定めたものとすると,各 $i \in \mathbb{N}$ に対して $\varphi_i \in C_0^\infty(\Omega)$ で supp $\varphi_i \subset U_i$, $0 \leq \varphi_i$ かつ $\sum_{i=1}^\infty \varphi_i(x) = 1$ $(\forall x \in \Omega)$ をみたすものが存在する.

証明. $i \in \mathbb{N}$ に対して $K_i' := K_i \setminus K_{i-1}^\circ$ と置くと,K_i' はコンパクト集合で $\Omega = \bigcup_{i=1}^\infty K_i'$ となる.(各 $x \in \Omega$ に対して $x \in K_i^\circ$ となる最初の番号 i をとれば $x \in K_i'$ となる.)また,$\{\rho_\varepsilon\}_{\varepsilon > 0}$ を $\mathbb{R}^N$ における mollifier とする.各 i に対して $K_i' \subset U_i$ だから,$\varepsilon_i > 0$ を十分小さく取れば K_i' の定義関数 $\chi_{K_i'}$ をなめらかにした $\chi_{K_i'} * \rho_{\varepsilon_i} \in C_0^\infty(\mathbb{R}^N)$ の台は U_i に含まれる.よって和 $\varphi := \sum_{i=1}^\infty \chi_{K_i'} * \rho_{\varepsilon_i}$ は $K_{i+1}^\circ \setminus K_{i-1}$ 上では高々 5 項以外は 0 となり,Ω の各点の近傍で φ は実質的に 5 項の和で表される.よって $\varphi \in C^\infty(\Omega)$ であり,各 $x \in \Omega$ についてある i で $x \in K_i'$ だから $\varphi(x) > 0$ もわかる.従って $\varphi_i := (\chi_{K_i'} * \rho_{\varepsilon_i})/\varphi$ が定義できて,$0 \leq \varphi_i \in C_0^\infty(\Omega)$, supp $\varphi_i \subset U_i$ かつ Ω 上で恒等的に $\sum_{i=1}^\infty \varphi_i = 1$ が成り立ち,補題が証明された. ∎

Meyers–Serrin の定理で $m = 0$ の場合は $L^p(\Omega) \cap C^\infty(\Omega)$ が $L^p(\Omega)$ で稠密であることを主張しているが,定理 1.15 に述べたようにこの場合は「$C_0^\infty(\Omega)$ が $L^p(\Omega)$ で稠密である」という,もう少し強い結果が成り立つことに注意しよう.

3.3.3 線分条件をみたす開集合の場合 *

$\Omega \subset \mathbb{R}^N$ の境界 $\partial\Omega$ にある程度の幾何学的な条件をつけると Meyers–Serrin の定理よりも強く，$C_0^\infty(\mathbb{R}^N)|_\Omega$ が $W^{m,p}(\Omega)$ で稠密，という全空間の場合と同様な結果が得られる．境界に関する幾何学的条件はいろいろなものが考えられており，本書でも「C^m 級の境界を持つ領域」，「Lipschitz 領域」などを後に扱うが，ここではもっと弱い条件である**「線分条件」**をみたすだけで十分なのである．

定義 3.20（線分条件） $\Omega \subset \mathbb{R}^N$ が線分条件をみたすとは，任意の $x \in \partial\Omega$ に対してあるベクトル $e_x \neq 0$ と x の近傍 U_x があって，任意の $y \in U_x \cap \overline{\Omega}$ と $t \in (0,1]$ に対して $y + te_x \in \Omega$ が成り立つことを言う．

この条件は，境界点の近傍ではその中の $\overline{\Omega}$ の各点から一定の方向と長さの線分を伸ばしても全部 Ω に含まれることを意味しているので「線分条件」と呼ばれているのである．

線分条件をみたす開集合の場合について証明したいことは定理 3.22 である．この定理の証明にはそれほど難しいことは使っていないが，細部を確かめるのにかなり手間がかってわかりにくいことは確かである．そのため定理 3.22 に進む前に特別な場合，すなわち半空間 $\mathbb{R}^N_+ := \{x \in \mathbb{R}^N \mid x_N > 0\}$ の場合を証明しよう．(x_N は x の第 N 成分を表す．)

本書の他の部分を読むにはこの特別な場合だけでも十分なので初読の際は**定理 3.22** はとばしてもかまわない．また，一般の場合の証明は本質的にはこの半空間の場合の証明と同じ考えに基づいているので，先にこちらを理解しておくとわかりやすい．

定理 3.21 $m \in \mathbb{N}, 1 \leq p < \infty$ とすると，$C_0^\infty(\mathbb{R}^N)$ の関数を半空間 $\mathbb{R}^N_+$ に制限したものは $W^{m,p}(\mathbb{R}^N_+)$ で稠密である．

証明． $x \in \mathbb{R}^N$ を $x = (x', x_N)$ ($x' \in \mathbb{R}^{N-1}$) と分けて表すことにする．$u \in W^{m,p}(\mathbb{R}^N_+)$ とし，$t > 0$ に対して $u^{(t)}(x', x_N) := u(x', x_N + t)$ と定義する．$u^{(t)}$ の自然な定義域は $x_N > -t$ をみたす x の全体である．さらに 1 変数関数 $\psi \in C^\infty(\mathbb{R})$ で，$s > 0$ では $\psi(s) = 1$ かつ $s < -t/2$ では $\psi(s) = 0$ となるものを取り，関数 $(\psi u^{(t)})(x) := \psi(x_N) u^{(t)}(x)$ を考える．この関数を $x_N \leq -t$

3.3. なめらかな関数の稠密性

では値を 0 と考えて $\mathbb{R}^N$ 全体に延長した関数を $E(\psi u^{(t)})$ で表す. このとき $E(\psi u^{(t)}) \in W^{m,p}(\mathbb{R}^N)$ となることを示そう.

$\varphi \in C_0^\infty(\mathbb{R}^N), \alpha$ を $|\alpha| \leq m$ をみたす任意の多重指数とする. このとき

$$\int_{\mathbb{R}^N} E(\psi u^{(t)})(x) \partial^\alpha \varphi(x)\, dx = \int_{x_N > -t} \psi(x_N) u(x', x_N + t) \partial^\alpha \varphi(x)\, dx$$
$$= \int_{\mathbb{R}^N_+} u(x', x_N) \psi(x_N - t) \partial^\alpha \varphi(x', x_N - t)\, dx \tag{3.20}$$

が成り立つ. ここで α の第 N 成分 α_N が 0 のときは

$$\psi(x_N - t)\partial^\alpha \varphi(x', x_N - t) = \partial^\alpha(\psi(x_N - t)\varphi(x', x_N - t))$$

で, $\psi(x_N - t)\varphi(x', x_N - t) \in C_0^\infty(\mathbb{R}^N_+)$ だから $u \in W^{m,p}(\mathbb{R}^N_+)$ により

$$\int_{\mathbb{R}^N} E(\psi u^{(t)})(x) \partial^\alpha \varphi(x)\, dx$$
$$= (-1)^{|\alpha|} \int_{\mathbb{R}^N_+} (\partial^\alpha u(x', x_N))\psi(x_N - t)\varphi(x', x_N - t)\, dx$$
$$= (-1)^{|\alpha|} \int_{\mathbb{R}^N} E(\psi(\partial^\alpha u)^{(t)})(x)\varphi(x)\, dx \tag{3.21}$$

が成り立つ. ここで $E(\psi(\partial^\alpha u)^{(t)})$ は, $E(\psi u^{(t)})$ において u の代わりに $\partial^\alpha u$ としたものを表す. 明らかに $E(\psi(\partial^\alpha u)^{(t)}) \in L^p(\mathbb{R}^N)$ だから, 上式は $E(\psi u^{(t)})$ の $\partial^\alpha u$ に関する弱導関数が L^p に属することを示している.

α_N が一般の値のときは, なめらかな関数 $f(x), g(x)$ に対する恒等式

$$f(x)\partial_N^n g(x) = \sum_{k=0}^n (-1)^k \frac{n!}{k!(n-k)!} \partial_N^{n-k}\big((\partial^k f)(x)g(x)\big) \tag{3.22}$$

を利用する (補題 1.2). そして, 多重指数 $\alpha = (\alpha_1, \ldots, \alpha_N)$ に対して $\alpha' := (\alpha_1, \ldots, \alpha_{N-1}, 0), j := \alpha_N$ と置くと

$$\psi(x_N - t)\partial^\alpha \varphi(x', x_N - t) = \partial^{\alpha'}(\psi(x_N - t)\partial_N^j \varphi(x', x_N - t))$$

かつ $\psi(x_N - t)\partial_N^j \varphi(x', x_N - t) \in C_0^\infty(\mathbb{R}^N_+)$ とみなすことができる. よって (3.20) により

$$\int_{\mathbb{R}^N} E(\psi u^{(t)})(x)\partial^\alpha \varphi(x)\, dx$$
$$= (-1)^{|\alpha'|} \int_{\mathbb{R}^N_+} (\partial^{\alpha'} u)(x', x_N)\psi(x_N - t)\partial_N^j \varphi(x', x_N - t)\, dx$$

となる. $\psi(x_N-t)\partial_N^j \varphi(x', x_N-t)$ に (3.22) を使い, $(\partial_N^k \psi(x_N-t))\varphi(x', x_N-t) \in C_0^\infty(\mathbb{R}_+^N)$ に注意すれば, (3.22) の逆である積の微分法則(命題 3.13) も使って上式を変形すると,

$$\int_{\mathbb{R}^N} E(\psi u^{(t)})(x) \partial^\alpha \varphi(x) \, dx$$
$$= \sum_{k=0}^{j} (-1)^{|\alpha'|+j} \frac{j!}{k!(j-k)!}$$
$$\quad \times \int_{\mathbb{R}_+^N} (\partial_N^{j-k} \partial^{\alpha'} u)(x', x_N)(\partial_N^k \psi(x_N-t))\varphi(x', x_N-t) \, dx$$
$$= (-1)^{|\alpha|} \int_{\mathbb{R}_+^N} \left(\partial^\alpha (\psi(x_N-t) u(x', x_N))\right) \varphi(x', x_N-t) \, dx$$
$$= (-1)^{|\alpha|} \int_{\mathbb{R}^N} E(\partial^\alpha(\psi u^{(t)}))(x)\varphi(x) \, dx$$

が得られる($E(\partial^\alpha(\psi u^{(t)}))$ はこれまでと同様に本来の定義域の外では 0 として延長した関数を表す). 明らかに $E(\partial^\alpha(\psi u^{(t)})) \in L^p(\mathbb{R}^N)$ だから, 上式は

$$E(\psi u^{(t)}) \in W^{m,p}(\mathbb{R}^N) \quad \text{かつ} \quad \partial^\alpha(E(\psi u^{(t)})) = E(\partial^\alpha(\psi u^{(t)}))$$

を示している. 故に, これまでの議論で φ を $C_0^\infty(\mathbb{R}_+^N)$ の元に限れば $E(\psi u^{(t)})|_{\mathbb{R}_+^N} \in W^{m,p}(\mathbb{R}_+^N)$ かつ

$$\partial^\alpha \left[E(\psi u^{(t)})\big|_{\mathbb{R}_+^N} \right] = (\partial^\alpha u)^{(t)} \big|_{\mathbb{R}_+^N} \qquad (|\alpha| \leq m) \tag{3.23}$$

がわかる.

さて, 任意に $\varepsilon > 0$ が与えられると, 定理 1.7 により $t \downarrow 0$ のとき $\|(\partial^\alpha u)^{(t)} - \partial^\alpha u\|_{L^p(\mathbb{R}_+^N)} \to 0$ だから, $t > 0$ を十分小さく取れば

$$\|E(\psi u^{(t)})|_{\mathbb{R}_+^N} - u\|_{W^{m,p}(\mathbb{R}_+^N)} < \varepsilon/2$$

となる. さらに定理 3.15 により $\varphi \in C_0^\infty(\mathbb{R}^N)$ で $\|\varphi - E(\psi u^{(t)})\|_{W^{m,p}(\mathbb{R}^N)} < \varepsilon/2$ をみたすものが存在し, 結局

$$\|\varphi|_{\mathbb{R}_+^N} - u\|_{W^{m,p}(\mathbb{R}_+^N)}$$
$$\leq \|\varphi|_{\mathbb{R}_+^N} - E(\psi u^{(t)})|_{\mathbb{R}_+^N}\|_{W^{m,p}(\mathbb{R}_+^N)} + \|E(\psi u^{(t)})|_{\mathbb{R}_+^N} - u\|_{W^{m,p}(\mathbb{R}_+^N)} < \varepsilon$$

となって定理が証明された. ∎

3.3. なめらかな関数の稠密性

定理 3.22 $m \in \mathbb{N}, 1 \leq p < \infty$ とすると, $\Omega \subset \mathbb{R}^N$ が線分条件をみたしていれば $C_0^\infty(\mathbb{R}^N)$ の関数を Ω に制限したものは $W^{m,p}(\Omega)$ で稠密である.

証明. 任意に $u \in W^{m,p}(\Omega)$ を取り, 以下ではこれを固定する. u に対して $\varphi \in C_0^\infty(\mathbb{R}^N)$ をうまく取れば $\|u - \varphi|_\Omega\|_{W^{m,p}(\Omega)}$ を好きなだけ小さくできることを示せばよいが, 少し長いのでステップに分ける.

Step 1: u に対して有界な台を持つ $v \in W^{m,p}(\Omega)$ で $\|u - v\|_{W^{m,p}(\Omega)}$ を任意に小さくできることを示そう. このために定理 3.15 の証明のはじめの部分と同様に, $\chi \in C_0^\infty(\mathbb{R}^N)$ で $|x| \leq 1$ では $\chi(x) = 1$, $|x| \geq 2$ では $\chi(x) = 0$ をみたすものを取り, $\varepsilon > 0$ に対して $\chi_\varepsilon(x) := \chi(\varepsilon x)$ ($x \in \mathbb{R}^N$) と置く. このとき, 任意の $\varepsilon > 0$ に対して $\chi_\varepsilon u$ を考えると, この関数の台は有界で, $\varepsilon \downarrow 0$ のとき $\|u - \chi_\varepsilon u\|_{W^{m,p}(\Omega)} \to 0$ となることが容易にわかる. (命題 3.13 によって $\partial^\alpha (\chi_\varepsilon u)$ を計算すればよい.)

Step 2: (局所化) Step 1 により, u の台は有界であるとして $C_0^\infty(\mathbb{R}^N)$ の元でいくらでも近似できることを示せばよい. よって, 以後 u の台はあるコンパクト集合 K に含まれるとして話を進める. このとき $\partial\Omega \cap K$ はコンパクトなので, Ω が線分条件をみたすという仮定から, 有限個の点 $x_1, \ldots, x_n \in \partial\Omega$ と, 各 x_i の有界な開近傍 U_i および $0 \neq e_i \in \mathbb{R}^N$ で次の条件をみたすものが存在する:

$$\left. \begin{array}{l} \bigcup_{i=1}^n U_i \supset K \cap \partial\Omega, \\ \text{任意の } y \in U_i \cap \overline{\Omega}, 0 < t \leq 1 \text{ に対して } y + te_i \in \Omega. \end{array} \right\} \quad (3.24)$$

よって命題 1.20 により

$$0 \leq \varphi_i \leq 1, \ \operatorname{supp} \varphi_i \subset U_i, \ K \cap \partial\Omega \text{ のある近傍上で } \sum_{i=1}^n \varphi_i = 1$$

という条件をみたす $\varphi_i \in C_0^\infty(\mathbb{R}^N)$ が存在する. $\operatorname{supp} \varphi_i$ はコンパクトで U_i に含まれるので, $\operatorname{supp} \varphi_i \subset V_i \Subset U_i$ をみたす開集合 V_i が取れる. このとき命題 3.13 により $\varphi_i u \in W^{m,p}(\Omega)$, $(1 - \sum_{i=1}^n \varphi_i) u \in W^{m,p}(\Omega)$ であり, $u = \sum_{i=1}^n \varphi_i u + (1 - \sum_{i=1}^n \varphi_i) u$ が成り立つ. $(1 - \sum_{i=1}^n \varphi_i) u$ は $\partial\Omega$ の近傍では 0 なので, Ω の外では 0 として延長すれば $W^{m,p}(\mathbb{R}^N)$ の元とみなすことができ (補題 3.16), 定理 3.15 によりそれは $W^{m,p}(\mathbb{R}^N)$ の中で $C_0^\infty(\mathbb{R}^N)$ の元でいくらで

も近似できる.よって Ω への制限を考えれば,結局 $(1-\sum_{i=1}^{n}\varphi_i)u$ は $W^{m,p}(\Omega)$ のノルムについて,$C_0^\infty(\mathbb{R}^N)|_\Omega$ の元でいくらでも近似できることになる.従って問題は $\varphi_i u$ も $C_0^\infty(\mathbb{R}^N)|_\Omega$ の元でいくらでも近似できることを示すことに帰着する.

Step 3: Step 2 で導入した記号をそのまま使うことにして,$u_i := \varphi_i u$ について考える.$u_i \in W^{m,p}(\Omega)$ であるが,u_i は $\mathrm{supp}\,\varphi_i \subset V_i$ なので u_i を $W^{m,p}(V_i)$ の元とみなすこともできて,どちらで考えても $W^{m,p}$ ノルムは同じである.さて,$t \in [0,1]$ に対して $u_i^{(t)}(x) := u_i(x + te_i)$ は仮定により $x \in U_i \cap \Omega$ に対して意味を持つが,とりあえず V_i 上に制限した場合,$u_i^{(t)} \in W^{m,p}(V_i \cap \Omega)$ が成り立つことは明らかであろう.実際,$\varphi \in C_0^\infty(V_i \cap \Omega)$ と $|\alpha| \leq m$ をみたす多重指数 α に対して

$$\int_{V_i \cap \Omega} u_i^{(t)}(x) \partial^\alpha \varphi(x)\, dx = \int_{V_i \cap \Omega} u_i(x + te_i) \partial^\alpha \varphi(x)\, dx$$
$$= \int_{(V_i \cap \Omega) + te_i} u_i(x) \partial^\alpha \varphi(x - te_i)\, dx$$
$$= \int_\Omega u_i(x) \partial^\alpha \varphi(x - te_i)\, dx$$
$$= (-1)^{|\alpha|} \int_\Omega (\partial^\alpha u_i)(x) \varphi(x - te_i)\, dx$$
$$= (-1)^{|\alpha|} \int_{V_i \cap \Omega} (\partial^\alpha u_i)(x + te_i) \varphi(x)\, dx$$

だから $(\partial^\alpha u_i^{(t)})(\cdot) = (\partial^\alpha u_i)(\cdot + te_i) \in L^p(V_i \cap \Omega)$ となる.そして定理 1.7 により $\|u_i - u_i^{(t)}\|_{W^{m,p}(V_i \cap \Omega)} \to 0 \ (t \downarrow 0)$ がわかる.(定理 1.7 では全空間の L^p であるが,$\partial^\alpha u_i$ を Ω の外では 0 と考えて適用すればよい.)

Step 4: 次に,十分小さい $t > 0$ を固定したとき,$W^{m,p}(V_i \cap \Omega)$ において $u_i^{(t)}$ が $C_0^\infty(\mathbb{R}^N)|_{V_i \cap \Omega}$ の元でいくらでも近似できることを示そう.このためには Friedrichs の mollifier $\{\rho_\varepsilon\}_{\varepsilon > 0}$ を使って $\|\rho_\varepsilon * u_i^{(t)} - u_i^{(t)}\|_{W^{m,p}(V_i \cap \Omega)} \to 0 \ (\varepsilon \downarrow 0)$ を示すことが考えられる.ここで $\rho_\varepsilon * u_i^{(t)}$ は $u_i^{(t)}$ の本来の定義域以外では 0 と定義して合成積を考えているのであるが,そうすると実は $u_i^{(t)} \in W^{m,p}(\mathbb{R}^N)$ とは言えないので補題 3.14 は直接は適用できず,証明は簡単ではない.そこでこの Step では補題 3.14 を使うための下準備をして,次の Step で目的を果たそう.

まず t を小さくする程度であるが,$\mathrm{dist}(V_i, U_i^c) > 0$ なので $t < 1$ かつ $0 <$

3.3. なめらかな関数の稠密性

$t < \mathrm{dist}(V_i, U_i^c)/|e_i|$ としておき，以後この t を固定して考える．このとき

$$V_i - te_i \subset U_i, \quad \text{すなわち} \quad V_i \subset U_i + te_i \tag{3.25}$$

が成り立つことに注意しよう．実際，$x \in V_i$ かつ $x - te_i \notin U_i$ としてみると，$\mathrm{dist}(V_i, U_i^c) \leq |x - (x - te_i)| = t|e_i| < \mathrm{dist}(V_i, U_i^c)$ となって矛盾が出る．

次に，$\partial\Omega \cap V_i$ を $-te_i$ だけ平行移動した集合 $\{x - te_i \mid x \in \partial\Omega \cap V_i\}$ を Γ_t で表すと $\mathrm{dist}(\Gamma_t, V_i \cap \Omega) > 0$ であることを確かめる（図 3.2 参照）．

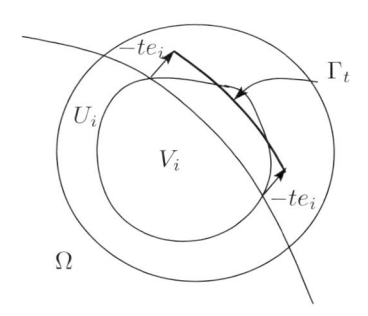

図 **3.2** 線分条件での証明のために

実際，もしもこの距離が 0 であれば，$V_i \cap \Omega$ の点列 $\{x_n\}_n$ と Γ_t 内の点列 $\{y_n\}_n$ で $|x_n - y_n| \to 0 \,(n \to \infty)$ となるものが存在する．V_i は有界なので $\{x_n\}_n$ は収束部分列を持つが，簡単のため $\{x_n\}_n$ 自身がある $x_0 \in \overline{V_i} \cap \overline{\Omega} \subset U_i \cap \overline{\Omega}$ に収束するとして一般性を失わない．そしてこのとき y_n も同じ極限 x_0 に収束するが，y_n はある $z_n \in \partial\Omega \cap V_i$ によって $y_n = z_n - te_i$ と書けるから，z_n もある $z_0 \in \partial\Omega$ に収束する．そして $x_0 = z_0 - te_i$ なので $z_0 = x_0 + te_i$ だから，線分条件の仮定により $z_0 \in \Omega$ となり $z_0 \in \partial\Omega$ に矛盾する．

以上の準備を基に，$\psi \in C_0^\infty(\mathbb{R}^N)$ で，$\overline{V_i \cap \Omega}$ のある開近傍 $W_i \subset U_i$ 上で $\psi = 1$ かつ $\mathrm{dist}(x, V_i \cap \Omega) \geq \mathrm{dist}(V_i \cap \Omega, \Gamma_t)/2$ をみたす任意の x では $\psi(x) = 0$ となるものを取り，$\psi u_i^{(t)}$ を考える．($\mathrm{dist}(\Gamma_t, V_i \cap \Omega) > 0$ より，このような ψ を実際に取ることができる．) このとき $\psi u_i^{(t)}$ は自然に $W^{m,p}(\mathbb{R}^N)$ の元と見なされる．簡単に言えば，$\psi u_i^{(t)}$ の微分可能性が問題となるのは Γ_t の上だけであり，しかしその近傍では ψ の決め方から恒等的に 0 なので問題なくなるということである．しかし厳密な証明はかなり長くなるので，補題 3.23 として後回

しにしてここは進んでいこう.

Step 5: Step 4 の続きとして,以下の議論では $W^{m,p}(\mathbb{R}^N)$ の元と見たときの $\psi u_i^{(t)}$ を $E(\psi u_i^{(t)})$ という記号で区別しよう. $\psi u_i^{(t)}$ は自然な定義域 $\Omega - te_i$ を持つ可測関数を表すものとする. さて, $\varphi \in C_0^\infty(V_i \cap \Omega)$ を任意に取り,固定する. φ は自然に $C_0^\infty(\mathbb{R}^N)$ の元とも考えられるが,そのときは $E\varphi$ で表す. また, $\varepsilon_0 := \operatorname{dist}(V_i \cap \Omega, W_i^c)$ とする ($\varepsilon_0 > 0$ である). 他方 Step 4 で固定した $t > 0$ に対して $\overline{V_i} \cap \overline{\Omega} + te_i$ を考えると, $\overline{V_i} \subset U_i$ と U_i, e_i の取り方 (3.24) からこれは Ω に含まれるコンパクト集合となる. よって $\varepsilon_1 := \operatorname{dist}(V_i \cap \overline{\Omega} + te_i, \Omega^c)$ とすると $\varepsilon_1 > 0$ である. 以下では $0 < \varepsilon < \min\{\varepsilon_0, \varepsilon_1\}$ とする. このとき α を $|\alpha| \leq m$ をみたす任意の多重指数とすると, すでに固定していた $\varphi \in C_0^\infty(V_i \cap \Omega)$ に対して

$$\int_{V_i \cap \Omega} (\rho_\varepsilon * E(\psi u_i^{(t)}))(x) \partial^\alpha \varphi(x) \, dx$$
$$= \int_{\mathbb{R}^N} \left[\rho_\varepsilon * E(\psi u_i^{(t)}) \right](x) \partial^\alpha E\varphi(x) \, dx$$
$$= (-1)^{|\alpha|} \int_{\mathbb{R}^N} \partial^\alpha (\rho_\varepsilon * E(\psi u_i^{(t)}))(x) E\varphi(x) \, dx$$
$$= (-1)^{|\alpha|} \int_{\mathbb{R}^N} (\rho_\varepsilon * \partial^\alpha E(\psi u_i^{(t)}))(x) E\varphi(x) \, dx$$
$$= (-1)^{|\alpha|} \int_{V_i \cap \Omega} (\rho_\varepsilon * \partial^\alpha E(\psi u_i^{(t)}))(x) \varphi(x) \, dx$$

が成り立つ(補題 3.14). ここで合成積の定義を思い出すと,最後の積分では $x \in \operatorname{supp} \varphi$ に対する

$$\left[\rho_\varepsilon * \partial^\alpha E(\psi u_i^{(t)})\right](x) = \int_{|y| < \varepsilon} \rho_\varepsilon(y) \partial^\alpha E(\psi u_i^{(t)})(x - y) \, dy$$

が登場しているが, $x \in V_i \cap \Omega$ かつ $|y| < \varepsilon$ とすると, $\varepsilon < \varepsilon_0$ から $x - y \in W_i$ が成り立つ. 従って $\psi(x-y) = 1$ である. また $x + te_i \in V_i \cap \overline{\Omega} + te_i$ なので

$$\operatorname{dist}(x + te_i, \Omega^c) \geq \operatorname{dist}(V_i \cap \overline{\Omega} + te_i, \Omega^c) = \varepsilon_1 > \varepsilon$$

となり, $|y| < \varepsilon$ に対して $x + te_i - y \in \Omega$ がわかる. よって,上の合成積の計算において, $E(\psi u_i^{(t)})$ は本来の定義域で考えた $\psi u_i^{(t)}$ で置き換えてよく,それはさらに $u_i^{(t)}$ で置き換えてもよい. このため $V_i \cap \Omega$ 上で考える限り,合成積 $\rho_\varepsilon * \partial^\alpha E(\psi u_i^{(t)})$ を $\rho_\varepsilon * \partial^\alpha (\psi u_i^{(t)})$ で表すことを許すことにする. 同様にして

$$\int_{V_i \cap \Omega} (\rho_\varepsilon * E(\psi u_i^{(t)}))(x) \partial^\alpha \varphi(x) \, dx = \int_{V_i \cap \Omega} (\rho_\varepsilon * u_i^{(t)})(x) \partial^\alpha \varphi(x) \, dx$$

3.3. なめらかな関数の稠密性

と書ける．以上により

$$\int_{V_i \cap \Omega} (\rho_\varepsilon * u_i^{(t)})(x) \partial^\alpha \varphi(x)\, dx = (-1)^{|\alpha|} \int_{\operatorname{supp} \varphi} (\rho_\varepsilon * \partial^\alpha u_i^{(t)})(x) \varphi(x)\, dx$$
$$= (-1)^{|\alpha|} \int_{V_i \cap \Omega} (\rho_\varepsilon * \partial^\alpha u_i^{(t)})(x) \varphi(x)\, dx$$

が得られる．よって，$0 < \varepsilon < \min\{\varepsilon_0, \varepsilon_1\}$ では $V_i \cap \Omega$ における弱導関数の意味で

$$\partial^\alpha (\rho_\varepsilon * u_i^{(t)}) = \rho_\varepsilon * \partial^\alpha u_i^{(t)} = \rho_\varepsilon * \partial^\alpha E(\psi u_i^{(t)})\big|_{V_i \cap \Omega}$$

が成り立つ．故に $0 < \varepsilon < \min\{\varepsilon_0, \varepsilon_1\}$ において

$$\| u_i^{(t)} - \rho_\varepsilon * u_i^{(t)} \|_{W^{m,p}(V_i \cap \Omega)} = \sum_{|\alpha| \leq m} \| \partial^\alpha u_i^{(t)} - \partial^\alpha (\rho_\varepsilon * u_i^{(t)}) \|_{L^p(V_i \cap \Omega)}$$
$$= \sum_{|\alpha| \leq m} \| \partial^\alpha u_i^{(t)} - \rho_\varepsilon * \partial^\alpha u_i^{(t)} \|_{L^p(V_i \cap \Omega)}$$
$$\leq \sum_{|\alpha| \leq m} \| \partial^\alpha E(\psi u_i^{(t)}) - \rho_\varepsilon * \partial^\alpha E(\psi u_i^{(t)}) \|_{L^p(\mathbb{R}^N)}$$

が成り立ち，定理 1.12 により，$\varepsilon \downarrow 0$ のとき $\rho_\varepsilon * u_i^{(t)} = \rho_\varepsilon * E(\psi u_i^{(t)})|_{V_i \cap \Omega} \in C_0^\infty(\mathbb{R}^N)|_{V_i \cap \Omega}$ は $u_i^{(t)}$ に $W^{m,p}(V_i \cap \Omega)$ のノルムで収束する．

Step 3 の結果（$\|u_i - u_i^{(t)}\|_{W^{m,p}(V_i \cap \Omega)} \to 0$）と合わせると，$u_i$ が $W^{m,p}(V_i \cap \Omega)$ において，$C_0^\infty(\mathbb{R}^N)$ の元を $V_i \cap \Omega$ に制限したものでいくらでも近似できることが示され，定理が証明された．■

定理 3.22 の証明で後回しにした部分を証明しよう．定理 3.22 の証明中の記号をそのまま用いる．特に t は Step 4 で固定したものを指している．

補題 3.23 $\psi u_i^{(t)}$ を，その自然な定義域 $\Omega - te_i$ の外では 0 として拡張した関数 $E(\psi u_i^{(t)})$ は $W^{m,p}(\mathbb{R}^N)$ に属する．

証明． まず，$u_i^{(t)}(x) = \varphi_i(x + te_i) u(x + te_i)$ であるから $\psi u_i^{(t)}$ は $x + te_i \in \Omega$ となる x の全体，つまり $\Omega - te_i$ を自然な定義域に持つ．確かめたいことは，$\Omega - te_i$ 以外では値を 0 と定めて $\psi u_i^{(t)}$ が $W^{m,p}(\mathbb{R}^N)$ に属することである．はじめに $\operatorname{dist}(x, U_i^c) < \operatorname{dist}(V_i, U_i^c) - t|e_i|$ をみたす x（右辺 > 0 に注意）で

は $(\psi u_i^{(t)})(x) = 0$ となることを示そう．まず x がこの条件をみたしていれば $x + te_i \notin V_i$ がわかる．実際，$x + te_i \in V_i$ とすると

$$\text{dist}(V_i, U_i^c) \leq \text{dist}(x + te_i, U_i^c) \leq |x - (x + te_i)| + \text{dist}(x, U_i^c)$$
$$< t|e_i| + \text{dist}(V_i, U_i^c) - t|e_i| = \text{dist}(V_i, U_i^c)$$

となって矛盾が起きる．よって $x + te_i \notin V_i$ であり，従って $\varphi_i(x + te_i) = 0$ となる．よって，$\text{dist}(x, U_i^c) < \text{dist}(V_i, U_i^c) - t|e_i|$ のとき $(\psi u_i^{(t)})(x) = 0$ がわかったが，さらに $\text{dist}(x, \Gamma_t) < \text{dist}(\Gamma_t, V_i \cap \Omega)/2$ のときも $(\psi u_i^{(t)})(x) = 0$ である．というのは，x がこの条件をみたせば $\text{dist}(x, V_i \cap \Omega) \geq \text{dist}(\Gamma_t, V_i \cap \Omega) - \text{dist}(x, \Gamma_t) > \text{dist}(\Gamma_t, V_i \cap \Omega)/2$ だから ψ の決め方により $\psi(x) = 0$ となるからである．

ようやく $\psi u_i^{(t)} \in W^{m,p}(\mathbb{R}^N)$ の証明に近づいてきたが，まず U_i 上に制限して $E(\psi u_i^{(t)}) \in W^{m,p}(U_i)$ を証明しよう．$U_i = [U_i \cap (\Omega - te_i)] \cup [U_i \cap (\Omega - te_i)^c]$ と分けて考えると，$U_i \cap (\Omega - te_i)^c$ の上では $E(\psi u_i^{(t)}) = 0$ であることに注意しよう．よって，$\varphi \in C_0^\infty(U_i)$ と $|\alpha| \leq m$ をみたす多重指数 α を任意に取ると

$$\int_{U_i} E(\psi u_i^{(t)})(x) \partial^\alpha \varphi(x) \, dx \qquad (3.26)$$
$$= \int_{U_i \cap (\Omega - te_i)} \psi(x) u_i(x + te_i) \partial^\alpha \varphi(x) \, dx$$
$$= \int_{(U_i + te_i) \cap \Omega} \psi(x - te_i) u_i(x) \partial^\alpha \varphi(x - te_i) \, dx$$
$$= \int_{(U_i + te_i) \cap V_i \cap \Omega} \psi(x - te_i) u_i(x) \partial^\alpha \varphi(x - te_i) \, dx \qquad (3.27)$$
$$= \int_{V_i \cap \Omega} u(x) \psi(x - te_i) \varphi_i(x) \partial^\alpha \varphi(x - te_i) \, dx \qquad (3.28)$$

が成り立つ．ここで (3.27) の等号は $u_i = \varphi_i u$ と $\text{supp}\, \varphi_i \subset V_i$ から得られる．また，(3.28) で積分範囲を $V_i \cap \Omega$ に書き換えてよいわけは (3.25) が成り立っているからである．

ここで補題 1.2 により，一般に C^∞ 級の関数 ψ, φ に対して，ψ のある偏導関数の定数倍で表される $\psi_{\alpha,\beta}$ があって

$$\psi \partial^\alpha \varphi = \sum_{\beta \leq \alpha} \partial^\beta (\psi_{\alpha,\beta} \varphi) \qquad (3.29)$$

という形の等式が成り立つことに注意する．

3.3. なめらかな関数の稠密性

(3.29) を (3.28) に適用すると，$\varphi_i(x)\psi(x-te_i)(\in C_0^\infty(\mathbb{R}^N))$ のある偏導関数の定数倍で表されるある関数 $\psi_{\alpha,\beta}$ によって

$$\int_{V_i\cap\Omega} u(x)\psi(x-te_i)\varphi_i(x)\partial^\alpha\varphi(x-te_i)\,dx$$
$$=\sum_{\beta\leq\alpha}\int_{V_i\cap\Omega} u(x)\partial^\beta\left(\psi_{\alpha,\beta}(x)\varphi(x-te_i)\right)\,dx \tag{3.30}$$

と書ける．ここで $\psi(x)$ は $\Gamma_t:=\overline{V_i\cap\partial\Omega}-te_i$ からの距離が $\operatorname{dist}(\Gamma_t,V_i\cap\Omega)/2$ 以下のところでは 0 だったことを思い出すと，(3.30) の $\psi_{\alpha,\beta}$ は $\partial\Omega\cap V_i$ のある近傍で 0 となることがわかる．さらに $\varphi_i(x)$ からの寄与のため $\psi_{\alpha,\beta}$ は V_i^c の近傍では 0 である．故に $\psi_{\alpha,\beta}$ は $C_0^\infty(\Omega)$ の元と考えることができて，そうすると (3.30) は $u\in W^{m,p}(\Omega)$ を使って

$$\sum_{\beta\leq\alpha}\int_\Omega u(x)\partial^\beta\left(\psi_{\alpha,\beta}(x)\varphi(x-te_i)\right)\,dx$$
$$=\sum_{\beta\leq\alpha}(-1)^{|\beta|}\int_\Omega \partial^\beta u(x)\left(\psi_{\alpha,\beta}(x)\varphi(x-te_i)\right)\,dx$$
$$=\int_{U_i\cap(\Omega-te_i)}\left[\sum_{\beta\leq\alpha}(-1)^{|\beta|}(\partial^\beta u)(x+te_i)\psi_{\alpha,\beta}(x+te_i)\right]\varphi(x)\,dx$$
$$=\int_{U_i}\left[\sum_{\beta\leq\alpha}(-1)^{|\beta|}\left(E(\partial^\beta u)\right)(x+te_i)\psi_{\alpha,\beta}(x+te_i)\right]\varphi(x)\,dx \tag{3.31}$$

と書き換えられる．ただし $E(\partial^\beta u)$ は，$\partial^\beta u$ を本来の定義域 Ω の外では 0 として拡張した関数 ($\in L^p(\mathbb{R}^N)$) を表すものとする．(3.31) と (3.28) を合わせると $E(\psi u_i^{(t)})\in W^{m,p}(U_i)$ （正確には $E(\psi u_i^{(t)})|_{U_i}\in W^{m,p}(U_i)$）が成り立つことがわかる．

証明のはじめに $E(\psi u_i^{(t)})$ は ∂U_i の近傍および U_i^c では恒等的に 0 であることが確かめられているので，$E(\psi u_i^{(t)})\in W^{m,p}(U_i)$ から $E(\psi u_i^{(t)})\in W^{m,p}(\mathbb{R}^N)$ であることが容易にわかり，補題の証明は終わる．念のため，この部分も詳しく述べることにする．すでに，あるコンパクト集合 K_0 で，$K_0\subset U_i$ かつ $x\notin K_0$ では $E(\psi u_i^{(t)})(x)=0$ をみたすものがあることが示されているので，$\psi_0\in C_0^\infty(\mathbb{R}^N)$ で K_0 上で $\psi_0=1$ かつ $\operatorname{supp}\psi_0\subset U_i$ となるものが取れる．このとき，任意の $\varphi\in C_0^\infty(\mathbb{R}^N)$ と $|\alpha|\leq m$ をみたす多重指数 α に対して $\varphi=$

$\psi_0\varphi + (1-\psi_0)\varphi$ と考えると，$\psi_0\varphi \in C_0^\infty(U_i)$ とみなすことができて，

$$\int_{\mathbb{R}^N} E(\psi u_i^{(t)})\partial^\alpha\varphi\, dx = \int_{U_i} E(\psi u_i^{(t)})\partial^\alpha(\psi_0\varphi)\, dx$$
$$+ \int_{\mathbb{R}^N} E(\psi u_i^{(t)})\partial^\alpha((1-\psi_0)\varphi)\, dx$$
$$= (-1)^{|\alpha|} \int_{U_i} \partial^\alpha E(\psi u_i^{(t)})(\psi_0\varphi)\, dx$$
$$= (-1)^{|\alpha|} \int_{\mathbb{R}^N} (\psi_0\partial^\alpha E(\psi u_i^{(t)}))\varphi\, dx$$

が成り立ち，我々の主張が正しいことがわかる．∎

3.3.4 $W_0^{m,p}$ についての補遺

$W_0^{m,p}(\Omega)$ は $C_0^\infty(\Omega)$ の $W^{m,p}(\Omega)$ における閉包であるが，もう少しなめらかさの落ちた関数で近似することが役に立つことがあるので次の結果を述べておこう．

命題 3.24 $\Omega \subset \mathbb{R}^N$ を開集合，$m \in \mathbb{N}, 1 \leq p < \infty$ とする．このとき $C_0^m(\Omega) := C^m(\Omega) \cap C_0(\Omega)$ の $W^{m,p}(\Omega)$ における閉包は $W_0^{m,p}(\Omega)$ に等しい．

証明． $C_0^m(\Omega)$ の $W^{m,p}(\Omega)$ における閉包を $\overline{C_0^m(\Omega)}$ で表すと，$C_0^\infty(\Omega) \subset C_0^m(\Omega)$ だから $W_0^{m,p}(\Omega) \subset \overline{C_0^m(\Omega)}$ が成り立っている．一方，$C_0^m(\Omega)$ の元 u は自然に $C_0^m(\mathbb{R}^N)$ の元と見なされるので，$\{\rho_\varepsilon\}_{\varepsilon>0}$ を Friedrichs の mollifier として，合成積 $\rho_\varepsilon * u$ が定義できる．そして，任意の $C_0^m(\Omega)$ の元 u に対して十分小さい $\varepsilon > 0$ を取れば $\mathrm{supp}\,\rho_\varepsilon * u \subset \Omega$ である．他方，定理 3.15 の証明中の議論により，$|\beta| \leq m$ をみたす任意の多重指数 β に対して，$\varepsilon \downarrow 0$ のとき $\|\partial^\beta(\rho_\varepsilon * u) - \partial^\beta u\|_{L^p(\Omega)} \to 0$ となるから，$u \in \overline{C_0^\infty(\Omega)}$ がわかる．よって $C_0^m(\Omega) \subset W_0^{m,p}(\Omega)$ が示されたので $\overline{C_0^m(\Omega)} \subset W_0^{m,p}(\Omega)$ となり，命題は証明された．∎

3.4　差分商による特徴付け

$1 < p \leq \infty$ の場合には $u \in L^p$ が弱導関数を持つかどうかの判定を u の差分商のノルム評価でできることを示そう．この事実はのちに楕円型線型偏微分方程式の弱解の正則性を示すのに利用される．

定理 3.25 $1 < p \leq \infty$, $\Omega \subset \mathbb{R}^N$ とすると，$u \in L^p(\Omega)$ に対して次の 3 条件は同値となる．ただし q は $1/p + 1/q = 1$ で定まる p の共役指数とする．

(i) $u \in W^{1,p}(\Omega)$.

(ii) ある定数 C があって，
$$\left| \int_\Omega u(x) \partial_i \varphi(x)\, dx \right| \leq C \, \|\varphi\|_{L^q(\Omega)} \quad (\forall \varphi \in C_0^\infty(\Omega),\ i = 1, 2, \ldots, N) \quad (3.32)$$
が成り立つ．

(iii) ある定数 C があり，任意の $\omega \Subset \Omega$ と $|h| < \operatorname{dist}(\omega, \Omega^c)$ をみたす任意の元 $0 \neq h \in \mathbb{R}^N$ に対して次の条件が成り立つ（ここで $\mathrm{D}_h u(x) := \bigl(u(x+h) - u(x)\bigr)/|h|$）：
$$\|\mathrm{D}_h u\|_{L^p(\omega)} \leq C. \quad (3.33)$$

また (ii), (iii) における C として $\|\nabla u\|_{L^p(\Omega)}$ が取れる．ここで ∇u はベクトル値なので $\|\nabla u\|_{L^p(\Omega)}$ の意味は普通の用法を拡張して，$|\nabla u| := \{(\partial_1 u)^2 + \cdots + (\partial_N u)^2\}^{1/2}$ を使って $\|\nabla u\|_{L^p} := \bigl\| |\nabla u| \bigr\|_{L^p}$ と定める．

証明．(i) $\Rightarrow$ (ii): $u \in W^{1,p}(\Omega)$ とすると各 i について Hölder の不等式から
$$\left| \int_\Omega u \partial_i \varphi\, dx \right| = \left| \int_\Omega (\partial_i u) \varphi\, dx \right| \leq \|\partial_i u\|_{L^p} \|\varphi\|_{L^q} \quad (\forall \varphi \in C_0^\infty(\Omega))$$
なので，$C = \max_i \|\partial_i u\|_{L^p(\Omega)}$ として明らかに成り立つ．

(ii) $\Rightarrow$ (i): (ii) を仮定すると，$C_0^\infty(\Omega) \ni \varphi \mapsto \int_\Omega u(x) \partial_i \varphi(x)\, dx$ は L^q ノルムで連続な線型汎関数となる．一方，仮定から $1 \leq q < \infty$ なので $C_0^\infty(\Omega)$ は $L^q(\Omega)$ で稠密になる（定理 1.15）．よってこの線型汎関数は $L^q(\Omega)$ 上の有界線型汎関数として一意的に拡張される．Banach 空間として $L^q(\Omega)^* \simeq L^p(\Omega)$（等長同型，定理 2.20）なので，ある $v_i \in L^p(\Omega)$ があって
$$\int_\Omega u(x) \partial_i \varphi(x)\, dx = -\int_\Omega v_i(x) \varphi(x)\, dx \quad (\forall \varphi \in C_0^\infty(\Omega))$$

が成り立つことが導かれ，$u \in W^{1,p}(\Omega)$ が示された．

(ii) ⇒ (iii): $\omega \Subset \Omega$ をみたす ω と $0 < |h| < \text{dist}(\omega, \Omega^c)$ をみたす $h \in \mathbb{R}^N$ を固定する．このとき，任意の $\varphi \in C_0^\infty(\omega)$ は $\Omega \setminus \omega$ 上では値が 0 と考えて自然に $C_0^\infty(\Omega)$ の元とみなされ，

$$\int_\omega (\mathrm{D}_h u)\varphi \, dx = \int_\Omega \frac{u(x+h) - u(x)}{|h|} \varphi(x) \, dx$$

$$= \int_\Omega u(x) \frac{\varphi(x-h) - \varphi(x)}{|h|} \, dx$$

$$= \int_\Omega u(x) \frac{1}{|h|} \int_0^1 \frac{d}{dt}\varphi(x-th) \, dt \, dx$$

$$= -\int_\Omega u(x) \frac{1}{|h|} \sum_{i=1}^N \int_0^1 \partial_i \varphi(x-th) \, h_i \, dt \, dx$$

$$= -\sum_{i=1}^N \int_0^1 \int_\Omega u(x) \partial_i \varphi(x-th) \frac{h_i}{|h|} \, dx \, dt \tag{3.34}$$

となる．(h_i は h の第 i 成分．) ここで (ii) から

$$\left| \int_\Omega u(x) \partial_i \varphi(x-th) \frac{h_i}{|h|} \, dx \right| \le C \|\varphi\|_{L^q(\Omega)}$$

なので，結局任意の $\varphi \in C_0^\infty(\omega)$ に対して

$$\left| \int_\omega (\mathrm{D}_h u)\varphi \, dx \right| \le NC \|\varphi\|_{L^q(\Omega)} \tag{3.35}$$

が成り立つ．仮定から $1 \le q < \infty$ なので $C_0^\infty(\omega)$ は $L^q(\omega)$ で稠密で，$L^q(\omega)^* \simeq L^p(\omega)$ なので (3.35) により (iii) が成り立つことがわかる．

(iii) ⇒ (ii): $\varphi \in C_0^\infty(\Omega)$ に対して $\text{supp}\,\varphi \subset \omega \Subset \Omega$ をみたす開集合 ω を取り，$h \in \mathbb{R}^N$ は $|h| < \text{dist}(\omega, \Omega^c)$ をみたすものとする．このとき，(ii) ⇒ (iii) の証明で見たように

$$\int_\Omega (\mathrm{D}_h u)\varphi \, dx = \int_\Omega u(x) \frac{\varphi(x-h) - \varphi(x)}{|h|} \, dx \tag{3.36}$$

であり，仮定 (iii) と Hölder の不等式により (3.36) の左辺の絶対値は $C \|\varphi\|_{L^q(\Omega)}$ 以下である．一方，$i = 1, \ldots, N$ に対して e_i を第 i 方向の単位ベクトルとして，$h = te_i$ ($t \in \mathbb{R}$) とすると (3.36) の右辺に対して

$$\lim_{t \downarrow 0} \int_\Omega u(x) \frac{\varphi(x - te_i) - \varphi(x)}{t} \, dx = -\int_\Omega u(x) \partial_i \varphi(x) \, dx$$

3.4. 差分商による特徴付け

なので (3.32) が証明される．

最後の C に関する主張は，(ii) の場合については上記の証明の「(i)⇒ (ii)」の部分で $C = \max_i \|\partial_i u\|_{L^p}$ で (3.32) が成り立つことを言っており，$\max_i \|\partial_i u\|_{L^p} \leq \|\nabla u\|_{L^p}$ だからよい．(iii) については，$u \in W^{1,p}(\Omega)$ のとき (3.34) において

$$-\sum_{i=1}^N \int_0^1 \int_\Omega u(x)\partial_i\varphi(x-th)\frac{h_i}{|h|}\,dx\,dt$$
$$= \int_0^1 \int_\Omega \sum_{i=1}^N \partial_i u(x)\varphi(x-th)\frac{h_i}{|h|}\,dx\,dt$$
$$= \int_0^1 \int_\Omega \nabla u(x) \cdot \frac{h}{|h|}\varphi(x-th)\,dx\,dt$$

と変形して $|\nabla u(x) \cdot (h/|h|)| \leq |\nabla u(x)|$ と Hölder の不等式を用いればよい．∎

Remark 3.26 $p = 1$ の場合には定理 3.25 は成り立たない．詳しく言うと (i) ⇒ (ii)，(ii) ⇔ (iii) は成り立つが，(ii) ⇒ (i) が成り立たないのである．1 次元空間の場合には (ii) をみたす関数は**有界変動関数**として特徴づけられることがわかっている．(一般次元にも拡張されている．[32, Chapter 5] 参照．)

第4章
積,代入,変数変換

この章ではSobolev空間の元に,積や代入,変数変換という普通の関数に対してよく用いられる操作をしたらどうなるのかということを調べる.

4.1 Sobolev空間の元の積

Sobolev空間の元の各点での積に関する,最も簡単な結果は次であろう.

定理4.1 $\Omega \subset \mathbb{R}^N$ を開集合, $1 \leq p \leq \infty$ とする.このとき, $u \in W^{1,p}(\Omega)$, $v \in W^{1,\infty}(\Omega)$ とすると $uv \in W^{1,p}(\Omega)$ で,

$$\frac{\partial}{\partial x_i}(uv) = \frac{\partial u}{\partial x_i}v + u\frac{\partial v}{\partial x_i} \quad (1 \leq i \leq N) \tag{4.1}$$

が成り立つ.

証明. はじめに (4.1) の右辺の関数が $L^p(\Omega)$ に属することに注意しておこう.従って,この定理を証明するには,任意の $i = 1, 2, \ldots, N$, $\varphi \in C_0^\infty(\Omega)$ に対して

$$\int_\Omega u(x)v(x)\partial_i\varphi(x)\,dx = -\int_\Omega \{(\partial_i u(x))v(x) + u(x)\partial_i v(x)\}\varphi(x)\,dx \tag{4.2}$$

が成り立つことを言えばよい.これを $p < \infty$ のときと $p = \infty$ の場合に分けて示す.

$1 \leq p < \infty$ **の場合**: $\varphi \in C_0^\infty(\Omega)$ とすると, $\operatorname{supp}\varphi \subset \omega \Subset \Omega$ をみたす開集合 ω が取れるが,これに対して定理 3.17 により $C_0^\infty(\mathbb{R}^N)$ の点列 $\{u_n\}_n$ で, $W^{1,p}(\omega)$ のノルムに関して $u_n|_\omega \to u|_\omega$ となるものが存在する.そうすると $n \to \infty$ のとき $L^p(\omega)$ ノルムで $u_n v|_\omega \to uv|_\omega$ ($v \in L^\infty(\Omega)$ に注意) だから,Hölder の不等式によって

$$\int_\Omega u_n v \partial_i\varphi\,dx = \int_\omega u_n v \partial_i\varphi\,dx \longrightarrow \int_\omega uv\partial_i\varphi\,dx = \int_\Omega uv\partial_i\varphi\,dx \tag{4.3}$$

が示される．一方，同様にして，$n \to \infty$ のとき

$$\begin{aligned}
\int_\Omega v(u_n \partial_i \varphi)\,dx &= \int_\omega v\{\partial_i(u_n \varphi) - (\partial_i u_n)\varphi\}\,dx \\
&= -\int_\omega (\partial_i v) u_n \varphi\,dx - \int_\omega (\partial_i u_n) v\varphi\,dx \\
&\to -\int_\omega (\partial_i v) u\varphi\,dx - \int_\omega (\partial_i u) v\varphi\,dx \\
&= -\int_\Omega \{(\partial_i v)u + (\partial_i u)v\}\varphi\,dx
\end{aligned}$$

も成り立つので，(4.3) と合わせて (4.2) が示される．

$p = \infty$ の場合：$\varphi \in C_0^\infty(\Omega)$ に対して $\mathrm{supp}\,\varphi \subset \omega \Subset \Omega$ をみたす開集合 ω を取ると，任意の $1 \leq q < \infty$ に対して $u|_\omega \in W^{1,q}(\omega), v \in W^{1,\infty}(\omega)$ となるから，積分を ω 上で考えて，(4.2) が成り立つことがわかる．∎

定理 4.1 を高階へ一般化して，命題 3.13 の Sobolev 空間版を得ることも容易である．

定理 4.2 $\Omega \subset \mathbb{R}^N$ を開集合, $m \in \mathbb{N}, 1 \leq p \leq \infty$ とする．このとき $u \in W^{m,p}(\Omega), v \in W^{m,\infty}(\Omega)$ とすると $uv \in W^{m,p}(\Omega)$ で，$|\alpha| \leq m$ をみたす任意の多重指数 α に対して次の積の微分の公式

$$\partial^\alpha(uv) = \sum_{\beta \leq \alpha} \binom{\alpha}{\beta}(\partial^\beta u)(\partial^{\alpha-\beta}v) \tag{4.4}$$

が成り立つ．

証明． 証明は定理 4.1 の場合と平行にできる．uv や (4.4) の右辺の関数が $L^p(\Omega)$ に属することは明らかなので，この定理を証明するには $|\alpha| \leq m$ のとき (4.4) が弱導関数の意味で成り立つことを示せばよい．これを $p < \infty$ のときと $p = \infty$ の場合に分けて示す．

$1 \leq p < \infty$ の場合：$\varphi \in C_0^\infty(\Omega)$ とすると，$\mathrm{supp}\,\varphi \subset \omega \Subset \Omega$ をみたす開集合 ω が取れるが，これに対して定理 3.17 により $C_0^\infty(\mathbb{R}^N)$ の点列 $\{u_n\}_n$ で，$W^{m,p}(\omega)$ のノルムについて $u_n|_\omega \to u|_\omega$ となるものが存在する．このとき各 n に対して命題 3.13 により，$(u_n v)|_\omega \in W^{m,p}(\omega)$ かつ $|\alpha| \leq m$ ならば弱導関数の意味で

$$\partial^\alpha((u_n v)|_\omega) = \sum_{\beta \leq \alpha} \binom{\alpha}{\beta}(\partial^\beta u_n)|_\omega\,(\partial^{\alpha-\beta}v)|_\omega$$

4.2. 代　入

が成り立つ．よって実質上は ω での積分として

$$\int_\Omega (u_n v)(x)\, \partial^\alpha \varphi(x)\, dx = (-1)^{|\alpha|} \sum_{\beta \leq \alpha} \binom{\alpha}{\beta} \int_\Omega (\partial^\beta u_n)(x)(\partial^{\alpha-\beta} v)(x)\varphi(x)\, dx$$

が成り立つ．ここで $n \to \infty$ とすれば $L^p(\omega)$ のノルムで $\partial^\beta u_n|_\omega \to \partial^\beta u|_\omega$ だから，

$$\int_\Omega (uv)(x)\, \partial^\alpha \varphi(x)\, dx = (-1)^{|\alpha|} \sum_{\beta \leq \alpha} \binom{\alpha}{\beta} \int_\Omega (\partial^\beta u)(x)(\partial^{\alpha-\beta} v)(x)\varphi(x)\, dx \quad (4.5)$$

が得られ，確かに (4.4) が弱導関数の意味で成り立つ．

$p = \infty$ の場合：$\varphi \in C_0^\infty(\Omega)$ に対して $\operatorname{supp} \varphi \subset \omega \Subset \Omega$ をみたす開集合 ω を取ると，任意の $1 \leq q < \infty$ に対して $u|_\omega \in W^{m,q}(\omega)$, $v|_\omega \in W^{m,\infty}(\omega)$ となるから，積分を ω 上で考えて (4.5) が成り立つことがわかる．よってこの場合も (4.4) が弱導関数の意味で成立する．∎

Remark 4.3　$u, v \in W^{1,p}(\Omega) \cap L^\infty(\Omega)$ としても $uv \in W^{1,p}(\Omega)$ となることが定理 4.1 の証明と同様にして示される．

また，後に出てくる Sobolev の埋蔵定理（定理 6.12）を用いると，なめらかな境界を持つ開集合 Ω（実は定義 6.1 の意味で $W^{m,p}(\mathbb{R}^N)$ への拡張作用素を持つ開集合でよい）について，$mp > N$ または $p = 1$ かつ $m \geq N$ の場合に $u, v \in W^{m,p}(\Omega)$ に対して $uv \in W^{m,p}(\Omega)$ であることが示される．また，Ω や m, p, N のみに依存する定数 C があって $\|uv\|_{W^{m,p}} \leq C\|u\|_{W^{m,p}}\|v\|_{W^{m,p}}$ が成り立つ．この事実については [2, Theorem 4.39] を参照していただきたい．

4.2　代　入

次の定理は Sobolev 空間の元をなめらかな関数に代入（合成）したものが再び Sobolev 空間の元となる十分条件を与えている．

定理 4.4　$\Omega \subset \mathbb{R}^N$ を開集合，$1 \leq p \leq \infty$ とする．また $\varphi \in C^1(\mathbb{R})$ は $\varphi(0) = 0$ かつ φ' は有界とする．このとき，$u \in W^{1,p}(\Omega)$ に対して合成関数 $\varphi \circ u$ は $\varphi \circ u \in W^{1,p}(\Omega)$ をみたし，

$$\frac{\partial}{\partial x_i}(\varphi \circ u) = (\varphi' \circ u) \cdot \frac{\partial u}{\partial x_i} \quad (1 \leq i \leq N) \tag{4.6}$$

が成り立つ．

証明. (4.6) の右辺が $L^p(\Omega)$ の元となることは明らかなので, $\varphi \circ u \in L^p(\Omega)$ と, 任意の $\psi \in C_0^\infty(\Omega)$ に対して弱導関数の式

$$\int_\Omega (\varphi \circ u) \frac{\partial \psi}{\partial x_i} \, dx = -\int_\Omega \varphi' \circ u \cdot \frac{\partial u}{\partial x_i} \psi \, dx \quad (1 \leq i \leq N) \tag{4.7}$$

が成り立つことを示せばよい. これを示すために Lebesgue の収束定理を使用するので, はじめは $1 \leq p < \infty$ としておく.

まず, $M < \infty$ を $|\varphi'|$ の値の上限(仮定より有限)とすると, $\varphi(0) = 0$ から, 任意の $t \in \mathbb{R}$ に対して $|\varphi(t)| \leq M|t|$ が成り立つ(平均値の定理). よって $|\varphi \circ u| \leq M|u|$ となるので, $\varphi \circ u \in L^p(\Omega)$ がわかる.

次に $\psi \in C_0^\infty(\Omega)$ とすると, $\operatorname{supp}\psi \subset \omega \Subset \Omega$ をみたす開集合 ω が取れるが, これに対して定理 3.17 により $C_0^\infty(\mathbb{R}^N)$ の点列 $\{u_n\}_n$ で, $W^{1,p}(\omega)$ において $u_n|_\omega \to u|_\omega$ となるものが存在する. ここで必要なら部分列を取って, $n \to \infty$ のとき, ω 上 a.e. に $u_n \to u$ としてよい(命題 1.18). ところで

$$(\varphi' \circ u_n)\partial_i u_n - (\varphi' \circ u)\partial_i u = (\varphi' \circ u_n)\{\partial_i u_n - \partial_i u\} + \{\varphi' \circ u_n - \varphi' \circ u\}\partial_i u$$

と変形すると, 右辺第一項は φ' の有界性と $L^p(\omega)$ で $\partial_i u_n \to \partial_i u$ となることにより, $n \to \infty$ のとき $L^p(\omega)$ ノルムで 0 に収束する. そして右辺第二項は, 絶対値が $|\partial_i u|$ の定数倍で押さえられ, ω 上で 0 に a.e. に各点収束するので L^p ノルムでも 0 に収束する(Lebesgue の収束定理). よって, $n \to \infty$ のとき, $L^p(\omega)$ において $(\varphi' \circ u_n)\partial_i u_n \to (\varphi' \circ u)\partial_i u$ が成り立つ.

また, $|\varphi \circ u_n - \varphi \circ u| \leq M|u_n - u|$ から, $L^p(\omega)$ において $\varphi \circ u_n \to \varphi \circ u$ となることがわかる. そして $\varphi \circ u_n$ は C^1 級で, $\partial_i(\varphi \circ u_n) = (\varphi' \circ u_n) \cdot \partial_i u_n$ だから, 普通の部分積分によって

$$\int_\Omega (\varphi \circ u_n)\partial_i \psi \, dx = -\int_\Omega (\varphi' \circ u_n)\partial_i u_n \, \psi \, dx$$

となる. (積分範囲は ω で考えればよい.) 以上より, 上式で $n \to \infty$ として (4.7) が得られる.

$p = \infty$ の場合: この場合も $\varphi \circ u \in L^p(\Omega)$ は明らかに成り立ち, (4.7) は前定理の証明の最後と同様の考えで示される. ■

Remark 4.5 定理 4.4 では φ' の有界性が仮定されているが, 本質的なことは $\varphi \circ u$ の有界性なので, u が有界ならば φ が C^1 級というだけでこの条件は自然にみたされる. たとえば, Ω が 1 次元の有界区間で $p > 1$ の場合は定理 5.9 から $u \in W^{1,p}(\Omega)$ は有界となる. (実は $p = 1$ のときも成り立つことが定理 3.6 からわかる.)

4.2. 代　入

C^1 級でない関数への代入では，次の場合が特に重要である．

定理 4.6 $\Omega \subset \mathbb{R}^N$ を開集合，$1 \leq p \leq \infty$ とすると，$u \in W^{1,p}(\Omega)$（実数値）ならば $|u| \in W^{1,p}(\Omega)$ であり，

$$\partial_i |u| = \operatorname{sgn} u \cdot \partial_i u \quad (1 \leq i \leq N) \tag{4.8}$$

が成り立つ．ここで

$$(\operatorname{sgn} u)(x) = \begin{cases} \dfrac{u(x)}{|u(x)|} & (u(x) \neq 0), \\ 0 & (u(x) = 0) \end{cases}$$

である．そして可測集合 $\{u = 0\} := \{x \in \Omega \mid u(x) = 0\}$ の上では a.e. に $\partial_i u = 0$ $(i = 1, \ldots, N)$ であり，従って $\||u|\|_{W^{1,p}} = \|u\|_{W^{1,p}}$ が成り立つ．

また，u の正負の部分 $u_\pm$ を $u_\pm := (|u| \pm u)/2$ で定義すると $u_\pm \in W^{1,p}(\Omega)$ であり，$u^\pm$ は $u = u_+ - u_-$，$|u| = u_+ + u_-$ をみたす．さらに

$$\partial_i u_+ = \chi_{\{u>0\}} \partial_i u, \quad \partial_i u_- = -\chi_{\{u<0\}} \partial_i u \quad (1 \leq i \leq N) \tag{4.9}$$

が成り立つ．ただし $\chi_{\{u>0\}}$ は可測集合 $\{x \mid u(x) > 0\}$ の定義関数を表す．$\chi_{\{u<0\}}$ も同様．

証明． $t \mapsto |t|$ $(t \in \mathbb{R})$ は C^1 級ではないので，C^1 級関数で近似することで証明する．具体的には $\varepsilon > 0$ に対して $G_\varepsilon(t) := \sqrt{t^2 + \varepsilon^2} - \varepsilon$ と置くと $G_\varepsilon \in C^1(\mathbb{R})$ かつ $G_\varepsilon(0) = 0$ が成り立ち，$G'_\varepsilon(t) = t/\sqrt{t^2 + \varepsilon^2}$ の絶対値は ε に無関係に常に 1 以下である．よって定理 4.4 により，$G_\varepsilon \circ u \in W^{1,p}(\Omega)$ かつ $\partial_i(G_\varepsilon \circ u) = (G'_\varepsilon \circ u) \partial_i u$ となる．ここで $|G'_\varepsilon \circ u| \leq 1$ かつ

$$\lim_{\varepsilon \downarrow 0} G'_\varepsilon \circ u(x) = \lim_{\varepsilon \downarrow 0} \frac{u(x)}{\sqrt{u(x)^2 + \varepsilon^2}} = \operatorname{sgn} u(x)$$

だから，$1 \leq p < \infty$ ならば $\varepsilon \downarrow 0$ のとき $L^p(\Omega)$ において $\partial_i(G_\varepsilon \circ u) \to \operatorname{sgn} u \cdot \partial_i u$ が成り立つ（Lebesgue の収束定理）．また，$\varepsilon \downarrow 0$ のとき $L^p(\Omega)$ において $G_\varepsilon \circ u \to |u|$ も成り立つことがわかる．（$|G_\varepsilon \circ u| \leq |u|$ に注意．）よって，任意の $\varphi \in C_0^\infty(\Omega)$ に対して $\varepsilon > 0$ で成り立つ $\int_\Omega (G_\varepsilon \circ u) \partial_i \varphi \, dx = -\int_\Omega \partial_i(G_\varepsilon \circ u) \varphi \, dx$ で $\varepsilon \downarrow 0$ として

$$\int_\Omega |u| \partial_i \varphi \, dx = -\int_\Omega \operatorname{sgn} u \cdot (\partial_i u) \varphi \, dx$$

が得られ, $\partial_i |u| = \operatorname{sgn} u \cdot \partial_i u$ が示された. これから $|u| \in W^{1,p}(\Omega)$ もわかる.

$\{u = 0\}$ 上で a.e. に $\partial_i u = 0$ となることを示す前に, $u^\pm$ の微分についての主張を証明しよう. まず, $|u| \in W^{1,p}(\Omega)$ から $u^\pm \in W^{1,p}(\Omega)$ となることと, $u = u_+ - u_-$, $|u| = u_+ + u_-$ は明らかである.

$\varepsilon > 0$ に対して C^1 級の関数 $F_\varepsilon(t)$ を

$$F_\varepsilon(t) := \begin{cases} G_\varepsilon(t) & (t > 0), \\ 0 & (t \leq 0) \end{cases}$$

で定める. このとき, やはり定理 4.4 により $F_\varepsilon \circ u \in W^{1,p}(\Omega)$ かつ $\partial_i(F_\varepsilon \circ u) = (F'_\varepsilon \circ u)\partial_i u$ となる. よって, 任意の $\varphi \in C_0^\infty(\Omega)$ に対して

$$\int_\Omega (F_\varepsilon \circ u)(x) \partial_i \varphi(x)\, dx = -\int_\Omega (F'_\varepsilon \circ u)(x)(\partial_i u)(x)\varphi(x)\, dx$$

であり, ここで $\varepsilon \downarrow 0$ とすれば, G_ε のときと同様にして

$$\int_\Omega u_+(x)\varphi(x)\, dx = -\int_{\{u>0\}} (\partial_i u)(x)\varphi(x)\, dx$$

が得られる. これは u_+ の弱導関数 $\partial_i u_+$ が $\partial_i u$ と $\{u > 0\}$ の定義関数の積で与えられることを示している. F_ε の左右を逆にした関数, つまり $t < 0$ のとき $G_\varepsilon(t)$, $t \geq 0$ のとき 0 と置いた C^1 級関数への代入を考えて同様に議論すれば, u_- の弱導関数 $\partial_i u_-$ が $-\partial_i u$ と $\{u < 0\}$ の定義関数との積で与えられることが言える. よって (4.9) は証明された.

さて, $u(x) = 0$ となる点 x ではいま示した (4.9) から a.e. に $\partial_i u_+(x) = \partial_i u_-(x) = 0$ である. 弱導関数として $\partial_i u = \partial_i u_+ - \partial_i u_-$, $\partial_i |u| = \partial_i u_+ + \partial_i u_-$ だから, 従って $\partial_i u, \partial_i |u|$ は可測集合 $\{u = 0\}$ 上で a.e. にともに 0 である. 他方, (4.8) から $u \neq 0$ をみたす点では a.e. に $|\partial_i |u|| = |\partial_i u|$ が成り立つから, Ω 上 a.e. に $|\partial_i |u|| = |\partial_i u|$ が成り立ち, $\||u|\|_{W^{1,p}} = \|u\|_{W^{1,p}}$ がわかる.

以上で $1 \leq p < \infty$ の場合は証明できたが, $p = \infty$ の場合も $\omega \in \Omega$ で考えて $p < \infty$ の場合の結果を適用すれば定理が証明できる. ($\operatorname{sgn} u \cdot \partial_i u \in L^\infty(\Omega)$ に注意.) ∎

Remark 4.7 複素数値関数の場合も $\operatorname{sgn} u$ が同じ式で定義可能である. $\overline{u}(x) := \overline{u(x)}$ (複素共役) とすると, 複素数値の $u \in W^{1,p}(\Omega)$ に対しても $|u| \in W^{1,p}(\Omega)$ かつ $\partial_i |u| = \operatorname{Re}(\operatorname{sgn} \overline{u} \cdot \partial_i u)$ が成り立つ.

4.3. 変数変換

C^1 級関数への代入の応用として次のことが証明できる．

命題 4.8 $\Omega \subset \mathbb{R}^N$ を有界な開集合，$1 \le p < \infty$ とし，$u \in W^{1,p}(\Omega) \cap C^0(\overline{\Omega})$ は $\partial\Omega$ 上で 0 であるとする．このとき $u \in W_0^{1,p}(\Omega)$ が成り立つ．

証明． $\varphi \in C^1(\mathbb{R})$ で次の条件をみたすものが明らかに存在する：

$$|t| \le 1 \text{ で } \varphi(t) = 0, \quad |t| \ge 2 \text{ で } \varphi(t) = t.$$

このとき $n \in \mathbb{N}$ に対して $\varphi_n(t) := \varphi(nt)/n$ で C^1 級関数 φ_n が定められる．定理 4.4 により，$u_n := \varphi_n \circ u \in W^{1,p}(\Omega)$ が成り立つが，u_n は次の性質を持っている：(a) u_n は $\partial\Omega$ のある近傍で 0；(b) $n \to \infty$ とすると $\|u_n - u\|_{W^{1,p}(\Omega)} \to 0$. 実際，$u$ が連続で $\partial\Omega$ 上で 0 だから，$\partial\Omega$ のある近傍では $|u(x)| < 1/n$ となり，これよりそこでは $u_n(x) = 0$ となる．(b) については，まずある定数 C で $|\varphi'(t)| \le C$ ($\forall t$) となるから，任意の n で $|u_n(x)| \le C|u(x)|$, $|\partial_i u_n(x)| = |\varphi'(nu(x))\partial_i u(x)| \le C|\partial_i u(x)|$ ($1 \le i \le N$) が成り立つことに注意する．このことと，$n \to \infty$ とすると各点収束で $u_n(x) \to u(x)$ となることから，Lebesgue の収束定理により $\|u_n - u\|_{L^p(\Omega)} \to 0$ がわかる．そして，$u(x) \ne 0$ となる点では $n \to \infty$ で $\partial_i u_n(x) \to \partial_i u(x)$ であり，$u(x) = 0$ となる点では定理 4.6 により a.e. に $\partial_i u(x) = 0$ なので，a.e. に $\partial_i u_n(x) \to \partial_i u(x)$ が成り立つ．よって，$\|\partial_i u_n - \partial_i u\|_{L^p(\Omega)} \to 0$ となり (b) が示される．

一方，u_n を Ω の外では 0 として得られる関数を $\overline{u_n}$ とすると，補題 3.16 より $\overline{u_n} \in W^{1,p}(\mathbb{R}^N)$ である．よって $\{\rho_\varepsilon\}_{\varepsilon > 0}$ を $\mathbb{R}^N$ における mollifier とすると，補題 3.14 と定理 1.12 により $\varepsilon \downarrow 0$ のとき $\|\rho_\varepsilon * \overline{u_n} - \overline{u_n}\|_{W^{1,p}(\mathbb{R}^N)} \to 0$ となる．しかし $\varepsilon > 0$ が十分小さいと $\rho_\varepsilon * \overline{u_n} \in C_0^\infty(\mathbb{R}^N)$ の台は Ω に含まれるので，これは $u_n \in W_0^{1,p}(\Omega)$ を導く．このことと (b) から $u \in W_0^{1,p}(\Omega)$ が得られる．■

4.3 変数変換

次の結果はよい条件をみたす変数変換で Sobolev 空間同士が結ばれることを示している．

定理 4.9 $m \in \mathbb{N}$, $1 \le p \le \infty$, $U, V \subset \mathbb{R}^N$ は開集合，$H: U \to V$ は C^m 級同相写像（H, H^{-1} がともに C^m 級）とする．さらに H, H^{-1} の各成分の m

階以下の偏導関数がそれぞれ U, V 上で有界とすると, $v \in W^{m,p}(V)$ に対して $v \circ H \in W^{m,p}(U)$ となり, 対応 $v \mapsto v \circ H$ は Banach 空間 $W^{m,p}(V)$ と $W^{m,p}(U)$ の間の同型写像となる.

また, $1 \leq p < \infty$ に対しては, この対応の制限が $W_0^{m,p}(V)$ と $W_0^{m,p}(U)$ の間の同型写像となる.

証明. $p = \infty$ の場合は特別なので, 一番最後に扱うことにし, それまでは $1 \leq p < \infty$ とする.

$y := H(x)$ とし, x_i, y_j で x, y の成分を表すことにする. $v \in W^{m,p}(V)$ とすると, $1 \leq |\alpha| \leq m$ をみたす多重指数 α に対して, 弱導関数として (つまり超関数の意味で)

$$\partial_x^\alpha (v \circ H)$$
$$= \sum_{1 \leq |\beta| \leq |\alpha|} \left\{ (\partial_y^\beta v) \circ H \times \sum_{j=1}^{|\alpha|} \sum_{\sigma \in P_j} \sum_{\gamma_1 + \cdots + \gamma_j \leq \alpha} \left[c_{\alpha,\beta,\sigma;\gamma_1,\ldots,\gamma_j} \prod_{\ell=1}^{j} \partial_x^{\gamma_\ell} y_{\sigma(\ell)} \right] \right\}$$
(4.10)

が成り立つこと (合成関数の微分法則) を示そう. ここで掛け算記号 "×" の後ろの部分は「y_j のどれかを x の関数として何度か微分したものを, それらの微分回数の合計が $|\alpha|$ 以下になるように掛け合わせたものの一次結合」を表している. このことに注意すれば $|\alpha|$ に関する帰納法で (4.10) を $v \in C_0^\infty(V)$ に対して示すのは困難ではない. その前に記号の正確な意味を説明しておこう. P_j は集合 $\{1, 2, \ldots, j\}$ から $\{1, 2, \ldots, N\}$ への写像全体を表し, γ_i は一つの多重指数 γ の成分ではなく, ひとつひとつが独立な多重指数を表す. $\gamma_1 + \cdots + \gamma_j$ はベクトルとしての (成分ごとの) 和を表し, $\gamma_1 + \cdots + \gamma_j \leq \alpha$ は両辺の各成分がすべて α のほうが大きい (等号を含む) ということを意味する. そして $c_{\alpha,\beta,\sigma;\gamma_1,\ldots,\gamma_j}$ は v や H に無関係な定数を表す. また, ∂_x^α は, 変数 x に関する多重指数 α の偏微分作用素, ∂_y^β は変数 y に関する偏微分作用素などとする. (4.10) が示されれば $v \circ H \in W^{m,p}(U)$ および $v \mapsto v \circ H$ の連続性がわかる. ($\partial_x^{\gamma_j} y_j$ の有界性による.) H^{-1} についても同様なので証明が終わる.

はじめに $v \in C^\infty(V)$ のとき, (4.10) が通常の意味の偏導関数について成立することを $|\alpha|$ に関する帰納法で証明する. $|\alpha| = 1$ のとき, ある i に対して $\partial_x^\alpha = \partial_{x_i}(= \partial/\partial x_i)$ となるが, $v \circ H \in C^m(U)$ に通常の合成関数の微分法則を

4.3. 変数変換

適用すれば

$$\frac{\partial}{\partial x_i}(v \circ H)(x) = \sum_{j=1}^{N} \frac{\partial v}{\partial y_j} \circ H \cdot \frac{\partial y_j}{\partial x_i}$$

が成り立ち, (4.10) がこの場合には成り立つことがわかる.

次に (4.10) の右辺の各項について x_k で偏微分することを考えよう. $(\partial^\beta v) \circ H$ の方を微分すると

$$\sum_{i=1}^{N} \left(\frac{\partial}{\partial y_i} \partial_y^\beta v \right) \circ H \cdot \frac{\partial y_i}{\partial x_k}$$

となる. この式の $\partial y_i/\partial x_k$ を (4.10) の "×" の後ろの部分に組み入れたものは「y_j のどれかを x の関数として何度か微分したものを, それらの微分回数の合計が $|\alpha|+1$ 以下になるように掛け合わせたものの一次結合」の形になる. また, e_k によって第 k 成分が 1 でそれ以外の成分が 0 の N 次元多重指数を表すと, 登場する積は $\gamma_1 + \cdots + \gamma_j \leq \alpha + e_k$ をみたすものだけであることもわかる. 次に (4.10) の "×" の後ろの部分を x_k で微分すると, やはり同じ条件をみたす積の一次結合が現れる. 従って, 微分の階数 $|\alpha|$ が 1 増えた場合も (4.10) が適当な定数 $c_{\alpha,\beta,\sigma;\gamma_1,\ldots,\gamma_j}$ に対して成り立つことがわかる.

次に $v \in W^{m,p}(V)$, $|\alpha| \leq m$ のときに, (4.10) が各導関数を弱導関数と解釈して成り立つことを示す. $\varphi \in C_0^\infty(U)$ とすると $\mathrm{supp}\,\varphi \subset \omega \Subset U$ をみたす開集合 ω が取れるが, これに対して $H(\omega) \Subset V$ となる. よって定理 3.17 により, $C_0^\infty(\mathbb{R}^N)$ の列 $\{v_n\}_n$ で, $v_n|_{H(\omega)} \to v|_{H(\omega)}$ が $W^{m,p}(H(\omega))$ のノルムで成り立つようなものが存在する. これに対して, $\beta \leq \alpha$ をみたす多重指数 β について, $L^p(\omega)$ のノルムで $(\partial^\beta v_n) \circ H|_\omega \to (\partial^\beta v) \circ H|_\omega$ が成り立つことを見よう. $k, \ell \in \mathbb{N}$ とすると, $1 \leq p < \infty$ のとき微分積分における変数変換の公式により, $\{v_n\}_n$ に無関係なある定数 C に対して

$$\begin{aligned}
\left\|(\partial^\beta v_k) \circ H - (\partial^\beta v_\ell) \circ H\right\|_{L^p(\omega)}^p &= \int_\omega \left|(\partial^\beta v_k) - (\partial^\beta v_\ell)\right|^p \circ H(x)\,dx \\
&= \int_{H(\omega)} \left|(\partial^\beta v_k) - (\partial^\beta v_\ell)\right|^p(y) |\mathrm{Jac}\,H^{-1}(y)|\,dy \\
&\leq C \int_{H(\omega)} \left|(\partial^\beta v_k) - (\partial^\beta v_\ell)\right|^p(y)\,dy \\
&\leq C \|\partial^\beta v_k - \partial^\beta v_\ell\|_{L^p(H(\omega))}^p
\end{aligned}$$

が成り立つ. ここで $\mathrm{Jac}\,H^{-1}$ は H^{-1} の Jacobian を表し, C の存在は仮定から $\mathrm{Jac}\,H^{-1}$ が V 上で有界になることからわかる. $W^{m,p}(H(\omega))$ のノルムで

$v_n|_{H(\omega)} \to v|_{H(\omega)}$ だから,これは $\{\partial^\beta v_n \circ H|_\omega\}_n$ が $L^p(\omega)$ での Cauchy 列であることを示している.この極限が $\partial^\beta v \circ H|_\omega$ であることは,ある部分列 $\{v_{n_i}\}_i$ に対して,$H(\omega)$ 上で a.e. に $\partial^\beta v_{n_i} \to \partial^\beta v$ となり,従ってまた ω 上で a.e. に $\partial^\beta v_{n_i} \circ H \to \partial^\beta v \circ H$ となることからわかる.(H^{-1} によって測度 0 の集合が測度 0 の集合に写されることに注意.) このことから,φ をはじめにとった $C_0^\infty(U)$ の元として(実は $\varphi \in C_0^\infty(\omega)$ となっているが),(4.10) を上の v_n に適用すると

$$\int_\omega \partial_x^\alpha (v_n \circ H) \varphi(x) \, dx = \sum_{|\beta| \le |\alpha|} \sum_{j=1}^{|\alpha|} \sum_{\sigma \in P_j} \sum_{\gamma_1+\cdots+\gamma_j \le \alpha} c_{\alpha,\beta,\sigma;\gamma_1,\ldots,\gamma_j}$$
$$\times \int_\omega \left[(\partial_y^\beta v_n) \circ H \prod_{\ell=1}^j \partial_x^{\gamma_\ell} y_{\sigma(\ell)} \right](x) \varphi(x) \, dx$$

となる.上式の右辺において $n \to \infty$ とすると,それは v_n を v で置き換えたものに収束する.一方,上式の左辺は $n \to \infty$ で

$$\int_\omega \partial_x^\alpha (v_n \circ H) \varphi(x) \, dx = (-1)^{|\alpha|} \int_\omega v_n \circ H(x) \partial^\alpha \varphi(x) \, dx$$
$$\longrightarrow (-1)^{|\alpha|} \int_\omega v \circ H(x) \partial^\alpha \varphi(x) \, dx \quad (n \to \infty)$$

となる.これらによって,$v \in W^{m,p}(V)$ に対しても (4.10) が導関数を弱導関数の意味に解釈して成立することがわかる.以上で $1 \le p < \infty$ の場合の補題は証明された.

$p = \infty$ の場合:$v \in W^{m,\infty}(V)$ とすると,任意の $\omega \Subset U, 1 \le p < \infty$ に対して $v \in W^{m,p}(H(\omega))$ であるからすでに示したように (4.10) が ω 上で成り立つ. $\partial_x^{\gamma_j} y_j$ などが U 上で有界連続ということと ω の任意性から $v \circ H \in W^{m,\infty}(U)$ と $\|v \circ H\|_{W^{m,\infty}(U)} \le C \|v\|_{W^{m,\infty}(V)}$ がわかる.H^{-1} についても同様なので,$v \mapsto v \circ H$ が $W^{m,\infty}(V)$ と $W^{m,\infty}(U)$ の間の同型写像であることがわかる.

また,対応 $v \mapsto v \circ H$ は $C_0^m(V) := C^m(V) \cap C_0(V)$ から $C_0^m(U) := C^m(U) \cap C_0(U)$ の上への写像となることは明らかだから,$1 \le p < \infty$ のときは命題 3.24 により定理の最後の主張が証明される.∎

Remark 4.10 $W^{1,p}(\mathbb{R}^N)$ の定義は $\mathbb{R}^N$ の座標系に依存していたが,この定理によって直交座標系を取り替えても $W^{1,p}(\mathbb{R}^N)$ は同じであることがわかる.

第5章
$\mathbb{R}^N$ における Sobolev の埋蔵定理

Sobolev の埋蔵定理とは Sobolev 空間同士，あるいは Sobolev 空間と Hölder 空間との包含関係を述べたものである．基本は全空間 $\mathbb{R}^N$ での関係であり，一般の $\Omega \subset \mathbb{R}^N$ の場合は $W^{m,p}(\Omega)$ から $W^{m,p}(\mathbb{R}^N)$ への延長作用素を利用する．このため，まず本章で全空間 $\mathbb{R}^N$ 上の Sobolev 空間の埋蔵定理を述べ，**一般の $\Omega \subset \mathbb{R}^N$ に対する $W^{m,p}(\Omega)$ の埋蔵定理は第 6 章で述べる**．

なお「Sobolev の埋蔵定理」（または「埋め込み定理」）という名前は英語の "embedding theorem" と対応しているが，その事実は次の例の中で述べるようにある不等式で表現されるので，それを **Sobolev の不等式**と呼ぶ．以下に何通りか登場する埋蔵定理ごとに対応する Sobolev の不等式があるわけである．

例 一般的な定理の陳述に入る前に，記号の説明もかねて具体的な埋蔵の例として $H^1(\mathbb{R}^3) \hookrightarrow L^6(\mathbb{R}^3)$ を挙げよう．この記号 "$\hookrightarrow$" は $H^1(\mathbb{R}^3) \subset L^6(\mathbb{R}^3)$ であり，自然な埋め込み $u \mapsto u$ が連続である（$\|u\|_{L^6} \leq C \|u\|_{H^1}$ をみたす定数 C がある）ことを意味する．なぜこのようなことが成り立つのかを定性的に理解するのは難しいが，$u \in H^1(\mathbb{R}^3)$ とすると $|\nabla u|$ の 2 乗可積分性のために u があまり急激な変化をすることができないことが関係して $u \in L^6(\mathbb{R}^3)$ が導かれるものと考えられる．

5.1 $\mathbb{R}^N$ における 1 階の Sobolev 空間に対する埋蔵定理

次の特別な場合の埋蔵定理が一般の場合の基礎となる．

定理 5.1 $u \in W^{1,1}(\mathbb{R}^N)$ とすると次が成り立つ（$N=1$ の場合，左辺は $\|u\|_{L^\infty}$

と解釈する）：

$$\|u\|_{L^{N/(N-1)}} \leq \left(\prod_{i=1}^{N} \left\|\frac{\partial u}{\partial x_i}\right\|_{L^1}\right)^{1/N}.\qquad\text{（定理終わり）}$$

証明は $u \in C_0^1(\mathbb{R}^N)$ に対して「普通の微積分」を使って示し，$W^{1,p}$ の中で C_0^1 が稠密であることによる．その出発点は次の技術的な補題であるが，そこでは $x \in \mathbb{R}^N, 1 \leq i \leq N$ に対して $\widetilde{x_i} := (x_1,\ldots,x_{i-1},x_{i+1},\ldots,x_N) \in \mathbb{R}^{N-1}$ という記号を使用する．

補題 5.2 $2 \leq N \in \mathbb{N}$, $f_i \in C_0(\mathbb{R}^{N-1})$ $(i=1,\ldots,N)$,

$$f(x) := \prod_{i=1}^{N} f_i(\widetilde{x_i}) \quad (x \in \mathbb{R}^N)$$

とすると

$$\|f\|_{L^1(\mathbb{R}^N)} \leq \prod_{i=1}^{N} \|f_i\|_{L^{N-1}(\mathbb{R}^{N-1})} \tag{5.1}$$

が成り立つ．

証明． N についての帰納法により証明する．まず，$N=2$ のときは $f(x_1,x_2) = f_1(x_2)f_2(x_1)$ で L^1 ノルムを考えればよいので，明らかに補題は成立する．次に $N=k$ で補題が成り立っているとして，$N=k+1$ でも成り立つことを示そう．$f_i \in C_0(\mathbb{R}^k)$ $(i=1,\ldots,k+1)$, $f(x) := \prod_{i=1}^{k+1} f_i(\widetilde{x_i})$ とすると

$$f(x) = \left(\prod_{i=1}^{k} f_i(\widetilde{x_i})\right) \cdot f_{k+1}(\widetilde{x_{k+1}})$$

と考えられる．$1/k + (k-1)/k = 1$ に注意してこれに Hölder の不等式を用いると，各 $x_{k+1} \in \mathbb{R}$ に対して

$$\int_{\mathbb{R}^k} |f(x)|\,dx_1\cdots dx_k \leq \left(\int_{\mathbb{R}^k} \left|\prod_{i=1}^{k} f_i(\widetilde{x_i})\right|^{k/(k-1)} dx_1\cdots x_k\right)^{(k-1)/k}$$

$$\times \left(\int_{\mathbb{R}^k} |f_{k+1}(x_1,\ldots,x_k)|^k dx_1\cdots dx_k\right)^{1/k} \tag{5.2}$$

5.1. $\mathbb{R}^N$ における 1 階の Sobolev 空間に対する埋蔵定理

が成り立つことがわかる．さらに，$x_{k+1} \in \mathbb{R}$ を固定して

$$g_i(x') := |f_i(x', x_{k+1})|^{k/(k-1)} \quad (x' \in \mathbb{R}^{k-1})$$

とすると，$g_i \in C_0(\mathbb{R}^{k-1})$ だから，帰納法の仮定により

$$\int_{\mathbb{R}^k} \Big|\prod_{i=1}^k g_i(\widetilde{x_i})\Big|\, dx_1 \cdots dx_k \leq \prod_{i=1}^k \|g_i\|_{L^{k-1}(\mathbb{R}^{k-1})}$$

が成り立つ．($g_i(\widetilde{x_i})$ では $\widetilde{x_i}$ は $(x_1, x_2, \ldots, x_k)$ から x_i を除いたものを表す．)

$$\prod_{i=1}^k |f_i(\widetilde{x_i})|^{k/(k-1)} = \prod_{i=1}^k |g_i(\widetilde{x_i})|$$

なので，(5.2) から

$$\int_{\mathbb{R}^k} |f(x)|\, dx_1 \cdots dx_k \leq \Big(\prod_{i=1}^k \|g_i\|_{L^{k-1}(\mathbb{R}^{k-1})}\Big)^{(k-1)/k} \|f_{k+1}\|_{L^k(\mathbb{R}^k)} \tag{5.3}$$

が得られる．ここで $\|g_i\|_{L^{k-1}(\mathbb{R}^{k-1})}$ が x_{k+1} の関数で，

$$\int_{\mathbb{R}} \|g_i\|_{L^{k-1}(\mathbb{R}^{k-1})}^{k-1}\, dx_{k+1} = \int_{\mathbb{R}^k} |f_i(\widetilde{x_i})|^k\, dx_1 \cdots \widehat{dx_i} \cdots dx_{k+1} = \|f_i\|_{L^k(\mathbb{R}^k)}^k$$

が成り立つことに注意しよう．($\widehat{dx_i}$ は x_i が積分変数から除かれていることを表す．) このことと $\|f_{k+1}\|_{L^k(\mathbb{R}^k)}$ が定数であることに気をつけて (5.3) の両辺を x_{k+1} について積分すると，一般化された Hölder の不等式（系 1.9）によって，

$$\|f\|_{L^1(\mathbb{R}^{k+1})} \leq \prod_{i=1}^k \Big(\int_{\mathbb{R}} \|g_i\|_{L^{k-1}(\mathbb{R}^{k-1})}^{k-1}\, dx_{k+1}\Big)^{1/k} \times \|f_{k+1}\|_{L^k(\mathbb{R}^k)}$$
$$= \prod_{i=1}^{k+1} \|f_i\|_{L^k(\mathbb{R}^k)}$$

が得られて，$N = k+1$ の場合も補題が成立することが示された．∎

定理 5.1 の証明 $N = 1$ の場合：このときは $u \in C_0^1(\mathbb{R})$ に対して $|u(x)| = \big|\int_{-\infty}^x u'(t)\, dt\big| \leq \|u'\|_{L^1(\mathbb{R})} \leq \|u\|_{W^{1,1}(\mathbb{R})}$ から $\|u\|_{L^\infty} \leq \|u\|_{W^{1,1}(\mathbb{R})}$ が得られる．$C_0^1(\mathbb{R})$ は $W^{1,1}(\mathbb{R})$ で稠密なので，この不等式は極限移行により任意の $u \in W^{1,1}(\mathbb{R})$ でも成り立ち，確かに定理が成り立つ．

$N \geq 2$ の場合:$u \in C_0^1(\mathbb{R}^N)$ とすると各 $i = 1, \ldots, N$ に対して

$$|u(x)| = \left| \int_{-\infty}^{x_i} \frac{\partial u}{\partial x_i}(x_1, \ldots, t, x_{i+1}, \ldots, x_N) \, dt \right|$$
$$\leq \int_{-\infty}^{\infty} \left| \frac{\partial u}{\partial x_i}(x_1, \ldots, t, x_{i+1}, \ldots, x_N) \right| dt \tag{5.4}$$

が成り立つ.(5.4) の最後の積分は,$y = (y_1, \ldots, y_{N-1}) \in \mathbb{R}^{N-1}$ に対して

$$g_i(y) := \int_{-\infty}^{\infty} \left| \frac{\partial u}{\partial x_i}(y_1, \ldots, y_{i-1}, t, y_i, \ldots, y_{N-1}) \right| dt$$

としたとき $g_i(\widetilde{x_i})$ と書ける.よって (5.4) を $i = 1, \ldots, N$ について掛け合わせて $|u(x)|^{N/(N-1)} \leq \prod_{i=1}^{N} |g_i(\widetilde{x_i})|^{1/(N-1)}$ が得られるが,$|g_i|^{1/(N-1)} \in C_0(\mathbb{R}^{N-1})$ は明らかだから,補題 5.2 により

$$\left\| |u(x)|^{N/(N-1)} \right\|_{L^1(\mathbb{R}^N)} \leq \prod_{i=1}^{N} \left\| |g_i|^{1/(N-1)} \right\|_{L^{N-1}(\mathbb{R}^{N-1})} \tag{5.5}$$

が成り立つ.

$$\left\| |g_i|^{1/(N-1)} \right\|_{L^{N-1}(\mathbb{R}^{N-1})} = \|g_i\|_{L^1(\mathbb{R}^{N-1})}^{1/(N-1)} = \left\| \frac{\partial u}{\partial x_i} \right\|_{L^1(\mathbb{R}^N)}^{1/(N-1)}$$

に注意すれば,(5.5) から

$$\|u\|_{L^{N/(N-1)}(\mathbb{R}^N)} \leq \left(\prod_{i=1}^{N} \left\| \frac{\partial u}{\partial x_i} \right\|_{L^1(\mathbb{R}^N)} \right)^{1/N} \tag{5.6}$$

が導かれ,$u \in C_0^1(\mathbb{R}^N)$ の場合に定理の結論が成り立つことが示された.また,$\|\partial u / \partial x_i\|_{L^1} \leq \|u\|_{W^{1,1}}$ であるから,(5.6) から

$$\|u\|_{L^{N/(N-1)}(\mathbb{R}^N)} \leq \|u\|_{W^{1,1}} \qquad (u \in C_0^1(\mathbb{R}^N)) \tag{5.7}$$

が成り立つことに注意しておこう.

一般の $u \in W^{1,1}(\mathbb{R}^N)$ に対しては,$C_0^1(\mathbb{R}^N)$ の点列 $\{u_n\}_n$ で $\|u_n - u\|_{W^{1,1}(\mathbb{R}^N)} \to 0$ をみたすものをまず取る.このとき $u_n - u_m \in W^{1,1}(\mathbb{R}^N)$ に (5.7) を使って,$\{u_n\}_n$ が $L^{N/(N-1)}(\mathbb{R}^N)$ における Cauchy 列であることがわかる.一方,$L^1(\mathbb{R}^N)$ で $u_n \to u$ であり,L^p ノルム ($1 \leq p < \infty$) での収束列はその極限に a.e. に各点収束する部分列を持つので $\{u_n\}_n$ の $L^{N/(N-1)}(\mathbb{R}^N)$ における極限関

5.1. $\mathbb{R}^N$ における 1 階の Sobolev 空間に対する埋蔵定理

数も u と等しい．よって $u \in L^{N/(N-1)}(\mathbb{R}^N)$ であり，(5.6) を u_n に対して適用して $n \to \infty$ とすれば，u に対しても定理の結論が成り立つことがわかる．∎

定理 5.1 から，$W^{1,p}(\mathbb{R}^N)$ に対する埋蔵定理を導くことができる．

定理 5.3（Sobolev, Gagliardo, Nirenberg） $1 \le p < N$, $u \in W^{1,p}(\mathbb{R}^N)$ とすると，$p^* := Np/(N-p)$ として次が成り立つ：

$$\|u\|_{p^*} \le C_{p,N} \left(\prod_{i=1}^{N} \left\| \frac{\partial u}{\partial x_i} \right\|_{L^p} \right)^{1/N}.$$

ここで $C_{p,N} = p(N-1)/(N-p)$ は p, N にのみ依存する定数である．（このような不等式が成り立つことを $W^{1,p} \hookrightarrow L^{p^*}$ で表すのであった．）

証明． この定理も，証明は $u \in C_0^1(\mathbb{R}^N)$ に対して「普通の微積分」を使って示し，$W^{1,p}$ の中で C_0^1 が稠密であることによる．$p = 1$ の場合は前定理そのものなので $1 < p < N$ としてよい．

$u \in C_0^1(\mathbb{R}^N)$ とすれば，任意の $\gamma > 1$ に対して $|u|^\gamma \in C_0^1(\mathbb{R}^N)$ かつ $\partial_i |u|^\gamma$ の絶対値は $\gamma |u|^{\gamma-1} |\partial_i u|$ 以下なので（実数値なら等号），$|u|^\gamma$ に前定理を適用できて

$$\left(\int |u|^{\gamma \cdot N/(N-1)} \, dx \right)^{\frac{N-1}{N}} \le \left(\prod_{i=1}^{N} \gamma \int |u|^{\gamma-1} |\partial_i u| \, dx \right)^{\frac{1}{N}}$$
$$\le \gamma \left(\prod_{i=1}^{N} \|\partial_i u\|_{L^p} \right)^{\frac{1}{N}} \cdot \left(\int |u|^{(\gamma-1)q} \, dx \right)^{\frac{1}{q}} \quad (5.8)$$

が得られる．ここで $(1/p) + (1/q) = 1$ で，最後の不等号は $\int |u|^{\gamma-1} |\partial_i u| \, dx$ に Hölder の不等式を使って得られる．γ を

$$\gamma \cdot \frac{N}{N-1} = (\gamma-1)q$$

が成り立つように定めると

$$\gamma = \frac{p(N-1)}{N-p} > 1 \quad (\because 1 < p < N)$$

が成り立つ．よって，(5.8) で γ をこの値に取ることができて，そのとき $\gamma N/(N-1) = p^*$ なので

$$\left(\int |u|^{p^*}\, dx\right)^{\frac{N-1}{N}-\frac{p-1}{p}} \le \gamma \left(\prod_{i=1}^N \|\partial_i u\|_{L^p}\right)^{\frac{1}{N}}$$

と書けるが,

$$\frac{N-1}{N}-\frac{p-1}{p}=\frac{N-p}{Np}=\frac{1}{p^*}$$

なので,これは結局

$$\|u\|_{L^{p^*}} \le \frac{p(N-1)}{N-p}\left(\prod_{i=1}^N \|\partial_i u\|_{L^p}\right)^{\frac{1}{N}}$$

となって証明が終わる.∎

系 5.4 $1\le p<N$, $p^*:=Np/(N-p)$ とすると,任意の $q\in[p,p^*]$ に対してある定数 C があって次が成り立つ:

$$\|u\|_{L^q}\le C\|u\|_{W^{1,p}} \quad (\forall u\in W^{1,p}(\mathbb{R}^N)).$$

証明. 相加平均・相乗平均の不等式と前定理から

$$\|u\|_{L^{p^*}}\le C\sum_{i=1}^N \|\partial_i u\|_{L^p}\le C\|u\|_{W^{1,p}}$$

をみたす定数 C の存在がわかる.$q\in[p,p^*]$ とすると,ある $\theta\in[0,1]$ で $1/q=\theta/p+(1-\theta)/p^*$ となる.よって,よく知られた L^r ノルムに関する対数凸性の定理(念のために次に補題 5.6 として述べる)によって $u\in W^{1,p}(\mathbb{R}^N)$ に対して

$$\|u\|_{L^q}\le \|u\|_{L^p}^\theta\|u\|_{L^{p^*}}^{1-\theta}\le \|u\|_{W^{1,p}}^\theta\left(C\|u\|_{W^{1,p}}\right)^{1-\theta}=C^{1-\theta}\|u\|_{W^{1,p}}$$

が成り立ち,系が証明される.∎

Remark 5.5 上の系の証明では $\sum_{i=1}^N \|\partial_i u\|_{L^p}\le \|u\|_{W^{1,p}}$ を使っているので,明らかに不等式として「損をしている」.このような「評価損」のない形でさらに一般的に述べられているのが後に紹介してある Gagliardo–Nirenberg の不等式 (8.19) である.

5.1. $\mathbb{R}^N$ における 1 階の Sobolev 空間に対する埋蔵定理

補題 5.6 $\Omega \subset \mathbb{R}^N$ を開集合,$1 \le p \le q \le r \le \infty$ とすると,$L^p(\Omega) \cap L^r(\Omega) \subset L^q(\Omega)$ であり,$\theta = (1/p-1/q)/(1/p-1/r)$ として(これは $1/q = (1-\theta)/p + \theta/r$ と同値),$f \in L^p(\Omega) \cap L^r(\Omega)$ に対して

$$\|f\|_{L^q} \le \|f\|_{L^p}^{1-\theta} \|f\|_{L^r}^{\theta}$$

が成り立つ.ただし $p=r$ の場合 θ が不定であるが,このときは $p=q=r$ なので上の不等式は θ にかかわらず成り立つ.

証明. $q=p$ ($\theta=0$) または $q=r$ ($\theta=1$) のときは自明なので,以下 $p<q<r$ とする.$r<\infty$ の場合をまず示そう.θ の定義から $0<\theta<1$ で,$1/q = (1-\theta)/p + \theta/r$ となるので,

$$1 = \frac{1}{\frac{p}{(1-\theta)q}} + \frac{1}{\frac{r}{\theta q}}$$

が成り立つ.よって,$p' := p/((1-\theta)q)$,$r' := r/(\theta q)$ は $1 = 1/p' + 1/r'$ をみたすので,$|f|^q = |f|^{(1-\theta)q} \cdot |f|^{\theta q}$ と考えて Hölder の不等式を使うことにより,

$$\int |f|^q \, dx \le \left(\int |f|^{(1-\theta)qp'} \, dx \right)^{1/p'} \left(\int |f|^{\theta q r'} \, dx \right)^{1/r'}$$
$$= \left(\int |f|^p \, dx \right)^{1/p'} \left(\int |f|^r \, dx \right)^{1/r'}$$
$$= \|f\|_{L^p}^{(1-\theta)q} \|f\|_{L^r}^{\theta q}$$

が得られる.これから補題の不等式が成り立つことがわかる.

次に $r=\infty$ としよう.このとき $\theta = 1-p/q$,すなわち $q = p/(1-\theta) = p + \theta p/(1-\theta)$ となるので,$|f|^q = |f|^p |f|^{\theta p/(1-\theta)} \le |f|^p \|f\|_{L^\infty}^{\theta p/(1-\theta)}$ が得られる.これを積分して,$(1-\theta)q = p$ に注意して変形すれば,このときも補題の不等式が得られる. ∎

埋め込みの最善性 系 5.4 は次の意味では最善の結果である:$q \notin [p, p^*]$,つまり $q < p$ または $q > p^*$ とすると,任意の $u \in W^{1,p}(\mathbb{R}^N)$ に対して $\|u\|_{L^q} \le C\|u\|_{W^{1,p}(\mathbb{R}^N)}$ をみたすような定数 C は存在しない.実際,このような不等式が成り立つ C が存在したとすると,任意の $r>0$ に対して $u_r(x) := u(rx)$ ($x \in$

$\mathbb{R}^N$) を考えると $\|u_r\|_{L^q} = \|u\|_{L^q}/r^{N/q}$, $\|u_r\|_{L^p} = \|u\|_{L^p}/r^{N/p}$ かつ $\|\partial_i u_r\|_{L^p} = r^{1-N/p}\|\partial_i u\|_{L^p}$ なので

$$\|u\|_{L^q} \leq C\Big(r^{1+N/q-N/p} \sum_{i=1}^N \|\partial_i u\|_{L^p} + r^{N/q-N/p}\|u\|_{L^p}\Big) \quad (\forall u \in W^{1,p}(\mathbb{R}^N))$$

が成り立たなければならない. しかし $q < p$ ならば, $0 \neq u \in W^{1,p}(\mathbb{R}^N)$ を固定して $r \to +0$ とすると上式右辺は 0 に収束するので $u = 0$ となって矛盾となる. $q > p^*$ の場合も, $r \to \infty$ とすると右辺が 0 に収束するので, やはり矛盾となる.

これから登場する各種の埋蔵定理もそれぞれの枠内では最善のものとなっている.

これまで $1 \leq p < N$ としてきたが, $p = N$ の場合は次が成り立つ.

定理 5.7 任意の $q \in [N, \infty)$ に対してある定数 C があって次が成り立つ:

$$\|u\|_q \leq C \|u\|_{W^{1,N}} \quad (\forall u \in W^{1,N}(\mathbb{R}^N)).$$

証明. 空間次元 $N = 1$ の場合は $\|u\|_{L^\infty} \leq \|u'\|_{L^1}$ が成り立つので (定理 5.1), 任意の $q \geq 1$ に対して

$$\int |u|^q \, dx = \int |u|^{q-1}|u| \, dx \leq \|u\|_{L^\infty}^{q-1}\|u\|_{L^1} \leq \|u'\|_{L^1}^{q-1}\|u\|_{L^1}$$

となる. これから $\|u\|_{L^q} \leq \|u'\|_{L^1}^{1-1/q}\|u\|_{L^1}^{1/q} \leq \|u\|_{W^{1,1}}$ が得られる.

以下, 空間次元 $N \geq 2$ で考える. $u \in C_0^1(\mathbb{R}^N)$ とすると, (5.8) は任意の $\gamma > 1$ で成り立つから, 特に $\gamma = k \geq 2$, $k \in \mathbb{N}$ でも成り立つ. 記述を簡単にするため

$$X_k := \Big(\int |u|^{k \cdot N/(N-1)} \, dx\Big)^{\frac{N-1}{N}}, \quad A := \Big(\prod_{i=1}^N \Big\|\frac{\partial u}{\partial x_i}\Big\|_{L^N}\Big)^{1/N}$$

と置くと, (5.8) は, $p = N$ から $q = N/(N-1)$ となることに注意して,

$$X_k \leq kAX_{k-1} \tag{5.9}$$

と表される. (5.9) を $k = N$ から始めて帰納的に用いると, $k \geq N$ をみたす任意の自然数 k に対して

$$X_k \leq k(k-1)\cdots N \times A^{k-N+1} X_{N-1}$$

5.1. $\mathbb{R}^N$ における 1 階の Sobolev 空間に対する埋蔵定理

が得られる．ここで $X_k = \|u\|_{L^{kN/(N-1)}}^k$, $X_{N-1} = \|u\|_{L^N}^{N-1}$ に注意すると

$$\|u\|_{L^{kN/(N-1)}} \le \left(k(k-1)\cdots N\right)^{\frac{1}{k}} A^{1-\frac{N-1}{k}} \|u\|_{L^N}^{\frac{N-1}{k}}$$
$$\le \left(k(k-1)\cdots N\right)^{\frac{1}{k}} \|u\|_{W^{1,N}} \tag{5.10}$$

が成り立つことがわかる．($A \le \|u\|_{W^{1,N}}$ を用いた．) $C_0^1(\mathbb{R}^N)$ が $W^{1,N}(\mathbb{R}^N)$ で稠密なので (5.10) は $u \in W^{1,N}(\mathbb{R}^N)$ でも成り立つ．$N \le k \in \mathbb{N}$ は任意なので，補題 5.6 と合わせて定理が成り立つことがわかる．■

Remark 5.8 上の定理 5.7 は $u \in W^{1,N}(\mathbb{R}^N)$ ならば任意の $q \in [N, \infty)$ に対して $u \in L^q(\mathbb{R}^N)$ であることを言っているが，$N = 1$ の場合を除いて $q = \infty$ にはできない．たとえば，$\psi \in C_0^\infty(\mathbb{R}^2)$ を原点の近傍で恒等的に 1 となる関数，$0 < \alpha < 1/2$ を定数として $u(x) := (-\log|x|)^\alpha \psi(x)$ ($x \ne 0$) と定めると，$u \in W^{1,2}(\mathbb{R}^2)$ であるが $u \notin L^\infty(\mathbb{R}^2)$ となる ($N = p = 2$)．しかし，L^∞ 空間を少し拡張した BMO (bounded mean oscillation) 空間 BMO($\mathbb{R}^N$) という空間に対して $W^{1,N}(\mathbb{R}^N) \subset \text{BMO}(\mathbb{R}^N)$ が成り立つ．ここで $f \in L^1_{loc}(\mathbb{R}^N)$ が BMO($\mathbb{R}^N$) に属するとは，ある定数 M があって任意の球 B に対して $\frac{1}{|B|} \int_B |f(x) - f_B| dx \le M$ となることを言う．ただし $|B|$ は B の Lebesgue 測度，$f_B := \int_B f(x)\, dx/|B|$ は f の B における平均値を表す．

なお定理 5.14 も参照していただきたい．

$p > N$ のときは，次のように Hölder 連続な関数の空間への埋め込みが成立する．

定理 5.9 (Morrey) $p > N$ とすると，任意の $u \in W^{1,p}(\mathbb{R}^N)$ は $L^p(\mathbb{R}^N)$ の同値類として連続な代表元を持ち，それに対し次が成り立つ：

$$|u(x) - u(y)| \le C\|\nabla u\|_{L^p} |x - y|^{1 - N/p} \quad (\forall x, y \in \mathbb{R}^N), \tag{5.11}$$
$$\|u\|_{L^\infty} \le C\|u\|_{W^{1,p}}. \tag{5.12}$$

ここで C は p, N のみによって決まる定数である．($p = \infty$ の場合も $N/p = 0$ として成り立つ．)

注意：後に (5.15) で定義される Hölder 空間のノルムを用いれば (5.11), (5.12) をまとめて $\|u\|_{C^{0,1-N/p}} \le C\|u\|_{W^{1,p}}$ と書ける．

証明． $N < p < \infty$ の場合を示す．このときは $C_0^1(\mathbb{R}^N)$ が $W^{1,p}(\mathbb{R}^N)$ で稠密なので，$u \in C_0^1(\mathbb{R}^N)$ に対して (5.11), (5.12) を示せばよい．

はじめに (5.11) を示す. Q を各辺の長さが r で座標軸に平行な面を持つ N 次元立方体で, $0 \in Q$ とする. このときに $u_Q := 1/|Q| \int_Q u(x)\,dx$ として ($|Q|$ は Q の Lebesgue 測度)

$$|u_Q - u(0)| \leq \frac{r^{1-N/p}}{1-N/p}\|\nabla u\|_{L^p(Q)} \tag{5.13}$$

を示そう. 上式の左辺は $\frac{d}{dt}u(tx) = (\nabla u)(tx) \cdot x$ を使って

$$\begin{aligned}|u_Q - u(0)| &= \frac{1}{|Q|}\left|\int_Q u(x) - u(0)\,dx\right| \\ &= \frac{1}{|Q|}\left|\int_Q \int_0^1 \nabla u(tx) \cdot x\,dt\,dx\right| \\ &\leq \frac{1}{|Q|}\int_0^1 \int_Q |\nabla u(tx)|\,|x|\,dt\,dx\end{aligned}$$

と評価できる. ここで $x \in Q$ ならば $|x| \leq \sqrt{N}\,r$ であることに注意すると, $1/p + 1/q = 1$ として次の評価が得られる:

$$\begin{aligned}\int_0^1 \int_Q |\nabla u(tx)|\,|x|\,dt\,dx &\leq \sqrt{N}\,r \int_0^1 \int_Q |\nabla u(tx)|\,dx\,dt \\ &= \sqrt{N}\,r \int_0^1 \left(\frac{1}{t^N}\int_{tQ}|\nabla u(y)|\,dy\right)dt \\ &\leq \sqrt{N}\,r \int_0^1 \frac{1}{t^N}\left(\int_{tQ}|\nabla u(y)|^p\,dy\right)^{1/p}|tQ|^{1/q}\,dt \\ &\leq \sqrt{N}\,r^{1+N/q}\int_0^1 \|\nabla u\|_{L^p(Q)}\frac{1}{t^{N-N/q}}\,dt \\ &= \sqrt{N}\,r^{1+N/q}\|\nabla u\|_{L^p(Q)}\frac{1}{1-N/p}.\end{aligned}$$

よって

$$|u_Q - u(0)| \leq \frac{\sqrt{N}}{1-N/p}\|\nabla u\|_{L^p(Q)}r^{1+(N/q)-N} \tag{5.14}$$

となるが, $1 + (N/q) - N = 1 - N/p$ であることに注意する. (5.14) においては $u(0)$ における 0 は $0 \in Q$ という以外に特別の意味はないので, (5.14) は 0 の代わりに任意の $x \in Q$ としても成り立つことに注意しよう.

さて, $x, y \in \mathbb{R}^N$ とすると, 各辺の長さが $|x-y|$ 以下で座標軸に平行な面を持つ N 次元立方体 Q で, x, y を含むようなものが存在する. よって, (5.14)

において 0 の代わりに x, y とした式から

$$|u(x) - u(y)| \leq |u(x) - u_Q| + |u_Q - u(y)| \leq \frac{2\sqrt{N}\,|x-y|^{1-N/p}}{1 - N/p}\|\nabla u\|_{L^p(Q)}$$

となり，(5.11) が示された．($r \leq |x-y|$ に注意．)

(5.12) は，各辺の長さが 1 の立方体 Q に対して

$$|u_Q| \leq \int_Q |u(x)|\,dx \leq \|u\|_{L^p(Q)}$$

が成り立つことと，(5.14) で 0 の代わりに $x \in Q$ を取った式から

$$\|u\|_{L^\infty(Q)} \leq \|u\|_{L^p(Q)} + \frac{\sqrt{N}}{1-N/p}\|\nabla u\|_{L^p(Q)} \leq C\|u\|_{W^{1,p}(\mathbb{R}^N)}$$

が得られて証明される．

$p = \infty$ のときは定理 3.9 ですでに示されている．∎

5.2　$\mathbb{R}^N$ における高階の Sobolev 空間に対する埋蔵定理

いままでの埋蔵定理は $W^{1,p}(\mathbb{R}^N)$ が対象だったが，高階の導関数を考慮した Sobolev 空間 $W^{m,p}(\mathbb{R}^N)$ については，当然もっと強い結果が成り立つことが期待される．それを記述するために次の定義が必要となる．

定義 5.10　$k \in \mathbb{Z}_+$，$0 < \sigma \leq 1$ に対して，$C^{k,\sigma}(\mathbb{R}^N)$ で表される **Hölder 空間** を次のように定める：

$u \in C^{k,\sigma}(\mathbb{R}^N) \overset{\text{def.}}{\Longleftrightarrow}$ u は k 階微分可能で，k 階以下の偏導関数がすべて $\mathbb{R}^N$ 上で有界連続．さらに u のちょうど k 階の偏導関数がすべて $\mathbb{R}^N$ 上一様に σ 次 Hölder 連続．($\sigma = 1$ のときは一様に Lipschitz 連続．)

$u \in C^{k,\sigma}(\mathbb{R}^N)$ に対して

$$\|u\|_{C^{k,\sigma}} := \sum_{|\alpha| \leq k} \sup_x |\partial^\alpha u(x)| + \sum_{|\alpha| = k} \sup_{x \neq y} \frac{|\partial^\alpha u(x) - \partial^\alpha u(y)|}{|x-y|^\sigma} \tag{5.15}$$

でノルムが定義され $C^{k,\sigma}(\mathbb{R}^N)$ は Banach 空間となる．

Remark 5.11 $u \in C^{k,\sigma}(\mathbb{R}^N)$ の定義の中に $\partial^\alpha u$ の有界性が含まれているので, 注意していただきたい. 別の記号を用いることも考えられるが, [2] の記号に従った.

定理 5.12 $W^{m,p}(\mathbb{R}^N)$ ($m \in \mathbb{N}, 1 \le p < \infty$) に対して, 次の連続埋め込みが成立する.

(i) $\boldsymbol{m - N/p < 0}$ **のとき:**
  $p^* \in (p, \infty)$ を $1/p^* = 1/p - m/N$ で定めると, 任意の $q \in [p, p^*]$ に対して $W^{m,p}(\mathbb{R}^N) \hookrightarrow L^q(\mathbb{R}^N)$.

(ii) $\boldsymbol{m - N/p = 0}$ **のとき:**
  任意の $q \in [p, \infty)$ に対して $W^{m,p}(\mathbb{R}^N) \hookrightarrow L^q(\mathbb{R}^N)$.

(iii) $\boldsymbol{m - N/p > 0}$ **かつ** $\boldsymbol{m - N/p}$ **が整数ではないとき:**
  このとき $k \in \mathbb{Z}_+$ と $\sigma \in (0,1)$ によって $m - N/p = k + \sigma$ と表されるが, $W^{m,p}(\mathbb{R}^N) \hookrightarrow C^{k,\sigma}(\mathbb{R}^N)$.

(iv) $\boldsymbol{m - N/p > 0}$ **かつ** $\boldsymbol{m - N/p}$ **が整数のとき:**
  このとき $k := m - N/p \in \mathbb{N}$ とすると, 任意の $\sigma \in (0,1)$ に対して $W^{m,p}(\mathbb{R}^N) \hookrightarrow C^{k-1,\sigma}(\mathbb{R}^N)$. ($p = 1$ の場合は系 5.15 も参照.)

証明. (i): m についての帰納法による. $m = 1$ の場合はすでに系 5.4 で示した. $m \ge 2$ とし, $m - 1$ までは (i) が成り立っているものとして m の場合にも (i) が成り立つことを示そう. $u \in W^{m,p}(\mathbb{R}^N)$ で, m, p が (i) の仮定をみたしているしよう. このとき, $|\alpha| \le m - 1$ をみたす任意の多重指数 α について, $\partial^\alpha u \in W^{1,p}(\mathbb{R}^N)$ であり, $1 - N/p < m - N/p < 0$ となるので, $m = 1$ の場合の (i) から $1/\tilde{p} := 1/p - 1/N$ として $\partial^\alpha u \in L^{\tilde{p}}(\mathbb{R}^N)$ が成り立つ. これは $u \in W^{m-1,\tilde{p}}(\mathbb{R}^N)$ を示しているが, $(m-1) - N/\tilde{p} = m - N/p < 0$ かつ $1/\tilde{p} - (m-1)/N = 1/p - m/N = 1/p^*$ となるので, 帰納法の仮定から $u \in L^{p^*}(\mathbb{R}^N)$ となる. 埋め込み $W^{m,p}(\mathbb{R}^N) \subset L^{p^*}(\mathbb{R}^N)$ の連続性も, $\partial^\alpha u \in L^{\tilde{p}}$ を言っている部分が, $m = 1$ の場合の結果からもっと詳しく $\|\partial^\alpha u\|_{L^{\tilde{p}}} \le C\|\partial^\alpha u\|_{W^{1,p}}$ (C は u に無関係な定数) となることからわかる. 実際, この不等式から $W^{m,p}(\mathbb{R}^N) \hookrightarrow W^{m-1,\tilde{p}}(\mathbb{R}^N)$ となり, $W^{m-1,\tilde{p}}(\mathbb{R}^N) \hookrightarrow L^{p^*}(\mathbb{R}^N)$ と合成すればよい[1]. あとは系 5.4 の場合と同様に補題 5.6 を用いれば, 任意の $q \in [p, p^*]$ に対して $W^{m,p}(\mathbb{R}^N) \hookrightarrow L^q(\mathbb{R}^N)$ がわかる.

(ii): これも m についての帰納法による. $m = 1$ の場合は定理 5.7 ですでに示した. $m \ge 2$ とし, $m - 1$ までは (ii) が成り立っているものとして, m の場合

---

[1] 実は関数解析の閉グラフ定理から直接にも連続性は示される.

5.2. $\mathbb{R}^N$ における高階の Sobolev 空間に対する埋蔵定理

にも (ii) が成り立つことを示そう. $u \in W^{m,p}(\mathbb{R}^N)$ で m, p が (ii) の仮定をみたしていれば $1 - N/p < 0$ なので, (i) の証明と同様にして $1/\tilde{p} := 1/p - 1/N$ で定めた $\tilde{p}$ に対して $u \in W^{m-1,\tilde{p}}(\mathbb{R}^N)$ が成り立つ. $(m-1) - N/\tilde{p} = m - N/p = 0$ だから, $m-1$ の場合の (ii) によって任意の $q \in [\tilde{p}, \infty)$ に対して $u \in L^q(\mathbb{R}^N)$ が成り立つ. また, Hölder の不等式によって $L^p \cap L^{\tilde{p}} \subset L^q$ が任意の $q \in [p, \tilde{p}]$ に対して成り立ち (補題 5.6), すでに $W^{m,p}(\mathbb{R}^N) \subset L^p(\mathbb{R}^N) \cap L^{\tilde{p}}(\mathbb{R}^N)$ がわかっているので結局任意の $q \in [p, \infty)$ に対して $u \in L^q(\mathbb{R}^N)$ となり, m の場合に (ii) が成り立つことがわかる. (埋め込みの連続性は (i) の場合と同様に考えればよい.)

(iii): $m = 1$ の場合には (iii) の仮定は $1 - N/p > 0$ で, このとき $k = 0$ なので, すでに Morrey の定理によって (iii) の結論が成り立つことは示されている. $m \geq 2$ として, $m-1$ までは (iii) が成り立つとしよう. そして $m - N/p > 0$, $u \in W^{m,p}(\mathbb{R}^N)$ とし, $m - N/p > 0$ の整数部分を k ($0 \leq k \leq m-1$), 小数部分を $\sigma \in (0,1)$ とする. $k = 0$ か $k \geq 1$ かによって場合を分けよう.

$k = 0$ のときは $m - N/p = \sigma$ なので $(m-1) - N/p < 0$ となるから, すでに証明した (i) により, $\tilde{p}$ を $1/\tilde{p} = 1/p - (m-1)/N$ とすると $W^{m-1,p}(\mathbb{R}^N) \hookrightarrow L^{\tilde{p}}(\mathbb{R}^N)$ が成り立つ. $u \in W^{m,p}(\mathbb{R}^N)$ なら $u, \partial_i u$ はともに $W^{m-1,p}(\mathbb{R}^N)$ なので, これから $u, \partial_i u \in L^{\tilde{p}}(\mathbb{R}^N)$ となる. これは $W^{m,p}(\mathbb{R}^N) \hookrightarrow W^{1,\tilde{p}}(\mathbb{R}^N)$ を示しており, $1 - N/\tilde{p} = m - N/p = \sigma$ だから, すでに示した $m = 1$ に対する (iii) による $W^{1,\tilde{p}}(\mathbb{R}^N) \hookrightarrow C^{0,\sigma}(\mathbb{R}^N)$ と合わせて定理の主張が成り立つことがわかる.

$k \geq 1$ のとき $(m-k) - N/p = \sigma$ であり, $m - k \leq m - 1$ だから帰納法の仮定により $W^{m-k,p}(\mathbb{R}^N) \hookrightarrow C^{0,\sigma}(\mathbb{R}^N)$ が成り立つ. そして $u \in W^{m,p}(\mathbb{R}^N)$ ならば $|\alpha| \leq k$ をみたす多重指数 α に対して $\partial^\alpha u \in W^{m-k,p}(\mathbb{R}^N)$ だから, $\partial^\alpha u \in C^{0,\sigma}(\mathbb{R}^N)$ となる. これから $W^{m,p}(\mathbb{R}^N) \hookrightarrow C^{k,\sigma}(\mathbb{R}^N)$ がわかる.

(iv): $k := m - N/p$ が正の整数であるとする. このとき $u \in W^{m,p}(\mathbb{R}^N)$, $|\alpha| \leq k$ ならば任意の $q \in [p, \infty)$ に対して $\partial^\alpha u \in L^q(\mathbb{R}^N)$ となることがわかる. 実際, $\partial^\alpha u \in W^{m-k,p}(\mathbb{R}^N)$ で $(m-k) - N/p = 0$ だからすでに示した (ii) によって確かめられる. 従って $W^{m,p}(\mathbb{R}^N) \hookrightarrow W^{k,q}(\mathbb{R}^N)$ がわかる. そこで $N < q < \infty$ なる q を任意に取ると, $k - N/q = (k-1) + (1 - N/q)$ だから, $k-1$ が $k - N/q$ の整数部分, $0 < 1 - N/q < 1$ が小数部分となる. 故にすでに示した (iii) から $W^{k,q}(\mathbb{R}^N) \hookrightarrow C^{k-1,1-N/q}(\mathbb{R}^N)$ が得られるが, $1 - N/q$ は $(0,1)$ の任意の値を取ることができるので (iv) が証明された. ∎

定理 5.12 の (ii) の場合，つまり $m - N/p = 0$ の場合，Remark 5.8 で見たように一般には $W^{m,p}(\mathbb{R}^N) \hookrightarrow L^\infty(\mathbb{R}^N)$ は成り立たない．しかし，特別な場合である $W^{N,1}(\mathbb{R}^N) \hookrightarrow L^\infty(\mathbb{R}^N)$ は成り立つ．この事実の証明のために **Sobolev の表示公式**と呼ばれる，関数値の積分による表現公式の特別な場合を証明しておく．

補題 5.13（**Sobolev の表示公式**） $u \in C_0^\infty(\mathbb{R}^N)$ とすると任意の $x \in \mathbb{R}^N$, $m \in \mathbb{N}$ に対して

$$u(x) = \frac{m}{\omega_N} \sum_{|\alpha|=m} \frac{1}{\alpha!} \int_{\mathbb{R}^N} \frac{(x-y)^\alpha}{|x-y|^N} \partial^\alpha u(y)\, dy \tag{5.16}$$

が成り立つ．ここで $\omega_N (= 2\pi^{N/2}/\Gamma(N/2))$ は $\mathbb{R}^N$ の単位球面の面積，多重指数 $\alpha = (\alpha_1, \ldots, \alpha_N)$ に対して $\alpha! := \prod_{k=1}^N \alpha_k!$, $(x-y)^\alpha := \prod_{k=1}^N (x_k - y_k)^{\alpha_k}$ である．（x_k, y_k は x, y の第 k 成分．）

証明． 微積分における Taylor の定理の積分形（たとえば拙著 [55], p. 94）を思い出そう：C^n 級の 1 変数実数値[2] 関数 $f(x)$ に対して

$$f(t) = f(a) + f'(a)(t-a) + \frac{f''(a)}{2}(t-a)^2 + \cdots + \frac{f^{(n-1)}(a)}{(n-1)!}(t-a)^{n-1}$$
$$+ \int_a^t \frac{f^{(n)}(s)}{(n-1)!}(t-s)^{n-1}\, ds$$

が成り立つ．この公式は $t < a$ の場合も積分を通常のように考えて成立する．

さて，$u \in C_0^\infty(\mathbb{R}^N)$ と $|z| = 1$ をみたす $z \in \mathbb{R}^N$ をいったん固定して $t \in \mathbb{R}$ の関数 $f(t) := u(tz)$ を考える．このとき $f \in C^\infty(\mathbb{R})$ であり，m 階微分について $f^{(m)}(t) = \sum_{|\alpha|=m}(m!/\alpha!) z^\alpha (\partial^\alpha u)(tz)$ となることが帰納法で容易に示される．また，t が十分大きいところでは $f(t) = 0$ なので，上記の積分形の Taylor の定理を $n = m$, $t = 0$, $a \to \infty$ として適用すれば

$$u(0) = \frac{1}{(m-1)!} \sum_{|\alpha|=m} \int_\infty^0 \frac{m!}{\alpha!} (-s)^{m-1} z^\alpha (\partial^\alpha u)(sz)\, ds$$
$$= m(-1)^m \sum_{|\alpha|=m} \frac{1}{\alpha!} \int_0^\infty s^{m-1} z^\alpha (\partial^\alpha u)(sz)\, ds$$

---
[2] 複素数値でもよい．

5.2. $\mathbb{R}^N$ における高階の Sobolev 空間に対する埋蔵定理

が得られる.これを z に関して単位球面上の面積測度 dS で積分すれば

$$\omega_N u(0) = m(-1)^m \sum_{|\alpha|=m} \frac{1}{\alpha!} \int_{|z|=1} \int_0^\infty s^{m-1} z^\alpha (\partial^\alpha u)(sz)\, ds\, dS(z)$$

$$= m(-1)^m \sum_{|\alpha|=m} \frac{1}{\alpha!} \int_{\mathbb{R}^N} \frac{y^\alpha}{|y|^N} (\partial^\alpha u)(y)\, dy \tag{5.17}$$

となる.ここで N 次元極座標変換 $y = sz$ により $dy = s^{N-1} ds\, dS(z)$ となることと $|y| = s$ を用いた.(5.17) は見かけ上,原点で広義積分になっているが,その直前の式からわかるように実際は特異性はなく,積分可能性に問題はない.$u(x)$ の代わりに $u(x_0 + x)$ を考えて (5.17) を適用して変数変換(平行移動)を行えば,任意の $x \in \mathbb{R}^N$ に対して

$$u(x) = \frac{m(-1)^m}{\omega_N} \sum_{|\alpha|=m} \frac{1}{\alpha!} \int_{\mathbb{R}^N} \frac{y^\alpha}{|y|^N} (\partial^\alpha u)(x+y)\, dy$$

$$= \frac{m}{\omega_N} \sum_{|\alpha|=m} \frac{1}{\alpha!} \int_{\mathbb{R}^N} \frac{(x-y)^\alpha}{|x-y|^N} (\partial^\alpha u)(y)\, dy$$

が示されて,補題の証明が終わる.∎

定理 5.14 $W^{N,1}(\mathbb{R}^N) \hookrightarrow L^\infty(\mathbb{R}^N) \cap C(\mathbb{R}^N)$ が成り立つ.

証明. $|\alpha| = N$ をみたす多重指数 α に対して $|(x-y)^\alpha|/|x-y|^N \le 1$ ($x, y \in \mathbb{R}^N$) だから,補題 5.13 を $m = N$ で適用すれば,N にのみ依存するある定数 C があって,任意の $u \in C_0^\infty(\mathbb{R}^N)$ に対して $\sup |u(x)| \le C \|u\|_{W^{N,1}(\mathbb{R}^N)}$ がわかる.$u \in W^{N,1}(\mathbb{R}^N)$ とすると $C_0^\infty(\mathbb{R}^N)$ の点列 $\{u_n\}_n$ で $\|u_n - u\|_{W^{N,1}(\mathbb{R}^N)} \to 0$ となるものが存在するが,いま得た不等式から $\sup |u_n(x) - u_m(x)| \le C \|u_n - u_m\|_{W^{N,1}(\mathbb{R}^N)}$ となるので,u_n はある有界連続関数 $\tilde{u}$ に一様収束する.一方,$u_n \to u$ in $W^{N,1}(\mathbb{R}^N)$ だから,$\tilde{u}$ は a.e. に u に等しい.よって,$u \in W^{N,1}(\mathbb{R}^N)$ は連続な代表元 $\tilde{u}$ を持ち,$\sup |\tilde{u}(x)| \le C \|u\|_{W^{N,1}(\mathbb{R}^N)}$ が成り立つ.∎

系 5.15 $m \ge N+1$ ($m \in \mathbb{N}$) とすると $W^{m,1}(\mathbb{R}^N) \hookrightarrow C^{m-N-1,1}(\mathbb{R}^N)$ が成り立つ.

証明. $u \in W^{m,1}(\mathbb{R}^N)$ とすると $|\alpha| \leq m - N - 1$ ならば $\partial^\alpha u \in W^{N+1,1}(\mathbb{R}^N)$ である．よって，定理 5.14 により $\partial^\alpha u, \partial_i \partial^\alpha u \in L^\infty(\mathbb{R}^N)$ $(1 \leq i \leq N)$ となる．従って $\partial^\alpha u \in W^{1,\infty}(\mathbb{R}^N)$ がわかり，定理 3.9 により系の主張が示される．∎

Sobolev 空間同士の関係を示すものとして，次の定理が容易に得られる．なお，さらに精密化したものと言える Gagliardo–Nirenberg の不等式について 8.2 節で述べる．

定理 5.16 m, j を自然数，$1 \leq p, q < \infty$ として，

$$m > j, \ p \leq q \quad かつ \quad m - \frac{N}{p} \geq j - \frac{N}{q}$$

とすると $W^{m,p}(\mathbb{R}^N) \hookrightarrow W^{j,q}(\mathbb{R}^N)$ が成り立つ．

証明. 定理の条件から $1/p - (m-j)/N \leq 1/q$ である．そこで，$1/p - (m-j)/N$ の符号によって場合を分けて考える．

(1): $1/p - (m-j)/N > 0$ の場合.

この場合は $p^* \in (p, \infty)$ を $1/p^* = 1/p - (m-j)/N$ で定めることができて，定理 5.12 により $W^{m-j,p}(\mathbb{R}^N) \hookrightarrow L^{p^*}(\mathbb{R}^N)$ がわかる．よって，$u \in W^{m,p}(\mathbb{R}^N)$ とすると，$|\alpha| \leq j$ をみたす多重指数 α に対して $\partial^\alpha u \in W^{m-j,p}(\mathbb{R}^N) \hookrightarrow L^{p^*}(\mathbb{R}^N)$ となり，$W^{m,p}(\mathbb{R}^N) \hookrightarrow W^{j,p^*}(\mathbb{R}^N)$ がわかる．証明のはじめの注意から $q \leq p^*$ なので，自明な $W^{m,p}(\mathbb{R}^N) \subset W^{j,p}(\mathbb{R}^N)$ と補題 5.6 を用いれば $W^{m,p}(\mathbb{R}^N) \hookrightarrow W^{j,q}(\mathbb{R}^N)$ がわかる．

(2): $1/p - (m-j)/N = 0$ の場合.

同じく定理 5.12 によって，任意の $\tilde{q} \in [p, \infty)$ に対して $W^{m-j,p}(\mathbb{R}^N) \hookrightarrow L^{\tilde{q}}(\mathbb{R}^N)$ が成り立つ．よって (1) と同様にして $W^{m,p}(\mathbb{R}^N) \hookrightarrow W^{j,\tilde{q}}(\mathbb{R}^N)$ がわかるが，$p \leq q$ であるので定理の主張が成り立つ．

(3): $1/p - (m-j)/N < 0$ の場合.

同じく定理 5.12 によって，$W^{m-j,p}(\mathbb{R}^N) \hookrightarrow L^\infty(\mathbb{R}^N)$ がわかる．このことから $W^{m,p}(\mathbb{R}^N) \hookrightarrow W^{j,\infty}(\mathbb{R}^N)$ が成り立つが，補題 5.6 により $v \in L^p(\mathbb{R}^N) \cap L^\infty(\mathbb{R}^N)$ に対して

$$p \leq q \implies \|v\|_{L^q} \leq \|v\|_{L^p}^{p/q} \|v\|_{L^\infty}^{1-p/q}$$

であることを考えると，この場合も定理の主張が成り立つことがわかる．(やはり $W^{m,p}(\mathbb{R}^N) \hookrightarrow W^{j,p}(\mathbb{R}^N)$ も使う．) ∎

Remark 5.17 上の定理 5.16 や Morrey の定理などを見ると，$W^{m,p}(\mathbb{R}^N)$ の元の「実質的ななめらかさ」というものが $m - N/p$ で与えられると解釈できそうである．こう考えると，いろいろな埋蔵定理は『「実質的ななめらかさ」が高い空間からより低い空間への埋め込みが可能である』という主張にまとめられ覚えやすい．

5.3 Fourier 変換との関係

5.3.1 $p = 2$ の場合

$p = 2$ の場合の $W^{m,p}(\mathbb{R}^N)$ すなわち $H^m(\mathbb{R}^N)$ については $L^2(\mathbb{R}^N)$ 上の Fourier 変換が非常に役に立ち，見通しをよくしてくれる．$\mathbb{R}^N$ 上の Fourier 変換は，もともとは $\mathbb{R}^N$ 上の可積分関数 u に対して

$$\hat{u}(\xi) := \frac{1}{(2\pi)^{N/2}} \int_{\mathbb{R}^N} e^{-ix\xi} u(x)\, dx \quad (\xi \in \mathbb{R}^N) \tag{5.18}$$

によって定義される $\mathbb{R}^N$ 上の関数 $\hat{u}$ を対応させるものである．（定義式中の $x\xi$ は $\mathbb{R}^N$ の元同士の内積を表し，i は虚数単位 $\sqrt{-1}$ を表す．）しかし，$u \in L^1(\mathbb{R}^N) \cap L^2(\mathbb{R}^N)$ ならば $\|u\|_{L^2} = \|\hat{u}\|_{L^2}$ が成り立つという Planchrel の定理 ([55, 定理 7.74]) と，$L^1(\mathbb{R}^N) \cap L^2(\mathbb{R}^N)$ が $L^2(\mathbb{R}^N)$ で稠密であるということから，Fourier 変換は $L^2(\mathbb{R}^N)$ から $L^2(\mathbb{R}^N)$ への等長な線型写像として一意的に拡張される．実際，$u \in L^2(\mathbb{R}^N)$ に対して L^2 ノルムで $u_n \to u$ となるような $L^1(\mathbb{R}^N) \cap L^2(\mathbb{R}^N)$ の点列 $\{u_n\}_n$ を取れば，$\{\hat{u}_n\}_n$ は $L^2(\mathbb{R}^N)$ で Cauchy 列となり極限が存在するので，その極限を $\hat{u}$ と定めればよいのである．この $L^2(\mathbb{R}^N)$ 上の作用素へ拡張した Fourier 変換を $\mathscr{F}$ で表すが，$\mathscr{F}u$ の代わりに $\hat{u}$ を使うことも多く，下の定理でもその意味で $\hat{u}$ を用いている．Fourier 変換 $\mathscr{F}$ が $L^2(\mathbb{R}^N)$ から $L^2(\mathbb{R}^N)$ へのユニタリ作用素（等長同型作用素）となることはよく知られている（たとえば，[55, 定理 7.76] 参照）．

Fourier 変換を用いると，一般の $u \in H^m(\mathbb{R}^N)$ の特徴付けが次の形で得られる．

定理 5.18 $m \in \mathbb{N}$, $u \in L^2(\mathbb{R}^N)$ とすると

$$u \in H^m(\mathbb{R}^N) \iff (1 + |\xi|^2)^{m/2} \hat{u}(\xi) \in L^2(\mathbb{R}^N)$$

が成り立つ．（$\hat{u}$ は u の Fourier 変換による像である．）また

$$\left(\int_{\mathbb{R}^N} (1 + |\xi|^2)^m |\hat{u}(\xi)|^2\, d\xi \right)^{1/2}$$

は $H^m(\mathbb{R}^N)$ 上の $\|u\|_{H^m(\mathbb{R}^N)}$ と同値なノルムとなるが, より正確には

$$\|u\|_{H^m(\mathbb{R}^N)} = \left(\int_{\mathbb{R}^N} \Big(\sum_{|\alpha| \leq m} |\xi^\alpha|^2 \Big) |\hat{u}(\xi)|^2 \, d\xi \right)^{1/2} \tag{5.19}$$

が成り立つ.

さらに $u \in H^m(\mathbb{R}^N)$ に対して, $\partial^\alpha u \, (|\alpha| \leq m)$ の Fourier 変換は $i^{|\alpha|} \xi^\alpha \hat{u}(\xi)$ となる.

証明. $\alpha = (\alpha_1, \ldots, \alpha_N)$ を多重指数として, $\xi = (\xi_1, \ldots, \xi_N) \in \mathbb{R}^N$ に対して $\xi^\alpha := \prod_{i=1}^N \xi_i^{\alpha_i}$ と定める. このとき, 任意の $u \in C_0^\infty(\mathbb{R}^N)$ に対して, $\partial^\alpha u$ の Fourier 変換が $i^{|\alpha|} \xi^\alpha \hat{u}(\xi)$ となることは部分積分によって容易に示される. ($i = \sqrt{-1}$ である.) これから, $u \in C_0^\infty(\mathbb{R}^N), m \in \mathbb{N}$ に対して

$$\|u\|_{H^m}^2 = \sum_{|\alpha| \leq m} \|\partial^\alpha u\|_{L^2}^2 = \sum_{|\alpha| \leq m} \|\widehat{\partial^\alpha u}\|_{L^2}^2$$
$$= \int_{\mathbb{R}^N} \Big(\sum_{|\alpha| \leq m} |\xi^\alpha|^2 \Big) |\hat{u}(\xi)|^2 \, d\xi \tag{5.20}$$

が得られる. そして, N, m によって定まるある定数 $C_1, C_2 > 0$ で,

$$C_1^{\,2} (1 + |\xi|^2)^m \leq \sum_{|\alpha| \leq m} |\xi^\alpha|^2 \leq C_2^{\,2} (1 + |\xi|^2)^m \quad (\forall \xi \in \mathbb{R}^N)$$

をみたすものが存在するので, $u \in C_0^\infty(\mathbb{R}^N)$ に対して

$$C_1 \|(1 + |\xi|^2)^{m/2} \hat{u}\|_{L^2} \leq \|u\|_{H^m} \leq C_2 \|(1 + |\xi|^2)^{m/2} \hat{u}\|_{L^2} \tag{5.21}$$

が成り立ち, $C_0^\infty(\mathbb{R}^N)$ の上で $\|u\|_{H^m}$ と $\|(1 + |\xi|^2)^{m/2} \hat{u}\|_{L^2}$ は同値なノルムになることがわかる. このことと $C_0^\infty(\mathbb{R}^N)$ の $H^m(\mathbb{R}^N)$ での稠密性 (定理 3.17) から定理は証明されるが, もう少し詳しく述べよう.

まず $u \in H^m(\mathbb{R}^N)$ とすると, $C_0^\infty(\mathbb{R}^N)$ の中の点列 $\{\varphi_n\}_n$ で $\|u - \varphi_n\|_{H^m} \to 0$ $(n \to \infty)$ となるものが存在する. このとき $\{\varphi_n\}_n$ は $H^m(\mathbb{R}^N)$ の Cauchy 列となるから, (5.21) により $\{(1+|\xi|^2)^{m/2} \hat{\varphi}_n\}_n$ は $L^2(\mathbb{R}^N)$ の Cauchy 列になる. よって, $\{\varphi_n\}_n$ の部分列 $\{\varphi_{n_k}\}_k$ で, $\{(1+|\xi|^2)^{m/2} \hat{\varphi}_{n_k}\}_k$ が $L^2(\mathbb{R}^N)$ 収束かつ a.e. に各点収束するものが存在する (命題 1.18). φ_n は u に $L^2(\mathbb{R}^N)$ でも収束し, 従って $\hat{\varphi}_n$ は $\hat{u}$ に $L^2(\mathbb{R}^N)$ で収束するので, 必要ならさらに部分列を取って, $\hat{\varphi}_{n_k}$ が

5.3. Fourier 変換との関係

$\hat{u}$ に a.e. に各点収束するとしてよい. よって, $(1+|\xi|^2)^{m/2}\hat{\varphi}_{n_k}$ は $(1+|\xi|^2)^{m/2}\hat{u}$ に L^2 の意味でも, a.e. の各点収束の意味でも収束し, $(1+|\xi|^2)^{m/2}\hat{u} \in L^2(\mathbb{R}^N)$ が証明された.

逆に $u \in L^2(\mathbb{R}^N)$ が $(1+|\xi|^2)^{m/2}\hat{u} \in L^2(\mathbb{R}^N)$ をみたしているとすると, $|\alpha| \leq m$ をみたす任意の多重指数 α に対して $\xi^\alpha \hat{u} \in L^2(\mathbb{R}^N)$ が成り立つ. よって, $u_\alpha \in L^2(\mathbb{R}^N)$ で $\hat{u}_\alpha(\xi) = i^{|\alpha|}\xi^\alpha \hat{u}(\xi)$ ($\forall \xi \in \mathbb{R}^N$) をみたすものが存在する. (Fourier 変換が $L^2(\mathbb{R}^N)$ から $L^2(\mathbb{R}^N)$ への等長同型作用素であることによる. [55, 定理 7.76] 参照.) この u_α が任意の $\varphi \in C_0^\infty(\mathbb{R}^N)$ に対して

$$\int_{\mathbb{R}^N} u(x)\partial^\alpha \varphi(x)\,dx = (-1)^{|\alpha|} \int_{\mathbb{R}^N} u_\alpha(x)\varphi(x)\,dx \tag{5.22}$$

をみたすことは, 部分積分で得られる $(\widehat{\partial^\alpha \varphi})(\xi) = i^{|\alpha|}\xi^\alpha \hat{\varphi}(\xi)$ と, Fourier 変換が内積を保つということから, 次のようにして示される:

$$\begin{aligned}
\int_{\mathbb{R}^N} u(x)\partial^\alpha \varphi(x)\,dx &= (u, \overline{\partial^\alpha \varphi})_{L^2} = (\hat{u}, \overline{\widehat{\partial^\alpha \varphi}})_{L^2} \\
&= \int_{\mathbb{R}^N} \hat{u}(\xi) \overline{\int_{\mathbb{R}^N} e^{-ix\xi}\partial^\alpha \overline{\varphi}(x)\,dx}\,d\xi \\
&= \int_{\mathbb{R}^N} \hat{u}(\xi)(-i)^{|\alpha|}\xi^\alpha \overline{\int_{\mathbb{R}^N} e^{-ix\xi}\overline{\varphi(x)}\,dx}\,d\xi \\
&= (-1)^{|\alpha|} \int_{\mathbb{R}^N} \hat{u}(\xi)i^{|\alpha|}\xi^\alpha \overline{\hat{\varphi}(\xi)}\,d\xi \\
&= (-1)^{|\alpha|}(\hat{u}_\alpha, \hat{\varphi})_{L^2} = (-1)^{|\alpha|}(u_\alpha, \overline{\varphi})_{L^2} \\
&= (-1)^{|\alpha|} \int_{\mathbb{R}^N} u_\alpha(x)\varphi(x)\,dx.
\end{aligned}$$

$u_\alpha \in L^2(\mathbb{R}^N)$ なので, これは $u \in H^m(\mathbb{R}^N)$ を示している. (上の式中では, 上に引いたバーは複素共役を表している.) なお, Fourier 変換が内積を保つことは, Fourier 変換の等長性を示す Planchrel の定理と, 内積がノルムで表示されるという, 次の分極公式からわかる:

$$(u,v)_{L^2} = \frac{1}{4}\left\{\|u+v\|_{L^2}^2 - \|u-v\|_{L^2}^2\right\} + \frac{i}{4}\left\{\|u+iv\|_{L^2}^2 - \|u-iv\|_{L^2}^2\right\}.$$

(5.19) は $C_0^\infty(\mathbb{R}^N)$ の $H^m(\mathbb{R}^N)$ における稠密性と (5.20) から極限移行により得られる. また, (5.22) と u_α の定義から $\widehat{\partial^\alpha u} = i^{|\alpha|}\xi^\alpha \hat{u}$ が得られて証明は終わる. ∎

定理 5.18 の特徴付けから Sobolev の埋蔵定理の一部は容易に証明できる．たとえば，$m - N/2 > k$ $(m, k \in \mathbb{N})$ のとき，$u \in H^m(\mathbb{R}^N)$ が $u \in C^k(\mathbb{R}^N)$ をみたすことは次のようにしてわかる．まず，$u \in C_0^\infty(\mathbb{R}^N)$ とすると，u およびその偏導関数 $\partial^\alpha u$ $(|\alpha| \leq m)$ に対する Fourier 変換の反転公式[3] ([55, 定理 7.70])

$$\partial^\alpha u(x) = \frac{i^{|\alpha|}}{(2\pi)^{N/2}} \int_{\mathbb{R}^N} e^{ix\xi} \xi^\alpha \hat{u}(\xi)\, d\xi$$

において

$$\left| \int_{\mathbb{R}^N} e^{ix\xi} \xi^\alpha \hat{u}(\xi)\, d\xi \right| \leq \int_{\mathbb{R}^N} |\xi^\alpha \hat{u}(\xi)|\, d\xi$$
$$= \int_{\mathbb{R}^N} \frac{|\xi^\alpha|}{(1+|\xi|^2)^{m/2}} (1+|\xi|^2)^{m/2} |\hat{u}(\xi)|\, d\xi$$
$$\leq \left(\int_{\mathbb{R}^N} \frac{|\xi|^{2|\alpha|}}{(1+|\xi|^2)^m}\, d\xi \right)^{1/2} \left(\int_{\mathbb{R}^N} (1+|\xi|^2)^m |\hat{u}(\xi)|^2\, d\xi \right)^{1/2}$$
$$\leq C \left(\int_{\mathbb{R}^N} \frac{|\xi|^{2|\alpha|}}{(1+|\xi|^2)^m}\, d\xi \right)^{1/2} \|u\|_{H^m(\mathbb{R}^N)}$$

と評価されることに注意する．(C は u に無関係な定数．) 次に，$|\alpha| \leq k$ に対して $2|\alpha| - 2m \leq 2k - 2m < -N$ だから，上式最後の積分は u に無関係な有限な値となることに注意する．よって，一般の $u \in H^m(\mathbb{R}^N)$ を $C_0^\infty(\mathbb{R}^N)$ の列 $\{\varphi_n\}_n$ によって $H^m(\mathbb{R}^N)$ のノルムで近似した場合，$\partial^\alpha u$ は $\partial^\alpha \varphi_n$ の一様収束極限となることがわかる．(厳密には u と同値なものに取り直してそうなる．) 従って，微積分学での「微分と一様収束の関係」([54, I, 定理 6.9; II, 命題 7.4]) から $u \in C^k(\mathbb{R}^N)$ となる．

5.3.2　$1 < p < \infty$ の場合 *

この場合にも $W^{m,p}(\mathbb{R}^N)$ の元を Fourier 変換で特徴づけることは可能であるが，そのためには考える関数を最初は制限しておくか，Fourier 変換の意味を拡張しておかなければならない．せっかくなのでこの機会に **Schwartz の急減少関数**の空間 $\mathscr{S}(\mathbb{R}^N)$ を説明しておこう．証明は述べられないが，[41] や [34]，[46, 13 章] などを参照していただきたい．

---

[3] $L^2(\mathbb{R}^N)$ 上の Fourier 変換 $\mathscr{F}$ から $\overline{\mathscr{F}}u := \overline{\mathscr{F}\overline{u}}$ (右辺のバーは複素共役を示す) で作用素 $\overline{\mathscr{F}}$ を定めると $\mathscr{F}\overline{\mathscr{F}} = \overline{\mathscr{F}}\mathscr{F} = I$，つまり $\mathscr{F}^{-1} = \overline{\mathscr{F}}$ が成り立つという公式．

5.3. Fourier 変換との関係

定義 5.19 $\mathbb{R}^N$ 上の無限回微分可能な関数 u は，どのような多重指数 α と $k \in \mathbb{N}$ に対しても $\lim_{|x|\to\infty}(1+|x|^2)^{k/2}|\partial^\alpha u(x)| = 0$ が成り立つとき，**急減少関数**と呼ばれる．$\mathbb{R}^N$ 上の急減少関数の全体は線型空間となり，$\mathscr{S}(\mathbb{R}^N)$ で表される．この空間上で $n \in \mathbb{N}$ に対して

$$p_n(u) := \sum_{\alpha:|\alpha|\leq n} \sup_{x\in\mathbb{R}^N} (1+|x|^2)^{n/2}|\partial^\alpha u(x)|$$

はノルムとなるが，さらに $u, v \in \mathscr{S}(\mathbb{R}^N)$ に対して

$$d(u,v) := \sum_{n=1}^{\infty} \frac{1}{2^n} \cdot \frac{p_n(u-v)}{1+p_n(u-v)} \tag{5.23}$$

と置くと，$d(u,v)$ は $\mathscr{S}(\mathbb{R}^N)$ 上の距離となり，$\mathscr{S}(\mathbb{R}^N)$ はこの距離について完備となる．

Fourier 変換に関しては，$u \in \mathscr{S}(\mathbb{R}^N)$ なら (5.18) によって $\mathscr{F}u = \hat{u}$ が定義されるが，微分との関係 $\mathscr{F}(\partial^\alpha u) = i^{|\alpha|}\xi^\alpha \hat{u}(\xi)$ から，$\mathscr{F}$ は (5.23) の距離で考えて，$\mathscr{S}(\mathbb{R}^N)$ から $\mathscr{S}(\mathbb{R}^N)$ の上への同相写像であることがわかる．

$\mathscr{S}(\mathbb{R}^N)$ 上には距離が定義されたので，$\mathbb{R}^N$ 上の緩増加超関数を定義することができる．

定義 5.20 $\mathscr{S}(\mathbb{R}^N)$ 上で定義された線型汎関数で，(5.23) の距離に関して連続なものを $\mathbb{R}^N$ 上の**緩増加超関数**といい，その全体のなす集合（これも線型空間）を $\mathscr{S}'(\mathbb{R}^N)$ で表す[4]．

Schwartz の超関数 $\mathscr{D}'(\mathbb{R}^N)$ との間には自然に $\mathscr{S}'(\mathbb{R}^N) \subset \mathscr{D}'(\mathbb{R}^N)$ という関係が成り立つ．また，ある $p \in [1,\infty]$ に対して $f \in L^p(\mathbb{R}^N)$ であれば，$u \mapsto \int_{\mathbb{R}^N} u(x)f(x)\,dx$ という対応は $\mathscr{S}'(\mathbb{R}^N)$ の元となるので，これを f と同一視して $f \in \mathscr{S}'(\mathbb{R}^N)$ と考える．（$f \in L^1_{loc}(\Omega)$ を $\mathscr{D}'(\Omega)$ の元と同一視したのと同様である．）

$T \in \mathscr{S}'(\mathbb{R}^N)$ の $u \in \mathscr{S}(\mathbb{R}^N)$ における値を超関数 $\mathscr{D}'(\Omega)$ のときと同様に $\langle T, u \rangle$ で表そう．このとき $\varphi \in C^\infty(\mathbb{R}^N)$ が多項式増大度，すなわちある $m \in \mathbb{N}$ に対して $\varphi(x)/(1+|x|^2)^{m/2}$ が有界なとき，φ を T に「掛けた」φT を次のように定義すると緩増加超関数となる：$\langle \varphi T, u \rangle := \langle T, \varphi u \rangle\ (u \in \mathscr{S}(\mathbb{R}^N))$（p.33 参

---

[4] 位相線型空間としての $\mathscr{S}'(\mathbb{R}^N)$ については [41] を参照．

照).ここでは,$u \in \mathscr{S}(\mathbb{R}^N)$ ならば $\varphi u \in \mathscr{S}(\mathbb{R}^N)$ ということが効いている.さらに Fourier 変換については,

$$\langle \mathscr{F}T, u \rangle := \langle T, \mathscr{F}u \rangle \quad (u \in \mathscr{S}(\mathbb{R}^N))$$

によって $\mathscr{F}T \in \mathscr{S}'(\mathbb{R}^N)$ が確かに定義されるので,これを緩増加超関数 T の Fourier 変換という.通常の Fourier 変換が $\mathscr{S}(\mathbb{R}^N)$ から $\mathscr{S}(\mathbb{R}^N)$ への線型同相写像なので,緩増加超関数の Fourier 変換も全単射である.この Fourier 変換は,同一視により $L^1(\mathbb{R}^N) \subset \mathscr{S}'(\mathbb{R}^N)$ と考えると,そこでは積分による定義 (5.18) と一致している.

これでようやく次の定理を述べることができる.

定理 5.21([25] **Chapter V, Theorem 3**) $1 < p < \infty$ とすると,任意の $m \in \mathbb{N}$ に対して

$$W^{m,p}(\mathbb{R}^N) = \{\, u \in L^p(\mathbb{R}^N) \mid \mathscr{F}^{-1}((1+|\xi|^2)^{m/2}\hat{u}(\xi)) \in L^p(\mathbb{R}^N) \,\}$$

が成り立つ.ここで $\hat{u}$ は $u \in L^p(\mathbb{R}^N) \subset \mathscr{S}'(\mathbb{R}^N)$ と見たときの Fourier 変換を表している.

$\mathscr{F}(L^2(\mathbb{R}^N)) = L^2(\mathbb{R}^N)$ だから,定理 5.21 が定理 5.18 の一般化であることがわかる.ここでは証明を述べている余裕はないが,証明に使われる道具について少し説明しておこう.最も直接に関係するものは **Fourier multiplier**(Fourier 変換してからある関数を掛けてそれを Fourier 逆変換する作用素)の理論であろう.次にその一例を紹介する.

定理 5.22([25] **Chapter IV, Theorem 3**) $k \in \mathbb{N}$ は $k > N/2$ をみたし,$m(\xi)$ は $\mathbb{R}^N \setminus \{0\}$ において C^k 級で,ある定数 B に対して

$$|\partial^\alpha m(\xi)| \leq B\,|\xi|^{-|\alpha|} \quad (\forall \alpha : |\alpha| \leq k)$$

をみたすとする.このとき,任意の $1 < p < \infty$ に対して,定数 A_p で

$$\left\| \mathscr{F}^{-1}(m\hat{u}) \right\|_{L^p} \leq A_p \|u\|_{L^p} \quad (\forall u \in \mathscr{S}(\mathbb{R}^N))$$

をみたすものが存在する.ここで $\mathscr{F}^{-1}$ は緩増加超関数上の Fourier 変換の逆変換であり,$u \in \mathscr{S}(\mathbb{R}^N)$ なら $m\hat{u} \in L^1(\mathbb{R}^N)$ なので,作用としては p.114 の脚注で説明した Fourier 逆変換 $\overline{\mathscr{F}}$ と一致している.

5.3. Fourier 変換との関係

定理 5.22 は，L^1 関数の Fourier 変換と逆 Fourier 変換しか登場しない形に述べてある．しかし，$\mathscr{S}(\mathbb{R}^N)$ は $C_0^\infty(\mathbb{R}^N)$ を含み，$L^p(\mathbb{R}^N)$ ($1 < p < \infty$) で稠密だから，この定理の結論は，緩増加超関数空間上の Fourier 逆変換によって，対応 $L^p(\mathbb{R}^N) \ni u \mapsto \mathscr{F}^{-1}(m\hat{u}) \in L^p(\mathbb{R}^N)$ が定まり，それが $L^p(\mathbb{R}^N)$ から $L^p(\mathbb{R}^N)$ 自身への有界線型作用素となることを意味している．証明は [25], [26] を見ていただきたいが，Marcinkiewicz の補間定理（[46] も参照）や Calderón–Zygmund 分解といった**実解析**の手法が用いられる．

さて，定理 5.22 を用いて定理 5.21 のごく一部を見本に証明してみよう．空間次元 N が 1 のときに，$u \in W^{1,p}(\mathbb{R})$ ならば $\mathscr{F}^{-1}((1+\xi^2)^{1/2}\hat{u}) \in L^p(\mathbb{R})$ であることを示す．そのためには，$\mathscr{D}'(\Omega)$ の場合（定義 2.7）と同様にして $T \in \mathscr{S}'(\mathbb{R}^N)$ の微分が定義できて，Fourier 変換との間に $\mathscr{F}(\partial^\alpha T) = i^{|\alpha|}\xi^\alpha \mathscr{F}T$ が成り立つことを使う[5]．

さて $u \in W^{1,p}(\mathbb{R})$ とすると $\widehat{u'} = i\xi\hat{u}(\xi) \in \mathscr{F}(L^p(\mathbb{R}))$ であるが，

$$(1+\xi^2)^{1/2}\hat{u} = \frac{(1+\xi^2)^{1/2}}{1+|\xi|} \cdot (\hat{u} + (\operatorname{sgn}\xi)\xi\hat{u})$$

と書けることに注意する．ここで $m_1(\xi) := \operatorname{sgn}\xi$, $m_2(\xi) := (1+\xi^2)^{1/2}/(1+|\xi|)$ と置くと，m_1, m_2 は定理 5.22 の仮定をみたしていることが容易にわかるので，先ほど述べた注意により上式右辺が $\mathscr{F}(L^p(\mathbb{R}))$ に属することがわかる．

---

[5] ξ は Fourier 変換後の変数．つまり $\mathscr{F}T$ が作用する $u \in \mathscr{S}(\mathbb{R}^N)$ は $\xi \in \mathbb{R}^N$ の関数と考えている．$\mathbb{R}^N$ をその一般元を表す記号を付けて $\mathbb{R}^N_x$ や $\mathbb{R}^N_\xi$ と書くこともよく行われる．

第6章
拡張定理と一般領域での Sobolev の埋蔵定理

$\mathbb{R}^N$ の部分集合上の Sobolev 空間の元を全空間上の Sobolev 空間の元にうまく拡張することを考える．これができると，全空間の上での結果から部分集合上の結果を得られることになり便利なのである．うまい拡張の存在はある程度性質のよい部分集合でないと言えないが，なめらかな境界を持つ場合と，立方体のような角のある領域の場合では異なるアプローチが必要になる．

6.1 序

はじめに「拡張作用素」の定義を与えておこう．

定義 6.1 $\Omega \subset \Omega' \subset \mathbb{R}^N$, $m \in \mathbb{N}$, $1 \leq p \leq \infty$ とするとき，有界線型写像 $E\colon W^{m,p}(\Omega) \to W^{m,p}(\Omega')$ で，$Eu|_\Omega = u$ $(\forall u \in W^{m,p}(\Omega))$ をみたすものを $W^{m,p}(\Omega)$ から $W^{m,p}(\Omega')$ への**拡張作用素**という．実用上は $\Omega' = \mathbb{R}^N$ の場合を考えれば十分なので，普通は拡張作用素といえば $W^{m,p}(\mathbb{R}^N)$ への拡張作用素を意味する．

拡張作用素は Ω によっては存在しないこともあるが，存在する場合にはいろいろなことが言える．存在の証明に移る前にその応用の一部を説明しよう．

拡張定理の応用1 $\Omega \subset \mathbb{R}^N$ に対して拡張作用素 $E\colon W^{m,p}(\Omega) \to W^{m,p}(\mathbb{R}^N)$ が存在すれば，$W^{m,p}(\Omega)$ に対しても Sobolev の埋蔵定理（定理 5.12）が成り立つことが容易に導かれる．たとえば $m - N/p < 0$, $u \in W^{m,p}(\Omega)$ とすると，$Eu \in W^{m,p}(\mathbb{R}^N)$ かつ u に無関係なある定数 C に対して $\|Eu\|_{W^{m,p}(\mathbb{R}^N)} \leq C\|u\|_{W^{m,p}(\Omega)}$ が成り立つ．そして，定理 5.12 により，$1/p^* = 1/p - m/N$ とすれば，$Eu \in L^{p^*}(\mathbb{R}^N)$ かつある定数 C'（m, p, N のみで定まる）で $\|Eu\|_{L^{p^*}(\mathbb{R}^N)} \leq$

$C'\|Eu\|_{W^{m,p}(\mathbb{R}^N)}$ となる．よって

$$\|u\|_{L^{p^*}(\Omega)} \leq \|Eu\|_{L^{p^*}(\mathbb{R}^N)} \leq C'\|Eu\|_{W^{m,p}(\mathbb{R}^N)} \leq CC'\|u\|_{W^{m,p}(\Omega)}$$

となって，$W^{m,p}(\Omega) \hookrightarrow L^{p^*}(\Omega)$ が成り立つことが示される．

ここでは簡単のため，$W^{m,p}(\Omega)$ の拡張作用素を利用して $W^{m,p}(\Omega)$ の埋蔵定理が得られることを述べたが，実は後に定理 6.12 に示すように，$\boldsymbol{W^{1,p}(\Omega)}$ の拡張作用素の存在から $\boldsymbol{W^{m,p}(\Omega)}$ の埋蔵定理が導けるのである．

拡張定理の応用 2 $1 \leq p < \infty$ のとき，もしも $\Omega \subset \mathbb{R}^N$ に対して拡張作用素 $E\colon W^{m,p}(\Omega) \to W^{m,p}(\mathbb{R}^N)$ が存在すれば，$C_0^\infty(\mathbb{R}^N)|_\Omega$ が $W^{m,p}(\Omega)$ で稠密なことが言える．実際，$u \in W^{m,p}(\Omega)$ とすると，$Eu \in W^{m,p}(\mathbb{R}^N)$ に収束する $C_0^\infty(\mathbb{R}^N)$ の関数列 $\{u_n\}_n$ があるから（定理 3.15），$\{u_n|_\Omega\}_n$ を考えればよい．なおこの稠密性は線分条件をみたす領域の場合には，拡張定理を使わずにすでに定理 3.22 で証明されている（[33] も参照）．

本章では C^1 級あるいはそれ以上のなめらかな境界を持つ場合と，立方体などのように角がある領域の場合に分けて，拡張作用素の存在を議論する．後者についてはかなり役立つと思える定理を証明するが，最も一般な結果は紹介するだけになる．なお，上に述べた応用以外に，次章で扱う Rellich–Kondrashov の定理も拡張定理に依存しているので，**定理 7.4，定理 7.7 は $\boldsymbol{\Omega}$ の境界が $\boldsymbol{C^1}$ 級という仮定の代わりに，「$\boldsymbol{\Omega}$ が限定円錐条件**[1]**をみたす」としても結論が成り立つ**．従って，Ω が立方体のような有界で角（かど）のある，いわゆる Lipschitz 領域の場合にもこれらの定理は成り立つことになるのである．

Remark 6.2 以下にこの章で述べる拡張定理やその応用では，半空間を例外として，領域の境界が有界場合に限定して結果を述べてある．これは局所的に半空間へ変換する写像を使用する際などに，ノルムの同値性を示す定数が登場するためであり，境界が有界ならこれらが有限個となるので問題がないのである．しかし非有界でも半空間のようにうまく行く場合があり，[46] には境界が「一様に C^m 級」の開集合（同書定義 15-2）や限定円錐条件（同書定義 15-3，本書定義 6.14 に再録）という形でその十分条件が与えられている．

Remark 6.3 $\Omega \subset \mathbb{R}^N$ とすると，$W_0^{m,p}(\Omega)$ は $C_0^\infty(\Omega)$ の $W^{m,p}(\Omega)$ での閉包であり，$u \in C_0^\infty(\Omega)$ は Ω^c では 0 として $C_0^\infty(\mathbb{R}^N)$ の元 $\overline{u}$ に自然に延長できる（補題 3.16）．このとき u の $W_0^{m,p}(\Omega)$ でのノルムと $\overline{u}$ の $W^{m,p}(\mathbb{R}^N)$ でのノルムは一致するから，この

---

[1] 詳しくは定義 6.14 を参照のこと．

対応は定義 6.1 に言う拡張作用素と同様な性質を持っている．このことから $W_0^{m,p}(\Omega)$ に限定すれば Sobolev の埋蔵定理などが境界のなめらかさの仮定なしに成り立つことが導かれるのである（定理 6.20，定理 6.21）．

6.2　なめらかな境界を持つ場合の拡張作用素の存在

　なめらかな境界を持つ場合，特に有界な境界 $\partial\Omega$ を持つ開集合の場合が扱いやすいが，このときはなめらかな関数による 1 の分解を使って半空間の場合に帰着することができる．この方法は標準的であり，$W^{1,p}$ の場合がブレジス著『関数解析』[48] にも説明されているが，できるだけ詳しく述べることにしよう．

　はじめに C^k 級の境界という概念を導入する．

定義 6.4　$\Omega \subset \mathbb{R}^N$ を開集合，$\partial\Omega$ をその境界とする．$\mathbb{R}^N$ の開立方体 Q を $Q := \{y \in \mathbb{R}^N \mid |y|_\infty < 1\}$ で定義する．ここで $y = (y_1, \ldots, y_N) \in \mathbb{R}^N$ に対して $|y|_\infty := \max_i |y_i|$ とする．また，$Q_+ := \{y \mid y \in Q, y_N > 0\}$，$Q_- := \{y \mid y \in Q, y_N < 0\}$，$Q_0 := \{y \mid y \in Q, y_N = 0\}$ と置く．この記号の下で，任意の $x_0 \in \partial\Omega$ に対して，$\mathbb{R}^N$ での x_0 のある近傍 U の閉包から $\mathbb{R}^N$ の開立方体 Q の閉包の上への C^k 級同相写像 H （$H: \overline{U} \to \overline{Q}$, $H^{-1}: \overline{Q} \to \overline{U}$ がともに C^k 級となる写像[2]）で，$H(U \cap \Omega) = Q_+$, $H(U \cap \partial\Omega) = Q_0$ となるものが存在するとき，Ω は $\boldsymbol{C^k}$ **級の境界**を持つと言う（図 6.1 参照）．

Remark 6.5　(1) 定義 6.4 では「C^k 級の座標変換」を用いることにより，Ω は境界の各点で局所的には半空間になっている，という条件を考えている．これと異なり，変数変換はユークリッド変換（回転と平行移動）に限ってその代わりに境界が C^k 級関数のグラフになるという形で境界のなめらかさを表現することがある（定義 6.30 参照）．しかしこれらは実は同等な条件であることが証明できるのである（命題 6.31）．

(2) 問題によっては C^k 級というよりも少し強く，$C^{k,\sigma}$ 級 ($0 < \sigma \le 1$) という条件を用いることがある．Ω が $C^{k,\sigma}$ 級の境界を持つとは，上の定義で H をその逆とともに C^k 級としたところを，「$\boldsymbol{C^k}$ **級かつ** $\boldsymbol{k}$ **階偏導関数（成分で考える）がすべて** $\boldsymbol{\sigma}$ **次の Hölder 連続性を持つ**」として定義する．p.260 で述べる Schauder 理論ではこの仮定が必要になる．$C^{k,\sigma}$ 級関数については定義 6.11 で改めて説明する．

　C^k 級の境界を持つ場合の拡張定理の証明は「**1 の分解**」を利用して，半空間 $\mathbb{R}^N_+ := \{x \in \mathbb{R}^N \mid x_N > 0\}$ の場合に問題を帰着することによってなされる．そ

---
[2] より正確には，$Q' \supset \overline{Q}$ をみたす開集合 Q' と $U' \supset \overline{U}$ をみたす開集合 U' があって，H は U' から Q' の上への C^k 級同相写像で，$H(\overline{U}) = \overline{Q}$ となること．

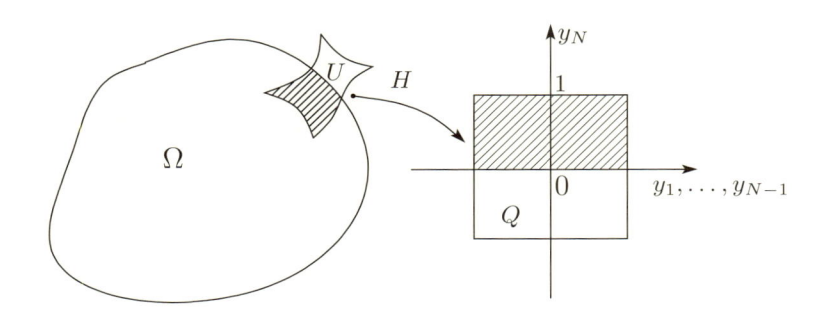

図 6.1　C^k 級の境界

こで，まず半空間の場合の拡張定理を述べるが，$\mathbb{R}^N_- := \{x \in \mathbb{R}^N \mid x_N < 0\}$ という記号も使うことにする.

定理 6.6（半空間での拡張定理）　$m \in \mathbb{N}, 1 \leq p \leq \infty$ とすると，$W^{m,p}(\mathbb{R}^N_+)$ から $W^{m,p}(\mathbb{R}^N)$ への拡張作用素 E が存在する．また，E としてさらに任意の $k = 0, 1, \ldots, m$ に対して

$$\|Eu\|_{W^{k,p}(\mathbb{R}^N)} \leq C\|u\|_{W^{k,p}(\mathbb{R}^N_+)} \quad (\forall u \in W^{m,p}(\mathbb{R}^N_+)) \tag{6.1}$$

という性質を持つものが存在する．ここで C は u に無関係な定数を表す.

証明．$p = \infty$ の場合は証明の最後に述べるので，それまでは $1 \leq p < \infty$ とする.

一般の場合は証明が長くなるので，はじめに $m = 1$ の場合に別に証明を述べる．一般の場合と重複しているので，そちらを目標とする人は $m = 1$ の部分は省略してもよいが，易しい場合でまず見当を付けることを勧める．

$m = 1$ の場合：このときは単純な「折り返し」によって拡張作用素を定義できる．すなわち，$\mathbb{R}^N \ni x = (x_1, \ldots, x_{N-1}, x_N) = (x', x_N)$ と書くとき，$u \in W^{1,p}(\mathbb{R}^N_+)$ に対してその折り返し $\tilde{u}$ を

$$\tilde{u}(x) := \begin{cases} u(x) & (x_N > 0), \\ u(x', -x_N) & (x_N < 0) \end{cases}$$

6.2. なめらかな境界を持つ場合の拡張作用素の存在

と定めるのである．このとき $\tilde{u} \in L^p(\mathbb{R}^N)$ は明らかである．次に $i = 1, \ldots, N-1$ の場合は，$\widetilde{\partial_i u}$（$= \partial_i u$ の折り返し，これも $L^p(\mathbb{R}^N)$ の元）が

$$\int_{\mathbb{R}^N} \tilde{u}\, \partial_i \varphi \, dx = -\int_{\mathbb{R}^N} \widetilde{\partial_i u}\, \varphi \, dx \quad (\forall \varphi \in C_0^\infty(\mathbb{R}^N)) \tag{6.2}$$

をみたすことを確かめよう．**最初は u がある $C_0^\infty(\mathbb{R}^N)$ の元の $\mathbb{R}_+^N$ への制限になっている場合を考える**．

このとき，任意の $\varphi \in C_0^\infty(\mathbb{R}^N)$ に対して，通常の微分積分学の部分積分を適用して

$$\int_{\mathbb{R}^N} \tilde{u}\, \partial_i \varphi \, dx = \int_{\mathbb{R}_+^N} u(x) \partial_i \varphi(x)\, dx + \int_{\mathbb{R}_+^N} u(x)(\partial_i \varphi)(x', -x_N)\, dx \tag{6.3}$$

$$= -\int_{\mathbb{R}_+^N} \partial_i u(x)\, \varphi(x)\, dx - \int_{\mathbb{R}_+^N} \partial_i u(x)\, \varphi(x', -x_N)\, dx \tag{6.4}$$

$$= -\int_{\mathbb{R}^N} \widetilde{\partial_i u}(x)\, \varphi(x)\, dx$$

が得られる．（部分積分による (6.4) への移行の際，境界上の積分は互いに打ち消し合う．）よって $1 \leq i \leq N-1$ の場合に (6.2) が確かに成り立つ．**一般の $u \in W^{1,p}(\mathbb{R}_+^N)$** については，定理 3.22 により $C_0^\infty(\mathbb{R}^N)|_{\mathbb{R}_+^N}$ が $W^{1,p}(\mathbb{R}_+^N)$ で稠密なことを利用すればよい．実際，$C_0^\infty(\mathbb{R}^N)$ の点列 $\{\varphi\}_n$ で，$\|\varphi|_{\mathbb{R}_+^N} - u\|_{W^{1,p}(\mathbb{R}_+^N)} \to 0$ ($n \to \infty$) をみたすものが存在するので，$u_n := \varphi_n|_{\mathbb{R}_+^N} \in W^{1,p}(\mathbb{R}_+^N)$ とする．このとき，各 u_n に対して成り立つ (6.2) において $n \to \infty$ としてみると，$\tilde{u}_n, \widetilde{\partial_i u_n}$ は $L^p(\mathbb{R}^N)$ においてそれぞれ $\tilde{u}, \widetilde{\partial_i u}$ に収束するから，u に対しての (6.2) が得られる．**以下この論法を何度か使用するが，以後は簡単に述べるだけとする**．

次に $i = N$ の場合にも，(6.2) に近い等式（符号が異なる）が成り立つことを示そう．そのために，u が $C_0^\infty(\mathbb{R}^N)$ の元の $\mathbb{R}_+^N$ への制限であるとき，(6.3) は成立するが，(6.4) へ移行する際に $(\partial_N \varphi_n)(x', -x_N) = -\partial_N\bigl(\varphi_n(x', -x_N)\bigr)$ であることに注意しよう．従って，一般に $v \in L^p(\mathbb{R}_+^N)$ に対して，その「符号付き折り返し」$v^\circ \in L^p(\mathbb{R}^N)$ を

$$v^\circ(x', x_N) := \begin{cases} v(x', x_N) & (x_N > 0), \\ -v(x', -x_N) & (x_N < 0) \end{cases}$$

で定義すれば，

$$\int_{\mathbb{R}^N} \tilde{u}\, \partial_N \varphi\, dx = -\int_{\mathbb{R}^N} (\partial_N u)^\circ(x)\, \varphi(x)\, dx \quad (\forall \varphi \in C_0^\infty(\mathbb{R}^N)) \tag{6.5}$$

が成り立つことがわかる．(6.5) の両辺が u の $W^{1,p}(\mathbb{R}_+^N)$ のノルムに関して連続なことに注意すれば，極限移行で任意の $u \in W^{1,p}(\mathbb{R}_+^N)$ についても (6.5) が成り立つことがわかる．$(\partial_N u)^\circ \in L^p(\mathbb{R}^N)$ だから $\tilde{u}$ の x_N 方向の弱導関数が $L^p(\mathbb{R}^N)$ に属することになり，$i = 1,\ldots, N-1$ に対する (6.2) と合わせて $\tilde{u} \in W^{1,p}(\mathbb{R}^N)$ が示された．対応 $u \mapsto \tilde{u}$ は明らかに線型である．また，$\|\tilde{u}\|_{L^p(\mathbb{R}^N)} \leq 2^{1/p} \|u\|_{L^p(\mathbb{R}_+^N)}$, $\|\tilde{u}\|_{W^{1,p}(\mathbb{R}^N)} \leq 2^{1/p} \|u\|_{W^{1,p}(\mathbb{R}_+^N)}$ が成り立つことは，$\tilde{u}$ の定義と $\partial_i \tilde{u} = \widetilde{\partial_i u}$ $(1 \leq i \leq N-1)$, $\partial_N \tilde{u} = (\partial_N u)^\circ$ から容易にわかる．以上により，$E \colon u \mapsto \tilde{u}$ が $W^{1,p}(\mathbb{R}_+^N)$ から $W^{1,p}(\mathbb{R}^N)$ への拡張作用素となることがわかる．

m が一般の場合：この場合の証明を述べる前に，$N=1, m=1$ の場合の折り返しによる拡張作用素を振り返ってみると，図 6.2 のようになり，拡張された関数は 0 で連続ではあるが，導関数は不連続となる．

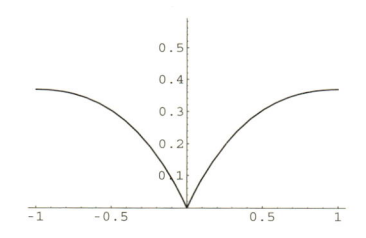

図 **6.2** 単純な折り返しによる拡張

ところが $W^{2,2}(\mathbb{R}) = H^2(\mathbb{R})$ は Sobolev の埋蔵定理により $C^1(\mathbb{R})$ に含まれるので，図のような $u \in W^{2,2}(\mathbb{R}_+)$ を折り返しただけでは $H^2(\mathbb{R})$ の元に拡張できないことに注意しよう．この問題点を解消する方法として，単純な折り返しだけでなく，いわゆる**伸張** (dilation) を行った上でいくつか重ね合わせるという方法をとる．たとえば $u \in C^1([0,\infty))$ の場合，$x < 0$ に対しては $\tilde{u}(x) := 3u(-x) - 2u(-2x)$, $x \geq 0$ に対しては $\tilde{u}(x) = u(x)$ とすれば $\tilde{u}$ は u の拡張で $\tilde{u} \in C^1(\mathbb{R})$ となることがわかる．この操作は非常に単純で u に関して線型である．図 6.3 は図 6.2 と同じ関数 $u(x) := xe^{-x}$ をこのようにして拡張したものであるが，図 6.2 の単純な折り返しと異なり，確かに 1 階微分まで原点で連続になっていることに注意してほしい．

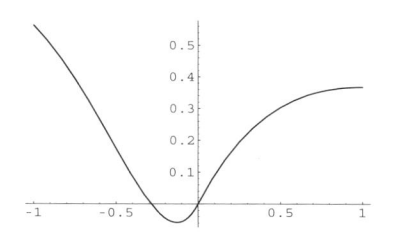

6.2. なめらかな境界を持つ場合の拡張作用素の存在

図 6.3 $W^{2,p}$ での「折り返し」

一般の場合にもこの考えを利用するが，天下りに結果を述べてしまおう．$m \in \mathbb{N}$ として，$a_1, a_2, \ldots, a_m$ を次の連立一次方程式の解とする：

$$\sum_{k=1}^{m}(-k)^i a_k = 1 \quad (i = 0, 1, \ldots, m-1). \tag{6.6}$$

この連立一次方程式の係数行列式は，いわゆる Vandermonde の行列式で，0 ではないから，確かに一意的な解がある．この a_k を用いて，$u \in W^{m,p}(\mathbb{R}^N_+)$ に対して

$$\tilde{u}(x', x_N) := \begin{cases} u(x', x_N) & (x_N > 0), \\ \sum_{k=1}^{m} a_k\, u(x', -kx_N) & (x_N < 0) \end{cases} \tag{6.7}$$

と置く．このとき (6.6) のおかげで $\tilde{u} \in W^{m,p}(\mathbb{R}^N)$ となり，$u \mapsto \tilde{u}$ が求める拡張作用素となるのである．このことを順次証明して行こう．

はじめに x_N 方向の微分について次を示す．

Claim: 各 $j = 1, \ldots, m$ に対し

$$u_j(x', x_N) := \begin{cases} (\partial_N^j u)(x', x_N) & (x_N > 0), \\ \sum_{k=1}^{m}(-k)^j a_k\, (\partial_N^j u)(x', -kx_N) & (x_N < 0) \end{cases} \tag{6.8}$$

とすると，明らかに $u_j \in L^p(\mathbb{R}^N)$ であるが，任意の $\varphi \in C_0^\infty(\mathbb{R}^N)$ に対して

$$\int_{\mathbb{R}^N} \tilde{u}(x) \partial_N^j \varphi(x)\, dx = (-1)^j \int_{\mathbb{R}^N} u_j(x)\varphi(x)\, dx \tag{6.9}$$

が成り立つ． (Claim 終わり)

例によって u が $C_0^\infty(\mathbb{R}^N)$ の元を $\mathbb{R}^N_+$ へ制限したものになっている場合をまず考える．この場合は

$$\int_{\mathbb{R}^N} \tilde{u}\, \partial_N^j \varphi\, dx = \int_{\mathbb{R}_+^N} u(x) \partial_N^j \varphi(x)\, dx$$
$$+ \sum_{k=1}^m a_k \int_{\mathbb{R}_-^N} u(x', -kx_N)(\partial_N^j \varphi)(x', x_N)\, dx$$

に微積分の部分積分を繰り返し適用すれば (6.9) が証明される．(φ に掛かった ∂_N を一つ $\tilde{u}$ に移すたびに，$u(x', -kx_N)$ の微分により $-k$ が掛かる．）注意すべきなのは部分積分の際に境界上の積分が出てくることであるが，それらは $l = 0, 1, \ldots, j-1$ に対する

$$\int_{\mathbb{R}^{N-1}} (-1)^l \left\{ -1 + \sum_{k=1}^m (-k)^l a_k \right\} \partial_N^l u(x', 0) \partial_N^{j-1-l} \varphi(x', 0)\, dx'$$

なので，a_k の決め方からすべて 0 になるのである．結局，

$$\int_{\mathbb{R}^N} \tilde{u}\, \partial_N^j \varphi\, dx = (-1)^j \int_{\mathbb{R}_+^N} (\partial_N^j u(x)) \varphi(x)\, dx$$
$$+ \sum_{k=1}^m a_k (-1)^j (-k)^j \int_{\mathbb{R}_-^N} (\partial_N^j u)(x', -kx_N) \varphi(x', x_N)\, dx$$
$$= (-1)^j \int_{\mathbb{R}^N} u_j(x) \varphi(x)\, dx$$

となって，u が $C_0^\infty(\mathbb{R}^N)$ の元の $\mathbb{R}_+^N$ への制限の場合に (6.9) が成り立つことが示された．$u \in W^{m,p}(\mathbb{R}_+^N)$ から $\tilde{u}, u_j$ への対応は明らかに $W^{m,p}(\mathbb{R}_+^N)$ から $L^p(\mathbb{R}^N)$ への写像として連続だから，一般の $u \in W^{m,p}(\mathbb{R}_+^N)$ の場合も極限移行によって (6.9) が成り立つことが示される．

以上で x_N 方向のみの偏微分に関する Claim が証明されたので，一般の偏微分について考えよう．$\alpha := (\alpha_1, \alpha_2, \ldots, \alpha_{N-1}, 0)$ を第 N 成分が 0 の多重指数，$j = 0, \ldots, m$ を $|\alpha| + j \leq m$ をみたすものとする．このとき $\partial^\alpha u \in W^{j,p}(\mathbb{R}_+^N)$ だから，この j に対して (6.8) で u の代わりに $\partial^\alpha u$ としたものが $L^p(\mathbb{R}^N)$ の元として定まる．そこでこれを $u_{\alpha, j}$ と書くことにする．また $\partial^\alpha u$ に対して (6.7) の「折り返し」をして得られる関数 ($\in L^p(\mathbb{R}^N)$) を $\widetilde{\partial^\alpha u}$ で表す ($\widetilde{\partial^\alpha u} = u_{\alpha, 0}$ である）．再び u が $C_0^\infty(\mathbb{R}^N)$ の元の $\mathbb{R}_+^N$ への制限になっているものとすると，いま証明した Claim により，任意の $\varphi \in C_0^\infty(\mathbb{R}^N)$ に対して

$$\int_{\mathbb{R}^N} (\widetilde{\partial^\alpha u}) \partial_N^j \varphi\, dx = (-1)^j \int_{\mathbb{R}^N} u_{\alpha, j} \varphi\, dx$$

6.2. なめらかな境界を持つ場合の拡張作用素の存在

が成り立つ．一方，任意の $\varphi \in C_0^\infty(\mathbb{R}^N)$ に対して

$$\int_{\mathbb{R}^N} \tilde{u}\, \partial^\alpha (\partial_N^j \varphi)\, dx = (-1)^{|\alpha|} \int_{\mathbb{R}^N} (\widetilde{\partial^\alpha u}) \partial_N^j \varphi\, dx$$

であることが部分積分によって証明できる．従って

$$\int_{\mathbb{R}^N} \tilde{u}\, (\partial^\alpha \partial_N^j \varphi)\, dx = (-1)^{|\alpha|+j} \int_{\mathbb{R}^N} u_{\alpha,j} \varphi\, dx$$

となるが，この等式は，$|\beta| \leq m$ をみたす任意の多重指数 β に対して，$\alpha = (\beta_1, \ldots, \beta_{N-1}, 0)$，$j = \beta_N$ として

$$\int_{\mathbb{R}^N} \tilde{u}\, (\partial^\beta \varphi)\, dx = (-1)^{|\beta|} \int_{\mathbb{R}^N} u_{\alpha,j} \varphi\, dx \tag{6.10}$$

が成り立つことを示している．$u_{\alpha,j}$ の定義から，ある定数 C_β で

$$\|u_{\alpha,j}\|_{L^p(\mathbb{R}^N)} \leq C_\beta \|\partial^\beta u\|_{L^p(\mathbb{R}_+^N)}$$

となるので，極限移行によって (6.10) が任意の $u \in W^{m,p}(\mathbb{R}_+^N)$ に対して成り立ち，$\tilde{u} \in W^{m,p}(\mathbb{R}^N)$ と埋め込みの連続性（$\|\tilde{u}\|_{W^{m,p}(\mathbb{R}^N)} \leq C \|u\|_{W^{m,p}(\mathbb{R}_+^N)}$ をみたす定数 C の存在）がわかる．以上により $E \colon u \mapsto \tilde{u}$ が $W^{m,p}(\mathbb{R}_+^N)$ から $W^{m,p}(\mathbb{R}^N)$ への拡張作用素となることがわかる．

また，$\|\partial^\beta E u\|_{L^p(\mathbb{R}^N)} = \|u_{\alpha,j}\|_{L^p(\mathbb{R}^N)} \leq C_\beta \|\partial^\beta u\|_{L^p(\mathbb{R}_+^N)}$ だから，E が定理の最後に述べた性質を持つこともわかる．

$p = \infty$ の場合：$u \in W^{m,\infty}(\mathbb{R}_+^N)$ とすると，(6.7), (6.8) で定めた $\tilde{u}, u_j$ は明らかに $L^\infty(\mathbb{R}^N)$ の元となるが，この場合も任意の $\varphi \in C_0^\infty(\mathbb{R}^N)$ に対して (6.10) が成り立つ．実際，φ を含む積分はすべてある有界集合上で考えればよく，その上では u, u_j は任意の $q \in [1, \infty)$ に対して q 乗可積分なので，すでに述べた $1 \leq p < \infty$ のときの証明が有効となる．詳しく言うと，$\operatorname{supp} \varphi$ のある近傍上で 1 となる $\chi \in C_0^\infty(\mathbb{R}^N)$ を取ると $\chi u \in W^{m,p}(\mathbb{R}_+^N)$ で，(6.10) において u の代わりに χu を代入したものが成り立つ．しかしこのとき $\operatorname{supp} \varphi$ 上では $\widetilde{\chi u} = \tilde{u}$，$(\chi u)_{\alpha,j} = u_{\alpha,j}$ なので，(6.10) そのものが成り立つ．よって $\tilde{u} \in W^{m,\infty}(\mathbb{R}^N)$ となり，ある定数 C_β で $\|u_{\alpha,j}\|_{L^\infty(\mathbb{R}^N)} \leq C_\beta \|\partial^\beta u\|_{L^\infty(\mathbb{R}_+^N)}$ も成り立つ．これを用いて $1 \leq p < \infty$ の場合の証明の最後の部分と同様にして，$u \in W^{m,\infty}(\mathbb{R}_+^N)$ ならば，$\tilde{u}$ は m 階以下の偏微分に対してすべて $L^\infty(\mathbb{R}^N)$ に属する弱導関数を持つことが示される．$u \mapsto \tilde{u}$ の連続性も弱導関数の具体形から明らか．∎

Remark 6.7 $k \leq m$ ならば $W^{m,p}(\mathbb{R}_+^N)$ は $W^{k,p}(\mathbb{R}_+^N)$ で稠密なので, (6.1) により, 定理 6.6 の拡張作用素 $E \colon W^{m,p}(\mathbb{R}_+^N) \to W^{m,p}(\mathbb{R}^N)$ の連続拡張は同時に $W^{k,p}(\mathbb{R}_+^N)$ に対する拡張作用素となっていることがわかる. また, その証明を見ると, E の作用は p には無関係である. この状況をよく考察すると, 実はすべての m,p に対して同時に $W^{m,p}(\mathbb{R}_+^N)$ の拡張作用素を与える写像 E を作ることができる. 実際, 数列 $\{a_k\}_k$ で,

$$\sum_{k=0}^{\infty} 2^{nk} a_k = (-1)^n, \quad \sum_{k=0}^{\infty} 2^{nk} |a_k| < \infty \quad (\forall n \in Z_+)$$

をみたすものの存在が言えるので, さらに $\rho \in C^{\infty}(\mathbb{R})$ で, $t \leq 1/2$ で $\rho(t) = 1$, $t \geq 1$ で $\rho(t) = 0$ となるものを用いて,

$$Eu(x', x_N) := \begin{cases} u(x) & (x_N > 0), \\ \sum_{k=0}^{\infty} a_k \rho(-2^k x_N) u(x', -2^k x_N) & (x_N < 0) \end{cases}$$

として $\mathbb{R}_+^N$ 上の関数 u を $\mathbb{R}^N$ まで拡張してやればよいのである. 詳しくは [2, Theorem 5.1] を参照していただきたい.

1 次元の場合の拡張定理 一般次元のなめらかな境界を持つ領域の話に進む前に 1 次元区間の場合について述べておこう. 1 次元区間の場合は状況が非常に単純なので, 半空間の場合の拡張定理から一般の区間における拡張作用素の存在が容易に導かれる.

命題 6.8 $a, b \in \mathbb{R}$ $(a < b)$ に対して $I = (a, b)$ としよう. このとき $m \in \mathbb{N}$, $1 \leq p \leq \infty$ に対して, $W^{m,p}(I)$ から $W^{m,p}(\mathbb{R})$ への拡張作用素が存在する.

証明. 平行移動を考えると $W^{m,p}((a, \infty))$ と $W^{m,p}((0, \infty))$ とは同じものなので, 半空間での拡張定理により $W^{m,p}((a, \infty))$ から $W^{m,p}(\mathbb{R})$ への拡張作用素が E_1 が存在することにまず注意しよう. 詳しく言うと, $\mathbb{R}$ の一次変換 $H \colon t \mapsto t + a$ を考えると, 定理 4.9 により $u \in W^{m,p}((a, \infty))$ から $u \circ H|_{(0,\infty)} \in W^{m,p}((0, \infty))$ への対応は同型写像であり, $W^{m,p}((0, \infty))$ から $W^{m,p}(\mathbb{R})$ への拡張作用素を E_0 として $\{E_0(u \circ H|_{(0,\infty)})\} \circ H^{-1}$ は求める拡張となる. 同様に, $(-\infty, b)$ を $(0, \infty)$ に写す一次変換を用いて $W^{m,p}((-\infty, b))$ から $W^{m,p}(\mathbb{R})$ への拡張作用素 E_2 が存在することが言える.

次に $\chi \in C^{\infty}(\mathbb{R})$ で, $0 \leq \chi \leq 1$ かつ $x \leq (2a+b)/3$ では $\chi(x) = 1$, $x \geq (a+2b)/3$ では $\chi(x) = 0$ をみたすものを取る. このとき $u \in W^{m,p}(I)$ に対して χu は, $[b, \infty)$ 上では 0 として, 自然に (a, ∞) 上の関数とみなせるが, そうすると $\chi u \in W^{m,p}((a, \infty))$ となることが容易にわかる. 実際, $k \leq m$

6.2. なめらかな境界を持つ場合の拡張作用素の存在

とすると，延長した χu の k 階弱導関数は，I 上で χu を「積の微分法則」（定理 4.1）を使って k 回微分したものを，$[b,\infty)$ では 0 として延長したものになり，これは $L^p((a,\infty))$ に属する．そして u に無関係なある定数 C があって，$\|E_1(\chi u)\|_{W^{m,p}(\mathbb{R})} \leq C\|u\|_{W^{m,p}((a,\infty))}$ が成り立つ．

同様に $(1-\chi)u$ は $W^{m,p}((-\infty,b))$ の要素と見なされ，ある定数 C に対して $\|E_2((1-\chi)u)\|_{W^{m,p}(\mathbb{R})} \leq C\|u\|_{W^{m,p}((-\infty,b))}$ が成り立つ．これらにより，$u \in W^{m,p}(I)$ に対して $Eu := E_1(\chi u) + E_2((1-\chi)u) \in W^{m,p}(\mathbb{R})$ と定義すれば，E が求める拡張作用素となっていることがわかる．■

命題 6.8 の証明で構成した拡張作用素がどのように作られているかを図で説明しよう．図 6.4 の左側のように区間上の $W^{1,p}$ 関数が与えられたとき，まず区間の片方の端点の近傍では 0 となるような二つの関数に分解する．

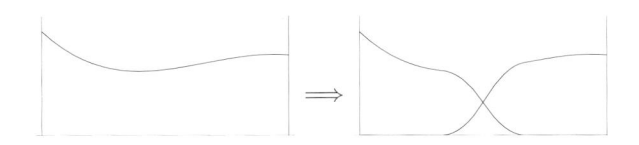

図 **6.4** 1 次元区間の拡張作用素 1

次に分解された関数の各々を図 6.5 のようにそれぞれの端点を境に折り返し，それを加え合わせて求める拡張を得るのである．注意すべきはこの操作を関数ごとに行き当たりばったりに行うのではなく，線型性が保たれるように一定の方式で構成することである．（特に分けるところが問題．）

図 **6.5** 1 次元区間の拡張作用素 2

一般次元のなめらかな境界を持つ領域の場合 半空間の場合の定理を用いて，なめらかな境界を持つ領域に対する拡張定理を証明しよう．

定理 6.9（C^m 級の有界な境界を持つ領域での拡張定理） $m \in \mathbb{N}$, $1 \leq p \leq \infty$ とすると，開集合 $\Omega \subset \mathbb{R}^N$ の境界が有界で C^m 級であれば，拡張作用素 $E\colon W^{m,p}(\Omega) \to W^{m,p}(\mathbb{R}^N)$ が存在する．また，E としてさらに任意の $k = 0, 1, \ldots, m$ に対して

$$\|Eu\|_{W^{k,p}(\mathbb{R}^N)} \leq C\|u\|_{W^{k,p}(\Omega)} \quad (\forall u \in W^{m,p}(\Omega)) \tag{6.11}$$

という性質を持つものが存在する．ここで C は u に無関係な定数を表す．

証明. Step 1: なめらかな 1 の分解の構成　仮定により各 $x \in \partial\Omega$ に対して，$\mathbb{R}^N$ での x のある近傍 U_x の閉包から $\mathbb{R}^N$ の開立方体 Q の閉包の上への C^m 級同相写像 H_x（$H_x\colon \overline{U} \to \overline{Q}$, $H_x^{-1}\colon \overline{Q} \to \overline{U}$ がともに C^m 級となる写像）で，$H_x(U_x \cap \Omega) = Q_+$, $H_x(U_x \cap \partial\Omega) = Q_0$ となるものが存在する．このとき $\bigcup_{x \in \partial\Omega} U_x \supset \partial\Omega$ で $\partial\Omega$ がコンパクトだから，有限個の $x_1, x_2, \ldots, x_n \in \partial\Omega$ で $\bigcup_{i=1}^n U_{x_i} \supset \partial\Omega$ をみたすものが存在する．以後，簡単のため U_{x_i} を U_i, また H_{x_i} を H_i で表すことにする．そうすると，$\bigcup_{i=1}^n U_i \supset \partial\Omega$ から $\partial\Omega$ の閉近傍（内部が $\partial\Omega$ を含むような閉集合）K で，$\bigcup_{i=1}^n U_i \supset K$ となるようなものがある．従って，命題 1.20 により，次の条件をみたす φ_i ($i = 1, \ldots, n$) が存在する：

$$\begin{aligned}&\varphi_i \in C_0^\infty(\mathbb{R}^N),\ 0 \leq \varphi_i \leq 1,\ \operatorname{supp}\varphi_i \subset U_i, \\ &\partial\Omega \text{ のある近傍上で } \textstyle\sum_{i=1}^n \varphi_i = 1.\end{aligned} \tag{6.12}$$

Step 2: 半空間での拡張への還元　はじめに定理 6.6 の証明で構成された拡張作用素 $E_0\colon W^{m,p}(\mathbb{R}^N_+) \to W^{m,p}(\mathbb{R}^N)$ を取っておく．$u \in W^{m,p}(\Omega)$ とすると，Step 1 で作った φ_i に対して $v_i := (\varphi_i u) \circ H_i^{-1}$ は $W^{m,p}(Q_+)$ の元となる．v_i は $\partial Q_+ \setminus Q_0$ の近傍では 0 なので，$\mathbb{R}^N_+ \setminus Q_+$ の外では 0 として延長すれば自然に $W^{m,p}(\mathbb{R}^N_+)$ の元となる（補題 3.16）．このようにして $v_i \in W^{m,p}(\mathbb{R}^N_+)$ と考えて $E_0 v_i \in W^{m,p}(\mathbb{R}^N)$ を作ると，E_0 の定義から $E_0 v_i$ の台[3]が Q に含まれることは容易にわかる．従って $u_i := (E_0 v_i) \circ H_i \in W^{m,p}(U_i)$（定理 4.9）は，$U_i$ の補集合上で 0 と延長して $W^{m,p}(\mathbb{R}^N)$ の元と見なせる（補題 3.16）．また，$(1 - \sum_{i=1}^n \varphi_i)u \in W^{m,p}(\Omega)$ の台は $\partial\Omega$ から離れている（(6.12) の最後の事実から）ので，$(1 - \sum_{i=1}^n \varphi_i)u$ は，Ω の外で 0 と延長して $W^{m,p}(\mathbb{R}^N)$ の元と見なせる（補題 3.16）．これらによって

$$Eu := \Big(1 - \sum_{i=1}^n \varphi_i\Big)u + \sum_{i=1}^n u_i \in W^{m,p}(\mathbb{R}^N)$$

---

[3] $E_0 v_i$ がその上で a.e. に 0 となるような最大の開集合の補集合.

6.2. なめらかな境界を持つ場合の拡張作用素の存在

が定理の条件をみたす拡張作用素となる．実際，Eu が u について線型であることは明らかで，また Ω 上では $u_i = \varphi_i u$ であることから Eu は u の拡張になっている．そして $u \mapsto Eu$ の連続性は，E_0 の連続性と定理 4.9 により明らか．

Step 3: 最後に Step 2 で定義した拡張作用素 E が $0 \leq k \leq m$ に対して (6.11) をみたすことを見よう．以下では C は出現場所によって異なっていてもよい定数を表す．さて，定理 6.6 により Step 2 の記号で言って $\|E_0 v_i\|_{W^{k,p}} \leq C\|v_i\|_{W^{k,p}}$ が成り立ち，さらに定理 4.9 により

$$\|(E_0 v_i) \circ H_i\|_{W^{k,p}} \leq C\|E_0 v_i\|_{W^{k,p}}, \quad \|v_i\| \leq C\|\varphi_i u\|_{W^{k,p}}$$

も成り立つ．よって $\|(E_0 v_i) \circ H_i\| \leq C\|\varphi_i u\|_{W^{k,p}}$ となり，拡張作用素 E の定義と $\|\varphi_i u\|_{W^{k,p}} \leq C\|u\|_{W^{k,p}}$（命題 3.13 参照）により，$\|Eu\|_{W^{k,p}} \leq C\|u\|_{W^{k,p}}$ が得られる．■

C^∞ 級関数の稠密性への応用　次の事実は p.120 にすでに説明した拡張定理の簡単な応用であるが，重要なので定理として述べておこう．Meyers–Serrin の定理と対比させて理解していただきたい．

定理 6.10　$1 \leq p < \infty$，$m \in \mathbb{N}$ とするとき，$\Omega \subset \mathbb{R}^N$ に対して拡張作用素 $E\colon W^{m,p}(\Omega) \to W^{m,p}(\mathbb{R}^N)$ が存在すれば $C_0^\infty(\mathbb{R}^N)|_\Omega$ は $W^{m,p}(\Omega)$ で稠密である．従って，特に Ω の境界が有界で C^m 級であれば $C_0^\infty(\mathbb{R}^N)|_\Omega$ は $W^{m,p}(\Omega)$ で稠密である．

証明．　拡張作用素 $E\colon W^{m,p}(\Omega) \to W^{m,p}(\mathbb{R}^N)$ が存在すれば，$u \in W^{m,p}(\Omega)$ とするとその拡張 $Eu \in W^{m,p}(\mathbb{R}^N)$ が存在する．定理 3.15 により Eu に収束する $C_0^\infty(\mathbb{R}^N)$ の関数列 $\{u_n\}_n$ があるが，$u_n|_\Omega \in W^{m,p}(\Omega)$ は明らかであり，$\|u - u_n|_\Omega\|_{W^{m,p}(\Omega)} \leq \|Eu - u_n\|_{W^{m,p}(\mathbb{R}^N)}$ なので $u_n|_\Omega$ は $W^{m,p}(\Omega)$ のノルムで u に収束する．Ω の境界が有界で C^m 級であれば，定理 6.9 により確かに拡張作用素 $E\colon W^{m,p}(\Omega) \to W^{m,p}(\mathbb{R}^N)$ が存在するので，上述のことから定理の結論が得られる．■

6.3 なめらかな境界を持つ場合の埋蔵定理

C^m 級の有界な境界を持つ開集合に対して拡張作用素の存在が言えたので，p.119 に述べたようにして Sobolev の埋蔵定理（定理 5.12）の拡張が得られる．典型的な場合で説明すると，次のように拡張定理と $\mathbb{R}^N$ での埋蔵定理および部分集合への制限を合成すればよいのである：

$$u \in W^{m,p}(\Omega) \mapsto Eu \in W^{m,p}(\mathbb{R}^N) \mapsto Eu \in L^q(\mathbb{R}^N) \mapsto Eu|_\Omega \in L^q(\Omega).$$

ただし当然 m, p, q は $\mathbb{R}^N$ 上での埋蔵定理が使える条件をみたしていなければならない．

この証明は簡単で見通しがよいが，$\mathbb{R}^N$ 上での埋蔵定理の証明にまで戻って考えると実は境界が C^m 級という仮定はもっと弱く C^1 級でよいことがわかるので，この改良した形の定理を証明することにしよう[4]．

その前に $\mathbb{R}^N$ 以外の空間上の Hölder 空間の定義が必要となる．

定義 6.11 $\Omega \subset \mathbb{R}^N$ を開集合とし，$k \in \mathbb{Z}_+, 0 < \sigma \leq 1$ とする．このとき記号 $C^k(\overline{\Omega})$ は，$C^k(\Omega)$ の元 u で $|\alpha| \leq k$ をみたす任意の多重指数 α に対して，$\partial^\alpha u$ が有界で $\overline{\Omega}$ まで連続に延長できるような関数全体の集合を表すものとする．$u \in C^k(\overline{\Omega})$ に対して $\|u\|_{C^k(\overline{\Omega})} := \sum_{|\alpha| \leq k} \sup_{x \in \Omega} |\partial^\alpha u(x)|$ として，$C^k(\overline{\Omega})$ は Banach 空間となることが容易にわかる．そして $u \in C^k(\overline{\Omega})$ のうち，$|\alpha| = k$ をみたす α に対して，$\partial^\alpha u$ がすべて Ω 上で一様に σ 次 Hölder 連続となるものの全体を，$C^{k,\sigma}(\overline{\Omega})$ で表す．$C^{k,\sigma}(\overline{\Omega})$ は

$$\|u\|_{k,\sigma} := \|u\|_{C^k(\overline{\Omega})} + \sum_{|\alpha|=k} \sup_{\substack{x,y \in \Omega \\ x \neq y}} \frac{|\partial^\alpha u(x) - \partial^\alpha u(y)|}{|x-y|^\sigma}$$

をノルムとして Banach 空間になる．また，$C^{k,0}(\overline{\Omega}) := C^k(\overline{\Omega})$ と定義する．（**注意**：$C^{k,\sigma}(\mathbb{R}^N)|_\Omega \subset C^{k,\sigma}(\overline{\Omega})$ であるが，一般には等号は成り立たない．しかし，たとえば Ω が C^{k+1} 級の境界を持つ場合などは一致する[5]．）

定理 6.12（C^1 **級の領域での埋蔵定理**） 開集合 $\Omega \subset \mathbb{R}^N$ の境界が有界で C^1 級であれば，定理 5.12 の埋め込みが $\mathbb{R}^N$ を Ω に置き換えてそのまま成り立つ．

---

[4] 実は p.147 に説明がある精密な拡張定理を用いれば，C^1 級の有界な境界を持つ場合にも C^m 級の場合の単純な論法が使える．

[5] $C^{k,\sigma}$ の定義を少し変更すれば一般に等号が成り立つようにもできる．[25, Chapter 6] を参照．

6.3. なめらかな境界を持つ場合の埋蔵定理

すなわち，$W^{m,p}(\Omega)$ ($m \in \mathbb{N}$, $1 \leq p < \infty$) に対して次の連続埋め込みが成立する．

(i) $\boldsymbol{m - N/p < 0}$ のとき：
 $p^* \in (p, \infty)$ を $1/p^* = 1/p - m/N$ で定めると，任意の $q \in [p, p^*]$ に対して $W^{m,p}(\Omega) \hookrightarrow L^q(\Omega)$．

(ii) $\boldsymbol{m - N/p = 0}$ のとき：
 任意の $q \in [p, \infty)$ に対して $W^{m,p}(\Omega) \hookrightarrow L^q(\Omega)$．

(iii) $\boldsymbol{m - N/p > 0}$ かつ $\boldsymbol{m - N/p}$ が整数ではないとき：
 このとき $k \in \mathbb{Z}_+$ と $\sigma \in (0,1)$ によって $m - N/p = k + \sigma$ と表されるが，$W^{m,p}(\Omega) \hookrightarrow C^{k,\sigma}(\overline{\Omega})$．

(iv) $\boldsymbol{m - N/p > 0}$ かつ $\boldsymbol{m - N/p}$ が整数のとき：
 このとき $k := m - N/p \in \mathbb{N}$ とすると，任意の $\sigma \in (0,1)$ に対して $W^{m,p}(\Omega) \hookrightarrow C^{k-1,\sigma}(\overline{\Omega})$．

証明． 証明の基本は，定理の直前にも述べたように拡張作用素の存在を使って全空間の場合に帰着することだが，はじめに次のことを確認しよう：任意の $k = 0, 1, 2, \ldots$ に対し，全空間 $\mathbb{R}^N$ での Sobolev 空間 $W^{k,p}$ や Hölder 空間 $C^{k,\sigma}$ の元を Ω に制限すれば Ω 上での $W^{k,p}$ や $C^{k,\sigma}$ の元が得られ，自然な連続写像 $W^{k,p}(\mathbb{R}^N) \to W^{k,p}(\Omega)$ や $C^{k,\sigma}(\mathbb{R}^N) \to C^{k,\sigma}(\overline{\Omega})$ が得られる．（これは定義から明らかである．これらの写像のノルムが 1 であることも容易にわかる．）

証明は m についての帰納法を用いるが，まず $m = 1$ の場合を一括して示しておこう．拡張定理（定理 6.9）により，埋め込み $E \colon W^{1,p}(\Omega) \hookrightarrow W^{1,p}(\mathbb{R}^N)$ が存在する．この埋め込みに，$m - N/p$ の値に応じて定理 5.12 による埋め込み $W^{1,p}(\mathbb{R}^N) \hookrightarrow L^q(\mathbb{R}^N)$ あるいは $W^{1,p}(\mathbb{R}^N) \hookrightarrow C^{k,\sigma}(\mathbb{R}^N)$ などと Ω への制限による写像を合成して，定理に述べた埋め込みが得られる．

なお (iii), (iv) において行き先が $\overline{\Omega}$ 上の Hölder 空間となっていることに注意していただきたいが，もともと $\mathbb{R}^N$ 上の Hölder 空間の元を制限して得られるものなので，これでよいのである．

次に $m \geq 2$ とし，$m - 1$ までは定理の主張が成り立っているものとして m の場合にも成り立つことを，$m - N/p$ が (i), (ii), (iii), (iv) の条件のどれをみたすかによって場合を分けて示そう．

<u>$m - N/p < 0$ の場合</u>：$u \in W^{m,p}(\Omega)$ とすると，$|\alpha| \leq m - 1$ をみたす任意の多重指数 α について $\partial^\alpha u \in W^{1,p}(\Omega)$ で，$1 - N/p < m - N/p < 0$ となる

ので, $m=1$ の場合の (i) から $1/\tilde{p} := 1/p - 1/N$ として $\partial^\alpha u \in L^{\tilde{p}}$ が成り立つ. これは $u \in W^{m-1,\tilde{p}}(\Omega)$ を示しているが, $(m-1) - N/\tilde{p} = m - N/p < 0$ かつ $1/\tilde{p} - (m-1)/N = 1/p - m/N = 1/p^*$ となるので, 帰納法の仮定から任意の $q \in [p, p^*]$ に対して $u \in L^q(\Omega)$ となる. 以上より, 連続埋め込み $W^{m,p}(\Omega) \hookrightarrow W^{m-1,\tilde{p}}(\Omega) \hookrightarrow L^q(\Omega)$ の合成として (i) の結論が得られることは明らかであろう.

<u>$m - N/p = 0$ の場合</u>: $u \in W^{m,p}(\Omega)$ で $m - N/p = 0$ とすると, $m - N/p < 0$ の場合と同様にして $1/\tilde{p} := 1/p - 1/N$ で定めた $\tilde{p}$ に対して $u \in W^{m-1,\tilde{p}}$ がわかる. $(m-1) - N/\tilde{p} = m - N/p = 0$ だから, $m-1$ の場合の (ii) によって任意の $q \in [\tilde{p}, \infty)$ に対して $u \in L^q(\Omega)$ が成り立つ. Hölder の不等式によって $L^p \cap L^{\tilde{p}} \subset L^q$ が任意の $q \in [p, \tilde{p}]$ に対して成り立つので (補題 5.6), 結局 m の場合に (ii) が成り立つことがわかる. (埋め込みの連続性は (i) の場合と同様に考えればよい.)

<u>$m - N/p > 0$ の場合</u>: $m - N/p > 0$, $u \in W^{m,p}(\mathbb{R}^N)$ とし, $m - N/p > 0$ の整数部分を k $(0 \le k \le m-1)$, 小数部分を $\sigma \in (0,1)$ とする. このとき $\tilde{p}$ を $m - k - N/p = 1 - N/\tilde{p}$, すなわち $1/\tilde{p} = 1/p - (m-k-1)/N$ とすると, $0 \le k \le m-2$ のときは $p < \tilde{p} < \infty$ で, $k = m-1$ のときは $\tilde{p} = p$ である. α を $|\alpha| \le k+1$ をみたす多重指数とすると, $\partial^\alpha u \in W^{m-|\alpha|,p}(\Omega) \hookrightarrow W^{m-k-1,p}(\Omega)$ が成り立つ. ところが $m - k - 1 - N/p = \sigma - 1 < 0$ だから, 帰納法の仮定により $W^{m-k-1,p}(\Omega) \hookrightarrow L^{\tilde{p}}(\Omega)$ が成り立つ. ((i) のケースで m が $m-k-1$ に代わった場合, あるいは $k = m-1$ で自明となる場合のどちらか.) これより $|\alpha| \le k$ のとき $\partial^\alpha u \in W^{1,\tilde{p}}(\Omega)$ がわかるが, $1 - N/\tilde{p} = \sigma > 0$ なので $m = 1$ の結果によって $\partial^\alpha u \in C^{0,\sigma}(\overline{\Omega})$ となる. 従って $u \in C^{k,\sigma}(\overline{\Omega})$ である. 埋め込み $W^{m,p}(\Omega) \subset C^{k,\sigma}(\overline{\Omega})$ の連続性もこれまでの証明から明らか.

(iv): $k := m - N/p$ が正の整数であるとする. このとき $u \in W^{m,p}(\Omega)$, $|\alpha| \le k$ ならば任意の $q \in [p, \infty)$ に対して $\partial^\alpha u \in L^q(\Omega)$ となることがわかる. 実際, $\partial^\alpha u \in W^{m-k,p}(\Omega)$ で $(m-k) - N/p = 0$ だから, 帰納法の仮定によって成り立っている. (m が $m-k$ で (ii) のケース.) 従って $W^{m,p}(\Omega) \hookrightarrow W^{k,q}(\Omega)$ がわかる. そこで $N < q < \infty$ をみたす q を任意に取ると, $k - N/q = (k-1) + (1 - N/q)$ だから $k-1$ が $k - N/q$ の整数部分, $0 < 1 - N/q < 1$ が小数部分となる. 故に帰納法の仮定 (m が $k(\le m-1)$ で (iii) のケース) から $W^{k,q}(\Omega) \hookrightarrow C^{k-1, 1-N/q}(\overline{\Omega})$ が得られるが, $1 - N/q$ は $(0,1)$ の任意の値を取ることができるので, この場合も連続埋め込みが証明された. ∎

6.4. 境界のなめらかさを仮定しない場合の拡張定理と埋蔵定理*

次の結果は実質的には前定理の証明中に得られており，定理 5.16 の一般化であるが，定理 5.12 の代わりに定理 6.12 を用いてまったく平行に議論すれば容易に示されるので，証明は省略する．

定理 6.13 開集合 $\Omega \subset \mathbb{R}^N$ の境界が有界で C^1 級とする．このとき m, j を自然数，$1 \leq p, q < \infty$ として，

$$m > j, \ p \leq q \quad \text{かつ} \quad m - \frac{N}{p} \geq j - \frac{N}{q}$$

とすると，$W^{m,p}(\Omega) \hookrightarrow W^{j,q}(\Omega)$ が成り立つ．

6.4 境界のなめらかさを仮定しない場合の拡張定理と埋蔵定理*

角（かど）のある領域の場合も，次に定義を述べる**限定円錐条件**などの幾何学的な条件を課せば拡張定理が得られる．

ここでは，まずこの「限定円錐条件」の定義とその条件の下での結果を簡単に述べるが，証明は方向を示すだけにとどめる．参考文献として [46] が詳しい．その後，まったく何の条件もつけない場合にどのような結果があるかを説明する．そして，限定円錐条件の場合は，詳細な証明のない「お話」になっているので，$C^{0,1}$ 級の有界な境界を持つ開集合の場合に初等的な拡張定理を完全な証明をつけて述べる．この結果は多角形の内部や多面体の内部の場合を含んでいるので，十分実用的であると思われる．

次に，Lipschitz 領域という定義を述べ，それについての結果を紹介する．そして最後に，いろいろな条件の間の関係を述べる．

6.4.1 限定円錐条件をみたす場合

限定円錐条件をみたす領域とは，図 6.6 に表されているように，境界付近で局所的に一定の円錐を平行移動したものを含んでいるものであるが，正確には次のように定める．

定義 6.14 （限定円錐条件，[46] 定義 15–3） Ω を $\mathbb{R}^N$ の開集合で，境界 $\partial \Omega$ は空でないとする．Ω について次の条件 (i), (ii) が成り立つとき，Ω は**限定円錐条件をみたす**という．

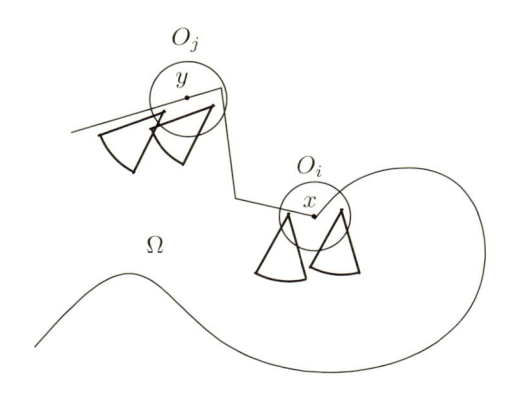

図 6.6 限定円錐条件

(i) $\partial\Omega$ が有界なとき：$\partial\Omega$ の有限開被覆 $\{O_i\}_i$ と原点を頂点とする円錐 $\{C_i\}_i$ の族があって，各 i, $x \in \Omega \cap O_i$ に対して $x + C_i \subset \Omega$ が成り立つ．

(ii) $\partial\Omega$ が有界でないとき：$\partial\Omega$ の開被覆 $\{O_i\}_{i\in\mathbb{N}}$ と原点を頂点とする円錐 $\{C_i\}_{i\in\mathbb{N}}$ および正の数 r で次の (a) から (d) までをみたすものが存在する：

(a) 任意の $x \in \partial\Omega$ に対して，ある i で $\overline{B(x,r)} \subset O_i$ が成り立つ．
(b) ある自然数 N があって，任意の $N+1$ 個の O_i の共通部分は空．
(c) 任意の i と $x \in \Omega \cap O_i$ に対して $x + C_i \subset \Omega$．
(d) C_i の開きを θ_i, 高さを h_i とすると，
$$\inf \theta_i > 0, \quad \inf h_i > 0, \quad \sup h_i < \infty, \quad \mathrm{diam}\, O_i \leq h_i$$
が成り立つ．ここで $\mathrm{diam}\, O_i := \sup\{|x-y| \mid x,y \in O_i\}$ であり，これは広い意味で O_i の「直径」と呼ばれる．

平面上の多角形で囲まれた部分や，N 次元空間の立方体などが限定円錐条件をみたすことは容易にわかるであろう．もっと一般に，定義 6.28 に述べる Lipschitz 領域も限定円錐条件をみたす．また，$\partial\Omega$ が有界で C^1 級ならば Ω は限定円錐条件をみたす．

限定円錐条件の下で，次の結果が成り立つ．

補題 6.15（**1 の分解，[46] p. 179**）Ω が定義 6.14 の条件 (ii) をみたしているとする．このとき，ある $x \in \partial\Omega$ に対して $B(x,r) \subset O_i$ となるような O_i だ

6.4. 境界のなめらかさを仮定しない場合の拡張定理と埋蔵定理*

けを考えることにより，$\{O_i\}_i$ は局所有限な被覆としてよい．さらに $0 < \delta < r$ を任意に取ると，各 i に対して $\zeta_i, \psi_i \in C_0^\infty(\mathbb{R}^N)$ で次の条件をみたすものが存在する：

(i) 任意の i に対して $0 \le \zeta_i \le 1$, $\operatorname{supp} \zeta_i \subset O_i' := \{x \in O_i \mid \operatorname{dist}(x, \partial O_i) > \delta\}$. さらに，$\mathbb{R}^N$ 上で $0 \le \sum_i \zeta_i(x) \le 1$ かつ $\sum_i \zeta_i(x)$ は $\partial \Omega$ からある正の距離以内では恒等的に 1. また，各 α に対して $\sum_i |\partial^\alpha \zeta_i(x)|$ は $\mathbb{R}^N$ 上で有界．

(ii) 任意の i に対して $0 \le \psi_i \le 1$, $\operatorname{supp} \psi_i \subset O_i$ かつ O_i' 上で $\psi_i(x) = 1$. また，各 α に対して $\sum_i |\partial^\alpha \psi_i(x)|$ は $\mathbb{R}^N$ 上で有界．

補題 5.13 に述べた Sobolev の表示公式を一般化したものも必要となる．

補題 6.16 (Sobolev の表示公式, [46] 予備定理 15–20) $C \subset \mathbb{R}^N$ を，原点が頂点で，高さ h，開き θ $(0 < \theta < \pi/2)$ の円錐とする．つまりある単位ベクトル x^0 によって

$$C = \{x \in \mathbb{R}^N \mid |x| < h, \ (x, x^0) > |x| \cos\theta \}$$

と書けるものとする．ただし (x, x_0) は $\mathbb{R}^N$ における内積を表す．そして Σ を単位球面，Λ を C の延長が Σ から切り取る部分とする．また，$\phi \in C^\infty(\Sigma)$ とし，その台は Λ に含まれ，

$$\int_\Sigma \phi(\sigma)\, d\sigma = \frac{(-1)^m}{(m-1)!} \tag{6.13}$$

をみたすものとする．($m \in \mathbb{N}$, $d\sigma$ は Σ の面積要素．) このとき，$u \in C^m(\overline{C})$ かつある $\delta > 0$ に対して $|x| \ge h - \delta$ で $u(x) \equiv 0$ とすると

$$u(0) = \sum_{|\alpha|=m} \int_C \frac{m!}{\alpha!} \phi\Big(\frac{y}{|y|}\Big) \frac{y^\alpha}{|y|^N} \partial^\alpha u(y)\, dy \tag{6.14}$$

が成り立つ．

一般化された Sobolev の表示公式の証明も，やはり積分形の剰余項を持つ Taylor の定理によりなされる．

次の定理が，限定円錐条件の下での拡張定理である．

定理 6.17（Calderón の拡張定理，[46] 定理 15–28） Ω を $\mathbb{R}^N$ の限定円錐条件をみたす開集合，$m \in \mathbb{N}$, $1 < p < \infty$ とする．このとき $W^{m,p}(\Omega)$ から $W^{m,p}(\mathbb{R}^N)$ への拡張作用素が存在する．

Calderón の拡張定理の証明は補題 6.15 の ζ_i, ψ_i を使ってなされるが，定義 6.14 の (i) がみたされる場合は容易に同様な性質を持つ ζ_i, ψ_i が構成できることを用いる．$Eu(x)$ は，$x \notin \Omega$ のとき次式の右辺に現れる $u(x)$ やその導関数は 0 と解釈して，

$$Eu(x) := \Big(1 - \sum_{i=1}^{\infty} \zeta_i(x)\Big) u(x)$$
$$+ \sum_{i=1}^{\infty} \psi_i(x) \sum_{|\alpha|=m} \int_{\mathbb{R}^N} \phi_{\alpha i}(x-y) \partial^\alpha (\zeta_i u)(y) \, dy \quad (6.15)$$

で与えられる．ここに $\phi_{\alpha i}$ は，C_i に対して (6.13) をみたす関数 ϕ_i によって，

$$\phi_{\alpha i}(-y) := \frac{m!}{\alpha!} \phi_i\Big(\frac{y}{|y|}\Big) \frac{y^\alpha}{|y|^n}$$

と定められたものである．詳しい証明は巻末文献 [46] を参照していただきたい．

このように限定円錐条件をみたす領域について拡張作用素の存在が言えるので，p.119 に述べたようにして Sobolev の埋蔵定理（定理 5.12）の拡張が得られる．

定理 6.18（限定円錐条件をみたす領域での埋蔵定理） $m \in \mathbb{N}, 1 < p < \infty$ とすると，限定円錐条件をみたす開集合 $\Omega \subset \mathbb{R}^N$ に対して，定理 5.12 の埋め込みが $\mathbb{R}^N$ を Ω に置き換えてそのまま成り立つ．

Remark 6.19 定理 6.18 における p の範囲は $1 < p < \infty$ であり，$p = 1$ と $p = \infty$ の場合は除外されている．これは Calderón の拡張定理（定理 6.17）において拡張作用素の有界性を示す際に用いられる，特異積分作用素に関する Calderón–Zygmund の結果（[46, 第 14 章]，[25, Chapter II]）の制約を引き継いでいるのである．

しかし領域をもう少し制限して，定義 6.28 に述べる Lipschitz 領域に限れば，$1 \leq p \leq \infty$ に対して定理 6.18 の結論が成り立つことがわかっている（p.147 参照）．

6.4.2 境界に何も条件をつけない場合

これまでなめらかな境界を持つ有界領域と限定円錐条件をみたす領域において Sobolev の埋蔵定理が成り立つことを見てきたが，$\Omega \subset \mathbb{R}^N$ に対して何の

6.4. 境界のなめらかさを仮定しない場合の拡張定理と埋蔵定理 *

条件も仮定しない場合は一般に $W^{m,p}(\Omega)$ に対する埋蔵定理は成り立たない．実際，$\Omega \subset \mathbb{R}^N$ が非有界で Lebesgue 測度が有限とすると，どんな $q > p$ に対しても $W^{m,p}(\Omega) \subset L^q(\Omega)$ が成り立たないことが知られている．([2, Theorem 4.46])．

このように，まったく一般の領域に対してはなめらかな場合と同じ埋蔵定理は成り立たないのであるが，$W^{m,p}(\Omega)$ を $W_0^{m,p}(\Omega)$ に代えた部分的な結果は次のようにいつでも成立する．($W^{m,p}(\Omega)$ についてもかなり限定的な結果は成立する．定理 7.9 参照．)

定理 6.20（一般領域での限定された埋蔵定理）$\Omega \subset \mathbb{R}^N$ を任意の開集合とすると，$W_0^{m,p}(\Omega)$ ($m \in \mathbb{N}$, $1 \leq p < \infty$) に対して次の連続埋め込みが成立する．

(i) $m - N/p < 0$ のとき：
  $p^* \in (p, \infty)$ を $1/p^* = 1/p - m/N$ で定めると，任意の $q \in [p, p^*]$ に対して $W_0^{m,p}(\Omega) \hookrightarrow L^q(\Omega)$．

(ii) $m - N/p = 0$ のとき：
  任意の $q \in [p, \infty)$ に対して $W_0^{m,p}(\Omega) \hookrightarrow L^q(\Omega)$．

(iii) $m - N/p > 0$ かつ $m - N/p$ が整数ではないとき：
  このとき $k \in \mathbb{Z}_+$ と $\sigma \in (0,1)$ によって $m - N/p = k + \sigma$ と表されるが，$W_0^{m,p}(\Omega) \hookrightarrow C^{k,\sigma}(\overline{\Omega})$．

(iv) $m - N/p > 0$ かつ $m - N/p$ が整数のとき：
  このとき $k := m - N/p \in \mathbb{N}$ とすると，任意の $\sigma \in (0,1)$ に対して $W_0^{m,p}(\Omega) \hookrightarrow C^{k-1,\sigma}(\overline{\Omega})$．

証明． $u \in W_0^{m,p}(\Omega)$ を Ω^c 上では 0 として延長することにより，等長埋め込み $W_0^{m,p}(\Omega) \hookrightarrow W^{m,p}(\mathbb{R}^N)$ が得られる．（稠密な $u \in C_0^\infty(\Omega)$ についてまず考えれば明らか．）よって，$\mathbb{R}^N$ における定理 5.12 と定義域の制限による $\mathbb{R}^N$ 上の関数空間から Ω 上への関数空間への写像を組み合わせて定理が証明される．具体的には (i) の場合，$\rho: L^{p^*}(\mathbb{R}^N) \to L^{p^*}(\Omega)$ を，定義域の Ω への制限によって得られる自然な連続写像とすると，$W_0^{m,p}(\Omega) \hookrightarrow W^{m,p}(\mathbb{R}^N) \hookrightarrow L^{p^*}(\mathbb{R}^N) \xrightarrow{\rho} L^{p^*}(\Omega)$ の合成は連続となるが，それは実は $u \in W_0^{m,p}(\Omega)$ を u 自身に対応させるものなので (i) が証明される．他の場合も同様である．∎

次の結果も同様に導かれるので証明は省略する．なお，Ω が有界かつ $1 \leq q \leq$

p の場合にも, $j<m$ に対して $W^{m,p}(\Omega) \hookrightarrow W^{j,q}(\Omega)$ であることが容易にわかることも注意しておきたい (定理 7.9 参照).

定理 6.21 $\Omega \subset \mathbb{R}^N$, m, j を自然数, $1 \leq p, q < \infty$ として,
$$m > j, \ p \leq q \quad \text{かつ} \quad m - \frac{N}{p} \geq j - \frac{N}{q}$$
とすると, $W_0^{m,p}(\Omega) \hookrightarrow W_0^{j,q}(\Omega)$ が成り立つ.

6.4.3 $C^{0,1}$ 級の境界を持つ場合

定理 4.9 では, 基本的には微分積分学的な方法を用いて, C^1 級以上のなめらかな写像による変換で Sobolev 空間の間の同型対応が得られることを示した. そして, それによって C^1 級以上のなめらかさの境界を持つ開集合に対しての拡張定理や埋蔵定理を得た. しかし, 立方体のようになめらかでない境界を持つ場合も応用上は大切なので, そのような場合を含む初等的な拡張定理を証明しておこう. (初等的というのは Calderón の拡張定理 (定理 6.17) とは異なり $W^{1,p}$ のみを対象としているからである.) そのために, Remark 6.5 に簡略に述べた定義に含まれる, $C^{0,1}$ 級な境界を持つ集合の定義を改めて述べよう.

定義 6.22 $\Omega \subset \mathbb{R}^N$ が $C^{0,1}$ 級の境界を持つとは, 任意の $x_0 \in \partial\Omega$ に対して, $\mathbb{R}^N$ での x_0 のある近傍 U の閉包から $\mathbb{R}^N$ の開立方体 Q の閉包の上への $C^{0,1}$ 級 (一様に Lipschitz 連続) 同相写像 H で, $H(U \cap \Omega) = Q_+$, $H(U \cap \partial\Omega) = Q_0$ となるものが存在するとき, Ω は $C^{0,1}$ 級の境界を持つと言う. (Q, Q_+, Q_0 は定義 6.4 中と同じ意味とする.)

我々の目的のためには定理 4.9 を $C^{0,1}$ 級写像の場合に拡張しておかねばならないが, 単純な微分積分学的方法だけでは不足であるので一つ準備をしておく. ただし測度論に関する知識を多少仮定する.

補題 6.23 $U, V \subset \mathbb{R}^N$ は開集合, $H: U \to V$ は $C^{0,1}$ 級同相写像 (H, H^{-1} がともに $C^{0,1}$ 級) とする. このとき, 任意の $1 \leq p \leq \infty$ に対して, $v \in L^p(V)$ に $u := v \circ H$ を対応させる写像は, $L^p(V)$ から $L^p(U)$ の上への同型 (線型同相) 写像となる.

6.4. 境界のなめらかさを仮定しない場合の拡張定理と埋蔵定理 *

証明. Step 1: はじめに写像 H による測度の変換について述べる．H が同相写像なので Borel 集合 $A \subset U$ に対して $H(A)$ も Borel 集合となり，その Lebesgue 測度 $|H(A)|$ が定まる．そこで $\nu(A) := |H(A)|$ と置くと，ν はある定数 $C > 0$ に対して $|A|/C \leq \nu(A) \leq C|A|$ をみたす．実際，ある定数 L で $|H(x) - H(y)| \leq L|x-y|$ ($\forall x, y \in U$) となるので，N 次元立方体 $Q \subset U$ に対して $|H(Q)| \leq C_1 L^N |Q|$ となる．ここで C_1 は次元 N にのみ依存する定数であり，この不等式は，Q の辺長を r とすると，$H(Q)$ が半径 $\sqrt{N} Lr/2$ の球に含まれることから得られる．H^{-1} に関して同様に考えると逆向きの不等式も得られる．また，$|A|$ は $A \subset \bigcup_{i=1}^{\infty} Q_i$ をみたす立方体 Q_i に対する $\sum_{i=1}^{\infty} |Q_i|$ の下限であり，$|H(A)| \leq \sum_{i=1}^{\infty} |H(Q_i)| \leq C_1 L^N \sum_{i=1}^{\infty} |Q_i|$ なので $C := C_1 L^N$ とすれば $|H(A)| \leq C|A|$ となる．（$Q_i \subset U$ に取れるかが問題であるが，U が開集合のときは大丈夫である．）H^{-1} を考えれば逆向きの不等式も得られる．

$|A|/C \leq \nu(A) \leq C|A|$ から ν は Borel 集合族上の測度として Lebesgue 測度に関して絶対連続となり，Radon–Nikodym の定理（[44] 第 5 章定理 4，[55] 定理 6.41）によって，ある Borel 可測関数 f があって

$$\nu(A) = \int_A f(x)\, dx \quad (A \subset U \text{ は任意の Borel 集合})$$

が成り立つ．さらにこの f について $1/C \leq f(x) \leq C$ (a.e. $x \in U$) が成り立つ．(Lebesgue 積分の微分定理による．「あとがきに代えて」の定理 A.13 参照.)

Step 2: 次に L^p 空間の対応を説明する．はじめに $1 \leq p < \infty$ とする．このとき，V 上の Borel 可測単純関数 $v := \sum_{i=1}^{n} c_i \chi_{B_i}$ ($i \neq j \Rightarrow B_i \cap B_j = \emptyset$) を取ると，$A_i := H^{-1}(B_i)$ として

$$\begin{aligned}\|v\|_{L^p}^p &= \sum_{i=1}^{n} |c_i|^p |B_i| = \sum_{i=1}^{n} |c_i|^p |H(A_i)| = \sum_{i=1}^{n} |c_i|^p \int_{A_i} f(x)\, dx \\ &= \int_U \sum_{i=1}^{n} |c_i|^p \chi_{A_i}(x) f(x)\, dx \\ &= \int_U \Big| \sum_{i=1}^{n} c_i \chi_{A_i}(x) \Big|^p f(x)\, dx = \int_U |v \circ H(x)|^p f(x)\, dx\end{aligned}$$

が成り立つ．$1/C \leq f \leq C$ だったので $\|v\|_{L^p}^p / C \leq \|v \circ H\|_{L^p}^p \leq C\|v\|_{L^p}^p$ が得られる．$L^p(V)$ の中で Borel 可測単純関数は稠密なので，これは $v \mapsto v \circ H$ により $L^p(V)$ が $L^p(U)$ の中へ線型同相に写されることを示すが，H^{-1} について同

様に考えると，この写像は $L^p(U)$ の上への写像であることがわかり，この場合に定理の主張が成り立つ．

$p = \infty$ のときは Borel 集合 $A \subset U$ について $|A| = 0$ と $|H(A)| = 0$ が同値なので $\|v\|_{L^\infty} = \|v \circ H\|_{L^\infty}$ が得られて，この場合も定理の主張は成り立つ． ■

Remark 6.24 補題 6.23 の証明に登場している $f(x)$ は，なめらかな変換の場合と同様に，実は a.e. に存在している H のヤコビアンの絶対値と同値である．[32, §2.2] 参照．

定理 6.25 $1 \le p \le \infty$, $U, V \subset \mathbb{R}^N$ は開集合，$H: U \to V$ は $C^{0,1}$ 級同相写像（H, H^{-1} がともに $C^{0,1}$ 級）とする．このとき $v \in W^{1,p}(V)$ に対して $v \circ H \in W^{1,p}(U)$ となり，対応 $v \mapsto v \circ H$ は Banach 空間 $W^{1,p}(V)$ と $W^{1,p}(U)$ の間の同型写像となる．

また，$1 \le p < \infty$ に対しては，この対応の制限が $W_0^{1,p}(V)$ と $W_0^{1,p}(U)$ の間の同型写像となる．

証明．Step 1: はじめに座標変換の微分可能性を調べておく．$x = (x_1, x_2, \ldots, x_N) \in U$ に対して $y = H(x)$ も成分で $y = (y_1, y_2, \ldots, y_N)$ で表す．このとき仮定から各 y_j は U 上で一様に Lipschitz 連続である．よって，補題 3.7 によりある測度 0 の集合 $\mathcal{N} \subset U$ があって，$x \notin \mathcal{N}$ ならば任意の i, j に対して $(\partial y_j/\partial x_i)(x)$ が普通の微積分の意味で存在する．（補題 3.7 の証明は全空間でない立方体でも通用するので，局所的に適用すればよい．）また，H の一様 Lipschitz 連続性から $(\partial y_j/\partial x_i)(x)$ が有界であることもわかる．

Step 2: $1 \le p < \infty$ の場合に定理を証明しよう．まず，$v \in C^1(V) \cap W^{1,p}(V)$ に対して弱導関数の意味で

$$\frac{\partial}{\partial x_i}(v \circ H(x)) = \sum_{j=1}^{N} \frac{\partial v}{\partial y_j} \circ H(x) \frac{\partial y_j}{\partial x_i}(x) \tag{6.16}$$

が成り立つことを示す．（右辺の $\partial y_j/\partial x_i$ は Step 1 により a.e. に存在して有界であることに注意．）$\varphi \in C_0^\infty(U)$ を任意に取り，$K := \mathrm{supp}\,\varphi$ とする．このとき $H(K) \subset V$ はコンパクトなので，$\delta_0 := \mathrm{dist}(H(K), V^c) > 0$ である．また e_i を x_i 方向の単位ベクトル，H の Lipschitz 定数を L，すなわち $|H(x) - H(z)| \le L|x - z|$ ($\forall x, z \in U$) とする．このとき $h \in \mathbb{R}$ を $|h| \le \mathrm{dist}(K, U^c)/2$ かつ $|h| \le \delta_0/(2L)$ とすれば，任意の $x \in K$ に対して x と $x + h$ を結ぶ線分

6.4. 境界のなめらかさを仮定しない場合の拡張定理と埋蔵定理*

が U に含まれ，かつ $H(x)$ と $H(x+he_i)$ を結ぶ線分は V に含まれる．よって，このような h と $x \in K$ を固定すると，$t \in [0,1]$ の実数値関数 $F(t) := v\bigl(H(x)+t(H(x+he_i)-H(x))\bigr)$ が定義され，C^1 級となる．$F(1) = v \circ H(x+he_i)$, $F(0) = v \circ H(x)$ に注意して平均値の定理を使うと，$H(x)$ と $H(x+he_i)$ を結ぶ線分上のある点 ξ によって

$$v \circ H(x+he_i) - v \circ H(x) = \nabla v(\xi) \cdot (H(x+he_i) - H(x))$$

が成り立つ．ここで右辺は N 次元ベクトルの内積を表し，ξ はもちろん x, h によって変動する．そして重要なことは，x, h が $x \in K$ と $|h| \leq \min\{\delta_0/(2L),\ \mathrm{dist}(K, U^c)/2\}$ の範囲で動いても ξ は $H(K)$ との距離が $\delta_0/2$ 以下なので，この範囲では x, h に無関係なあるコンパクト集合 $K' \subset V$ に含まれるということである．K' 上では $|\nabla v|$ は有界なので，ある定数 $C > 0$ があって，任意の $x \in K$ と $|h| \leq \mathrm{dist}(K, U^c)/2$ かつ $|h| \leq \delta_0/(2L)$ をみたす h に対して

$$\left| \frac{v \circ H(x+he_i) - v \circ H(x)}{h} \right| \leq |\nabla v(\xi)| \cdot \left| \frac{H(x+he_i) - H(x)}{h} \right| \leq CL$$

が成り立つ．そして測度 0 の集合を除いて $x \in K$ で

$$\lim_{h \to 0} \frac{v \circ H(x+he_i) - v \circ H(x)}{h} = \sum_{j=1}^{N} \frac{\partial v}{\partial y_j} \circ H(x) \frac{\partial y_j}{\partial x_i}(x)$$

が成り立つ．($h \to 0$ で $\xi \to H(x)$ であることと ∇v の連続性に注意．) よって

$$\int_U \frac{v \circ H(x+he_i) - v \circ H(x)}{h} \varphi(x)\, dx$$
$$= \int_K \frac{v \circ H(x+he_i) - v \circ H(x)}{h} \varphi(x)\, dx$$

に Lebesgue の収束定理が使えて

$$\lim_{h \to 0} \int_U \frac{v \circ H(x+he_i) - v \circ H(x)}{h} \varphi(x)\, dx = \int_U \sum_{j=1}^{N} \frac{\partial v}{\partial y_j} \circ H \frac{\partial y_j}{\partial x_i} \varphi\, dx \quad (6.17)$$

が得られる．一方

$$\int_U \frac{v \circ H(x+he_i) - v \circ H(x)}{h} \varphi(x)\, dx = \int_U v \circ H(x) \frac{\varphi(x-he_i) - \varphi(x)}{h}\, dx$$

と変形すれば

$$\lim_{h\to 0}\int_U \frac{v\circ H(x+he_i)-v\circ H(x)}{h}\varphi(x)\,dx = -\int_U v\circ H(x)\frac{\partial\varphi}{\partial x_i}(x)\,dx \quad (6.18)$$

がわかる．(6.17) と (6.18) から

$$-\int_U v\circ H(x)\frac{\partial\varphi}{\partial x_i}(x)\,dx = \int_U \sum_{j=1}^N \frac{\partial v}{\partial y_j}\circ H(x)\frac{\partial y_j}{\partial x_i}(x)\varphi(x)\,dx$$

となり，$\varphi\in C_0^\infty(U)$ は任意だったので (6.16) が証明された．そして仮定により $\partial v/\partial y_j \in L^p(V)$ なので，補題 6.23 により $(\partial v/\partial y_j)\circ H \in L^p(U)$ となり，$\partial y_j/\partial x_i$ の有界性から (6.16) の右辺は $L^p(U)$ に属する．

以上により $v\in C^1(V)\cap W^{1,p}(V)$ に対して $v\circ H\in W^{1,p}(U)$ が示された．また，補題 6.23 と (6.16) により，v に $v\circ H\in W^{1,p}(U)$ を対応させる写像が $W^{1,p}(V)$ のノルムで連続なことがわかる．Meyers–Serrin の定理により $C^1(V)\cap W^{1,p}(V)$ が $W^{1,p}(V)$ で稠密なので，これから任意の $v\in W^{1,p}(V)$ に対して $v\circ H\in W^{1,p}(U)$ であることと $v\mapsto v\circ H$ の連続性が得られる．

H^{-1} についても同様なので，$v\mapsto v\circ H$ が $W^{1,p}(V)$ から $W^{1,p}(U)$ の上への同型写像であることもわかる．

また，$v\in W_0^{1,p}(V)$ に対して $v\circ H\in W_0^{1,p}(U)$ となることを示すには次のように考えればよい．$v\in C_0^\infty(V)$ とすると $v\circ H\in W^{1,p}(U)$ はすでに示されており，さらに $v\circ H$ の台が U に含まれるコンパクト集合であることもわかる（H^{-1} の連続性による）．$v\circ H$ を U の外側では 0 と延長すれば $W^{1,p}(\mathbb{R}^N)$ の元と考えられ（補題 3.16），$\{\rho_\varepsilon\}_{\varepsilon>0}$ を mollifier として $\rho_\varepsilon * (v\circ H) \to v\circ H$ が $W^{1,p}(\mathbb{R}^N)$ で成り立つ．ところが $\varepsilon>0$ が十分小さいと $\operatorname{supp}\rho_\varepsilon * (v\circ H) \subset U$ となるから（命題 1.14），$W^{1,p}(U)$ で $\rho_\varepsilon * (v\circ H)|_U \to v\circ H$ が成り立ち，$v\circ H\in W_0^{1,p}(U)$ がわかる．これより，$v\mapsto v\circ H$ の $W^{1,p}$ ノルムでの連続性と $C_0^\infty(V)$ の $W_0^{1,p}(V)$ における稠密性を用いて，任意の $v\in W_0^{1,p}(V)$ に対して $v\circ H\in W_0^{1,p}(U)$ がわかる．H^{-1} についても同様なので，$v\mapsto v\circ H$ が $W_0^{1,p}(V)$ から $W_0^{1,p}(U)$ の上への同型写像となることがわかる．

Step 3: 最後に $p=\infty$ の場合を考えよう．$v\in W^{1,\infty}(V)$ とすると，まず $v\circ H\in L^\infty(U)$ と $\|v\|_{L^\infty}=\|v\circ H\|_{L^\infty}$ がわかる．また，任意の $1\leq q<\infty$ に対して L^∞ の元は任意のコンパクト集合上で q 乗可積分だから，任意の $\omega\Subset U$ に対して $v\in W^{1,q}(H(\omega))$ が成り立つ．よって Step 2 により ω 上では (6.16) が成り立ち，ω の任意性と (6.16) の右辺が U 上で有界可測であることにより

6.4. 境界のなめらかさを仮定しない場合の拡張定理と埋蔵定理*

$v \circ H \in W^{1,\infty}(U)$ がわかる．$v \mapsto v \circ H$ の連続性はもう明らかで，$W^{1,\infty}(U)$ の上への同型写像であることも $u \in W^{1,\infty}(U) \mapsto u \circ H^{-1} \in W^{1,\infty}(V)$ を考えれば容易にわかる．∎

定理 6.26（$C^{0,1}$ 領域に対する拡張定理） $1 \leq p \leq \infty$，開集合 $\Omega \subset \mathbb{R}^N$ は境界 $\partial\Omega$ が有界で $C^{0,1}$ 級であるとする．このとき，$W^{1,p}(\Omega)$ から $W^{1,p}(\mathbb{R}^N)$ への拡張作用素が存在する．

証明．定理 6.9 の証明と同様であるが一応省略せずに述べる．

仮定により各 $x \in \partial\Omega$ に対して，$\mathbb{R}^N$ での x のある近傍 U_x の閉包から $\mathbb{R}^N$ の開立方体 Q の閉包の上への $C^{0,1}$ 級同相写像 H_x （$H_x\colon \overline{U} \to \overline{Q}, H_x^{-1}\colon \overline{Q} \to \overline{U}$ がともに $C^{0,1}$ 級となる写像）で，$H_x(U_x \cap \Omega) = Q_+$, $H_x(U_x \cap \partial\Omega) = Q_0$ となるものが存在する．$\partial\Omega$ がコンパクトだから，有限個の $x_1, x_2, \ldots, x_n \in \partial\Omega$ で $\bigcup_{i=1}^n U_{x_i} \supset \partial\Omega$ をみたすものが存在する．以後 U_{x_i} を U_i，また H_{x_i} を H_i で表すことにする．そうすると，$\bigcup_{i=1}^n U_i \supset \partial\Omega$ から命題 1.20 により，次の条件をみたす φ_i $(i = 1, \ldots, n)$ が存在する：

$$\varphi_i \in C_0^\infty(\mathbb{R}^N), \quad 0 \leq \varphi_i \leq 1, \quad \mathrm{supp}\,\varphi_i \subset U_i,$$
$$\partial\Omega \text{ のある近傍上で } \sum_{i=1}^n \varphi_i = 1. \tag{6.19}$$

次に定理 6.6 の証明で構成された拡張作用素 $E_0\colon W^{1,p}(\mathbb{R}_+^N) \to W^{1,p}(\mathbb{R}^N)$（単純な「折り返し」による拡張）を取っておく．$u \in W^{1,p}(\Omega)$ とすると，上で作った φ_i に対して $v_i := (\varphi_i u) \circ H_i^{-1}$ は定理 6.25 により $W^{1,p}(Q_+)$ の元となる．v_i は $\partial Q_+ \setminus Q_0$ の近傍では 0 なので，$\mathbb{R}_+^N \setminus Q_+$ の外では 0 として延長すれば自然に $W^{1,p}(\mathbb{R}_+^N)$ の元となる（補題 3.16）．このようにして $v_i \in W^{1,p}(\mathbb{R}_+^N)$ と考えて $E_0 v_i \in W^{1,p}(\mathbb{R}^N)$ を作ると，E_0 の定義から $E_0 v_i$ の台が Q に含まれる．従って $u_i := (E_0 v_i) \circ H_i \in W^{1,p}(U_i)$（定理 6.25）は，$U_i$ の補集合上で 0 と延長して $W^{1,p}(\mathbb{R}^N)$ の元と見なせる（補題 3.16）．また，$(1 - \sum_{i=1}^n \varphi_i)u \in W^{1,p}(\Omega)$ の台は $\partial\Omega$ から離れている（(6.19) の最後の事実から）ので，$(1 - \sum_{i=1}^n \varphi_i)u$ は Ω の外で 0 と延長して $W^{1,p}(\mathbb{R}^N)$ の元と見なせる．これらによって

$$Eu := \left(1 - \sum_{i=1}^n \varphi_i\right)u + \sum_{i=1}^n u_i \in W^{1,p}(\mathbb{R}^N)$$

が定理の条件をみたす拡張作用素となる．実際，Eu が u について線型であることは明らかで，また Ω 上では $u_i = \varphi_i u$ であることから Eu は u の拡張に

なっている．そして $u \mapsto Eu$ の連続性は E_0 の連続性と定理 6.25 により明らか． ∎

Remark 6.27 C^1 級の領域に対する埋蔵定理（定理 6.12）は $W^{1,p}(\Omega)$ に対する拡張定理にのみ基づく帰納法で証明されている．従って，上に証明した定理 6.26 によって，定理 6.12 は C^1 級という仮定を $C^{0,1}$ に弱めてもそのまま成り立つことが証明されたことになる．もちろんもっと弱い限定円錐条件の下でも成り立つのであるが，それは他書に述べられた結果（特異積分作用素の理論）を利用しての話であった．しかし，$C^{0,1}$ 級の場合については本書の範囲内で完全に証明が与えられたのである．

6.4.4 Lipschitz 領域

最後に $C^{0,1}$ 級の境界を持つ領域の特別な場合であり，近年よく用いられる Lipschitz 領域を紹介しておこう．Lipschitz 領域とは，直観的に言えば，$\partial\Omega$ が局所的に Lipschitz 連続な関数のグラフとして表され，Ω は局所的に $\partial\Omega$ の片側にあるというものであるが，正確には次のようなものを言う．ここで「領域」という言葉は「連結な開集合」という厳密な意味ではなく，単なる開集合の意味で使っている．（英語でも "Lipschitz domain" と呼び慣わしている．[32] など参照．）

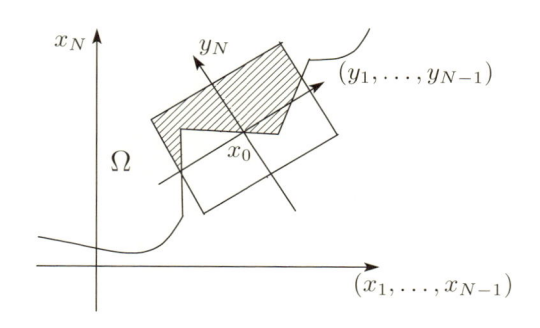

図 **6.7** Lipschitz 領域の概念図

定義 6.28（**Lipschitz 領域**） 開集合 $\Omega \subset \mathbb{R}^N$ の境界上の任意の点 x_0 に対して次の条件がみたされる近傍 U_{x_0} が存在するとき，Ω は **Lipschitz 領域**であるという（図 6.7 参照）：

6.4. 境界のなめらかさを仮定しない場合の拡張定理と埋蔵定理 ∗

x_0 を原点とする直交座標系 $y := (y_1, y_2, \ldots, y_N)$（元の座標系から回転と平行移動で得られるもの）があって，U_{x_0} は y 座標では $y' := (y_1, \ldots, y_{N-1})$ の原点におけるある $N-1$ 次元立方体 Q' と区間 $(-r, r)$ $(r > 0)$ の直積として表される．そして，$\Omega \cap U_{x_0}$ は Q' 上で定義された y' の一様 Lipschitz 連続関数 $\psi(y')$ $(-r < \psi(y') < r)$ によって定まる領域 $\{(y', y_N) \mid y' \in Q', r > y_N > \psi(y')\}$ に対応し，$\partial\Omega \cap U_{x_0}$ は $\{(y', y_N) \mid y' \in Q', y_N = \psi(y')\}$ に対応する．

Remark 6.29 (1) **Lipschitz** 領域は $C^{0,1}$ 級の境界を持つ．実際，適当な定数 $\lambda > 0$ を取って，$x \in U_{x_0}$ に対して $(\lambda y', y_N - \psi(y'))$ をまず対応させる．このとき λ をうまく取れば，$\lambda y'$ は $N-1$ 次元の立方体 $(-1, 1)^{N-1}$ の上に写される．しかし第 N 座標が $(-1, 1)$ にぴったり収まらないので，さらに第 N 座標方向への伸張（y' ごとに y_N についての区分的一次変換）を行えば，U_{x_0} を N 次元立方体 $Q = (-1, 1)^N$ 上に写す写像が得られ，$C^{0,1}$ 級境界の定義の条件がみたされる．

(2) 有界な境界を持つ Lipschitz 領域が限定円錐条件をみたすことは容易にわかる．

Lipschitz 領域における拡張定理 Calderón の拡張定理（定理 6.17）では p は $1 < p < \infty$ と制限されていて $p = 1, \infty$ の場合が除外されているが，Ω が Lipschitz 領域の場合には $p = 1, \infty$ の場合も成り立つことが E.M. Stein [25, Chapter VI, §3, Theorem 5] によって示されている．([11, Theorem 4.11] にも証明がある．) 証明法は，Calderón の拡張定理が円錐上の積分と**特異積分作用素**の理論に依拠するのに対し，Stein の方法は立方体の 2 進分割 (dyadic decomposition) により得られる，点と集合の間の regularized distance（普通の距離を微分可能なように修正したもの）というものを用い，$\overline{\Omega}^c$ の点に対する拡張をある直線上の積分で与えるものである．この方法は，Remark 6.7 で説明した拡張作用素の定義における和を，積分に置き換えたものと考えることができる ([2, Theorem 5.21])．

Stein の結果を特別な場合に具体的に述べよう．$\mathbb{R}^{N-1}$ 上で一様に Lipschitz 連続な関数 $\varphi(x')$ によって $\Omega := \{x \in \mathbb{R}^N \mid x_N > \varphi(x')\}$ と表されているとしよう．$\Delta(x)$ を x と $\overline{\Omega}$ の regularized distance とすると，ある定数 c があって $x \notin \overline{\Omega}$ に対して $c\Delta(x) \geq \varphi(x') - x_N$ となることが証明できる．一方，$\lambda \geq 1$ に対して $\psi(\lambda) := (e/\pi\lambda)\operatorname{Im} e^{-\omega(\lambda-1)^{1/4}}$ $(\omega := e^{-i\pi/4})$ と置くと，

$$\int_1^\infty \psi(\lambda) \, d\lambda = 1, \quad \int_1^\infty \lambda^k \psi(\lambda) \, d\lambda = 0 \quad (\forall k \in \mathbb{N})$$

が成り立つ．これらを用いて，$u \in W^{m,p}(\Omega)$ が与えられたとき

$$Eu(x) := \begin{cases} u(x) & (x \in \Omega), \\ \displaystyle\int_1^\infty u(x', x_N + 2\lambda c\, \Delta(x))\psi(\lambda)\, d\lambda & (x \notin \overline{\Omega}) \end{cases}$$

と定義すれば，これが $W^{m,p}(\Omega)$ から $W^{m,p}(\mathbb{R}^N)$ への拡張作用素を与えるのである．p が $[1, \infty]$ の任意の値でよいことと，E が $m \in \mathbb{N}$ に無関係な形であることが注目される．

6.4.5 境界についての条件の関係

これまでに境界に関する幾何学的な条件がいくつか登場した．それらの関係も注意はしてきたが，まとめて述べると次のようになる：

$$C^1 \text{ 級の境界} \Longrightarrow \text{Lipschitz 領域} \Longrightarrow C^{0,1} \text{ 級の境界}.$$
$$\text{Lipschitz 領域} \Longrightarrow \text{限定円錐条件（境界が有界なとき）}.$$
$$\text{Lipschitz 領域} \Longrightarrow \text{線分条件（境界が非有界でもよい）}.$$
$$C^k \text{ 級の境界 } (k \in \mathbb{N}) \Longrightarrow C^{k-1,\sigma} \text{ 級の境界 } (0 < \forall \sigma \leq 1).$$

ここで境界が $C^{k,\sigma}$ 級であることの意味は Remark 6.5 に述べたとおりで，C^k 級の境界の定義に現れる写像 H が $C^{k,\sigma}$ 級に取れることを指している．これらの関係のほとんどは自明である．たとえば「Lipschitz 領域 $\Longrightarrow$ 線分条件」は，定義 6.28 における立方体 Q' を必要なら小さく取り直せば，y_N 方向の短い線分が x_0 の近傍 $Q' \times (-r, r)$ において線分条件の要求をみたすことは明らかであろう．その他，Remark 6.29 も参照していただきたい．

ここでは「C^1 級の境界 $\Longrightarrow$ Lipschitz 領域」という関係をもう少し一般化して証明しておこう．そのために境界のなめらかさについて $C^{k,\sigma}$-グラフ的という定義を導入する．これは Lipschitz 領域の定義において「境界が局所的に Lipschitz 連続関数のグラフで表される」となっていたところを，Lipschitz 連続関数の代わりに $C^{k,\sigma}$ 級関数にしたものである．後に命題 6.31 で示すように，$k \in \mathbb{N}$ のときは $C^{k,\sigma}$ 級の境界を持つことと $C^{k,\sigma}$-グラフ的であることは同値なので，「$C^{k,\sigma}$-グラフ的」というのは仮の名称であり，本書ではこの後で使用することはない．ここでこれを述べておく目的は，他書でこの定義に接したときに本書で扱っているなめらかさとは異なるものと誤解されないように，ということである．

6.4. 境界のなめらかさを仮定しない場合の拡張定理と埋蔵定理 *

定義 6.30 $k \in \mathbb{Z}_+, 0 < \sigma \le 1$ とするとき,開集合 $\Omega \subset \mathbb{R}^N$ の境界上の任意の点 x_0 に対して次の条件がみたされる近傍 U_{x_0} が存在するならば,Ω は $C^{k,\sigma}$-グラフ的であるという:

x_0 を原点とする直交座標系 $y := (y_1, y_2, \ldots, y_N)$(元の座標系から回転と平行移動で得られるもの)があって,U_{x_0} は y 座標では $y' := (y_1, \ldots, y_{N-1})$ の原点におけるある $N-1$ 次元立方体 Q' と区間 $(-r, r)$ $(r > 0)$ の直積として表される.そして $\Omega \cap U_{x_0}$ は y' の関数 $\psi(y') \in C^{k,\sigma}(\overline{Q'})$ $(-r < \psi(y') < r)$ によって定まる領域 $\{(y', y_N) \mid y' \in Q', r > y_N > \psi(y')\}$ に対応し,$\partial\Omega \cap U_{x_0}$ は $\{(y', y_N) \mid y' \in Q', y_N = \psi(y')\}$ に対応する.

また,$k \in \mathbb{Z}_+$ に対して Ω が C^k-グラフ的であるとは,$C^{k,\sigma}$-グラフ的の定義において $\psi(y') \in C^{k,\sigma}(\overline{Q'})$ を $\psi \in C^k(\overline{Q'})$ に置き換えた主張が成り立つことを言う.

次の命題の証明には多変数の微積分学の知識を使用するが,必要なら拙著 [54] 他を参照していただきたい.

命題 6.31 $k \in \mathbb{N}, 0 < \sigma \le 1$ とすると,開集合 $\Omega \subset \mathbb{R}^N$ に対して,Ω が C^k 級の境界を持つことと C^k-グラフ的であることは同値である.これから C^1 級の境界を持つ開集合は Lipschitz 領域であることがわかる.さらに,Ω が $C^{k,\sigma}$ 級の境界を持つことと $C^{k,\sigma}$-グラフ的であることは同値である.

証明. Step 1: はじめに C^k 級と C^k-グラフ的の同値性を示す.C^k-グラフ的ならば C^k 級の境界を持つことは明らかであろう.実際,$x_0 \in \partial\Omega$ に対して近傍 U_{x_0},座標 $(y_1, \ldots, y_N)$ と C^k 級関数 ψ を定義 6.30 にあるような性質を持つものとすると,$\Phi: (y', y_N) \mapsto (y', y_N - \psi(y'))$ は U_{x_0} で定義された $\mathbb{R}^N$ への C^k 級写像であり,x_0 を原点に写し,$U_{x_0} \cap \partial\Omega$ を $\mathbb{R}^N$ の中の $\mathbb{R}^{N-1}$ へ写す.また,Φ が単射でその Jacobi 行列式は恒等的に値が 1 であることは明らかであり,従って微分積分学の逆関数定理([54], II, 定理 3.11, 3.12)により,Φ による U_{x_0} の像は開集合で,逆写像も C^k 級となる.よって十分小さい $\rho > 0$ を取れば,原点を中心とする辺長 ρ の N 次元立方体 Q_0 が $\overline{Q_0} \subset \Phi(U_{x_0})$ をみたすので,$U' := \Phi^{-1}(Q_0), H(y) := \Phi(y)/\rho$ $(y \in U')$ と定めれば,U', H が定義 6.4 の条件をみたしていることがわかり,Ω が C^k 級の境界を持つことが確かめられた.

次に Ω が C^k 級の境界を持つとし,$x_0 \in \partial\Omega$ とすると,仮定により x_0 のある開近傍 U の閉包から N 次元立方体 Q の閉包の上への C^k 級の同相写像 H

により $U \cap \Omega$ が Q_+ に写され，$U \cap \partial\Omega$ は Q_0 に写される（記号 Q, Q_+ については定義 6.4 参照）．H の逆写像 $G: Q \to U$ も C^k 級であるが，Q の自然な直交座標を $(y_1, y_2, \ldots, y_N)$ で表し，G を成分で $G(y) = (G_1(y), \ldots, G_N(y))$ と表す．このとき $\partial G_i(y)/\partial y_j$ を (i,j) 成分とする $N \times N$ 行列が G の Jacobi 行列であるが，G は逆写像 H を持つのでこれは可逆である．よって $j = 1, \ldots, N$ に対するベクトル

$$f_j := \left(\frac{\partial G_1}{\partial y_j}(0), \frac{\partial G_2}{\partial y_j}(0), \ldots, \frac{\partial G_N}{\partial y_j}(0) \right)$$

の全体は一次独立であり，$f_1, f_2, \ldots, f_{N-1}$ は幾何学的には Q_0 の G による像の x_0 における接平面を生成する．$f_1, f_2, \ldots, f_{N-1}$ を正規直交化して得られるベクトルを $e_1, e_2, \ldots, e_{N-1}$ とし，これら全体に直交する単位ベクトルを e_N とする．e_N は向きの 180° の違いを除いて一意的に定まるが，f_N との内積が正である方を取る．（内積が 0 になることはない．）こうすると空間 $\mathbb{R}^N$ に x_0 を原点とし，$e_1, e_2, \ldots, e_N$ を直交座標軸方向とする新しい座標系ができるが，この座標系による座標を $(z_1, \ldots, z_N)$ とする．$\mathbb{R}^N$ のもとの座標系を $x = (x_1, \ldots, x_N)$ とすれば $x = x_0 + \sum_{i=1}^N z_i e_i$ という関係になる．写像 G を新しい座標系で表すと $y \in Q$ の関数 $z_i(y)$ $(i = 1, \ldots, N)$ ができるが，e_i の定義から $j = 1, \ldots, N-1$ に対するベクトル

$$\sum_{i=1}^N \frac{\partial z_i}{\partial y_j}(0) e_i = \lim_{y_j \to 0} \frac{\left(\sum_{i=1}^N z_i e_i \right)(0, \ldots, y_j, \ldots, 0)}{y_j}$$
$$= \left(\frac{\partial G_1}{\partial y_j}(0), \frac{\partial G_2}{\partial y_j}(0), \ldots, \frac{\partial G_N}{\partial y_j}(0) \right)$$

は f_j に等しいので e_N に直交する．よって $(\partial z_N/\partial y_j)(0) = 0$ となるが，これは $\partial z_i/\partial y_j$ を (i,j) 成分とする，変換 $y \mapsto z$ の Jacobi 行列が $y = 0$ では第 N 行目の 1 列目から $N-1$ 列目まで 0 が並んでいることを意味する．従って，($y \mapsto z$ の Jacobi 行列の逆行列である）逆変換 $z \mapsto y$ の Jacobi 行列も，$z = 0$ において第 N 行目は (N, N) 成分 $(\partial y_N/\partial z_N)(x_0)$ 以外は 0 である．しかしこれらの Jacobi 行列は可逆なので，このことから $(\partial y_N/\partial z_N)(0) \neq 0$ がわかる．故に陰関数定理によって，$\mathbb{R}^{N-1}$ の原点中心のある $N-1$ 次元立方体 Q' と $\overline{Q'}$ の近傍上で定義された C^k 級関数 ψ および $r > 0$ で，$(z_1, \ldots, z_N) \in Q' \times (-r, r)$ に対して $y_N(z_1, \ldots, z_N) = 0$ と $z_N = \psi(z_1, \ldots, z_{N-1})$ とが同値になるようなものが存在する．ここで，逆変換 $z \mapsto y$ が意味を持つ範囲で考えているので，

6.4. 境界のなめらかさを仮定しない場合の拡張定理と埋蔵定理*

$(z_1,\ldots,z_N) \in \overline{Q' \times (-r,r)}$ に対応する点 $(x_1,\ldots,x_N)$ が U に含まれることに注意．そして $\{(z_1,\ldots,z_N) \mid (z_1,\ldots,z_{N-1}) \in Q', \psi(z_1,\ldots,z_{N-1}) < z_N < r\}$ に対応する $\mathbb{R}^N$ の点の集合 W は $U = G(Q)$ に含まれる連結開集合であるが，W は $U \cap \partial\Omega = G(Q_0)$ を含まないので $W = (W \cap G(Q_+)) \cup (W \cap G(Q_-))$ となる．ここで $G(Q_+), G(Q_-)$ はともに開集合なので，W の連結性により $W \cap G(Q_+) = \emptyset$ または $W \cap G(Q_-) = \emptyset$ のどちらかが成り立たなければならない．しかし e_N と f_N との内積が正ということから，$W \cap G(Q_+) = \emptyset$ とはなり得ないので，$W \cap G(Q_-) = \emptyset$，すなわち $W \subset G(Q_+) = U \cap \Omega$ が成り立つ．同様にして，$\{(z_1,\ldots,z_N) \mid (z_1,\ldots,z_{N-1}) \in Q', -r < z_N < \psi(z_1,\ldots,z_{N-1})\}$ に対応する $\mathbb{R}^N$ の点の集合 W' は $U \cap G(Q_-)$ に含まれる開集合であることがわかる．故に，z 座標系で $Q' \times (-r,r)$ と表される集合 V は，$V \cap \Omega = W$ をみたし，$V \cap \partial\Omega$ は，z 座標が $z_N = \psi(z_1,\ldots,z_{N-1})$ をみたすような V の点全体となる．よって Ω が C^k-グラフ的の条件をみたすことが示された．

特に Ω が C^1 級の境界を持つときは C^1-グラフ的ということになるが，C^1 級写像は任意のコンパクト集合上で一様に Lipschitz 連続なので ([54], II, 命題 5.4 参照)，Ω は Lipschitz 領域となる．

Step 2: $k \in \mathbb{N}, 0 < \sigma \leq 1$ として，$C^{k,\sigma}$-グラフ的なことと $C^{k,\sigma}$ 級の境界を持つこととの同値性を示そう．

Ω が $C^{k,\sigma}$-グラフ的ならば，Ω が $C^{k,\sigma}$ 級の境界を持っていることが Step 1 の最初の部分と同様にして示される．

逆に Ω が $C^{k,\sigma}$ 級の境界を持っているときは，$x_0 \in \partial\Omega$ に対して Step 1 の証明が有効なので同じ記号を使うことにすると，関数 $\psi(z_1,\ldots,z_{N-1})$ は，$z_1,\ldots,z_N$ の $C^{k,\sigma}$ 級関数である $y_N(z_1,\ldots,z_N)$ に対して，$y_N(z_1,\ldots,z_N) = 0$ を陰関数定理で局所的に z_N に関して解いた C^k 級関数であった．陰関数の微分の公式 ([54], II, 定理 3.13) を帰納的に用いれば，写像 $z \mapsto y$ が $C^{k,\sigma}$ 級であることと，C^1 級写像は任意のコンパクト集合上で一様に Lipschitz 連続であることから，ψ の k 階偏導関数が原点のある近傍で一様に σ 次 Hölder 連続であることがわかり，Ω が $C^{k,\sigma}$-グラフ的であることが証明される．∎

第7章
Rellich–Kondrashov の定理

Rellich–Kondrashov[1] の定理とは，一口に言って，Sobolev の埋蔵定理による連続埋め込み写像 $W^{1,p} \hookrightarrow L^q$ などが有界領域の場合にはコンパクト作用素となることを述べているものである．この章ではこれを証明するための準備をした後に，いろいろな埋め込み写像のコンパクト性を確かめる．

7.1 コンパクト性に関する準備

念のために定義を述べると，Banach 空間 X から Y への有界線型作用素 T がコンパクト（作用素）であるとは，X の単位球の T による像が Y で相対コンパクト（閉包がコンパクト）となることを言うのであった．T がコンパクトとなることは，X の任意の有界列 $\{x_n\}_n$ に対して，部分列 $\{x_{n_i}\}_i$ で $\{Tx_{n_i}\}_i$ が収束するようなものが存在することと同値である．このあたりのことは [55] をはじめ関数解析のテキストに述べられている．また，これから $W^{1,p} \hookrightarrow L^q$ などの Sobolev の埋蔵定理による埋め込みのコンパクト性について考察していくが，正確に言えば自分自身を対応させる写像 $u \mapsto u$ のコンパクト性を議論することになる．（定義域と値域が集合としてもノルム空間としても異なるので，$u \mapsto u$ を恒等写像の記号で表すわけにはいかず，かといって特別に記号を導入するのも煩わしいので単に $W^{1,p} \hookrightarrow L^q$ などと書くことを理解していただきたい．）

定義により，埋め込み $W^{1,p} \hookrightarrow L^q$ のコンパクト性を証明するためには L^p タイプの空間の部分集合の相対コンパクト性についてまず調べておかなければならない．そのために，まず完備距離空間 X の部分集合 A については，相対コ

---

[1] "Kondrachov" という表記も流通しているが，もともとロシアのキリル文字の表記 Кондрашов をラテン文字に直したものであり，アメリカ数学会の "Mathematical Reviews" ではほとんど "Kondrashov" という表記になっている．本人が 1945 年にフランス語で出版した論文では "W. Kondrachov" という署名になっているが，フランス語では "sho" という綴りは普通用いられず，"cho" で「ショ」という音を表しているためと思われる（"Chopin" を想起していただきたい）．

ンパクトであることと全有界であることが同値であり(たとえば [55, 系 1.39]),そして A が全有界とは任意の $\varepsilon > 0$ に対して有限個の $u_1, u_2, \ldots, u_n \in A$ [2]で

$$A \subset \bigcup_{i=1}^{n} B(u_i, \varepsilon) \tag{7.1}$$

をみたすものが存在することであったことを思い出しておこう.((7.1) をみたす $u_1, \ldots, u_n$ は A の **ε-net** と呼ばれる.) ただしここで $B(u_i, \varepsilon)$ は u_i の ε-近傍を表す. また, L^p 空間の部分集合の相対コンパクト性の判定は,道具として Ascoli–Arzela の定理という連続関数空間の部分集合の相対コンパクト性の判定条件を用いるので,これも念のため次に解説しよう.これは具体的な判定条件として非常に重要なものである.コンパクト Hausdorff 空間に関する一般の形で述べるが,本書で使用するのは $\mathbb{R}^N$ の中の有界閉集合の場合に限る.

定理 7.1 (Ascoli–Arzela の定理) S をコンパクト Hausdorff 空間とし,$A \subset C(S)$ とする.($C(S)$ は sup ノルムを入れた Banach 空間を表す[3].) このとき A が $C(S)$ で相対コンパクトであるための必要十分条件は,次の 2 つのことが成り立つことである:

(i) A は有界,つまり $\sup_{u \in A} \|u\| < \infty$;

(ii) A は任意の $s \in S$ で同程度連続.すなわち,各 $s \in S$,任意の $\varepsilon > 0$ に対して s の近傍 V で,すべての $t \in V, u \in A$ に対して $|u(t) - u(s)| < \varepsilon$ が成り立つようなものが存在する.

証明.必要性:$u \in C(S) \mapsto \|u\|$ は $C(S)$ 上の連続関数なので,$\overline{A}$ がコンパクトならばこの関数は $\overline{A}$ 上で有界である (Weierstrass の最大値定理).よって条件 (i) が成り立つ.また,$\overline{A}$ がコンパクトなら $\overline{A}$ は全有界(かつ完備)なので,A も全有界である.よって,任意の $\varepsilon > 0$ に対して有限個の $u_1, \ldots, u_n \in A$ があって,任意の $u \in A$ に対してある i $(1 \le i \le n)$ で $\|u - u_i\| < \varepsilon/3$ が成り立つ.このとき,$s \in S$ を任意に取ると,各 u_j は連続なので,s のある近傍 V で $t \in V$ ならば $|u_j(t) - u_j(s)| < \varepsilon/3$ $(1 \le j \le n)$ となるものが存在する.そうすると,任意の $u \in A$ に対してまず $\|u - u_i\| < \varepsilon/3$ となる i $(1 \le i \le n)$ を取れて,これ

---
[2] $u_j \in A$ の代わりに $u_j \in X$ という条件にしても同値である.
[3] $u \in C(S)$ に対して $\|u\| := \max\{|u(x)| \mid x \in S\}$ を u の sup ノルムと言い,このノルムによって $C(S)$ は Banach 空間となる.

7.1. コンパクト性に関する準備

から $t \in V$ ならば $|u(t) - u(s)| \leq |u(t) - u_i(t)| + |u_i(t) - u_i(s)| + |u_i(s) - u(s)| < \varepsilon/3 + \varepsilon/3 + \varepsilon/3 = \varepsilon$ が成り立ち，(ii) が示された．

十分性：実数値で考えるか複素数値で考えるかによって $K = \mathbb{R}$ or $\mathbb{C}$ としよう．$C(S)$ は完備なので，A が相対コンパクトであることを示すには，A が全有界であることを確かめればよい．

まず，条件 (i) から $M := \sup_{u \in A} \|u\|$ が有限な値として定まる．任意の $\varepsilon > 0$ を取ると，条件 (ii) から各 $s \in S$ に対して (ii) に述べられている条件をみたすような s の近傍 V が存在する．V は s に依存するので V_s と書こう．V_s の内部も同じ条件をみたす s の近傍なので，V_s は開集合としてよい．このとき $\{V_s\}_{s \in S}$ は S の開被覆となるので，有限個の $s_1, \ldots, s_k \in S$ $(k \in \mathbb{N})$ で，$S = \bigcup_{i=1}^{k} V_{s_i}$ となるものがある．この s_i を使って，$D := \{\lambda \in K \mid |\lambda| \leq M\}$ として $\Phi \colon A \to D^k$ を $\Phi(u) := \bigl(u(s_i)\bigr)_{i=1}^{k}$ で定める．ここで D^k は D の k 個の直積集合で，Euclid ノルムを入れた K^k の部分距離空間と考えるが，このとき D^k はコンパクト距離空間であることに注意しよう．そして，Φ による A の像 $\Phi(A)$ は D^k の部分集合なので相対コンパクト，従って全有界である．よって，有限個の $u_1, \ldots, u_j \in A$ で，任意の $u \in A$ に対してある $1 \leq \ell \leq j$ で，すべての $1 \leq i \leq k$ に対して $|u(s_i) - u_\ell(s_i)| \leq \|\Phi(u) - \Phi(u_\ell)\| < \varepsilon$ となるものが存在する．一方，$t \in V_{s_i}$ ならばすべての $v \in A$ に対して $|v(t) - v(s_i)| < \varepsilon$ であったので，このような t について

$$|u(t) - u_\ell(t)| \leq |u(t) - u(s_i)| + |u(s_i) - u_\ell(s_i)| + |u_\ell(s_i) - u_\ell(t)| < 3\varepsilon$$

が成り立つ．$S = \bigcup_{i=1}^{k} V_{s_i}$ だったので，結局すべての $t \in S$ で $|u(t) - u_\ell(t)| < 3\varepsilon$ となり，$\|u - u_\ell\| < 3\varepsilon$ が示される．これは $u_1, \ldots, u_j \in A$ が A の 3ε-net であることを意味し，$\varepsilon > 0$ は任意だったので A は全有界なことが確かめられた． ∎

もう一つ，合成積に関する準備が必要である．

命題 7.2 $1 \leq p \leq \infty$, $A \subset L^p(\mathbb{R}^N)$ は有界 $(M := \sup_{u \in A} \|u\|_{L^p} < \infty)$ とすると，次が成り立つ．

(i) 任意の $\rho \in C_0(\mathbb{R}^N)$ に対して，$\{\rho * u \mid u \in A\}$ は $\mathbb{R}^N$ 上一様有界，つまり $\sup_{u \in A} \|\rho * u\|_{L^\infty} < \infty$ で，かつ同程度連続な関数族である．

(ii) $\omega \Subset \mathbb{R}^N$ とし，$v \in L^p(\mathbb{R}^N)$ に対して，記号 $\|v\|_{L^p(\omega)}$ で v の ω への制限 $v|_\omega$ の L^p ノルムを表す．このとき，次が成り立つ．

(a) $\varepsilon > 0$ とし,ある $\delta > 0$ があって $|h| < \delta$ をみたす任意の $h \in \mathbb{R}^N$ に対して $\sup_{u \in A} \|\tau_h u - u\|_{L^p(\omega)} < \varepsilon/3$ が成り立つならば,$A|_\omega := \{u|_\omega \mid u \in A\}$ は($L^p(\omega)$ 内で)有限個の元からなる ε-net を持つ.ここで $(\tau_h u)(x) := u(x - h)$ である.

(b) $u \in A$ について一様に $\lim_{h \to 0} \|\tau_h u - u\|_{L^p(\omega)} = 0$ が成り立つならば,$A|_\omega$ は $L^p(\omega)$ で相対コンパクトとなる.

証明. (i): $K := \operatorname{supp} \rho$ とすると K はコンパクトなので,$u \in A, x \in \mathbb{R}^N$ ならば Hölder の不等式により

$$|(\rho * u)(x)| \leq \int_{\mathbb{R}^N} |\rho(y)| |u(x-y)| \, dy$$
$$= \int_K |\rho(y)| |u(x-y)| \, dy$$
$$\leq \|\rho\|_{L^\infty} |K|^{1/q} \|u\|_{L^p}$$

が成り立つ.($|K|$ は K の Lebesgue 測度を表す.)ここで $1 \leq q \leq \infty$ は $1/p + 1/q = 1$ により定まる p の共役指数で,$1/\infty$ は 0 と解釈している.よって $\rho * u$ の全体は一様有界である.また,仮定から ρ は $\mathbb{R}^N$ 上で一様連続であるから,任意の $\varepsilon > 0$ に対してある $0 < \delta < 1$ があって,$|x - x'| < \delta$ ($x, x' \in \mathbb{R}^N$) ならば $|\rho(y) - \rho(y + x' - x)| < \varepsilon$ ($\forall y \in \mathbb{R}^N$) が成り立つ.よって $|x - x'| < \delta$ ならば,$K_1 := \{z \in \mathbb{R}^N \mid \operatorname{dist}(z, K) \leq 1\}$ (K_1 も有界閉集合)に対して

$$|(\rho * u)(x) - (\rho * u)(x')| \leq \int_{\mathbb{R}^N} |\rho(x-y) - \rho(x'-y)| |u(y)| \, dy$$
$$= \int_{K_1} |\rho(y) - \rho(y + x' - x)| |u(x-y)| \, dy$$
$$\leq \varepsilon |K_1|^{1/q} \|u\|_{L^p}$$

となり,$\rho * u$ ($u \in A$) の全体が $\mathbb{R}^N$ で同程度(一様)連続なことが示された.

(ii) の (a): Friedrichs の mollifier $\{\rho_\varepsilon\}_{\varepsilon > 0}$ を固定しておく($\operatorname{supp} \rho \subset \{x \in \mathbb{R}^N \mid |x| < 1\}$ とする).これを使い,すでに証明した (i) と Ascoli–Arzela の定理およびコンパクト集合 $S \subset \mathbb{R}^N$ に対する埋め込み $C(S) \hookrightarrow L^p(\mathbb{R}^N)$ の連続性を用いて,(ii) (a) を証明しよう.

まず,$u \in A, \delta > 0$ に対して

$$\|\rho_\delta * u - u\|_{L^p(\omega)} \leq \int_{|h| < \delta} \rho_\delta(h) \|\tau_h u - u\|_{L^p(\omega)} \, dh \tag{7.2}$$

7.1. コンパクト性に関する準備

を示そう．$1 \leq q \leq \infty$ を (i) の証明と同様に $1/p + 1/q = 1$ で定めると

$$\|\rho_\delta * u - u\|_{L^p(\omega)} = \sup\left\{\left|\int_\omega (\rho_\delta * u - u)(x)v(x)\,dx\right| \;\Big|\; v \in L^q(\omega),\ \|v\|_{L^q(\omega)} \leq 1\right\}$$

が成り立つことを利用する．(定理 2.20 参照．そこでは $1 \leq p < \infty$ だが，上式は $p = \infty$ でも成立することが容易にわかる．) さて，$u \in A$, $v \in L^q(\omega)$ とすると，

$$\begin{aligned}
\left|\int_\omega (\rho_\delta * u - u)(x)v(x)\,dx\right| &\leq \int_\omega \left|(\rho_\delta * u - u)(x)\right|\,|v(x)|\,dx \\
&\leq \int_\omega \int_{|h|<\delta} \rho_\delta(h)|u(x-h) - u(x)|\,|v(x)|\,dh\,dx \\
&= \int_{|h|<\delta} \rho_\delta(h)\left(\int_\omega |u(x-h) - u(x)|\,|v(x)|\,dx\right) dh \\
&\leq \int_{|h|<\delta} \rho_\delta(h)\,\|\tau_h u - u\|_{L^p(\omega)}\|v\|_{L^q(\omega)}\,dh
\end{aligned}$$

が成り立つから，(7.2) は確かに成り立つことがわかる．従って，仮定 (a) の中の $\delta > 0$ と任意の $u \in A$ に対して，$\|\rho_\delta * u - u\|_{L^p(\omega)} \leq \varepsilon/3$ が示される．また，(i) から $\rho_\delta * u$ ($u \in A$) の全体は $\mathbb{R}^N$ 上で一様有界かつ同程度連続となるので，これらの $\overline{\omega}$ への制限は $\overline{\omega}$ 上で一様有界かつ同程度連続である．よって，Ascoli–Arzela の定理から $\{(\rho_\delta * u)|_{\overline{\omega}} \mid u \in A\}$ は $C(\overline{\omega})$ の中で相対コンパクトとなる．そして，埋め込み $C(\overline{\omega}) \hookrightarrow L^p(\omega)$ の連続性から，$\{(\rho_\delta * u)|_\omega \mid u \in A\}$ は $L^p(\omega)$ の中でも相対コンパクトであることがわかる．よって，有限個の $u_1, \ldots, u_n \in A$ で，$\{(\rho_\delta * u_j)|_\omega\}_{1 \leq j \leq n}$ が $L^p(\omega)$ ノルムに関する $\{(\rho_\delta * u)|_\omega \mid u \in A\}$ の $\varepsilon/3$-net となるものが存在する．上に示した $\|\rho_\delta * u - u\|_{L^p(\omega)} \leq \varepsilon/3$ ($\forall u \in A$) と合わせると，$\{u_j|_\omega\}_{1 \leq j \leq n}$ が $A|_\omega$ の ε-net となることがわかり，(a) は証明された．

(ii) の (b): (b) の仮定は，任意の $\varepsilon > 0$ に対して (a) の仮定が成り立つことを意味し，すでに示したことから $A|_\omega$ が有限個の元からなる ε-net を持つことになる．よって (b) は明らかに成り立つ．∎

この命題により，$L^p(\Omega)$ における相対コンパクト集合の特徴付けを与えることができる．

定理 7.3 開集合 $\Omega \subset \mathbb{R}^N$ と $1 \leq p < \infty$ に対して，有界集合 $A \subset L^p(\Omega)$ が Banach 空間 $L^p(\Omega)$ で相対コンパクトなための必要十分条件は，次の (i), (ii) が成り立つことである．

(i) 任意の $\varepsilon > 0$ に対して,次の条件をみたす $\omega \Subset \Omega$ が存在する:
$$\sup_{u \in A} \|u\|_{L^p(\Omega \setminus \omega)} < \varepsilon. \tag{7.3}$$

(ii) 任意の $\omega \Subset \Omega, \varepsilon > 0$ に対して,$0 < \eta < \mathrm{dist}(\omega, \Omega^c)$ をみたすある $\eta > 0$ で
$$\forall u \in A \ \forall h \in \mathbb{R}^N : |h| < \eta \implies \|\tau_h u - u\|_{L^p(\omega)} < \varepsilon \tag{7.4}$$
が成り立つものが存在する.

証明. 必要性: A が $L^p(\Omega)$ で相対コンパクトとしよう.まず,定理 1.6 の証明で示したように,Ω に対してコンパクト集合の列 $\{K_n\}_n$ で,各 n で $K_n \subset K_{n+1}^\circ$ かつ $\Omega = \bigcup_{n=1}^\infty K_n$ をみたすものが存在する.そして,任意の $g \in L^p(\Omega)$ に対して,Lebesgue の収束定理から $\lim_{n \to \infty} \int_{\Omega \setminus K_n} |g(x)|^p \, dx = 0$ が成り立つことに注意しよう.

さて,任意の $\varepsilon > 0$ が与えられると,仮定から A は有限個の元 $g_1, g_2, \ldots, g_m$ からなる $\varepsilon/3$-net を持つ.このとき,各 $1 \leq j \leq m$ に対して,証明のはじめに述べた事実から,ある $n_j \in \mathbb{N}$ で,$\int_{\Omega \setminus K_{n_j}} |g_j(x)|^p \, dx < (\varepsilon/2)^p$ が成り立つ.n_0 を $n_1, n_2, \ldots, n_m$ の最大値とし,$\omega := K_{n_0+1}^\circ$ とすれば,すべての $1 \leq j \leq m$ について $\int_{\Omega \setminus \omega} |g_j(x)|^p \, dx \leq \int_{\Omega \setminus K_{n_j}} |g_j(x)|^p \, dx < (\varepsilon/2)^p$ が成り立つことがわかる.また,$\omega \Subset \Omega$ も成り立っている.そして,任意の $f \in A$ に対してある j で $\|f - g_j\|_{L^p(\Omega)} < \varepsilon/2$ となるものがあるので,

$$\|f\|_{L^p(\Omega \setminus \omega)} \leq \|f - g_j\|_{L^p(\Omega \setminus \omega)} + \|g_j\|_{L^p(\Omega \setminus \omega)} < \frac{\varepsilon}{2} + \frac{\varepsilon}{2} = \varepsilon$$

となって,(i) の必要性が示された.

次に (ii) の必要性を示そう.$\omega \Subset \Omega, \varepsilon > 0$ として,A の $\varepsilon/3$-net $\{f_j\}_{j=1}^n$ を取れば,定理 1.7 からある $0 < \eta < \mathrm{dist}(\omega, \Omega^c)$ で,$|h| < \eta$ ならば $\|\tau_h f_j - f_j\|_{L^p(\omega)} < \varepsilon/3$ $(1 \leq j \leq n)$ となるものが存在する.(f_j を Ω の外では 0 として $L^p(\mathbb{R}^N)$ の元と考えよ.)このとき,任意の $f \in A$ に対してある j で $\|f - f_j\|_{L^p(\Omega)} < \varepsilon/3$ なので,$|h| < \eta$ ならば

$$\|\tau_h f - f\|_{L^p(\omega)} \leq \|\tau_h f - \tau_h f_j\|_{L^p(\omega)} + \|\tau_h f_j - f_j\|_{L^p(\omega)} + \|f_j - f\|_{L^p(\omega)} < \varepsilon$$

となり,(ii) が成り立つことが示された.

十分性：任意に $\varepsilon > 0$ を取ると，条件 (i) から (7.3) をみたす $\omega \Subset \Omega$ が存在するが，仮定より，この ω に対して条件 (ii) により，命題 7.2 の (ii), (b) が適用できるので，$A|_\omega$ は $L^p(\omega)$ で相対コンパクトである．よって，有限個の $f_1, \ldots, f_n \in A$ で，これらの ω への制限が $A|_\omega$ の ε-net となるものが存在する．このとき，任意の $f \in A$ に対して，ある j で $\|f - f_j\|_{L^p(\omega)} < \varepsilon$ となるから，

$$\|f - f_j\|_{L^p(\Omega)} \leq \|f - f_j\|_{L^p(\omega)} + \|f\|_{L^p(\Omega \setminus \omega)} + \|f_j\|_{L^p(\Omega \setminus \omega)} < 3\varepsilon$$

が成り立つ．よって $\{f_j\}_{j=1}^n$ は A の $L^p(\Omega)$ における 3ε-net となり，$\varepsilon > 0$ は任意だったので，A が $L^p(\Omega)$ で相対コンパクトであることが示された．∎

7.2 Rellich–Kondrashov の定理

ようやく Rellich–Kondrashov の定理の証明に入るが，領域の有界性が本質的な仮定であり[4]，非有界領域では一般にこのような定理が成り立たないことに注意しておきたい．また，当然のことながら Sobolev の埋蔵定理を前提としているので，領域の境界についてある程度の正則性が必要であることにも注意したい．

定理 7.4 (Rellich–Kondrashov の定理 1) $\Omega \subset \mathbb{R}^N$ を C^1 級の境界を持つ有界な開集合とすると次の埋め込み（定理 6.12）のコンパクト性が成り立つ．

(i) $1 \leq p < N$ のとき，$p^* := Np/(N-p)$ とすると，任意の $q \in [1, p^*)$ に対して埋め込み $W^{1,p}(\Omega) \hookrightarrow L^q(\Omega)$ はコンパクトである．

(ii) $p = N$ のとき，任意の $q \in [1, \infty)$ に対して埋め込み $W^{1,p}(\Omega) \hookrightarrow L^q(\Omega)$ はコンパクトである．

(iii) $p > N$ のとき，埋め込み $W^{1,p}(\Omega) \hookrightarrow C(\overline{\Omega})$ はコンパクトである．

また，境界が C^1 級とは限らない一般の有界領域 Ω の場合は，(i)–(iii) において $W^{1,p}(\Omega)$ の代わりに $W_0^{1,p}(\Omega)$ とした主張が成り立つ．

---

[4] しかし有界性は必要条件ではない．[2] Theorem 6.52 参照．

証明. (i): $A \subset W^{1,p}(\Omega)$ を $W^{1,p}$ ノルムで有界な集合として，定理 7.3 の仮定が，p の代わりに $q \in [1, p^*)$ として A に対して成り立つことを示せばよい.

まず $A \subset L^q(\Omega)$ と L^q ノルムでの有界性が大前提となるが，これは $q \in [p, p^*)$ に対しては Sobolev の埋蔵定理から成り立つ. $q \in [1, p]$ のときは，Ω が有界なので Hölder の不等式から $\|u\|_{L^q(\Omega)} \leq |\Omega|^{1/q-1/p} \|u\|_{L^p(\Omega)}$ が成り立つのでよい.

定理 7.3 の条件 (i) のチェック：C^1 級の境界を持つ領域についての Sobolev の埋蔵定理 (定理 6.12) により，ある定数 C があって，任意の $u \in W^{1,p}(\Omega)$ に対して $\|u\|_{L^{p^*}} \leq C \|u\|_{W^{1,p}}$ が成り立つ. よって，$u \in W^{1,p}(\Omega)$ とすると，任意の $\omega \Subset \Omega$ と $1 \leq q < p^*$ をみたす q に対して Hölder の不等式と合わせて

$$\int_{\Omega \setminus \omega} |u|^q \, dx \leq \Big(\int_{\Omega \setminus \omega} |u|^{q \cdot p^*/q} \, dx \Big)^{q/p^*} |\Omega \setminus \omega|^{1-q/p^*}$$
$$\leq C^q \|u\|_{W^{1,p}(\Omega)}^q |\Omega \setminus \omega|^{1-q/p^*}$$

が成り立つ. ($q/p^* + (p^* - q)/p^* = 1$ に注意.) 従って A の有界性により，任意の $\varepsilon > 0$ に対して $\omega \Subset \Omega$ を $|\Omega \setminus \omega|$ が十分小さくなるように取れば $\sup_{u \in A} \|u\|_{L^q(\Omega \setminus \omega)} < \varepsilon$ が成り立つ.

定理 7.3 の条件 (ii) のチェック：まず，Ω の有界性により連続埋め込み $W^{1,p}(\Omega) \hookrightarrow W^{1,1}(\Omega)$ が成立することに注意しよう．そして $q \in [1, p^*)$ に対して，ある $0 < \alpha \leq 1$ で

$$\frac{1}{q} = \frac{\alpha}{1} + \frac{1-\alpha}{p^*}$$

となることにも注意する．さらに，$\omega \Subset \Omega$ と $|h| < \mathrm{dist}(\omega, \Omega^c)$ をみたす $h \in \mathbb{R}^N$ に対して，Sobolev の埋蔵定理と補題 5.6 (実質的には Hölder の不等式) によって，$u \in W^{1,p}(\Omega)$ について

$$\|\tau_h u - u\|_{L^q(\omega)} \leq \big(\|\tau_h u - u\|_{L^1(\omega)} \big)^\alpha \big(\|\tau_h u - u\|_{L^{p^*}(\omega)} \big)^{1-\alpha}$$
$$\leq \big(\|\tau_h u - u\|_{L^1(\omega)} \big)^\alpha \big(2C \|u\|_{W^{1,p}(\Omega)} \big)^{1-\alpha}$$

が成り立つ. (C は u に無関係な定数.) よって，条件 (ii) を確かめるには，$u \in A$ に関して一様に $\lim_{|h| \to 0} \|\tau_h u - u\|_{L^1(\omega)} = 0$ が成り立つことを言えばよい. ところがこの主張は，$u \in W^{1,p}(\Omega)$ について成り立つ次の不等式

$$\|\tau_h u - u\|_{L^1(\omega)} \leq |h| \, \|\nabla u\|_{L^1(\Omega)} \quad (|h| < \mathrm{dist}(\omega, \Omega^c)) \tag{7.5}$$

7.2. Rellich–Kondrashov の定理

さえ示せば，$W^{1,p}(\Omega) \hookrightarrow W^{1,1}(\Omega)$ と A の $W^{1,p}(\Omega)$ での有界性から明らか．しかし (7.5) は定理 3.25 ですでに示されているので，定理 7.3 の条件 (ii) のチェックは終わる．

以上で定理 7.3 の条件がみたされることが示されたので本定理の主張 (i) の証明ができた．

(ii): このときは，任意の $q \in [1, \infty)$ に対して連続埋め込み $W^{1,p}(\Omega) \hookrightarrow L^q(\Omega)$ が成立することを利用して，(i) の証明と同様に示される．

(iii): この場合，$W^{1,p}(\Omega)$ の有界集合は埋蔵定理によって一様に $1 - N/p$ 次 Hölder 連続かつ一様有界となる．よって，Ascoli–Arzela の定理により $W^{1,p}(\Omega)$ の単位球は $C(\overline{\Omega})$ の相対コンパクト集合となって，定理の主張 (iii) が正しいことがわかる．

境界が C^1 級とは限らない有界領域 Ω の場合は，Ω を含む開球 B を取れば，$u \in W_0^{1,p}(\Omega)$ を $B \cap \Omega^c$ では 0 として延長することにより，自然な等長埋め込み $W_0^{1,p}(\Omega) \hookrightarrow W^{1,p}(B)$ ができる．よって，たとえば (i) の場合は $\rho\colon L^q(B) \to L^q(\Omega)$ を定義域の制限で定まる連続写像として

$$W_0^{1,p}(\Omega) \hookrightarrow W^{1,p}(B) \hookrightarrow L^q(B) \xrightarrow{\rho} L^q(\Omega)$$

を考えると，真ん中の写像のコンパクト性から合成写像はコンパクトとなる．そして，この合成写像は $u \in W_0^{1,p}(\Omega)$ を u 自身に対応させるものであるから，埋め込み $W_0^{1,p}(\Omega) \hookrightarrow L^q(\Omega)$ がコンパクトとなる．他の場合も同様にすればよい．∎

定理 7.4 の (iii)（連続関数への埋め込みのコンパクト性）は実はもっと強い主張に改良できる．

定理 7.5 $\Omega \subset \mathbb{R}^N$ を C^1 級の境界を持つ**有界**な開集合とすると $p > N$ のとき，任意の $0 \leq \sigma < 1 - N/p$ に対して埋め込み $W^{1,p}(\Omega) \hookrightarrow C^{0,\sigma}(\overline{\Omega})$ はコンパクトである．また，**境界が C^1 級とは限らない一般の有界領域 Ω の場合は** $W_0^{1,p}(\Omega) \hookrightarrow C^{0,\sigma}(\overline{\Omega})$ がコンパクトとなる．

証明． 埋蔵定理（定理 6.12）によって，$\sigma_0 := 1 - N/p$ として $W^{1,p}(\Omega) \hookrightarrow C^{0,\sigma_0}(\overline{\Omega})$ なので，Ω を有界として，一般に次の Claim を示せば十分である:

Claim: $0 \leq \sigma < \sigma_0 \leq 1$ に対して埋め込み $C^{0,\sigma_0}(\overline{\Omega}) \hookrightarrow C^{0,\sigma}(\overline{\Omega})$ はコンパクトである.

これを示すために $C^{0,\sigma_0}(\overline{\Omega})$ の有界列 $\{u_n\}_n$ を取る. このときある定数 C があって, 任意の n に対して $\sup_{x\in\Omega}|u_n(x)| \leq C$ かつ $|u_n(x)-u_n(y)| \leq C|x-y|^{\sigma_0}$ ($\forall x,y \in \overline{\Omega}$) だから, $\{u_n\}_n$ は $\overline{\Omega}$ で一様有界かつ同程度連続である. よって, Ascoli–Arzela の定理により $\{u_n\}_n$ は $C(\overline{\Omega})$ で収束する部分列を持つが, 簡単のためこの部分列を改めて $\{u_n\}_n$ で表し, これが u_0 に収束するとしよう. このとき $|u_n(x)-u_n(y)| \leq C|x-y|^{\sigma_0}$ において $n \to \infty$ とすれば $|u_0(x)-u_0(y)| \leq C|x-y|^{\sigma_0}$ だから, $u_0 \in C^{0,\sigma_0}(\overline{\Omega})$ がわかる. よって, 任意の $n \in \mathbb{N}$, $x,y \in \Omega$ に対して

$$|(u_n - u_0)(x) - (u_n - u_0)(y)| \leq |u_n(x)-u_n(y)| + |u_0(x)-u_0(y)| \leq 2C|x-y|^{\sigma_0}$$

が成り立つ. これより, 任意の $\varepsilon > 0$ に対して $\delta > 0$ を $2C\delta^{\sigma_0-\sigma} < \varepsilon$ に取ると ($\sigma_0 - \sigma > 0$ により可能), この δ に対して $n_0 \in \mathbb{N}$ を, $n \geq n_0$ ならば $\|u_n - u_0\|_{C(\overline{\Omega})} < \min\{\varepsilon, \varepsilon\delta^\sigma\}$ が成り立つように取れる. このとき $n \geq n_0$ ならば, $|x-y| \geq \delta$ をみたす $x,y \in \Omega$ については

$$\frac{|(u_n-u_0)(x)-(u_n-u_0)(y)|}{|x-y|^\sigma} \leq \frac{|(u_n-u_0)(x)-(u_n-u_0)(y)|}{\delta^\sigma}$$

$$\leq \frac{2\|u_n-u_0\|_{C(\overline{\Omega})}}{\delta^\sigma} < 2\varepsilon$$

が成り立つ. 一方, $0 < |x-y| < \delta$ ならば

$$\frac{|(u_n-u_0)(x)-(u_n-u_0)(y)|}{|x-y|^\sigma} = \frac{|(u_n-u_0)(x)-(u_n-u_0)(y)|}{|x-y|^{\sigma_0}} \cdot |x-y|^{\sigma_0-\sigma}$$

$$\leq 2C|x-y|^{\sigma_0-\sigma} < 2C\delta^{\sigma_0-\sigma} < \varepsilon$$

だから, 結局 $n \geq n_0$ ならば $\|u_n-u_0\|_{C^{0,\sigma}(\overline{\Omega})} < 3\varepsilon$ が成り立つ. $\varepsilon > 0$ は任意だったので, これは $C^{0,\sigma}(\overline{\Omega})$ で u_n が u_0 に収束することを示している. よって Claim が正しいことが証明された. ∎

Remark 7.6 非有界領域の場合に Rellich–Kondrashov の定理が成り立たないことを簡単な例で示そう. $H^1(\mathbb{R}^N) \hookrightarrow L^2(\mathbb{R}^N)$ はいつでも成り立つが, $0 \neq f_0 \in H^1(\mathbb{R}^N)$ を取り, f_0 を x_1 座標方向に n だけ平行移動した関数を f_n とする. このとき $\{f_n\}_n$ は $H^1(\mathbb{R}^N)$ の有界列であるが, $L^2(\mathbb{R}^N)$ でノルム収束する部分列を持たない. よって埋め込み $H^1(\mathbb{R}^N) \hookrightarrow L^2(\mathbb{R}^N)$ はコンパクトではない.

7.2. Rellich–Kondrashov の定理

次に $W^{1,p}(\Omega)$ についての Rellich–Kondrashov の定理を高階の Sobolev 空間 $W^{m,p}$ へ一般化しよう.

定理 7.7（Rellich–Kondrashov の定理 2） $\Omega \subset \mathbb{R}^N$ を C^1 級の境界を持つ有界な開集合とすると, $W^{m,p}(\Omega)$ ($m \in \mathbb{N}, 1 \leq p < \infty$) に対して次の埋め込みのコンパクト性が成立する.

(i) $m - N/p < 0$ のとき:
   $p^* \in (p, \infty)$ を $1/p^* = 1/p - m/N$ で定めると, 任意の $q \in [1, p^*)$ に対して $W^{m,p}(\Omega) \hookrightarrow L^q(\Omega)$ はコンパクト.

(ii) $m - N/p = 0$ のとき:
   任意の $q \in [p, \infty)$ に対して $W^{m,p}(\Omega) \hookrightarrow L^q(\Omega)$ はコンパクト.

(iii) $m - N/p > 0$ かつ $m - N/p$ が整数ではないとき:
   このとき $k \in \mathbb{Z}_+$ と $\sigma \in (0,1)$ によって $m - N/p = k + \sigma$ と表されるが, 任意の $0 \leq \tau < \sigma$ に対して $W^{m,p}(\Omega) \hookrightarrow C^{k,\tau}(\overline{\Omega})$ はコンパクト. 従って任意の $q \in [1, \infty]$ に対して $W^{m,p}(\Omega) \hookrightarrow L^q(\Omega)$ もコンパクト.

(iv) $m - N/p > 0$ かつ $m - N/p$ が整数のとき:
   このとき $k := m - N/p \in \mathbb{N}$ とすると, 任意の $\sigma \in (0,1)$ に対して $W^{m,p}(\Omega) \hookrightarrow C^{k-1,\sigma}(\overline{\Omega})$ はコンパクト. 従って任意の $q \in [1, \infty]$ に対して $W^{m,p}(\Omega) \hookrightarrow L^q(\Omega)$ もコンパクト.

また, 境界が C^1 級とは限らない一般の有界領域 Ω の場合は, (i)–(iv) において $W^{m,p}(\Omega)$ の代わりに $W_0^{m,p}(\Omega)$ とした主張が成り立つ.

証明. (i): はじめに, $m - N/p < 0$ より $p < N/m \leq N$ なので $W^{1,p}(\Omega)$ に対して定理 7.4 の (i) が適用できることと, $1/p_1 := 1/p - 1/N$ で $p < p_1 < \infty$ をみたす p_1 が定められることに注意しよう.

A を $W^{m,p}(\Omega)$ の有界集合とし, α を $|\alpha| \leq m - 1$ をみたす任意の多重指数とすると, $u \in A$ に対する $\partial^\alpha u$ の全体は $W^{1,p}(\Omega)$ で有界であるから, 定理 7.4 により任意の $p' \in [1, p_1)$ に対して $\{\partial^\alpha u \mid u \in A\}$ は $L^{p'}(\Omega)$ で相対コンパクトとなる. これより A は $W^{m-1,p'}(\Omega)$ で相対コンパクトとなる. そして $(m-1) - N/p' < m - 1 - N/p_1 = m - N/p < 0$ なので, Sobolev の埋蔵定理（定理 6.12）により, $1/p_2 := 1/p' - (m-1)/N$ として任意の $q \in [p', p_2]$ に対して連続埋め込み $W^{m-1,p'}(\Omega) \hookrightarrow L^q(\Omega)$ が成り立つ. また Ω の有界性のため任意の $q \in [1, p']$ に対して $W^{m-1,p'}(\Omega) \hookrightarrow L^q(\Omega)$ だから, 結局任意の $q \in [1, p_2]$ に

対して $W^{m-1,p'}(\Omega) \hookrightarrow L^q(\Omega)$ となる. よって, 任意の $q \in [1, p_2]$ に対して A は $L^q(\Omega)$ で相対コンパクトとなる. (コンパクト集合の連続写像による像はコンパクトだから.) $p' \in [1, p_1)$ は任意なので, $1/p_2$ は $1/p - m/N(= 1/p^*)$ にいくらでも近い値を取れる. 従って, 任意の $q \in [1, p^*)$ に対して $W^{m,p}(\Omega) \hookrightarrow L^q(\Omega)$ がコンパクトであることが示された.

(ii): 任意の $p' \in [1, p)$ に対して明らかに連続埋め込み $W^{m,p}(\Omega) \hookrightarrow W^{m,p'}(\Omega)$ が成立する. そして $m - N/p' < 0$ だからすでに示した (i) により, p'^* を $1/p'^* = 1/p' - m/N$ で定めると, 任意の $q \in [1, p'^*)$ に対して埋め込み $W^{m,p'}(\Omega) \hookrightarrow L^q(\Omega)$ はコンパクトである. $p' \uparrow p$ とすると $p'^* \uparrow \infty$ だから (ii) が証明される.

(iii): 問題のコンパクト性を示すには, $W^{m,p}(\Omega)$ の任意の有界点列 $\{u_n\}_n$ が $C^{k,\tau}(\overline{\Omega})$ で収束する部分列を持つことを言えばよい. まず $(m-k) - N/p = \sigma \in (0,1)$ に注意すると, $|\alpha| \leq k$ ならば $\partial^\alpha u_n$ は $W^{m-k,p}(\Omega)$ で有界だから, 定理 6.12 から得られる連続埋め込み $W^{m-k,p}(\Omega) \hookrightarrow C^{0,\sigma}(\overline{\Omega})$ によって $\partial^\alpha u_n$ は $C^{0,\sigma}(\overline{\Omega})$ で有界となる. よって定理 7.5 の証明中の Claim により $\partial^\alpha u_n$ は $C^{0,\tau}(\overline{\Omega})$ で収束する部分列を持つ. 故に次々に部分列を取ることを有限回繰り返すことによって, 部分列 $\{u_{n_i}\}_i$ で, $|\alpha| \leq k$ をみたすすべての α に対して $\partial^\alpha u_{n_i}$ がある u_α に $C^{0,\tau}(\overline{\Omega})$ のノルムで収束 (従って $\overline{\Omega}$ 上一様収束) するようなものが取れる. $\alpha = (0, \ldots, 0)$ に対する u_α を u_0 で表すと, 一般の α ($|\alpha| \leq k$) に対して Ω 上の通常の微積分学の意味で $u_\alpha = \partial^\alpha u_0$ となることは容易にわかる. (たとえば [54] の I, 定理 6.9, II, 命題 7.4.) 以上で, 各 $\partial^\alpha u_{n_i}$ が $C^{0,\tau}(\overline{\Omega})$ のノルムで $u_\alpha = \partial^\alpha u_0$ に収束することが示されたので, u_{n_i} は $C^{k,\tau}(\overline{\Omega})$ で u_0 に収束することがわかり, (iii) の主張の前半は証明された.

L^q への埋め込みのコンパクト性は埋め込み $C^{k,0}(\overline{\Omega}) \hookrightarrow L^q(\Omega)$ の連続性から容易にわかる.

(iv): 定理 6.12 による埋め込み $W^{m,p}(\Omega) \hookrightarrow C^{k-1,\sigma}(\overline{\Omega})$ の連続性から, (iii) の証明と同様にして証明される.

一般の有界領域 Ω の場合は, 定理 7.4 の証明の最後に述べたように, Ω を含む開球 B を取り, Ω の外では 0 とする延長により等長埋め込み $W_0^{m,p}(\Omega) \to W^{m,p}(B)$ ができるので, $W^{m,p}(B)$ に対する (i)–(iv) の結果と, 定義域の制限による連続写像 $L^q(B) \to L^q(\Omega)$ や $C^{k,\sigma}(\overline{B}) \to C^{k,\sigma}(\overline{\Omega})$ を合成すればよい. ∎

Sobolev 空間同士の埋め込みのコンパクト性の定理を述べよう.

定理 7.8 (Rellich–Kondrashov の定理 3) $\Omega \subset \mathbb{R}^N$ を C^1 級の境界を持つ

7.2. Rellich–Kondrashov の定理

有界な開集合,$m, n \in \mathbb{N}$, $p, q \in [1, \infty)$ とするとき,$m > n$ かつ $m - N/p > n - N/q$ が成り立っていれば,コンパクトな埋め込み $W^{m,p}(\Omega) \hookrightarrow W^{n,q}(\Omega)$ が成立する.(従って特に $\boldsymbol{W^{m,p}(\Omega) \hookrightarrow W^{m-1,p}(\Omega)}$ はコンパクトとなる.)

$\boldsymbol{\partial \Omega}$ が $\boldsymbol{C^1}$ 級とは限らない有界領域の場合も $W^{m,p}(\Omega), W^{n,q}(\Omega)$ をそれぞれ $W_0^{m,p}(\Omega), W_0^{n,q}(\Omega)$ に代えた結果が成り立つ.

証明. $\boldsymbol{(m-n) - N/p < 0}$ のとき:仮定から $(m-n) - N/p > -N/q$ なので,$(m-n) - N/p < 0$ のとき p' を $1/p' = 1/p - (m-n)/N$ で定めると $q < p' < \infty$ となることがわかる.従って定理 7.7 により埋め込み $W^{m-n,p}(\Omega) \hookrightarrow L^q(\Omega)$ はコンパクトである.また,B を $W^{m,p}(\Omega)$ の単位球とすると,$|\alpha| \leq n$ をみたす多重指数 α に対して $\{\partial^\alpha u \mid u \in B\}$ は $W^{m-n,p}(\Omega)$ の有界集合となることは容易にわかる.よって $W^{m-n,p}(\Omega) \hookrightarrow L^q(\Omega)$ のコンパクト性によって $\{\partial^\alpha u \mid u \in B\}$ は $L^q(\Omega)$ の相対コンパクト集合となる.これより $W^{m,p}(\Omega) \hookrightarrow W^{n,q}(\Omega)$ がコンパクトであることがわかる.

$\boldsymbol{(m-n) - N/p \geq 0}$ のとき:この場合は定理 7.7 により $W^{m-n,p}(\Omega) \hookrightarrow L^q(\Omega)$ がコンパクトとなることがわかるので,あとは上の場合と同様にして定理の結論が成り立つことが言える.

C^1 級でない領域の場合は,前定理の証明と同様に Ω を含む開球 B を取って,等長埋め込み $W_0^{m,p}(\Omega) \to W^{m,p}(B)$ と B における埋め込みの結果を合成すればよい.∎

特別なケースでは,境界のなめらかさについての仮定なしに,埋め込みのコンパクト性を示すことができる.

定理 7.9 $\Omega \subset \mathbb{R}^N$ が有界な開集合,$m \in \mathbb{N}$, $p \in (1, \infty)$ とすると,$n < m$ をみたす任意の $n \in \mathbb{N}$, $1 \leq q < p$ をみたす任意の q に対して,埋め込み $W^{m,p}(\Omega) \hookrightarrow W^{n,q}(\Omega)$ はコンパクトである.

証明. 定理 7.4 の証明と同様の方針で,さらに簡単にできるので簡略に述べる.m, n, p, q が定理の仮定をみたしているとする.このとき $W^{m,p}(\Omega) \hookrightarrow W^{n,q}(\Omega)$ となることは,弱導関数の定義と,Ω の有界性から $L^p(\Omega) \hookrightarrow L^q(\Omega)$ ということから明らか.詳しくは $L^p(\Omega) \hookrightarrow L^q(\Omega)$ という関係は Hölder の不等式による $\|u\|_{L^q} \leq |\Omega|^{1/q - 1/p} \|u\|_{L^p}$ $(\forall u \in L^p(\Omega))$ から導かれるが,この不等式を $\omega \in \Omega$

に対する $\Omega \setminus \omega$ 上で用いることにより

$$\int_{\Omega \setminus \omega} |u|^q \, dx \leq |\Omega \setminus \omega|^{1-q/p} \|u\|_{L^p(\Omega)}^q \quad (\forall u \in L^p(\Omega)) \tag{7.6}$$

が成り立つことに注意しよう.

さて, 最初に $W^{1,p}(\Omega) \hookrightarrow L^q(\Omega)$ のコンパクト性を示そう. $A \subset W^{1,p}(\Omega)$ を $W^{1,p}$ ノルムで有界な集合とすると, 任意の $\varepsilon > 0$ に対して (7.6) からある $\delta > 0$ があって, $|\Omega \setminus \omega| < \delta$ をみたす任意の $\omega \Subset \Omega$ に対して $\sup_{u \in A} \|u\|_{L^q(\Omega \setminus \omega)} < \varepsilon$ が成り立つことがわかる. また, 任意の $\omega \Subset \Omega$ に対して $|h| < \mathrm{dist}(\omega, \Omega^c)$ であれば, 任意の $u \in A$ に対して

$$\|\tau_h u - u\|_{L^q(\omega)} \leq |\omega|^{1/q - 1/p} \|\tau_h u - u\|_{L^p(\omega)} \leq |\Omega|^{1/q - 1/p} \|\tau_h u - u\|_{L^p(\omega)}$$

が成り立つ. さらに定理 3.25 によって $\|\tau_h u - u\|_{L^p(\omega)} \leq |h| \|\nabla u\|_{L^p(\Omega)}$ であり, $\sup_{u \in A} \|\nabla u\|_{L^p(\Omega)} < \infty$ だから, A は $L^q(\Omega)$ の部分集合として定理 7.3 の条件 (ii) もみたすことがわかり, $L^q(\Omega)$ の部分集合として相対コンパクトである. よって $W^{1,p}(\Omega) \hookrightarrow L^q(\Omega)$ はコンパクトであることが示された. このことから $W^{m,p}(\Omega) \hookrightarrow W^{m-1,q}(\Omega)$ のコンパクト性が容易に導かれ, 定理の証明が終わる. (u が $W^{m,p}(\Omega)$ の有界集合 A の元全体を動くとき, $|\alpha| \leq m-1$ をみたす多重指数 α に対して, $\partial^\alpha u$ の全体が $W^{1,p}(\Omega)$ の有界集合となることに注意すればよい.) ∎

Remark 7.10 定理 6.18 と同様に, 本章の結果は拡張作用素の存在が保証される, 有界な Lipschitz 領域 (p.146) や限定円錐条件をみたす領域についても成り立つ ([11, Theorem 4.13], [14, Theorem 7.26]). 一方, 境界についての条件をまったく仮定せずには成り立たないこともわかっている ([11, Theorem 4.21]).

第8章
補間定理と
Gagliardo–Nirenberg の不等式

 この章で述べる補間定理は,ある階数の導関数のノルムは,さらに高階の導関数のノルムと 0 階の導関数のノルムで評価できるという定理であるが,実は Gagliardo–Nirenberg の不等式の特別の場合であり,逆に補間定理の証明の一部を用いてもっと精密な Gagliardo–Nirenberg の不等式も証明される.しかし,証明が初等的にできるので,補間不等式をまず証明する.余力のある読者は Gagliardo–Nirenberg の不等式に進まれるとよい.

8.1 補間定理

 はじめに 1 次元のときの結果を述べる ([1, Lemma 4.10]).

補題 8.1 $I := (a,b)$, $(-\infty \leq a < b \leq \infty)$ を 1 次元の区間,$1 \leq p < \infty$, $\varepsilon_0 > 0$ とする.このとき,ある定数 $K = K(\varepsilon_0, p, b-a)$ で,任意の $\varepsilon \in (0, \varepsilon_0]$ と $u \in C^2(I)$ に対して

$$\int_I |u'(t)|^p\, dt \leq K\varepsilon \int_I |u''(t)|^p\, dt + K\varepsilon^{-1} \int_I |u(t)|^p\, dt \tag{8.1}$$

が成り立つようなものが存在する.$b - a = \infty$ のときは K は ε_0 に無関係に取れる.

証明. $\varepsilon_0 = 1$ に対して証明すれば,一般の $\varepsilon_0 > 0$ に対し $0 < \varepsilon \leq \varepsilon_0$ のとき $0 < \varepsilon/\varepsilon_0 < 1$ だから,$K = K(1, p, b-a)$ として

$$\int_I |u'(t)|^p\, dt \leq K \cdot (\varepsilon/\varepsilon_0) \int_I |u''(t)|^p\, dt + K \cdot (\varepsilon/\varepsilon_0)^{-1} \int_I |u(t)|^p\, dt$$

が成り立つので,$K(\varepsilon, p, b-a) := K(1, p, b-a) \max\{\varepsilon_0, 1/\varepsilon_0\}$ として (8.1) が得られる.

はじめに $\varepsilon_0 = 1$, $(a,b) = (0,1)$ とする．このとき $\xi \in (0, 1/3)$, $\eta \in (2/3, 1)$ とすると，ある $\lambda \in (\xi, \eta)$ で

$$|u'(\lambda)| = \left|\frac{u(\eta) - u(\xi)}{\eta - \xi}\right| \leq 3|u(\eta)| + 3|u(\xi)|$$

が成り立つ．よって，任意の $x \in (0,1)$ に対して

$$|u'(x)| = \left|u'(\lambda) + \int_\lambda^x u''(t)\,dt\right|$$
$$\leq 3|u(\xi)| + 3|u(\eta)| + \int_0^1 |u''(t)|\,dt$$

となるが，これを ξ について $(0, 1/3)$ 上，η について $(2/3, 1)$ 上で積分すると

$$\frac{1}{9}|u'(x)| \leq \int_0^{1/3} |u(\xi)|\,d\xi + \int_{2/3}^1 |u(\eta)|\,d\eta + \frac{1}{9}\int_0^1 |u''(t)|\,dt$$
$$\leq \int_0^1 |u(t)|\,dt + \frac{1}{9}\int_0^1 |u''(t)|\,dt \qquad (8.2)$$

が得られる．これに Hölder の不等式を使うと

$$|u'(x)|^p \leq 2^{p-1}9^p \int_0^1 |u(t)|^p\,dt + 2^{p-1}\int_0^1 |u''(t)|^p\,dt \qquad (8.3)$$

がわかる．($\alpha, \beta \geq 0$ に対する不等式 $(\alpha+\beta)^p \leq 2^{p-1}(\alpha^p + \beta^p)$ も使っている．) よって $K_p := 2^{p-1}9^p$ として

$$\int_0^1 |u'(t)|^p\,dt \leq K_p \int_0^1 |u(t)|^p\,dt + K_p \int_0^1 |u''(t)|^p\,dt$$

が成り立つ．よって，任意の有界区間 (a,b) に対して変数変換により

$$\int_a^b |u'(t)|^p\,dt \leq K_p(b-a)^{-p}\int_a^b |u(t)|^p\,dt + K_p(b-a)^p \int_a^b |u''(t)|^p\,dt \qquad (8.4)$$

が得られる．次に $\varepsilon \in (0,1]$ として自然数 n を

$$\frac{1}{2}\varepsilon^{1/p} \leq \frac{1}{n} \leq \varepsilon^{1/p}$$

に取り（区間 $[\varepsilon^{-1/p}, 2\varepsilon^{-1/p}]$ の長さは 1 以上なので可能），(a,b) を n 等分し

8.1. 補間定理

て, $a_j := a + j(b-a)/n$ $(j = 0, 1, \ldots, n)$ と置く. このとき (8.4) より

$$\begin{aligned}
\int_a^b |u'(t)|^p \, dt &= \sum_{j=1}^n \int_{a_{j-1}}^{a_j} |u'(t)|^p \, dt \\
&\leq K_p \sum_{j=1}^n \left\{ \left(\frac{b-a}{n}\right)^p \int_{a_{j-1}}^{a_j} |u''(t)|^p \, dt \right. \\
&\qquad\qquad \left. + \left(\frac{n}{b-a}\right)^p \int_{a_{j-1}}^{a_j} |u(t)|^p \, dt \right\} \\
&\leq \widetilde{K}(p, b-a) \left\{ \varepsilon \int_a^b |u''(t)|^p \, dt + \varepsilon^{-1} \int_a^b |u(t)|^p \, dt \right\} \quad (8.5)
\end{aligned}$$

が $\widetilde{K}(p, b-a) := K_p \max\{(b-a)^p, 2^p(b-a)^{-p}\}$ として成り立つ. (8.5) は (a,b) が有界で $\varepsilon_0 = 1$ の場合に定理の主張が成り立つことを示している. (従って, すでに見たようにして (a,b) が有界のとき, 任意の $\varepsilon_0 > 0$ について定理の主張が成り立つ.)

$b - a = \infty$ の場合は, 区間 (a,b) を長さが 1 の無限個の区間に分割して (8.5) を各々の小区間について用い, それらの不等式をすべて加えることにより, やはり $\varepsilon_0 = 1$ の場合, 従って一般の $\varepsilon_0 > 0$ の場合にも, 定理の主張が成り立つことがわかる.

また, $b - a = \infty$ の場合を次のように考えると, 実は K は ε_0 によらずに取れることがわかる. 実際, 任意の $\varepsilon > 0$ に対して (a,b) を長さが $\varepsilon^{1/p}$ の加算個の区間 $\{I_j\}_j$ に分割すると, 各小区間 I_j について (8.4) により

$$\int_{I_j} |u'(t)|^p \, dt \leq K_p \varepsilon \int_{I_j} |u''(t)|^p \, dt + K_p \varepsilon^{-1} \int_{I_j} |u(t)|^p \, dt$$

が成り立つので, これをすべての j について加えればよい. ∎

定義 8.2 $\Omega \subset \mathbb{R}^N$, $u \in W^{m,p}(\Omega)$ とするとき, $j = 0, 1, \ldots, m$ に対して

$$|u|_{j,p,\Omega} := \left(\sum_{\alpha : |\alpha| = j} \|\partial^\alpha u\|_{L^p(\Omega)}^p \right)^{1/p}$$

と置く. ただし, $\Omega = \mathbb{R}^N$ の場合は $|u|_{j,p,\mathbb{R}^N}$ を単に $|u|_{j,p}$ で表すことがある.

補題 8.1 から全空間における補間定理のもっとも単純な形が容易に証明される．

定理 8.3（補間定理 1） $1 \leq p < \infty$ とすると，空間次元 N と p にのみ依存する定数 K_p で，任意の $\varepsilon > 0$ に対して

$$|u|_{1,p} \leq K_p \varepsilon |u|_{2,p} + K_p \varepsilon^{-1} |u|_{0,p} \quad (\forall u \in W^{2,p}(\mathbb{R}^N)) \tag{8.6}$$

が成り立つものが存在する．ただしここでは $|u|_{j,p,\mathbb{R}^N}$ を $|u|_{j,p}$ と略記している．

証明． $x \in \mathbb{R}^N$ の成分を $x = (x_1, x_2, \ldots, x_N)$ とし，$u \in C_0^2(\mathbb{R}^N)$ とする．このとき $\partial_i := \partial/\partial x_i$ として，u を x_i のみの関数と見て補題 8.1 を適用すると，p だけに依存する定数 K_p で，任意の $\varepsilon > 0$ に対して

$$\int_{-\infty}^{\infty} |\partial_i u(x_1, \ldots, x_N)|^p \, dx_i \leq K_p \varepsilon \int_{-\infty}^{\infty} |\partial_i^2 u(x_1, \ldots, x_N)|^p \, dx_i$$
$$+ K_p \varepsilon^{-1} \int_{-\infty}^{\infty} |u(x_1, \ldots, x_N)|^p \, dx_i \tag{8.7}$$

をみたすものがある．この不等式を残りの変数について積分して $1 \leq i \leq N$ について加えると

$$|u|_{1,p}^p \leq \sum_{i=1}^N K_p \varepsilon \int_{\mathbb{R}^N} |\partial_i^2 u(x_1, \ldots, x_N)|^p \, dx + N K_p \varepsilon^{-1} |u|_{0,p}^p$$
$$\leq K_p \varepsilon |u|_{2,p}^p + N K_p \varepsilon^{-1} |u|_{0,p}^p \tag{8.8}$$

となる．負でない実数 a, b に対して $\sqrt[p]{a+b} \leq \sqrt[p]{a} + \sqrt[p]{b}$ が成り立つから，(8.8) から $u \in C_0^2(\mathbb{R}^N)$ として (8.6) の不等式が，K_p を $(NK_p)^{1/p}$ に置き換え，$\varepsilon^{1/p}$ を改めて ε と考えて成り立つことがわかる．$C_0^2(\mathbb{R}^N)$ は $W^{2,p}(\mathbb{R}^N)$ で稠密なので，これから定理が証明される． ∎

定理 8.4（補間定理 2） $2 \leq m \in \mathbb{N}, 1 \leq p < \infty$ とすると，空間次元 N と m, p にのみ依存する定数 K_p で，任意の $\varepsilon > 0$ と $1 \leq j \leq m-1$ をみたす整数 j に対して

$$|u|_{j,p} \leq K_p \varepsilon^{m-j} |u|_{m,p} + K_p \varepsilon^{-j} |u|_{0,p} \quad (\forall u \in W^{m,p}(\mathbb{R}^N)) \tag{8.9}$$

が成り立つものが存在する．ただしここでは $|u|_{j,p,\mathbb{R}^N}$ を $|u|_{j,p}$ と略記している．

8.1. 補間定理

証明. $m = 2$ の場合は定理 8.3 ですでに証明されている．この定理はそれを元に，m, j に関する数学的帰納法で証明される（[46], [1] 参照）．

ここでは感じをつかむために $m = 3$ の場合をどのようにして導くのかを詳しく述べ，一般の場合は簡略に触れるだけにする．以下では K_p を (8.6) に登場する定数とするが，必要なら大きく取り直して $K_p \geq 1$ としてよいのでそうしておく．さて $u \in W^{3,p}(\mathbb{R}^N)$, $1 \leq i \leq N$, $\varepsilon > 0$ とすると，定理 8.3 の (8.6) を $\partial_i u \in W^{2,p}(\mathbb{R}^N)$ に適用して，

$$|\partial_i u|_{1,p} \leq K_p \varepsilon |\partial_i u|_{2,p} + K_p \varepsilon^{-1} |\partial_i u|_{0,p}$$

が成り立つ．これを i について加えると，N, p にのみ依存する定数 K' があって

$$|u|_{2,p} \leq K' \varepsilon |u|_{3,p} + K' \varepsilon^{-1} |u|_{1,p} \tag{8.10}$$

が成り立つことがわかる．ここで $K' \geq 1$ としてよいことは明らか．一方，(8.6) で ε の代わりに $\varepsilon/(2 K_p K')$ を考えて

$$|u|_{1,p} \leq \frac{\varepsilon}{2K'} |u|_{2,p} + 2 K_p^2 K' \varepsilon^{-1} |u|_{0,p} \tag{8.11}$$

が得られる．よって (8.10) の $|u|_{1,p}$ の項を (8.11) で評価すると

$$|u|_{2,p} \leq K' \varepsilon |u|_{3,p} + \frac{1}{2} |u|_{2,p} + 2 K_p^2 K'^2 \varepsilon^{-2} |u|_{0,p}$$

が得られ，結局

$$|u|_{2,p} \leq 2 K' \varepsilon |u|_{3,p} + 4 K_p^2 K'^2 \varepsilon^{-2} |u|_{0,p}$$

がわかる．これをまた (8.11) に代入して

$$|u|_{1,p} \leq \varepsilon^2 |u|_{3,p} + 4 K_p^2 K' \varepsilon^{-1} |u|_{0,p}$$

よって $\max\{2K', 4K_p^2 K'^2, 4K_p^2 K'\} = 4K_p^2 K'^2$ を改めて K_p とすれば (8.9) が成り立つことが示された．

一般の場合は，$m \geq 3$ かつ $m - 1$ の場合までは定理の主張が成り立っているとして，m の場合も成り立つことを言えばよい．$u \in W^{m,p}(\mathbb{R}^N)$ とすると，帰納法の仮定からある定数 $K > 0$ があって，任意の $\varepsilon > 0$ に対して

$$\begin{cases} |u|_{j,p} \leq K \varepsilon^{m-1-j} |u|_{m-1,p} + K \varepsilon^{-j} |u|_{0,p} & (0 \leq j \leq m-2), \\ |u|_{j,p} \leq K \varepsilon^{m-j} |u|_{m,p} + K \varepsilon^{-j+1} |u|_{1,p} & (1 \leq j \leq m-1) \end{cases} \tag{8.12}$$

が成り立つことがわかる．($m=3$ の場合のはじめの方の議論を参照のこと．)
(8.11) を導いたときのように，この第 1 式で ε の定数倍を考えれば，ある定数 K' によって
$$|u|_{1,p} \leq \frac{\varepsilon^{m-2}}{2K}|u|_{m-1,p} + K'\varepsilon^{-1}|u|_{0,p}$$
となるので，これで (8.12) の第 2 式で $j=m-1$ としたときの $|u|_{1,p}$ の項を評価すれば，(8.9) の $j=m-1$ のときの評価式が得られる．あとはそれを使って (8.12) の第 1 式を書き換えればよい．∎

定理 8.4 を用いると，なめらかな境界を持つ領域についても同様な補間不等式が成立することが導かれる．

定理 8.5（C^2 **級の有界な境界を持つ領域での補間不等式**）$\Omega \subset \mathbb{R}^N$ を C^2 級で有界な境界を持つ開集合とする．このとき，$2 \leq m \in \mathbb{N}, 1 \leq p < \infty, 0 < \varepsilon < 1$ とすると，空間次元 N と Ω, m, p にのみ依存する定数 K_p で，$1 \leq j \leq m-1$ をみたす整数 j に対して
$$|u|_{j,p,\Omega} \leq K_p \varepsilon^{m-j}|u|_{m,p,\Omega} + K_p \varepsilon^{-j}|u|_{0,p,\Omega} \quad (\forall u \in W^{m,p}(\Omega)) \tag{8.13}$$
が成り立つものが存在する．

証明． 仮定により拡張作用素 $E: W^{2,p}(\Omega) \to W^{2,p}(\mathbb{R}^N)$ が存在するが，ここでは E は定理 6.9 の証明に述べた構成法で作った特定のものを表すことにする．さて，$\mathbb{R}^N$ における補間定理（定理 8.3）により，ある定数 K があって任意の $0 < \varepsilon < 1$ に対して
$$|Eu|_{1,p,\mathbb{R}^N} \leq K\varepsilon|Eu|_{2,p,\mathbb{R}^N} + K\varepsilon^{-1}|Eu|_{0,p,\mathbb{R}^N} \quad (\forall u \in W^{2,p}(\Omega)) \tag{8.14}$$
が成り立つ．拡張作用素の有界性からある定数 C があって
$$|Eu|_{2,p,\mathbb{R}^N} \leq \|Eu\|_{W^{2,p}(\mathbb{R}^N)} \leq C\|u\|_{W^{2,p}(\Omega)}$$
なので，定数 C を必要ならもっと大きく取れば
$$|Eu|_{2,p,\mathbb{R}^N} \leq C(|u|_{2,p,\Omega} + |u|_{1,p,\Omega} + |u|_{0,p,\Omega}) \quad (\forall u \in W^{2,p}(\Omega))$$
が成り立つとしてよい．また，E の構成法から $|Eu|_{0,p,\mathbb{R}^N} \leq C|u|_{0,p,\Omega}$ も成り立つとしてよい（定理 6.9 参照）．よって (8.14) から
$$|u|_{1,p,\Omega} \leq KC\varepsilon(|u|_{2,p,\Omega} + |u|_{1,p,\Omega} + |u|_{0,p,\Omega}) + KC\varepsilon^{-1}|u|_{0,p,\Omega} \tag{8.15}$$

8.1. 補間定理

となるが，$\varepsilon \in (0,1)$ は任意だったので $0 < \varepsilon_0 < 1$ を $KC\varepsilon_0 < 1/2$ をみたすように十分小さく取ると，この式から

$$\begin{aligned}|u|_{1,p,\Omega} &\leq 2KC\varepsilon_0(|u|_{2,p,\Omega} + |u|_{0,p,\Omega}) + 2KC\varepsilon_0^{-1}|u|_{0,p,\Omega} \\ &\leq |u|_{2,p,\Omega} + (1 + 2KC\varepsilon_0^{-1})|u|_{0,p,\Omega}\end{aligned}$$

が得られる．($|u|_{1,p,\Omega}$ の項を移項する．）よって (8.15) から，任意の $\varepsilon \in (0,1)$ に対して

$$\begin{aligned}|u|_{1,p,\Omega} &\leq KC\varepsilon\bigl(2|u|_{2,p,\Omega} + (2 + 2KC\varepsilon_0^{-1})|u|_{0,p,\Omega}\bigr) + KC\varepsilon^{-1}|u|_{0,p,\Omega} \\ &\leq 2KC\varepsilon\,|u|_{2,p,\Omega} + KC(3 + 2KC\varepsilon_0^{-1})\varepsilon^{-1}|u|_{0,p,\Omega}\end{aligned}$$

が得られる．（ここで $0 < \varepsilon < 1$ なので $\varepsilon < 1/\varepsilon$ が成り立つことを用いた．）これは $m = 2$ の場合に定理の主張が成り立つことを示している．

$m = 2$ のときが示されたので，あとは定理 8.3 から定理 8.4 を導いたのと同様にして，一般の m でも成り立つことが示される．■

Remark 8.6 限定円錐条件をみたす領域 $\Omega \subset \mathbb{R}^N$ に対しても定理 8.5 が $1 < p < \infty$ で成り立つことが知られている（[46] 定理 15–30, [2] Theorem 5.2).

$p = 2$, 全空間の場合の定理 8.4 の証明　$p = 2$ で全空間の場合は Fourier 変換を使って簡単に定理 8.4 が証明できるのでこれを述べておこう．まず定理 5.18 により

$$u \in H^m(\mathbb{R}^N) \iff (1 + |\xi|^2)^{m/2}\hat{u}(\xi) \in L^2(\mathbb{R}^N)$$

であったことを思い出そう．そして，Fourier 変換と微分との関係により，$u \in H^m(\mathbb{R}^N), j = 0, 1, \ldots, m$ に対して

$$|u|_{j,2} = \left(\int_{\mathbb{R}^N} \sum_{\alpha:|\alpha|=j} |\xi^\alpha \hat{u}(\xi)|^2 \, d\xi\right)^{1/2} = \left(\int_{\mathbb{R}^N} \Bigl(\sum_{\alpha:|\alpha|=j} |\xi^\alpha|^2\Bigr)|\hat{u}(\xi)|^2 \, d\xi\right)^{1/2} \tag{8.16}$$

となる．ここで，ここで次元 N と m にのみ依存する定数 $C \geq 1$ で

$$C^{-1}|\xi|^{2j} \leq \sum_{\alpha:|\alpha|=j} |\xi^\alpha|^2 \leq C|\xi|^{2j} \quad (\forall \xi \in \mathbb{R}^N,\ 0 \leq j \leq m) \tag{8.17}$$

をみたすものが存在することは明らか．また，1変数の微分法により $0 \leq j \leq m$ なら

$$mt^{2j} \leq jt^{2m} + (m-j) \quad (\forall t \geq 0)$$

が成り立つことが容易に証明できる（相加平均・相乗平均の不等式で十分）．$\varepsilon > 0$ として上式で t の代わりに εt を考えれば

$$\varepsilon^{2j} t^{2j} \leq \frac{j}{m} \varepsilon^{2m} t^{2m} + \left(1 - \frac{j}{m}\right) \quad (\forall t \geq 0, \ \forall \varepsilon > 0)$$

が成り立つことがわかる．よって任意の $\xi \in \mathbb{R}^N$ に対して

$$\varepsilon^{2j} |\xi|^{2j} |\hat{u}(\xi)|^2 \leq \frac{j}{m} \varepsilon^{2m} |\xi|^{2m} |\hat{u}(\xi)|^2 + \left(1 - \frac{j}{m}\right) |\hat{u}(\xi)|^2$$

が成り立つので，これを積分して (8.16), (8.17) を使えば

$$\begin{aligned}
\varepsilon^{2j} |u|_{j,2}^2 &\leq C \varepsilon^{2j} \int_{\mathbb{R}^N} |\xi|^{2j} |\hat{u}(\xi)|^2 \, d\xi \\
&\leq C \int_{\mathbb{R}^N} \left\{ \frac{j}{m} \varepsilon^{2m} |\xi|^{2m} |\hat{u}(\xi)|^2 + \left(1 - \frac{j}{m}\right) |\hat{u}(\xi)|^2 \right\} d\xi \\
&\leq C^2 \frac{j}{m} \varepsilon^{2m} |u|_{m,2}^2 + C \left(1 - \frac{j}{m}\right) |u|_{0,2}^2 \\
&\leq C^2 (\varepsilon^{2m} |u|_{m,2}^2 + |u|_{0,2}^2)
\end{aligned}$$

が得られる．これから (8.9) が直ちに得られて $p=2$ で全空間の場合の証明が終わる．この場合，いま見たように補間不等式の証明が簡単な実 1 変数の不等式の計算に帰着してしまうことを理解していただきたい．

8.2　Gagliardo–Nirenberg の不等式 *

定理 8.7 に述べる **Gagliardo–Nirenberg の不等式**[1]は定理 5.16 や補間定理の精密化である．ただし $|u|_{j,p,\mathbb{R}^N}$ などは定義 8.2 を拡張して $p<0$ の場合も次のように定める：$p<0$ の場合は $-N/p = k + \sigma$, $k \in \mathbb{Z}_+$, $0 \leq \sigma < 1$ として，$0 < \sigma < 1$ の場合は $u \in C^{j+k,\sigma}(\mathbb{R}^N)$ を前提として

$$|u|_{j,p,\mathbb{R}^N} := \sum_{|\alpha|=j+k} \sup_{x,y, x \neq y} \frac{|\partial^\alpha u(x) - \partial^\alpha u(y)|}{|x-y|^\sigma}$$

---
[1] Nirenberg 自身はこの不等式を "elementary" と述べているが，elementary なことも積もり積もれば elementary ではないというのが正直な印象である．

8.2. Gagliardo–Nirenberg の不等式 *

とする．（これは Hölder 空間 $C^{j+k,\sigma}(\mathbb{R}^N)$ のノルムの一部を取り出したものである．）そして $-N/p = k \in \mathbb{Z}_+$ のときは

$$|u|_{j,p,\mathbb{R}^N} := \sum_{|\alpha|=j+k} \|\partial^\alpha u\|_{L^\infty}$$

とする[2]．また，定理 8.7 の陳述以外では簡単のため $|u|_{j,p,\mathbb{R}^N}$ を単に $|u|_{j,p}$ で表すことにするので注意していただきたい．

これらの定義を導入する理由は，次の定理中で (8.18) で定まる p は定理の条件下で $1 \leq p \leq \infty$ または $p < 0$ となるからである．なお，一般の $\Omega \subset \mathbb{R}^N$ における Gagliardo–Nirenberg 型の不等式については，Remark 8.8, 8.11 を見ていただきたい．

定理 8.7（Gagliardo–Nirenberg の不等式） q, r は $1 \leq q, r \leq \infty$ をみたす任意の実数，j, m は $0 \leq j < m$ をみたす整数とする．p, a が

$$\begin{cases} \dfrac{j}{m} \leq a \leq 1, \\ \dfrac{1}{p} = \dfrac{j}{N} + a\left(\dfrac{1}{r} - \dfrac{m}{N}\right) + (1-a)\dfrac{1}{q} \end{cases} \tag{8.18}$$

をみたしていれば，ある定数 C があって，任意の $u \in W^{m,r}(\mathbb{R}^N) \cap L^q(\mathbb{R}^N)$ に対して

$$|u|_{j,p,\mathbb{R}^N} \leq C |u|_{m,r,\mathbb{R}^N}^a |u|_{0,q,\mathbb{R}^N}^{1-a} \tag{8.19}$$

が成り立つ．ここで C は N, m, j, q, r, a にのみ依存する．ただし，$m-j-N/r$ が非負整数のとき (8.19) は $j/m \leq a < 1$ の場合に成り立つ．

Remark 8.8 $\Omega \subset \mathbb{R}^N$ を C^m 級の有界な境界を持つ開集合とすれば，$u \in W^{m,r}(\Omega) \cap L^q(\Omega)$ に対して (8.19) の主張を弱くした $|u|_{j,p,\Omega} \leq C \|u\|_{W^{m,r}(\Omega)}^a |u|_{0,q,\Omega}^{1-a}$ という不等式が成り立つ．実際，定理 6.9 により拡張作用素 $E \colon W^{m,r}(\Omega) \to W^{m,r}(\mathbb{R}^N)$ が存在するから，Eu に (8.19) を適用して，$|u|_{j,p,\Omega} \leq C|Eu|_{j,p,\mathbb{R}^N}$, $|Eu|_{m,r,\mathbb{R}^N} \leq C\|u\|_{W^{m,r}(\Omega)}$, $|Eu|_{0,q,\mathbb{R}^N} \leq C|u|_{0,q,\Omega}$ を用いればよい．

証明の前に少し準備をしておく．

---

[2] $-N/p = k \in \mathbb{Z}_+$ のとき $|u|_{j,p,\mathbb{R}^N}$ は $u \in C^{j+k}(\mathbb{R}^N)$ で意味があるが，Gagliardo–Nirenberg の不等式に実際に登場するのは，ある $\sigma > 0$ に対して $u \in C^{j+k,\sigma}(\mathbb{R}^N)$ となっている場合だけである．

補題 8.9 $1 \leq q \leq p < \infty$ とすると, N, p, q にのみ依存するある定数 C に対して
$$|u|_{0,p} \leq C |u|_{1,N}^{1-q/p} |u|_{0,q}^{q/p} \quad (\forall u \in W^{1,N}(\mathbb{R}^N)) \tag{8.20}$$
が成り立つ.

証明. $N = 1$ のときは定理 5.1 により $|u|_{0,\infty} \leq |u|_{1,1}$ なので容易に証明される. よって $N \geq 2$ とする. このとき $u \in C_0^\infty(\mathbb{R}^N)$ に対して (8.20) をみたす定数 C の存在を言えば十分である. そこでまず $p = q + N/(N-1)$ として, $u \in C_0^\infty(\mathbb{R}^N)$ に対して $v := |u|^{p(N-1)/N}$ と置くと, $v \in C_0^1(\mathbb{R}^N)$ に注意し, v に定理 5.1 を適用すると
$$|v|_{0,N/(N-1)} \leq \left(\prod_{i=1}^{N} \|\partial_i v\|_{L^1} \right)^{1/N}$$
となる. ここで $\partial_i v = (p(N-1)/N)|u|^{p(N-1)/N-1}(\mathrm{sgn}\, u)\partial_i u$ $(1 \leq i \leq N)$ だから, Hölder の不等式により
$$\|\partial_i v\|_{L^1} \leq \frac{p(N-1)}{N} \int_{\mathbb{R}^N} |u|^{-1+p(N-1)/N} |\partial_i u| \, dx$$
$$\leq \frac{p(N-1)}{N} |u|_{0,q}^{q(N-1)/N} \|\partial_i u\|_{L^N}$$
がわかる. これと $|v|_{0,N/(N-1)} = |u|_{0,p}^{p(N-1)/N}$ から
$$|u|_{0,p} \leq \left(\frac{p(N-1)}{N} \right)^{N/(p(N-1))} |u|_{1,N}^{1-q/p} |u|_{0,q}^{q/p}$$
が得られるが, $\lambda^{1/\lambda}$ の $\lambda > 0$ における最大値が $e^{1/e}$ であることから, 結局
$$|u|_{0,p} \leq e^{1/e} |u|_{1,N}^{1-q/p} |u|_{0,q}^{q/p} \quad (\forall u \in C_0^\infty(\mathbb{R}^N)) \tag{8.21}$$
が得られた.

次に $q_1 := q$ から出発して帰納的に $q_{i+1} := q_i + N/(N-1)$ と定める. そうすると, 各 i に対して $p = q_{i+1}, q = q_i$ として (8.21) が成り立つから, それを利用して, q, i, N にのみ依存する定数 C_i で, 任意の $u \in C_0^\infty(\mathbb{R}^N)$ に対して
$$|u|_{0,q_{i+1}} \leq C_i |u|_{1,N}^{1-q/q_{i+1}} |u|_{0,q}^{q/q_{i+1}}$$

8.2. Gagliardo–Nirenberg の不等式 *

となるものが存在することが示される.(i についての帰納法による.) $q \leq p$ を
みたす一般の p に対してある i で $p \leq q_{i+1}$ となるので,上の不等式と補題 5.6
から補題が証明される. ∎

補題 8.10 $\lambda < \mu < \nu$ とすると,ある定数 C で

$$|u|_{1/\mu} \leq c|u|_{1/\lambda}^{\frac{\nu-\mu}{\nu-\lambda}} |u|_{1/\nu}^{\frac{\mu-\lambda}{\nu-\lambda}} \quad (\forall u \in C_0^\infty(\mathbb{R}^N))$$

が成り立つ.ただし $p > 0$ のとき $|u|_p := \left(\int_{\mathbb{R}^N} |u|^p \, dx\right)^{1/p}$,$-\infty < p < 0$ のと
きは $|u|_p := |u|_{0,p,\mathbb{R}^N}$, $p = \pm\infty$ のとき $|u|_p := \|u\|_{L^\infty}$ とする[3].

証明. $0 < \lambda < \mu < \nu \leq 1$ のときは,この補題は補題 5.6 に他ならない.その
他の場合も,アイデアさえ理解すれば微分積分学的手段で初等的に示すことが
できる.しかし場合分けが多く手間がかかるので,[46, 定理 15-2] に委ねる. ∎

Gagliardo–Nirenberg の不等式の証明 Gagliardo–Nirenberg の不等式の,補
題 8.10 を認めた上での完全な証明を述べる.しかし補題 8.10 に頼っていない
部分も多く,**$a = j/m$, 1 あるいは $m - j - N/r < 0$ の場合については補題
8.10 抜きに完全な証明になっている**.なお,ここでは簡単のため $|u|_{j,p,\mathbb{R}^N}$ な
どの $\mathbb{R}^N$ は省略する.さて,証明の基本は,a, j, m の特別な場合を確かめれば
一般の場合も証明できるということである.そのために,$a = j/m$ の場合には
(8.18) は $1/p = a/r + (1-a)/q$ と同じで,$a = 1$ の場合には $m - N/r = j - N/p$
と同値になり,ほぼ定理 5.16 の適用できる範囲になることに注意しよう.そし
て $a = j/m$ の場合と $a = 1$ の場合を結ぶこと(補間)が少し手間がかかる.

Step 1: $j = 1, m = 2, a = j/m = 1/2$ の場合から一般の $a = j/m$ の場合を
導く.

<u>Case 1:</u> まず $r < \infty$ の場合を扱う.このときは $u \in C_0^\infty(\mathbb{R}^N)$ に対して (8.19)
を示せば十分である.実際,定理 3.15 から $C_0^\infty(\mathbb{R}^N)$ が $W^{m,r}(\mathbb{R}^N)$ で稠密で
あるが,$u \in W^{m,r}(\mathbb{R}^N) \cap L^q(\mathbb{R}^N)$ に対して,その証明で用いた近似関数 $u_\varepsilon :=$
$\chi_\varepsilon(\rho_\varepsilon * u) \in C_0^\infty(\mathbb{R}^N)$ $(\varepsilon > 0)$ は $L^q(\mathbb{R}^N)$ にも属し,$\|u_\varepsilon\|_{L^q} \leq \|u\|_{L^q}$ も成り立
つ.そして,u_ε に対して (8.19) が成り立ったならば,$|u_\varepsilon|_{0,q}^{1-a} \leq |u|_{0,q}^{1-a}$ に注意

---
[3] $p \geq 1$ のときは $|u|_p = |u|_{0,p,\mathbb{R}^N} = \|u\|_{L^p}$ である.

して $\varepsilon \downarrow 0$ とすれば u に対する (8.19) が得られる．詳しくは，$W^{m,p}(\mathbb{R}^N)$ で $u_\varepsilon \to u$ ということから，0 に収束する $\varepsilon_n > 0$ をうまく取れば，$|\beta| \leq m$ をみたす任意の多重指数 β に対して $\partial^\beta u_{\varepsilon_n}$ が $\partial^\beta u$ に各点収束するようにできることと，$0 < j < m$, $a = j/m$ ならば $1 \leq p < \infty$ なので u_{ε_n} に対する (8.19) で $n \to \infty$ として Fatou の補題を用いればよい．($j = 0$ の場合は自明に成立．)

さて，任意の自然数 m に対して，$j = 0$ かつ $a = j/m = 0$ の場合には $p = q$ となって，(8.19) は自明に成り立つことにまず注意しておく．従って $m = 2$, $j = 1$ のときに成り立つという仮定から，$m = 2$ のときは $0 \leq j < m$ に対して $a = j/m$ として (8.19) は成り立つ．そこで $m \geq 3$ の場合を確かめればよい．このとき，$0 \leq j \leq m$ に対して p_j を $1/p_j := (j/m)(1/r) + (1 - j/m)(1/q)$ で定めると $p_0 = q$, $p_m = r$ で，$1 < j < m$ では $1 \leq p_j < \infty$ である．さらに $1/p_j = (1/p_{j-1} + 1/p_{j+1})/2$ も成り立っている．$u \in C_0^\infty(\mathbb{R}^N)$, $0 < j < m$ とすると，$|\alpha| = j-1$ をみたす任意の多重指数 α に対して $\partial^\alpha u \in C_0^\infty(\mathbb{R}^N)$ を考え，これに $m = 2$, $j = 1$, $a = 1/2$ のときの不等式 (8.19) を適用すれば，u に依存しない定数 C があって $|\partial^\alpha u|_{1,p_j} \leq C|\partial^\alpha u|_{2,p_{j+1}}^{1/2}|\partial^\alpha u|_{0,p_{j-1}}^{1/2}$ となる．$|\partial^\alpha u|_{2,p_{j+1}} \leq |u|_{j+1,p_{j+1}}$, $|\partial^\alpha u|_{0,p_{j-1}} \leq |u|_{j-1,p_{j-1}}$ で右辺を評価してから α について和を取ると（定数 C を取り替えて）

$$|u|_{j,p_j} \leq C|u|_{j+1,p_{j+1}}^{1/2}|u|_{j-1,p_{j-1}}^{1/2}$$

となる．ここで $C \geq 1$ としてよく，上の不等式は $U_j := |u|_{j,p_j}$ と置けば $U_j^2 \leq C^2 U_{j+1} U_{j-1}$ と書けるが，さらに $V_j := C^{j^2} U_j$ とすれば $V_j^2 \leq V_{j+1} V_{j-1}$ となる．よって $\log V_j \leq (\log V_{j+1} + \log V_{j-1})/2$ となり，折れ線グラフ $j \mapsto \log V_j$ が下に凸であることがわかる．よって $\log V_j \leq (j/m) \log V_m + (1 - j/m) \log V_0$ となり，これは $a = j/m$ の場合の (8.19) を示している．なお $U_j = 0$ となる j がある場合は $U_j^2 \leq C^2 U_{j+1} U_{j-1}$ から $0 < j < m$ に対するすべての U_j が 0 となり，この場合も主張は成り立つ．

<u>Case 2</u>: $r = \infty$ の場合．$u \in W^{m,\infty}(\mathbb{R}^N) \cap L^q(\mathbb{R}^N)$ として，Case 1 と同じ記号を使うと，$0 < j < m$ について $U_j^2 \leq C^2 U_{j+1} U_{j-1}$ であることと，$0 \leq j < m$ について $U_j < \infty$ であることさえ言えれば，同じ論法が使えて証明できる．

Case 1 で用いた χ_ε ($\varepsilon > 0$) を使って $\chi_\varepsilon u$ を考えると，$u \in W^{m,\infty}(\mathbb{R}^N) \cap L^q(\mathbb{R}^N)$, $0 < j < m$, $|\alpha| = j-1$ ならば，任意の $r' \in [1, \infty]$, $q' \in [q, \infty]$ に対して $\partial^\alpha(\chi_\varepsilon u) \in W^{2,r'}(\mathbb{R}^N) \cap L^{q'}(\mathbb{R}^N)$ であることに注意しよう．よって，$0 \leq j < m$ に対して $1/p_j = (1 - j/m)(1/q)$ とすると Case 1 と同様にして，$m = 2$, $j = 1$,

8.2. Gagliardo–Nirenberg の不等式 *

$a = 1/2$ のときに (8.19) が成り立つという仮定から $0 < j < m$ に対して

$$|\chi_\varepsilon u|_{j,p_j} \leq C |\chi_\varepsilon u|_{j+1,p_{j+1}}^{1/2} |\chi_\varepsilon u|_{j-1,p_{j-1}}^{1/2}$$

が得られる．($r' = p_{j+1}$, $q' = p_{j-1}$ として適用．) 従って Case 1 の論法が使えて

$$|\chi_\varepsilon u|_{j,p_j} \leq C |\chi_\varepsilon u|_{m,\infty}^{j/m} |\chi_\varepsilon u|_{0,q}^{1-j/m}$$

となる．ここで $\varepsilon \downarrow 0$ とした極限を考えると，$q < \infty$ のときは $1 \leq p_j < \infty$ だから左辺では Fatou の補題が使え，右辺では $|\chi_\varepsilon u|_{m,\infty} \to |u|_{m,\infty}$, $|\chi_\varepsilon u|_{0,q} \to |u|_{0,q}$ (後者は Lebesgue の収束定理による) となるので，この場合は (8.19) の成立が確認できた．$q = \infty$ のときもやはり $\varepsilon \downarrow 0$ として目的の不等式が得られる．(今度は $|\chi_\varepsilon u|_{j,\infty} \to |u|_{j,\infty}$ などから．)

$r = \infty$ の場合，$q = \infty$ ならば $p_j = \infty$ だから $U_j < \infty$ は明らかに成り立つ．

Step 2: $a = 1$, $0 \leq j < m$ かつ $m - j - N/r$ が非負整数でない場合の証明．
注意すべきことは，$a = 1$, $j = 0$, $m = 1$ かつ $r \neq N$ の場合はすでに 1 階の Sobolev 空間についての埋蔵定理 (定理 5.3[4]，定理 5.9) として証明されていることである．だから当面の課題は，1 階の埋蔵定理から一般の場合 (定理 5.12) を導くことに対応しているが，異なるのは (8.19) が単なる埋め込みの連続性よりも精密なところである．しかし基本的には定理 5.12 の証明をなぞればよいが，その前に，$a = 1$ なので目的の不等式は $|u|_{j,p} \leq C|u|_{m,r}$ という形であることを確認しよう．

<u>Case 1:</u> まず $m - j - N/r < 0$ の場合を示す．このとき，$j \leq k \leq m$ をみたす整数 k に対して $1/p_k := 1/r - (m-k)/N$ で p_k を定めると，$r = p_m < p_{m-1} < \cdots < p_j < \infty$ であり，各 $j < k \leq m$ に対して，p_{k-1} は $W^{1,p_k}(\mathbb{R}^N)$ からの埋蔵定理 (定理 5.3) で p に p_k を代入したときの p^* に等しい．そして，$u \in W^{m,p_m}(\mathbb{R}^N)$ とすると $|\alpha| \leq m - 1$ をみたす任意の多重指数 α に対して $\partial^\alpha u \in W^{1,p_m}(\mathbb{R}^N)$ だから，定理 5.3 により $|\partial^\alpha u|_{0,p_{m-1}} \leq C |\partial^\alpha u|_{1,p_m}$ となる．これから別の定数 C で $|u|_{m-1,p_{m-1}} \leq C|u|_{m,p_m}$ と $u \in W^{m-1,p_{m-1}}(\mathbb{R}^N)$ がわかる．(この埋め込みは定理 5.16 ですでにわかっているが．) 同様にして $|u|_{m-2,p_{m-2}} \leq C|u|_{m-1,p_{m-1}}, \ldots, |u|_{j,p_j} \leq C|u|_{j+1,p_{j+1}}$ が示されるのでこれらをつなぎ合わせれば (8.19) が得られる．

<u>Case 2:</u> $m - j - N/r > 0$ の場合．$m - j - N/r$ が整数でないとしているので，ある $j < j_0 \leq m$ に対して $m - j_0 - N/r < 0$ かつ $m - (j_0 - 1) - N/r > 0$

---

[4] この定理は相加平均・相乗平均の不等式を使えば $|u|_{0,p^*} \leq C|u|_{1,p}$ を導く．

となる.また $m-N/r>0$ は非負整数 $l, 0<\sigma<1$ によって $m-N/r=l+\sigma$ と表され,定理 5.12 により $W^{m,r}(\mathbb{R}^N) \hookrightarrow C^{l,\sigma}(\mathbb{R}^N)$ が成り立っているが,j_0 の性質から実は $l=j_0-1$ であることがわかる.このときも p_k を上と同様に定めると,$j_0 \leq k \leq m$ で $p_k \geq 1$ かつ $j \leq k < j_0$ で $p_k < 0$ となり,定理 5.16 より $W^{m,r}(\mathbb{R}^N) \hookrightarrow W^{j_0,p_{j_0}}(\mathbb{R}^N)$ も成り立っている.従って $u \in W^{m,r}(\mathbb{R}^N)$ とすると,$|\alpha| = j_0-1$ をみたす任意の多重指数に対して $\partial^\alpha u \in W^{1,p_{j_0}}(\mathbb{R}^N)$ であり,$1 - N/p_{j_0} = m - (j_0-1) - N/r = \sigma \in (0,1)$ である.よって,1 階の埋蔵定理(定理 5.9)から $\partial^\alpha u \in C^{0,\sigma}(\mathbb{R}^N)$ と

$$|\partial^\alpha u(x) - \partial^\alpha u(y)| \leq C|\partial^\alpha u|_{1,p_{j_0}}|x-y|^\sigma \quad (x,y \in \mathbb{R}^N)$$

が成り立つ.$-N/p_{j_0-1} = 1 - N/p_{j_0} = \sigma$ なので,これは $|u|_{j_0-1,p_{j_0-1}} \leq C|u|_{j_0,p_{j_0}}$ を意味する.ところで $m - j_0 - N/r < 0$ なので,Case 1 からある定数 C' で $|u|_{j_0,p_{j_0}} \leq C'|u|_{m,r}$ が成り立つから,結局 $|u|_{j_0-1,p_{j_0-1}} \leq CC'|u|_{m,r}$ となる.一方,$j \leq k < j_0$ に対して $-N/p_k = m-k-N/r = (j_0-k-1)+\sigma$ だから,$u \in W^{m,r}(\mathbb{R}^N) \subset C^{j_0-1,\sigma}(\mathbb{R}^N)$ に対して $|u|_{k,p_k}$ は,u の k 階偏導関数を j_0-k-1 階偏微分した関数の σ 次 Hölder 連続性の程度,すなわち u の j_0-1 階導関数の σ 次 Hölder 連続性の程度で決まる量であり,$|u|_{j_0-1,p_{j_0-1}}$ に等しい.以上より $|u|_{j,p_j} \leq C|u|_{m,r}$ ($\forall u \in W^{m,r}(\mathbb{R}^N)$) をみたす定数 C が存在する.

Step 3: Step 1 で仮定されていた,$j=1, m=2, a=1/2$ の場合の証明をしよう.具体的には,$1/p = (1/r + 1/q)/2, u \in W^{2,r}(\mathbb{R}^N) \cap L^q(\mathbb{R}^N)$ に対して

$$|u|_{1,p} \leq C_0 |u|_{2,r}^{1/2}|u|_{0,q}^{1/2} \tag{8.22}$$

をみたす定数 C_0 の存在を言えばよい.Case 1 から Case 3 までで空間次元 $N=1$ の場合を示し,Case 4 で一般次元の場合を述べる.

<u>Case 1</u>: $r < \infty$ のとき.このときは Step 1 と同様 $u \in C_0^\infty(\mathbb{R}^N)$ に対して示せばよい.まず $1 < r < \infty$ のときを扱おう.

$u \in C_0^\infty(\mathbb{R})$ とすると,(8.2) から (8.3) を導くときに使った Hölder の不等式を u と u'' について指数を変えて

$$|u'(x)|^p \leq 2^{p-1}9^p \Big(\int_0^1 |u(x)|^q\,dx\Big)^{p/q} + 2^{p-1}\Big(\int_0^1 |u''(x)|^r\,dx\Big)^{p/r} \tag{8.23}$$

が得られる.一般の有界開区間 $I := (a,b)$ に対してその長さ $b-a$ を $|I|$ で表すと,一次変換 $t \mapsto a+(b-a)t$ で $(0,1)$ と I は対応するので,(8.23) から I

8.2. Gagliardo–Nirenberg の不等式 *

に関係しない定数 $C := 2^{p-1} 9^p$ によって

$$\int_I |u'|^p \, dx \leq C |I|^{-(1+p-p/r)} \Big(\int_I |u|^q \, dx \Big)^{p/q} + C |I|^{1+p-p/r} \Big(\int_I |u''|^r \, dx \Big)^{p/r} \tag{8.24}$$

が成り立つことがわかる．ここで $1 + p - p/r > 1$ に注意しておく．

さて，(8.22) を示すためには，$u \in C_0^\infty(\mathbb{R})$ と任意の $L > 0$ に対して

$$\Big(\int_0^L |u(x)|^p \, dx \Big)^{1/p} \leq C_0 \, |u|_{2,r}^{1/2} |u|_{0,q}^{1/2}$$

となる定数 C_0 の存在を言えば十分である．（平行移動して $\mathrm{supp}\, u \subset (0, \infty)$ としてよい．）これを示すための工夫として，任意の自然数 k に対して，区間 $[0, L]$ を最低の長さが L/k 以上のよい性質を持った区間で重ならないように覆うことを考える．まず $[0, \infty)$ の部分区間 I がおとなしい区間ということを次のように定める：I に対して (8.24) の右辺第 1 項が第 2 項よりも小さいとき，I はおとなしい区間であると言うことにする．

さて，k, L が与えられたとして，次のように単調増加列 a_n を定めよう．まず $[0, L/k]$ がおとなしい区間ならば $a_1 := L/k$ とする．そうでない場合は，a_1 を $I = [0, a_1]$ に対して (8.24) の右辺第 1 項と第 2 項が等しくなるようなものとする．このような a_1 の存在は，それぞれの項にかかる $|I|$ の冪の符号の違いによってわかる．（$|u''|^r$ の積分が恒等的に 0 のときは $u = 0$ なので問題ない．）次に $[a_1, a_1 + L/k]$ がおとなしい区間ならば $a_2 = a_1 + L/k$ とし，そうでないときは $I = [a_1, a_2]$ に対して (8.24) の右辺の項が等しくなるようなものに取る．このように繰り返していくと各段階で取る区間 $I_i := [a_{i-1}, a_i]$（$a_0 := 0$ とする）の長さは L/k 以上なので，互いに重ならず，k 個以下で $[0, L]$ を覆う区間列ができるので，はじめて $a_n \geq L$ となった段階で構成をやめる．

次に，I_i が長さを変更する必要がなく，最初からおとなしかった区間とするとその長さは L/k で，

$$\int_{I_i} |u'|^p \, dx \leq 2C |I_i|^{1+p-p/r} \Big(\int_{I_i} |u''|^r \, dx \Big)^{p/r} \leq 2C (L/k)^{1+p-p/r} \|u''\|_{L^r}^p$$

が成り立つ．最初からおとなしかった区間の数は k 個以下なので，これからそのような区間の和集合上での $|u'|^p$ の積分は $2CL^{1+p-p/r} \|u''\|_{L^r}^p / k^{p-p/r}$ で押さえられ，$k \to \infty$ のとき 0 に収束することがわかる．一方，I_i が最初はおとなしくなくて長さを変更した区間の場合，(8.24) で $I = I_i$ とすると右辺の 2 つの

項が等しいので，和はそれらの積の平方根の 2 倍とも等しいから

$$\int_{I_i} |u'|^p\, dx \leq 2C \Big(\int_{I_i} |u|^q\, dx\Big)^{p/2q} \Big(\int_{I_i} |u''|^r\, dx\Big)^{p/2r} \tag{8.25}$$

が成り立つ．ここで $p/2q + p/2r = 1$ から成り立つ，級数についての Hölder の不等式

$$\big|\textstyle\sum_i \alpha_i \beta_i\big| \leq \big(\textstyle\sum_i |\alpha_i|^{2q/p}\big)^{p/2q} \big(\textstyle\sum_i |\beta|^{2r/p}\big)^{p/2r}$$

に注意して (8.25) をもとはおとなしくなかった区間全体について加えると，J をそのような区間全体の和集合として

$$\int_J |u'|^p\, dx \leq 2C |u|_{0,q}^{p/2} |u|_{2,r}^{p/2}$$

が得られる．最初からおとなしかった区間についての評価と合わせて $k \to \infty$ とすれば

$$\int_0^L |u'|^p\, dx \leq 2C |u|_{0,q}^{p/2} |u|_{2,r}^{p/2} \tag{8.26}$$

が得られて，$1 < r < \infty$，$j=1$，$m=2$，$a=1/2$ の場合の不等式が証明された．

$r=1$ の場合も $u \in C_0^\infty(\mathbb{R}^N)$ に対して (8.22) を証明すればよいが，$1 < r < \infty$ で成り立つ (8.22) において $r \downarrow 1$ とすればよい．ただし定数 C が $r \downarrow 1$ のときに ∞ にならないことを確認する必要があるが，(8.26) の C は，(8.24) の C，すなわち $2^{p-1}9^p$ なので，(8.22) の C_0 は 18 という定数に取れるのでこれは大丈夫である．

<u>Case 2:</u> $r=\infty$ で $q<\infty$ のときは Step 1, Case 2 の χ_ε を用いる方法で示す．$\varepsilon > 0$，$u \in W^{2,\infty}(\mathbb{R}^N) \cap L^q(\mathbb{R}^N)$ とすると，$\chi_\varepsilon u$ が任意の $1 \leq r < \infty$ に対して $W^{2,r}(\mathbb{R}^N) \cap L^q(\mathbb{R}^N)$ の元となるので，$1/p_r := (1/r + 1/q)/2$ として，すでに示したことから $|\chi_\varepsilon u|_{1,p_r} \leq C |\chi_\varepsilon u|_{2,r}^{1/2} |\chi_\varepsilon u|_{0,q}^{1/2}$ が成り立つ．ここで C は r に無関係に取れたので，Step 1 の Case 2 と同様に左辺に Fatou の補題を用い，また測度有限な集合上の可測関数 f についてよく知られた $\lim_{r\to\infty}\|f\|_{L^r} = \|f\|_{L^\infty}$ も使って，$r \to \infty$ として $|\chi_\varepsilon u|_{1,p} \leq C |\chi_\varepsilon u|_{2,\infty}^{1/2} |\chi_\varepsilon u|_{0,q}^{1/2}$ が得られる．次にここで $\varepsilon \downarrow 0$ とすれば Step 1 の Case 2 の最後と同様にして，目的の不等式が得られる．

<u>Case 3:</u> 1 次元の場合の最後として，$r=q=\infty$ の場合は，$u \in W^{2,\infty}(\mathbb{R})$ に対して，u に無関係なある定数 C_1 で

$$|u|_{1,\infty} \leq C_1 |u|_{2,\infty}^{1/2} |u|_{0,\infty}^{1/2}$$

8.2. Gagliardo–Nirenberg の不等式 *

が成り立つことを示せばよいが，(8.2) を導いた証明は $u \in W^{2,\infty}$ でも通用することに注意する．(u の連続代表元は C^1 級かつ導関数が Lipschitz 連続．命題 3.4 や Morrey の定理を参照．) そして区間 $(0,1)$ の代わりに x を含む長さ $|I|$ が有限の区間 I で同じ議論をすると

$$\frac{|I|^2}{9}|u(x)| \leq \int_I |u(t)|\,dt + \frac{|I|^2}{9}\int_I |u''(t)|\,dt$$

$$\leq |I|\,|u|_{0,\infty} + \frac{|I|^3}{9}|u|_{2,\infty}$$

が得られる．両辺を $|I|^2$ で割り，右辺を $|I|>0$ を動かして最小化することにより $|u(x)| \leq 6|u|_{0,\infty}^{1/2}|u|_{2,\infty}^{1/2}$ がわかり，この場合も (8.19) が成り立つ．

<u>Case 4</u>: 一般次元の場合．$1 \leq r < \infty$ のときは $u \in C_0^\infty(\mathbb{R}^N)$ に対して (8.22) を証明すればよい．このときは各 $1 \leq i \leq N$ に対して，x_i 以外を固定して 1 変数と考えて (8.22) を使えば，u に無関係な定数 C で

$$\int_\mathbb{R} |\partial_i u|^p\,dx_i \leq C^p \Big(\int_\mathbb{R} |u|^q\,dx_i\Big)^{p/2q} \Big(\int_\mathbb{R} |\partial_i^2 u|^r\,dx_i\Big)^{p/2r}$$

となる．よって，任意の $\varepsilon > 0$ に対して Young の不等式により

$$\int_\mathbb{R} |\partial_i u|^p\,dx_i \leq C^p\Big[\frac{p}{2q}\varepsilon^{2q/p}\int_\mathbb{R}|u|^q\,dx_i + \frac{p}{2r}\varepsilon^{-2r/p}\int_\mathbb{R}|\partial_i^2 u|^r\,dx_i\Big]$$

が得られる．これを残りの変数について積分した後に，$\varepsilon > 0$ を動かして最小値を考え，整理すると

$$\int_{\mathbb{R}^N} |\partial_i u|^p\,dx \leq C^p |\partial_i^2 u|_{0,r}^{p/2}|u|_{0,q}^{p/2},$$

すなわち

$$|\partial_i u|_{0,p} \leq C|\partial_i^2 u|_{0,r}^{1/2}|u|_{0,q}^{1/2} \leq C|u|_{2,r}^{1/2}|u|_{0,q}^{1/2}$$

が得られる．これを i について加えれば $|u|_{1,p} \leq NC|u|_{2,r}^{1/2}|u|_{0,q}^{1/2}$ となって，問題の不等式が得られた．

$r = \infty$ の場合は現 Step 中の Case 2, 3 と同様にすればよい．

Step 4: $m - j - N/r$ が非負整数でない場合の一般の $j/m \leq a \leq 1$ に対する証明．これまでで $a = j/m, 1$ の場合の証明は終わっている．$j/m \leq a \leq 1$ の場合を考えるために，j, m, q, r を固定したときに (8.18) で定まる p を $p(a)$

で表そう．そうすると $j/m \leq a \leq 1$ のときの $p(a)$ は $p(j/m)$ と $p(1)$ の中間にあり，詳しく言うと

$$\frac{1}{p(a)} = \frac{\theta}{p(j/m)} + \frac{1-\theta}{p(1)}, \quad \theta := \frac{1-a}{1-j/m} \in [0,1] \tag{8.27}$$

という関係にある．故に，補題 8.10 によって $a = j/m$ の場合と $a = 1$ の場合を補間して一般の場合が得られる．しかし，本書で完全に証明された範囲で得られるのは $p(j/m) \geq 1$ かつ $p(1) \geq 1$ の場合なので，この場合をもう少し詳しく述べよう．$1 \leq q, r \leq \infty$ という仮定から $1 \leq p(j/m) \leq \infty$ は成り立つので，$p(1) \geq 1$ が問題である．$p(1)$ は $m - N/r = j - N/p(1)$ で定まり，$p(1) > 0$ ならば自動的に $p(1) \geq 1$ が成り立つので，$p(1) \geq 1$ は $m - N/r < j$ と同値である．従って $m - N/r < 0$ の場合は $0 \leq j < m$ という条件に何の制約も加わらないが，$m - N/r \geq 0$ の場合は j の範囲が狭められる[5]．

以上により，$0 \leq j < m$ かつ $m - N/r < j$ ならば $p(1), p(j/m), p(a)$ はすべて 1 以上で (8.27) という関係にある．このとき $m - j - N/r (< 0)$ は非負整数でないから，これまでの Step からある定数 C があって，任意の $u \in W^{m,r}(\mathbb{R}^N) \cap L^q(\mathbb{R}^N)$ と $|\alpha| = j$ をみたす任意の多重指数に対して

$$|\partial^\alpha u|_{0,p(j/m)} \leq C |u|_{m,r}^{j/m} |u|_{0,q}^{1-j/m}, \quad |\partial^\alpha u|_{0,p(1)} \leq C |u|_{m,r}$$

が成り立つ．従って (8.27) と補題 5.6 から

$$|\partial^\alpha u|_{0,p(a)} \leq (C|u|_{m,r}^{j/m}|u|_{0,q}^{1-j/m})^\theta (C|u|_{m,r})^{1-\theta} = C|u|_{m,r}^a |u|_{0,q}^{1-a}$$

となって，別の定数 C をとれば $|u|_{j,p} \leq C|u|_{m,r}^a |u|_{0,q}^{1-a}$ が成り立つ．

Step 5: $m - j - N/r$ が非負整数である場合の証明が残っている．このとき，$j_0 := m - N/r$ は $0 \leq j_0 < m$ をみたす整数であり，$j > j_0$ の場合はすでにこれまでに扱っている場合なので，$0 \leq j \leq j_0$ について (8.19) を証明すればよい．これを $j = j_0$ から始めて下に向かって帰納的に示すが，その前に a に対して (8.18) で決まる p を $p_j(a)$ で表し，$j/m \leq a < 1$ に対してその取り得る値の範囲を確認しておく．まず $p_{j_0}(a)$ の取る値は $[p_{j_0}(j_0/m), \infty)$ の全体になる．$j < j_0$ については $[p_j(j/m), \infty)$ と，負または ∞ の値を取るが，その場合は $|u|_{j,p_j(a)}$ の定義から $-N/p_j(a)$ の値の方が重要であり，その値の範囲は $[0, j - j_0)$ である．また $N/p_j(a)$ の取る値の範囲で言えば $a \in [j/m, 1)$ 全体

---

[5] この範囲は Hölder 空間への埋め込みが起こらないという範囲である．

8.2. Gagliardo–Nirenberg の不等式 *

に対して $(-(j_0 - j), N/p_j(j/m)]$ となる. $a = j/m$ の場合は (8.19) はすでに証明されており, a が下から 1 に近づくとき $N/p_j(a)$ は $-(j_0 - j)$ に近づくので, 補題 8.10 によって, 1 にいくらでも近い $a < 1$ で, (8.19) が成り立つものが存在することを示せば十分である. もう少し詳しく言うと, $a = a_1, a_2 \in [j/m, 1)$ に対して (8.19) が成り立っていたとすると, 任意の $0 < \theta < 1$ に対して $a := \theta a_1 + (1 - \theta) a_2$ と置けば, $N/p_j(a)$ が a の一次関数であることから $1/p_j(a) = \theta/p_j(a_1) + (1 - \theta)/p_j(a_2)$ となり, a_1, a_2 に対する (8.19) から補題 8.10 により中間の a に対しても (8.19) が成り立つことがわかるのである.

以下では記号 C は u に関係しない定数を表し, **出現場所によって異なる値であることを許す**ものとする.

(1): $j = j_0$ の場合. まず $m - N/r = j_0 \in \mathbb{Z}_+$ という仮定から $r \leq N$ であることに注意しよう. ($r = \infty$ とすると $j = m$ となってしまうので, この場合は考えなくてよい.) これから定理 5.16 によって $W^{m,r}(\mathbb{R}^N) \hookrightarrow W^{j_0+1,N}(\mathbb{R}^N)$ となる. よって, $u \in W^{m,r}(\mathbb{R}^N) \cap L^q(\mathbb{R}^N)$, $|\alpha| = j_0$ とすると $\partial^\alpha u \in W^{1,N}(\mathbb{R}^N)$ であり, $j = j_0 + 1$, $a = 1$ ですでに確認されている (8.19) により $|u|_{j_0+1,N} \leq C|u|_{m,r}$ が成り立っている. 一方, $j = j_0$, $a = j_0/m$ の場合も (8.19) が成り立つので $q' := p_{j_0}(j_0/m)$ とすると

$$\|\partial^\alpha u\|_{L^{q'}} \leq |u|_{j_0, q'} \leq C|u|_{m,r}^{j_0/m} |u|_{0,q}^{1 - j_0/m} \tag{8.28}$$

が成り立つ. よって $p := p_{j_0}(a)$ ($j_0/m \leq a < 1$) と置くと, 補題 8.9 が $\partial^\alpha u, p, q'$ に適用できて

$$|\partial^\alpha u|_{0,p} \leq C|\partial^\alpha u|_{1,N}^{1-q'/p} |\partial^\alpha u|_{0,q'}^{q'/p} \leq C|u|_{m,r}^{1-q'/p} |\partial^\alpha u|_{0,q'}^{q'/p}$$

となる. これに (8.28) を代入して計算すると, 少し手間だが, $a \in [j_0/m, 1)$ に対して (8.19) が成り立つことが示される.

(2): $j = j_0 - 1$ の場合. $j_0/m \leq a < 1$ とすると $p_{j_0}(a), p_j(a)$ がともに定義されるが, (8.18) から $-N/p_j(a) = 1 - N/p_{j_0}(a)$ が成り立つ. $a < 1$ が十分 1 に近いと $p_{j_0}(a) > N$ となるが, (1) ですでに示したことから $u \in W^{m,r}(\mathbb{R}^N) \cap L^q(\mathbb{R}^N)$ に対して $|u|_{j_0, p_{j_0}(a)} \leq C|u|_{m,r}^a |u|_{0,q}^{1-a}$ が成り立つ. これは $|\alpha| = j$ とすると $\partial^\alpha u \in W^{1, p_{j_0}(a)}(\mathbb{R}^N)$ を意味するので, Morrey の定理 (定理 5.9) により $\partial^\alpha u$ は $1 - N/p_{j_0}(a)$ 次 Hölder 連続であり, $|u|_{j, p_j(a)} \leq C|u|_{m,r}^a |u|_{0,q}^{1-a}$ が成り立つことがわかる. ($\partial^\alpha u \in W^{m-j,r}(\mathbb{R}^N)$ なので, 埋蔵定理から $\partial^\alpha u \in L^{p_{j_0}(a)}(\mathbb{R}^N)$ であることと, $-N/p_j(a) = 1 - N/p_{j_0}(a) \in (0,1)$ に注意.) Step 5 のはじめに述べたことから, これは $j = j_0 - 1$ のときも (8.19) が成り立つことを示す.

(3): $j < j_0$ で (8.19) が証明されたとして $j-1$ の場合の成立を示す．これには $a < 1$ が十分 1 に近いときに成り立つことを示せばよいが，a が十分 1 に近ければ $p_j(a), p_{j-1}(a)$ はともに負となり，$-N/p_{j-1}(a) = 1 - N/p_j(a)$ だから $-N/p_j(a)$ と $-N/p_{j-1}(a)$ の小数部分は等しい．$-N/p_j(a)$ が整数でないときを考えれば十分なので，$-N/p_j(a) = k + \sigma$ $(k \in \mathbb{Z}_+, 0 < \sigma < 1)$ とする．$u \in W^{m,r}(\mathbb{R}^N) \cap L^q(\mathbb{R}^N)$ とすると帰納法の仮定から $|\alpha| = j + k$ をみたす任意の α に対して

$$|\partial^\alpha u(x) - \partial^\alpha u(y)| \le C|u|_{m,r}^a |u|_{0,q}^{1-a} |x-y|^\sigma \quad (\forall x, y \in \mathbb{R}^N)$$

が成り立つが，$-N/p_{j-1}(a) = k + 1 + \sigma$ だからこれを言い換えれば

$$|u|_{j-1, p_{j-1}(a)} \le C|u|_{m,r}^a |u|_{0,q}^{1-a}$$

となり，同じ a に対して $j-1$ のときも (8.19) が成り立つことが示され，証明は終わる． ∎

Remark 8.11 (1) Gagliardo–Nirenberg の不等式はパラメータ p, q, r が等しくともよく，Hölder 空間への埋め込みも含む点で定理 8.4 の補間不等式よりも一般的であるが，証明には補間不等式の証明で用いた事実も使われた．$p = q = r$ のときは特に強い親近性を持っているのでさらに説明しよう．Gagliardo–Nirenberg の不等式で $p = q = r, a = j/m$ とすると $|u|_{j,p} \le C|u|_{m,p}^{j/m} |u|_{0,p}^{1-j/m}$ となるが，任意の $\varepsilon > 0$ に対して $|u|_{m,p}^{j/m} |u|_{0,p}^{1-j/m} = (\varepsilon |u|_{m,p}^{j/m})(\varepsilon^{-1} |u|_{0,p}^{1-j/m})$ と考えてこの右辺に Young の不等式 (1.6) を使うと，

$$|u|_{j,p} \le C \left(\frac{j}{m} \varepsilon^{m/j} |u|_{m,p} + \frac{m-j}{m} \varepsilon^{-m/(m-j)} |u|_{0,p} \right)$$

が得られる．$\varepsilon^{m/(j(m-j))}$ を改めて ε と置き直してやると，(8.9) が任意の $\varepsilon > 0$ で成り立つことがわかる．逆に (8.9) において，右辺の $\varepsilon > 0$ についての最小値を取れば $p = q = r, a = j/m$ の場合の (8.19) が得られる．よって $W^{m,p}(\mathbb{R}^N)$ については，$p = q = r, a = j/m$ の場合，Gagliardo–Nirenberg の不等式は前節の補間不等式と同等な評価式なのである．

(2) $j < m$ とするとき，$0 \le k \le j$ に対しての $|u|_{k,p}$ についての Gagliardo–Nirenberg の不等式も動員すれば $\|u\|_{W^{j,p}}$ の評価も得られ，それは次のように全空間以外の領域上の場合に拡張できる（[46, 定理 15–15], $1 < p < \infty$ なら限定円錐条件でもよい [46, 定理 15–31]）：$\Omega \subset \mathbb{R}^N$ を一様に C^2 級の境界を持つ開集合，$0 \le j < m$ を整数，$1 \le p \le \infty$ とすると，ある定数 C があって任意の $u \in W^{m,p}(\Omega)$ に対して

$$\|u\|_{W^{j,p}(\Omega)} \le C (|u|_{m,p,\Omega}^{j/m} |u|_{0,p,\Omega}^{1-j/m} + |u|_{0,p,\Omega})$$

が成り立つ．さらに一般的な結果は，[46, 定理 15–16] を参照していただきたい．

第9章
広義の境界値
— Trace Operator

"trace" とは何ものかが残す跡（あと，痕跡）のことを言う．ここで問題にする trace は，ある集合上で定義された関数がその部分集合上や境界上に残すものである．

Sobolev 空間の元は L^p 関数であるから本来「各点での値」というのは意味がない．（一点で値を変えても L^p の元としては同じと見なされる．）しかしながら $u \in W^{1,p}(\mathbb{R}^N)$ で $p > N$ のときは，Morrey の定理により u と同値な L^p 関数で連続なものが一意的に定まるので，その連続関数の値を「u の各点での値」と呼ぶことができる．言い換えると「$u \in W^{1,p}(\mathbb{R}^N)$ は一点への trace を持つ」ということになる．$1 \leq p \leq N$ の場合は一般にこうはならないが，一点でなく超平面や曲面など，もっと次元の高い部分集合への trace は意味を持つことが示されるのである．本章ではこれらのことを扱う．はじめに超平面への trace を論じ，それを利用して次になめらかな境界を持つ領域上の Sobolev 空間の元の境界上への trace を扱う．

9.1 超平面への trace

命題 9.1 $u \in C_0^\infty(\mathbb{R}^N), 1 \leq p \leq \infty$ とすると，u に無関係な定数 C で，$\mathbb{R}^N \ni x = (x', x_N)$ とするとき

$$\|u(\,\cdot\,,0)\|_{L^p(\mathbb{R}^{N-1})} \leq C \, \|u\|_{W^{1,p}(\mathbb{R}^N)} \tag{9.1}$$

をみたすものが存在する．

証明． $1 \leq p < \infty$ の場合：$\chi \in C^\infty(\mathbb{R})$ を $t \leq 1/2$ で $\chi(t) = 1$, $t \geq 1$ で $\chi(t) = 0$ となるようなものとする．このとき，任意の $x' \in \mathbb{R}^{N-1}$ に対して

$$|u(x',0)| = \left|\int_0^1 \partial_N\bigl(\chi(x_N)u(x',x_N)\bigr)\,dx_N\right|$$
$$\leq C\left\{\int_0^1 |u(x',x_N)|\,dx_N + \int_0^1 |\partial_N u(x',x_N)|\,dx_N\right\}$$
$$\leq C\left\{\left(\int_0^1 |u(x',x_N)|^p\,dx_N\right)^{1/p} + \left(\int_0^1 |\partial_N u(x',x_N)|^p\,dx_N\right)^{1/p}\right\}$$

が成り立つ．（C は χ のみで定まる定数．）よって，C' をまた別の u に無関係な定数として

$$\int_{\mathbb{R}^{N-1}} |u(x',0)|^p\,dx'$$
$$\leq C'\int_{\mathbb{R}^{N-1}}\left\{\int_0^1 |u(x',x_N)|^p\,dx_N + \int_0^1 |\partial_N u(x',x_N)|^p\,dx_N\right\}dx'$$
$$\leq C'\int_{\mathbb{R}^N} |u(x',x_N)|^p + |\partial_N u(x',x_N)|^p\,dx$$

が得られる．これは (9.1) が成り立つことを示している．

$p = \infty$ の場合：この場合は明らか． ∎

これから直ちに超平面上への trace の存在が導ける．

定理 9.2（**超平面への trace の存在**） $\mathbb{R}^{N-1}$ を $x' \mapsto (x',0)$ という対応で $\mathbb{R}^N$ の超平面 $\mathbb{R}^{N-1} \times \{0\}$ と同一視する．このとき $1 \leq p < \infty$ に対して，有界線型写像 $\tilde{\gamma}\colon W^{1,p}(\mathbb{R}^N) \to L^p(\mathbb{R}^{N-1})$ で $u \in C_0^\infty(\mathbb{R}^N)$ に対して $(\tilde{\gamma}u)(x') = u(x',0)$ $(x' \in \mathbb{R}^{N-1})$ をみたすものが一意的に定まる．

証明． 命題 9.1 と $C_0^\infty(\mathbb{R}^N)$ の $W^{1,p}(\mathbb{R}^N)$ での稠密性から，対応 $u \in C_0^\infty(\mathbb{R}^N) \mapsto u(\cdot,0) \in L^p(\mathbb{R}^{N-1})$ は $W^{1,p}(\mathbb{R}^N)$ から $L^p(\mathbb{R}^{N-1})$ への有界線型写像へ一意的に拡張されるので，定理が成り立つ． ∎

この定理により，半空間上の Sobolev 空間 $W^{1,p}(\mathbb{R}_+^N)$ $(1 \leq p < \infty)$ の元に対して境界 $\partial\mathbb{R}_+^N$ 上の trace を考えることが可能になる．なお，$\mathbb{R}^N$ における半空間 $\mathbb{R}_+^N$ の境界 $\partial\mathbb{R}_+^N$ は $\{(x',0) \mid x' \in \mathbb{R}^{N-1}\}$ であるが，これを $\mathbb{R}^{N-1}$ と同一視する．

定理 9.3（**広義の境界値**） $1 \leq p \leq \infty$ とすると有界線型写像 $\gamma\colon W^{1,p}(\mathbb{R}_+^N) \to L^p(\mathbb{R}^{N-1})$ で，$u \in W^{1,p}(\mathbb{R}_+^N) \cap C(\overline{\mathbb{R}_+^N})$ に対して $(\gamma(u))(x') = u(x',0)$ $(x' \in \mathbb{R}^{N-1})$ となるものが一意的に定まる．

9.1. 超平面への trace

証明. $1 \leq p < \infty$ の場合は，定理 6.6（半空間での拡張定理）により，$u \in W^{1,p}(\mathbb{R}^N_+)$ に対してその折り返しを対応させて拡張作用素 $E \colon W^{1,p}(\mathbb{R}^N_+) \to W^{1,p}(\mathbb{R}^N)$ が定まる．よって，定理 9.2 の写像 $\tilde{\gamma}$ を用いて，u に対して $\tilde{\gamma}(Eu)$ を対応させる写像 γ が定義される．この γ が定理の条件をみたすことを示そう．

γ の線型性と有界性は前定理から明らかであり，一意性は $C_0^\infty(\mathbb{R}^N)|_{\mathbb{R}^N_+}$（これは $W^{1,p}(\mathbb{R}^N_+) \cap C(\overline{\mathbb{R}^N_+})$ に含まれる）の $W^{1,p}(\mathbb{R}^N_+)$ における稠密性（定理 6.10）からわかる．よって，あとは $u \in W^{1,p}(\mathbb{R}^N_+) \cap C(\overline{\mathbb{R}^N_+})$ ならば $\gamma(u)(x') = u(x',0)$ $(x' \in \mathbb{R}^{N-1})$ が成り立つことを言えばよい．$\mathbb{R}^N$ における mollifier $\{\rho_\varepsilon\}_{\varepsilon>0}$ を固定し，さらにいわゆる cut-off（適当な関数を掛けて台を小さく「切り落とす」という操作のこと）のために，$\chi \in C_0^\infty(\mathbb{R}^N)$ で，$|x| \leq 1$ のとき $\chi(x) = 1$，$|x| \geq 2$ のとき $\chi(x) = 0$ となるものを取る．そして $n \in \mathbb{N}$ に対して $\chi_n(x) := \chi(x/n)$ $(x \in \mathbb{R}^N)$ と置く．このとき $u \in W^{1,p}(\mathbb{R}^N_+) \cap C(\overline{\mathbb{R}^N_+})$ に対して $u_n := \chi_n(\rho_{1/n} * Eu) \in C_0^\infty(\mathbb{R}^N)$ は $n \to \infty$ のとき $W^{1,p}(\mathbb{R}^N)$ のノルムで Eu に収束するから，$L^p(\mathbb{R}^{N-1})$ のノルムで $\tilde{\gamma}(u_n) \to \tilde{\gamma}(Eu) = \gamma(u)$ となる．ところが $\tilde{\gamma}(u_n)(x') = \chi(x'/n,0)(\rho_{1/n} * Eu)(x',0)$ $(x' \in \mathbb{R}^{N-1})$ で，$Eu \in C(\mathbb{R}^N)$ により $(\rho_{1/n} * Eu)(x',0)$ は $\mathbb{R}^{N-1}$ で $Eu(x',0) = u(x',0)$ に局所一様収束する．これより $L^p(\mathbb{R}^{N-1})$ の元として $\gamma(u) = u(x',0)$ が成り立つ（命題 1.18 参照）．

$p = \infty$ の場合は，$W^{1,p}(\mathbb{R}^N_+)$ の元 u の折り返しによる拡張 Eu は $W^{1,p}(\mathbb{R}^N)$ に属し，定理 3.9 により Eu は $\mathbb{R}^N$ で一様に Lipschitz 連続としてよい．従って Eu の $\partial \mathbb{R}^N_+$ への制限を $\gamma(u)$ として，trace operator $W^{1,p}(\mathbb{R}^N_+) \to L^\infty(\partial \mathbb{R}^N_+) \simeq L^\infty(\mathbb{R}^{N-1})$ が定義できる[1]．この γ が定理の主張をみたしていることは明らかで，一意性も $W^{1,\infty}(\mathbb{R}^N_+) = W^{1,\infty}(\mathbb{R}^N_+) \cap C(\overline{\mathbb{R}^N_+})$ だから明らかである．（a.e. に等しい関数を同一視している．）■

定義 9.4 $1 \leq p \leq \infty$ に対してこの定理で一意的な存在が示された γ は，$W^{1,p}(\mathbb{R}^N_+)$ の **trace operator** と呼ばれる．$\gamma(u)$ は L^p の意味でとらえた $u \in W^{1,p}(\mathbb{R}^N_+)$ の境界値と考えられる．

次の定理は $\gamma(u) = 0$ ということが $u \in W_0^{1,p}(\mathbb{R}^N_+)$ に等しいことを示し，$\gamma(u) = 0$ と「u の境界値が 0」ということの関係をさらに示している．

定理 9.5 $1 \leq p < \infty$, trace operator を $\gamma \colon W^{1,p}(\mathbb{R}^N_+) \to L^p(\mathbb{R}^{N-1})$ とすると，$u \in W^{1,p}(\mathbb{R}^N_+)$ に対して次の条件 (i), (ii), (iii) は同値である．

---
[1] 実は Eu を持ち出さなくても埋蔵定理 $W^{1,p}(\mathbb{R}^N_+) \hookrightarrow C(\overline{\mathbb{R}^N_+})$ を使えば γ は定義できるが，本書では直接これを述べた命題がないので迂回路を取った．

(i) $u \in W_0^{1,p}(\mathbb{R}_+^N)$.

(ii) $\gamma(u) = 0$.

(iii) u を $\mathbb{R}_-^N$ では 0 として延長した関数 $\overline{u} \in L^p(\mathbb{R}^N)$ が $W^{1,p}(\mathbb{R}^N)$ に属する.

証明. (i) $\Rightarrow$ (ii): $u \in C_0^\infty(\mathbb{R}_+^N)$ に対して $\gamma(u) = 0$ となることと γ の連続性から, $u \in W_0^{1,p}(\mathbb{R}_+^N)$ に対して $\gamma(u) = 0$ となることは明らか.

(ii) $\Rightarrow$ (iii): $u \in W^{1,p}(\mathbb{R}_+^N)$ かつ $\gamma(u) = 0$ と仮定しよう. このとき u を $\mathbb{R}_-^N$ では 0 として延長した関数 $\overline{u}$ (複素共役の意味ではないので注意) が $W^{1,p}(\mathbb{R}^N)$ の元となることを見よう. そのために, 一般に $\mathbb{R}_+^N$ 上の関数 v を $\mathbb{R}_-^N$ では 0 として延長した $\mathbb{R}^N$ 上の関数を $\overline{v}$ で表す. $v \in L^p(\mathbb{R}_+^N)$ ならば $\overline{v} \in L^p(\mathbb{R}^N)$ である. さて, u の折り返しによる拡張 Eu に対して, γ の定義から $C_0^\infty(\mathbb{R}^N)$ の点列 $\{u_n\}_n$ で, $W^{1,p}(\mathbb{R}^N)$ のノルムで $u_n \to Eu$ かつ $L^p(\mathbb{R}^{N-1})$ において $u_n(x', 0) \to 0$ となるものが存在する. これを用いて, まず

$$\int_{\mathbb{R}^N} (\partial_N \varphi)(x) \overline{u}(x)\, dx = -\int_{\mathbb{R}^N} (\overline{\partial_N u})(x) \varphi(x)\, dx \quad (\forall \varphi \in C_0^\infty(\mathbb{R}^N)) \tag{9.2}$$

が成り立つことを示そう. ここで $\overline{\partial_N u} \in L^p(\mathbb{R}^N)$ も成り立つことに注意しておく. $\varphi \in C_0^\infty(\mathbb{R}^N)$ を固定しておくと, u_n について, $n \to \infty$ で

$$\int_{\mathbb{R}_+^N} (\partial_N \varphi)(x) u_n(x)\, dx \longrightarrow \int_{\mathbb{R}_+^N} (\partial_N \varphi)(x) u(x)\, dx \tag{9.3}$$

が成り立つ. ($\|u|_{\mathbb{R}_+^N} - u\|_{L^p(\mathbb{R}_+^N)} \to 0$ と Hölder の不等式から.) 一方, 部分積分により

$$\int_{\mathbb{R}_+^N} (\partial_N \varphi)(x) u_n(x)\, dx = -\int_{\mathbb{R}^{N-1}} \varphi(x', 0) u_n(x', 0)\, dx' \tag{9.4}$$

$$\qquad\qquad - \int_{\mathbb{R}_+^N} \varphi(x)(\partial_N u_n)(x)\, dx \tag{9.5}$$

となる. ここで (9.4) の右辺の積分は, $1/p + 1/q = 1$ として, Hölder の不等式から

$$\left| \int_{\mathbb{R}^{N-1}} \varphi(x', 0) u_n(x', 0)\, dx' \right| \leq \|\varphi(\,\cdot\,, 0)\|_{L^q(\mathbb{R}^{N-1})} \|u_n(\,\cdot\,, 0)\|_{L^p(\mathbb{R}^{N-1})}$$

なので, $n \to \infty$ のとき 0 に収束する. ($L^p(\mathbb{R}^{N-1})$ で $u_n(x', 0) \to 0$ ということを思い出そう.) また, (9.5) において, $L^p(\mathbb{R}^N)$ ノルムで $\partial u_n/\partial x_N \to \partial Eu/\partial x_N$

9.1. 超平面への trace

だから，(9.3) とあわせて

$$\int_{\mathbb{R}_+^N} (\partial_N \varphi)(x) u(x)\, dx = -\int_{\mathbb{R}_+^N} \varphi(x) \partial_N u(x)\, dx$$

が得られる．これを $\mathbb{R}^N$ 上の積分として表現すれば (9.2) となる．

$i = 1, \ldots, N-1$ に対して，弱導関数の意味で $\partial_i \overline{u} = \overline{\partial_i u}$ が成り立つことは同様にして（境界上の積分がなく，もっと簡単に）示され，結局 $\overline{u} \in W^{1,p}(\mathbb{R}^N)$ が確かめられる．

(iii) ⇒ (i): $\overline{u} \in W^{1,p}(\mathbb{R}^N)$ とすると，定理 3.15 の証明と同じようにすれば $u \in W_0^{1,p}(\mathbb{R}_+^N)$ がわかるのだが，念のため詳しく述べておこう．まず，一般に $\mathbb{R}^N$ 上の関数 f と $h \in \mathbb{R}$ に対して $(\tau_h f)(x) := f(x - h e_N)$ $(x \in \mathbb{R}^N)$ と置く．ここに e_N は x_N 方向の単位ベクトルである．（この τ_h は p.11 で定義した平行移動作用素を x_N 方向に限定したものである．）このとき，L^p での平行移動の連続性（定理 1.7）から $\lim_{h\to 0} \|\overline{u} - \tau_h \overline{u}\|_{W^{1,p}(\mathbb{R}^N)} = 0$ が成り立つことに注意しよう．さて，$\mathbb{R}^N$ における mollifier $\{\rho_\varepsilon\}_{\varepsilon > 0}$ を固定し，さらに cut-off のために $\chi \in C_0^\infty(\mathbb{R}^N)$ で，$|x| \leq 1$ のとき $\chi(x) = 1$, $|x| \geq 2$ のとき $\chi(x) = 0$ となるものを取り，$\ell \in \mathbb{N}$ に対して $\chi_\ell(x) := \chi(x/\ell)$ $(x \in \mathbb{R}^N)$ と置く．これらを用いて，$n \in \mathbb{N}$ に対して $\psi_n := \chi_n(\rho_{1/2n} * \tau_{1/n} \overline{u})$ と置く．$\tau_{1/n} \overline{u}$ が $x_N < 1/n$ では 0 なので，$\rho_{1/2n} * \tau_{1/n} \overline{u}$ の台は半空間 $\mathbb{R}_+^N$ に含まれる（命題 1.14）．よって $\psi_n \in C_0^\infty(\mathbb{R}^N)$ を $\mathbb{R}_+^N$ に制限したものは $C_0^\infty(\mathbb{R}_+^N)$ の元となる．また

$$\|\psi_n - \overline{u}\|_{W^{1,p}(\mathbb{R}^N)} \leq \|\chi_n(\rho_{1/2n} * \tau_{1/n} \overline{u}) - \chi_n \overline{u}\|_{W^{1,p}(\mathbb{R}^N)} \\ + \|\chi_n \overline{u} - \overline{u}\|_{W^{1,p}(\mathbb{R}^N)}$$

と $\|\rho_{1/2n} * \tau_{1/n}\overline{u} - \overline{u}\| \leq \|\rho_{1/2n} * (\tau_{1/n}\overline{u} - \overline{u})\| + \|\rho_{1/2n} * \overline{u} - \overline{u}\|$（ノルムは $W^{1,p}(\mathbb{R}^N)$ での意味）から，$\|\psi_n - \overline{u}\|_{W^{1,p}(\mathbb{R}^N)} \to 0$ $(n \to \infty)$ がわかる．（$\tau_{1/n}\overline{u} \to \overline{u}$ を思い出そう．）よって $W^{1,p}(\mathbb{R}_+^N)$ の元として $\psi_n|_{\mathbb{R}_+^N}$ は $\overline{u}|_{\mathbb{R}_+^N} = u$ に収束するが，$\psi_n|_{\mathbb{R}_+^N} \in C_0^\infty(\mathbb{R}_+^N)$ だから $u \in W_0^{1,p}(\mathbb{R}_+^N)$ が証明された．■

Remark 9.6 $u \in W^{1,p}(\mathbb{R}_+^N)$ に対して，γu の境界値としての意味は次の事実によっても多少明らかにされる：$u \in W^{1,p}(\mathbb{R}_+^N)$ とすると Hausdorff 次元（[52] 参照）が $N - p$ 以下の集合 $F \subset \mathbb{R}^{N-1}$ があり，任意の $x \in \mathbb{R}^{N-1} \setminus F$ に対して

$$\lim_{t \downarrow 0} \frac{1}{|Q_+(x,t)|} \int_{Q_+(x,t)} u(y)\, dy$$

が存在し，この極限は a.e. に $\gamma u(x)$ に一致する（[16, Theorem 3.23]）．ここで $Q_+(x,t)$ は x を中心とする辺長 $2t$ の N 次元立方体と $\mathbb{R}_+^N$ の共通部分を表す．

9.2 なめらかな境界の場合

なめらかで有界な境界を持つ領域の場合には，1 の分解を用いて半空間の場合に帰着させて，境界上への trace の存在を示すことができる．そのためには境界上の面積（測度）を定義しなくてはならないが，有界で C^k 級の境界 ($k \geq 1$)（定義 6.4）の場合には問題なく定義できる．実際，$\Omega \subset \mathbb{R}^N$ を C^k 級の有界な境界を持つ開集合とすると，任意の $x_0 \in \partial\Omega$ に対して，$\mathbb{R}^N$ での x_0 のある近傍 U の閉包から $\mathbb{R}^N$ の開立方体 Q の閉包の上への C^k 級同相写像 H で，$H(U \cap \Omega) = Q_+, H(U \cap \partial\Omega) = Q_0$ となるものが存在する．このとき $B \subset U \cap \partial\Omega$ の面積（$N-1$ 次元測度）$\sigma(B)$ は $A := H(B) \subset Q_0$ として

$$\sigma(B) := \int \cdots \int_A \sqrt{\sum_{i=1}^N \left[\frac{\partial(x_1, \ldots, x_{i-1}, x_{i+1}, \ldots, x_N)}{\partial(y_1, y_2, \ldots, y_{N-2}, y_{N-1})}\right]^2} \, dy_1 dy_2 \cdots dy_{N-1} \tag{9.6}$$

で定義される．ここで $\mathbb{R}^N$ の座標 $x_1, \ldots, x_N$ は $y \in Q_0$ の関数とみなしており，それらは $H^{-1}(y)$ の成分関数に他ならない．一般の $B \subset \partial\Omega$ については有限個のこのような変換を持つ近傍で覆い，それらとの共通部分の面積の和を考えることになるが，重なりがないように分けるか，あるいは 1 の分解を使って各領域上での積分の和をとればよい．

定理 9.7 開集合 $\Omega \subset \mathbb{R}^N$ の境界が有界で C^1 級とする．このとき $1 \leq p \leq \infty$ に対して連続（有界）線型写像 (trace operator) $\gamma: W^{1,p}(\Omega) \to L^p(\partial\Omega)$ で，$u \in W^{1,p}(\Omega) \cap C(\overline{\Omega})$ に対しては $\gamma u = u|_{\partial\Omega}$ となるものが一意的に存在する．ここで $L^p(\partial\Omega)$ は境界上の面積に関する L^p 空間を表す．

証明． $\underline{1 \leq p < \infty}$ の場合：定理 6.9 の証明と同様に，C^1 級の関数からなる 1 の分解を用いて，半空間の場合に帰着させて示せばよい．もう少し詳しく言うと，$\partial\Omega$ の有限開被覆 $\{U_i\}_{i=1}^n$ で，各 U_i の閉包から $\mathbb{R}^N$ の開立方体 Q の閉包の上への C^1 級同相写像 H_i で $H_i(U_i \cap \Omega) = Q_+, H_i(U_i \cap \partial\Omega) = Q_0$ となるものが存在する．そして次の条件をみたすような関数 φ_i ($i = 1, \ldots, n$) が構成できる：

$$\varphi_i \in C_0^\infty(\mathbb{R}^N), \ 0 \leq \varphi_i \leq 1, \ \mathrm{supp}\, \varphi_i \subset U_i, \ \partial\Omega \text{ のある近傍上で} \sum_{i=1}^n \varphi_i = 1. \tag{9.7}$$

9.2. なめらかな境界の場合

このとき，$u \in W^{1,p}(\Omega)$ に対して $v_i := (\varphi_i u) \circ H_i^{-1}$ は定理 4.9 により $W^{1,p}(Q_+)$ の元となるが，v_i は $\mathbb{R}_+^N \setminus Q_+$ の外では 0 として延長して自然に $W^{1,p}(\mathbb{R}_+^N)$ の元と考えられる（補題 3.16）．こう考えると定理 9.3 の trace operator γ を適用して $\gamma v_i \in L^p(\mathbb{R}^{N-1})$ が定まる．従って $u_i := (\gamma v_i) \circ H_i|_{U_i \cap \partial\Omega}$ は $L^p(U_i \cap \partial\Omega)$ の元を定める．実際，簡単のため (9.6) 中の平方根を $\sqrt{D}$ で表すと $\sqrt{D}$ は Q_0 上で有界だから，$y = (y', y_N)$ とするとある定数 C に対して

$$\int_{\partial\Omega \cap U_i} |u_i|^p \, d\sigma = \int_{Q_0} |(\gamma v_i)(y')|^p \sqrt{D} \, dy' \leq C \|\gamma v_i\|_{L^p(Q_0)}^p$$

が成り立つ．u_i は $U_i \cap \partial\Omega$ の外では値を 0 として $\partial\Omega$ 全体の上の関数と考えることができる．このとき，γ の連続性および $\varphi_i u$ から $\varphi_i u \circ H_i^{-1}$ への対応の連続性から，別の定数 C で

$$\|u_i\|_{L^p(\partial\Omega)} \leq C \|\varphi_i u\|_{W^{1,p}(\Omega)} \tag{9.8}$$

が成り立つ．そして $u \mapsto \sum_{i=1}^n u_i$ が定理の条件をみたす trace operator となる．実際，線型性と $u \in W^{1,p}(\Omega) \cap C(\overline{\Omega})$ のとき $\gamma(u) = u|_{\partial\Omega}$ であることは明らかである．また，連続性も (9.8) と $\|\varphi_i u\|_{W^{1,p}(\Omega)} \leq C\|u\|_{W^{1,p}(\Omega)}$ からすぐわかる（C はまた別の定数）．

γ の一意性に関しては，定理 6.9, 6.10 から $W^{1,p}(\Omega) \cap C(\overline{\Omega})$ が $W^{1,p}(\Omega)$ で稠密であることがわかり，この空間上では γ は普通の意味での境界値なのだから確かに成り立つのである．

<u>$p = \infty$ の場合</u>：$W^{1,\infty}(\Omega)$ から $W^{1,\infty}(\mathbb{R}^N)$ への拡張作用素 E が存在し，$u \in W^{1,\infty}(\Omega)$ に対して Eu が定理 3.9 から Lipschitz 連続な代表元を持つ．よってこの代表元の $\partial\Omega$ への制限を $\gamma(u)$ とすれば求める trace となる．一意性は $W^{1,\infty}(\Omega) \cap C(\overline{\Omega}) = W^{1,\infty}(\Omega)$ なので自明になってしまう．∎

この定理で得られる trace operator γ は，**一意性により構成に使用した φ_i による分解に依存せず定まる**．しかし残念ながら，γ に対して半空間における定理 9.5 と同様なことが成り立つことを示すためには，その構成法にまで戻らなければならない．

定理 9.8 開集合 $\Omega \subset \mathbb{R}^N$ の境界が有界で C^1 級とする．このとき $1 \leq p < \infty$ に対して，$\gamma: W^{1,p}(\Omega) \to L^p(\partial\Omega)$ を前定理により定まる trace operator とすると，$u \in W^{1,p}(\Omega)$ について $u \in W_0^{1,p}(\Omega)$ と $\gamma(u) = 0$ は同値となる．また，

$\gamma(u) = 0$ は，u を Ω^c では 0 として拡張した $\overline{u} \in L^p(\mathbb{R}^N)$ が $W^{1,p}(\mathbb{R}^N)$ に属することとも同値である．

証明． ここでは前定理の証明中の記号を自由に用いることにする．さて，$u \in C_0^\infty(\Omega)$ ならば $\gamma(u)$ の定義から $\gamma(u) = 0$ となることは明らかで，γ の連続性から $u \in W_0^{1,p}(\Omega)$ に対しても $\gamma(u) = 0$ となる．

逆を示すために次のことに注意しよう：任意に $\varphi \in C_0^\infty(\mathbb{R}^N)$ を取ると，$u \in W^{1,p}(\Omega)$ ならば φu (正確には $\varphi|_\Omega u$) は $W^{1,p}(\Omega)$ の元であり，写像 $u \mapsto \varphi u$ は $W^{1,p}(\Omega)$ から $W^{1,p}(\Omega)$ への有界線型写像であることが容易にわかる．従って $u \mapsto \gamma(\varphi u)$ は $W^{1,p}(\Omega)$ から $L^p(\partial\Omega)$ への有界線型写像となる．$W^{1,p}(\Omega)$ で稠密な $W^{1,p}(\Omega) \cap C(\overline{\Omega})$ の元 u に対しては明らかに $\gamma(\varphi u) = \varphi|_{\partial\Omega} u|_{\partial\Omega} = \varphi|_{\partial\Omega} \gamma(u)$ が成り立つので，いま注意した連続性により任意の $u \in W^{1,p}(\Omega)$ に対して $\gamma(\varphi u) = \varphi|_{\partial\Omega} \gamma(u)$ が成り立つことがわかる．

さて，$u \in W^{1,p}(\Omega)$ に対して $\gamma(u) = 0$ となったとしよう．このとき $\varphi_i \in C_0^\infty(\mathbb{R}^N)$ を前定理の証明で γ の定義のために用いた関数とすると，$\gamma(\varphi_i u) = \varphi_i|_{\partial\Omega} \gamma(u) = 0$ となる．従って $\gamma((\varphi_i u) \circ H_i^{-1}) = 0$ であり，半空間の場合の定理 9.5 により $(\varphi_i u) \circ H_i^{-1} \in H_0^1(Q_+)$ となる．故に定理 4.9 から $\varphi_i u \in W_0^{1,p}(U_i \cap \Omega)$ となり，$u = \sum_{i=1}^n \varphi_i u + (1 - \sum_{i=1}^n \varphi_i) u$ により $u \in W_0^{1,p}(\Omega)$ がわかる．ここで $(1 - \sum_{i=1}^n \varphi_i) u \in W_0^{1,p}(\Omega)$ となるを使ったが，これを示すには，$1 - \sum_{i=1}^n \varphi_i$ が $\partial\Omega$ の近傍では恒等的に 0 なので，$(1 - \sum_{i=1}^n \varphi_i) u$ は Ω^c では 0 と延長して自然に $W^{1,p}(\mathbb{R}^N)$ の元と考えられることに注意する (補題 3.16)．$\{\rho_\varepsilon\}_{\varepsilon > 0}$ を $\mathbb{R}^N$ における mollifier とすると，十分小さい $\varepsilon > 0$ に対して $\rho_\varepsilon * ((1 - \sum_{i=1}^n \varphi_i) u)$ の台は Ω に含まれ，$\varepsilon \to 0$ のときこの関数は $(1 - \sum_{i=1}^n \varphi_i) u$ に $W^{1,p}(\Omega)$ で収束する．よって，$(1 - \sum_{i=1}^n \varphi_i) u \in W_0^{1,p}(\Omega)$ が成り立つ．

定理の残りの部分について，まず $\gamma(u) = 0$ とすると $u \in W_0^{1,p}(\Omega)$ なので，$\|u_n - u\|_{W^{1,p}} \to 0$ となる列 $u_n \in C_0^\infty(\Omega)$ がある．$\overline{u_n} \in W^{1,p}(\mathbb{R}^N)$ だから，任意の $\varphi \in C_0^\infty(\mathbb{R}^N)$ に対して $\int_{\mathbb{R}^N} \varphi \overline{\partial_i u_n} \, dx = -\int_{\mathbb{R}^N} (\partial_i \varphi) \overline{u_n} \, dx$ となり，$n \to \infty$ として $\overline{u} \in W^{1,p}(\mathbb{R}^N)$ がわかる．(定理 9.5 の (ii) $\Rightarrow$ (iii) の証明参照．) 次に $\overline{u} \in W^{1,p}(\mathbb{R}^N)$ とすると，これまでの記号で言って，各 i に対して $(\varphi_i \overline{u}) \circ H_i^{-1} \in W^{1,p}(Q)$ が $(\varphi_i u) \circ H_i^{-1} \in W^{1,p}(Q_+)$ の拡張であることを意味する．$(\varphi_i u) \circ H_i^{-1}$ は $\partial Q_+ \setminus Q_0$ の近傍で 0 だから，このことは $(\varphi_i u) \circ H_i^{-1}$ を $W^{1,p}(\mathbb{R}_+^N)$ の元と考えて (補題 3.16)，$\mathbb{R}_-^N$ では 0 として延長した関数が $W^{1,p}(\mathbb{R}^N)$ に属することを意味する．よって定理 9.5 により $\gamma((\varphi_i u) \circ H_i^{-1}) = 0$ となり，$W^{1,p}(\Omega)$ で

の trace の定義から $\gamma(u) = 0$ となることがわかる. ∎

Remark 9.9 定理 9.8 は $p = \infty$ の場合は成り立たない. それは $u \in W_0^{1,\infty}(\Omega)$ という条件が「境界値が 0」という以上の強い条件となってしまうからである. 実際, 1 次元区間 $(-1, 1)$ を Ω とすると $u(x) := 1 - |x|$ ($x \in \Omega$) は $\gamma(u) = 0$ をみたすが $u \notin W_0^{1,\infty}(\Omega)$ である. なぜならば, $\varphi_n \in C_0^\infty(\Omega)$ ($n \in \mathbb{N}$) が $\|\varphi_n - u\|_{W^{1,\infty}} \to 0$ をみたしているとすると $\|\varphi_n' - u'\|_{L^\infty} \to 0$ でなければならないが, $x = 1$ の近傍で $\varphi_n' = 0$ かつ $u' = -1$ なので $\|\varphi_n' - u'\|_{L^\infty} \geq 1$ となって矛盾が起きるから.

9.3 　境界値と分数次の Sobolev 空間 *

$W^{1,p}(\mathbb{R}_+^N)$ の trace は $L^p(\mathbb{R}^{N-1})$ に含まれるが, その像は $L^p(\mathbb{R}^{N-1})$ 全体とはならない. 像 $\gamma(W^{1,p}(\mathbb{R}_+^N))$ を特徴づけるためには, 次のような分数次の Sobolev 空間を導入する必要がある.

定義 9.10 $\Omega \subset \mathbb{R}^N$, $1 < p < \infty$, $0 < \sigma < 1$ とするとき, $u \in L^p(\Omega)$ に対して

$$\|u\|_{0,p,\sigma} := \left(\int_\Omega \int_\Omega \frac{|u(x) - u(y)|^p}{|x - y|^{N + \sigma p}} \, dxdy \right)^{1/p} \tag{9.9}$$

と置く. ($+\infty$ も値として認める.) このとき $s = m + \sigma$ ($m = 0, 1, 2, \ldots$) に対して $W^{s,p}(\Omega)$ を, $W^{m,p}(\Omega)$ の元 u で

$$\|u\|_{W^{s,p}(\Omega)} := \left\{ \|u\|_{W^{m,p}(\Omega)}^p + \sum_{|\alpha|=m} \|\partial^\alpha u\|_{0,p,\sigma}^p \right\}^{1/p}$$

が有限な値となるもの全体の集合と定める. 通常の線型演算と $\|u\|_{W^{s,p}(\Omega)}$ によって, $W^{s,p}(\Omega)$ は Banach 空間（特に $p = 2$ の場合は Hilbert 空間）となる[2].

$W^{s,p}(\Omega)$ を用いると, 次の定理が成り立つことが知られている.

定理 9.11 $1 < p < \infty$ とすると trace operator γ による $W^{1,p}(\mathbb{R}_+^N)$ の像は $W^{1-\frac{1}{p},p}(\mathbb{R}^{N-1})$ に一致し, Banach 空間として

$$W^{1,p}(\mathbb{R}_+^N) / \ker \gamma \simeq W^{1-\frac{1}{p},p}(\mathbb{R}^{N-1})$$

が成り立つ. ただし $\ker \gamma := \gamma^{-1}(0)$ である.

---
[2] ここで $W^{s,p}$ と書いたものは, Sobolev 空間を実補間して得られる Besov 空間の系列に属する $B^{s;p,p}$ である. ([2] の表記. 同書 Theorem 7.47 参照. $B_{p,p}^s$ という表記も一般的である.) 複素補間による $W^{s,p}$ とは一般に異なるので注意が必要.

ここではこの定理の完全な証明は述べないが，$p=2$ の場合は比較的簡単なので，[30] にある証明を参考にしたものをこの後に述べる．同じく $p=2$ の場合で，なめらかかつ有界な境界を持つ場合の証明が [35] にある．

一般の場合については高階の Sobolev 空間の場合も含め [2, Theorem 7.39] を参照．[10, Chapter IX, Proposition 17.1, 17.1c] には 1 階の場合の直接的な証明がある．$s \notin \mathbb{N}$ の一般の $W^{s,p}$ については**補間空間としての特徴付け**が重要である．これについては [2] や [17] などを参照のこと．(本書の「あとがきに代えて」にも案内を述べた．)

Remark 9.12 $\Omega \subset \mathbb{R}^N$ を C^1 級で有界な境界 $\partial\Omega$ を持つ開集合とする．このとき境界上の面積測度を用いて $W^{s,p}(\partial\Omega)$ を定義することができ，trace について半空間 $\mathbb{R}^N_+$ のときと同様の結果が成り立つ．

Fourier 変換による $p=2$ の場合の証明 $p=2$ で全空間の場合には Fourier 変換によって分数次の空間が容易に記述でき，trace operator の値域についての証明が簡単になる．

まず Fourier 変換を使って分数次の Sobolev 空間を次のように導入する．

定義 9.13 $0 \leq s \in \mathbb{R}$ に対して

$$H^s(\mathbb{R}^N) := \{ u \in L^2(\mathbb{R}^N) \mid (1+|\xi|^2)^{s/2} \hat{u}(\xi) \in L^2(\mathbb{R}^N_\xi) \}$$

と置く．$u \in H^s(\mathbb{R}^N)$ は，通常の線型演算と

$$(u,v) := \int_{\mathbb{R}^N} (1+|\xi|^2)^s \hat{u}(\xi) \overline{\hat{v}(\xi)} \, d\xi$$

という内積によって Hilbert 空間となる．そして $C_0^\infty(\mathbb{R}^N)$ が $H^s(\mathbb{R}^N)$ で**稠密**となることは**容易に示される**．また，$s \in \mathbb{N}$ に対しては，$H^s(\mathbb{R}^N)$ は通常の Sobolev 空間 $W^{s,2}(\mathbb{R}^N)$ に一致している（定理 5.18 ）．

Remark 9.14 $s < 0$ の場合にも Schwartz の緩増加超関数の空間 $\mathscr{S}'(\mathbb{R}^N)$ の部分空間として $H^s(\mathbb{R}^N)$ が定義される．

次にこの定義による空間が，定義 9.10 で $p=2$ としたものと一致することを確かめよう．

定理 9.15 任意の $s \geq 0$ に対して，$H^s(\mathbb{R}^N)$ は $W^{s,2}(\mathbb{R}^N)$ と Hilbert 空間として同型となる（ノルムが同値）．

9.3. 境界値と分数次の Sobolev 空間 *

証明. $s \in \mathbb{Z}_+$ のときは定理 5.18 に述べたとおりである．

$0 < s < 1$ のときは，$\varphi \in L^2(\mathbb{R}^N)$ に対して

$$\iint_{\mathbb{R}^N \times \mathbb{R}^N} \frac{|\varphi(x+z) - \varphi(x)|^2}{|z|^{N+2s}} \, dx \, dz = c_{N,s} \int_{\mathbb{R}^N} |\xi|^{2s} |\hat{\varphi}(\xi)|^2 \, d\xi \tag{9.10}$$

となるような，N, s にのみ依存する定数 $c_{N,s}$ が存在することを示せばよい．（上式は $\infty = \infty$ でも成り立つものと認める．）Fourier の反転公式（$\mathscr{F}\overline{\mathscr{F}} = \overline{\mathscr{F}}\mathscr{F} = I$）（p.114 の脚注参照）から

$$\varphi(x+z) - \varphi(x) = \frac{1}{(2\pi)^{N/2}} \int_{\mathbb{R}^N} e^{ix\xi}(e^{iz\xi} - 1)\hat{\varphi}(\xi) \, d\xi$$

なので，Fourier 変換のユニタリ性（Planchrel の定理）により

$$\int_{\mathbb{R}^N} |\varphi(x+z) - \varphi(x)|^2 \, dx = \int_{\mathbb{R}^N} |e^{iz\xi} - 1|^2 \, |\hat{\varphi}(\xi)|^2 \, d\xi$$

が成り立つ．よって

$$\begin{aligned}
\iint_{\mathbb{R}^N \times \mathbb{R}^N} \frac{|\varphi(x+z) - \varphi(x)|^2}{|z|^{N+2s}} \, dx \, dz &= \int_{\mathbb{R}^N} \int_{\mathbb{R}^N} \frac{|e^{iz\xi} - 1|^2}{|z|^{N+2s}} |\hat{\varphi}(\xi)|^2 \, d\xi \, dz \\
&= \int_{\mathbb{R}^N} \int_{\mathbb{R}^N} \frac{|e^{iz\xi} - 1|^2}{|z|^{N+2s}} |\hat{\varphi}(\xi)|^2 \, dz \, d\xi \\
&= \int_{\mathbb{R}^N} \left(\int_{\mathbb{R}^N} \frac{|e^{iz\xi} - 1|^2}{|z|^{N+2s}|\xi|^{2s}} \, dz \right) |\xi|^{2s} |\hat{\varphi}(\xi)|^2 \, d\xi
\end{aligned} \tag{9.11}$$

となるが，

$$\int_{\mathbb{R}^N} \frac{|e^{iz\xi} - 1|^2}{|z|^{N+2s}|\xi|^{2s}} \, dz$$

において，まず ξ 方向を z_1（z の第一成分）とするように直交変換を行い，その後 $|\xi| z$ を改めて z と置く変数変換を行えば

$$\int_{\mathbb{R}^N} \frac{|e^{iz\xi} - 1|^2}{|z|^{N+2s}|\xi|^{2s}} \, dz = \int_{\mathbb{R}^N} \frac{|e^{iz_1} - 1|^2}{|z|^{N+2s}} \, dz =: c_{N,s}$$

は ξ に無関係であることがわかる．この積分が有限であることは，$|e^{iz_1} - 1| \leq \min\{|z_1|, 2\}$ から

$$\frac{|e^{iz_1} - 1|^2}{|z|^{N+2s}} \leq \min\left\{ \frac{1}{|z|^{N-2+2s}}, \frac{4}{|z|^{N+2s}} \right\}$$

が成り立つことからわかる．($|z| \leq 1$ で前者の評価，$|z| \geq 1$ で後者の評価を使えばよい．）よって (9.11) から (9.10) が成り立つことが示される．

$s = m + \sigma$（$m \in \mathbb{N}, 0 < \sigma < 1$）のときは，$u \in H^s(\mathbb{R}^N)$ であることが，$u \in H^m(\mathbb{R}^N)$ かつ $|\alpha| = m$ をみたす任意の多重指数 α に対して $\partial^\alpha u \in H^\sigma(\mathbb{R}^N)$ となることと同値であることに注意すれば[3]，これまでに示したことから容易に定理が示される．■

命題 9.16 ある定数 C があって，任意の $u \in H^1(\mathbb{R}^N)$ に対して

$$\|u(\,\cdot\,,0)\|_{H^{1/2}(\mathbb{R}^{N-1})} \leq C \,\|u\|_{H^1(\mathbb{R}^N)} \tag{9.12}$$

が成り立つ．ただし，上式左辺は u の trace のノルムを表す．

証明． $u \in C_0^\infty(\mathbb{R}^N)$ に対して (9.12) を示せばよい．Fourier 変換 $L^2(\mathbb{R}^N_x) \to L^2(\mathbb{R}^N_\xi)$ を $\mathscr{F}$ で表す．また $x = (x', x_N) \in \mathbb{R}^N_x$ に対応して，$\xi \in \mathbb{R}^N_\xi$ を $\xi = (\xi', \eta) \in \mathbb{R}^{N-1} \times \mathbb{R}$ と分ける．x_N を固定して x' のみの関数と見なした $u(x', x_N)$ の Fourier 変換を $\mathscr{F}'u(\,\cdot\,, x_N)$ で表し，Fourier 変換した後の変数は ξ'（とパラメータとして x_N）とする．さらに x_N のみの関数と見た $u(x', x_N)$ の Fourier 変換を $\mathscr{F}_N u(x', \cdot)$ で表し，Fourier 変換した後の変数は η（とパラメータとして x'）とする．このとき $\mathscr{F}_N(\mathscr{F}'u) = \mathscr{F}'(\mathscr{F}_N u) = \mathscr{F}u$ が成り立つことは明らか．

さて，$\xi' \in \mathbb{R}^{N-1}$ を任意に固定すると，Fourier 変換の反転公式から

$$\begin{aligned}(\mathscr{F}'u)(\xi', 0) &= \frac{1}{(2\pi)^{1/2}} \int_\mathbb{R} \left[\mathscr{F}_N(\mathscr{F}'u)(\xi', \cdot)\right](\eta)\, d\eta \\ &= \frac{1}{(2\pi)^{1/2}} \int_\mathbb{R} \mathscr{F}u(\xi', \eta)\, d\eta\end{aligned}$$

が成り立つ．そして

$$\|u(\,\cdot\,,0)\|^2_{H^{1/2}(\mathbb{R}^{N-1})} = \int_{\mathbb{R}^{N-1}} (1 + |\xi'|^2)^{1/2} \left|\mathscr{F}'u(\xi', 0)\right|^2 d\xi' \tag{9.13}$$

---

[3] 「$(1+|\xi|^2)^{s/2}\hat{\varphi}(\xi) \in L^2 \iff (1+|\xi|^2)^{m/2}\hat{\varphi}(\xi) \in L^2$ かつ $|\alpha| = m$ をみたす任意の多重指数 α に対して $|\xi|^\sigma \xi^\alpha \hat{\varphi}(\xi) \in L^2$」ということと，$\widehat{(\partial^\alpha u)}(\xi) = \sqrt{-1}^{|\alpha|}\xi^\alpha \hat{\varphi}(\xi)$ に注意すればよい．

9.3. 境界値と分数次の Sobolev 空間 *

であることに注意し，$|\mathscr{F}'u(\xi',0)|$ を次のように評価する：

$$\begin{aligned}
2\pi \left|\mathscr{F}'u(\xi',0)\right|^2 &\leq \left(\int_{\mathbb{R}} |\mathscr{F}u(\xi',\eta)|\, d\eta\right)^2 \\
&= \left(\int_{\mathbb{R}} (1+|\xi|^2)^{1/2}|\mathscr{F}u(\xi',\eta)|\,(1+|\xi|^2)^{-1/2}\, d\eta\right)^2 \\
&\leq \left(\int_{\mathbb{R}} (1+|\xi|^2)|\mathscr{F}u(\xi',\eta)|^2\, d\eta\right)\left(\int_{\mathbb{R}} (1+|\xi|^2)^{-1}\, d\eta\right) \\
&= \left(\int_{\mathbb{R}} (1+|\xi|^2)|\mathscr{F}u(\xi',\eta)|^2\, d\eta\right)\cdot \frac{\pi}{(1+|\xi'|^2)^{1/2}}.
\end{aligned}$$

ここで最後の変形は $1+|\xi|^2 = 1+|\xi'|^2+\eta^2$ を使って定積分を実際に計算して得られる．これと (9.13) から

$$\|u(\cdot,0)\|^2_{H^{1/2}(\mathbb{R}^{N-1})} \leq \frac{1}{2}\int_{\mathbb{R}^N}(1+|\xi|^2)|\mathscr{F}u(\xi)|^2\, d\xi = \frac{1}{2}\|u\|^2_{H^1(\mathbb{R}^N)}$$

となり，命題は証明された．∎

これから直ちに trace の評価式が得られる．

定理 9.17 $H^1(\mathbb{R}^N_+)$ に対する trace operator γ に対してある定数 C があって，任意の $u \in H^1(\mathbb{R}^N_+)$ に対して

$$\|\gamma(u)\|_{H^{1/2}(\mathbb{R}^{N-1})} \leq C\,\|u\|_{H^1(\mathbb{R}^N_+)}$$

が成り立つ．

証明． $H^1(\mathbb{R}^N_+)$ から $H^1(\mathbb{R}^N)$ への拡張作用素の存在と命題 9.16 により明らかである．∎

定理 9.11 の特別な場合の証明を Fourier 変換に基づいて述べよう（[30] の第 1 章を参照）．

定理 9.18 $H^{1/2}(\mathbb{R}^{N-1})$ から $H^1(\mathbb{R}^N_+)$ への有界線型写像 Z で trace operator $\gamma\colon H^1(\mathbb{R}^N_+) \to H^{1/2}(\mathbb{R}^{N-1})$ の右逆元 ($\gamma\circ Z = I$) となるものが存在する．（従って，特に $H^1(\mathbb{R}^N_+)$ の trace の像は $H^{1/2}(\mathbb{R}^{N-1})$ に一致する．）

証明. $\varphi \in C_0^\infty(\mathbb{R}^{N-1})$, その Fourier 変換を $\hat{\varphi}(\xi')$ として

$$u(x) := \sqrt{\frac{2}{\pi}} \frac{1}{(2\pi)^{N/2}} \int_{\mathbb{R}^N} e^{ix\xi} \frac{(1+|\xi'|^2)^{1/2}}{1+|\xi|^2} \hat{\varphi}(\xi')\,d\xi \quad (\xi = (\xi', \eta) \in \mathbb{R}^N) \tag{9.14}$$

と置く. u が $L^2(\mathbb{R}^N)$ の元として well defined なことは,上の定義が逆 Fourier 変換の定数倍の形をしていることと,

$$\int_{\mathbb{R}^N} \frac{(1+|\xi'|^2)}{(1+|\xi|^2)^2} |\hat{\varphi}(\xi')|^2\,d\xi$$
$$= \int_{\mathbb{R}^{N-1}} (1+|\xi'|^2) |\hat{\varphi}(\xi')|^2 \int_{\mathbb{R}} \frac{1}{(1+|\xi'|^2+\eta^2)^2}\,d\eta\,d\xi'$$
$$= \frac{\pi}{2} \int_{\mathbb{R}^{N-1}} \frac{|\hat{\varphi}(\xi')|^2}{(1+|\xi'|^2)^{1/2}}\,d\xi' < \infty$$

からわかる. そして L^2 での Fourier 反転公式から

$$\int_{\mathbb{R}^N} (1+|\xi|^2)|\hat{u}(\xi)|^2\,d\xi = \frac{2}{\pi} \int_{\mathbb{R}^N} \frac{1+|\xi'|^2}{1+|\xi|^2} |\hat{\varphi}(\xi')|^2\,d\xi$$
$$= \frac{2}{\pi} \int_{\mathbb{R}^{N-1}} (1+|\xi'|^2)|\hat{\varphi}(\xi')|^2 \int_{\mathbb{R}} \frac{1}{1+|\xi'|^2+\eta^2}\,d\eta\,d\xi'$$
$$= 2 \int_{\mathbb{R}^{N-1}} (1+|\xi'|^2)^{1/2} |\hat{\varphi}(\xi')|^2\,d\xi'$$

が成り立つ. これは $\|u\|_{H^1(\mathbb{R}^N)} = \sqrt{2}\|\varphi\|_{H^{1/2}(\mathbb{R}^{N-1})}$ を示しているから, $\varphi \in C_0^\infty(\mathbb{R}^{N-1})$ から $u|_{\mathbb{R}_+^N} \in H^1(\mathbb{R}_+^N)$ への対応が, $H^{1/2}(\mathbb{R}^{N-1})$ から $H^1(\mathbb{R}_+^N)$ への有界線型写像 Z として一意的に拡張できることを導く.

上のようにして定義した Z が $\gamma \circ Z = I$ をみたすことを示すには, $\varphi \in C_0^\infty(\mathbb{R}^{N-1})$ に対して $\gamma(Z\varphi) = \varphi$, すなわち (9.14) で定めた u が $u(x',0) = \varphi(x')$ ($x' \in \mathbb{R}^{N-1}$) をみたすことを確かめればよい. これは

$$u(x',0) = \sqrt{\frac{2}{\pi}} \frac{1}{(2\pi)^{N/2}} \int_{\mathbb{R}^N} e^{ix'\xi'} \frac{(1+|\xi'|^2)^{1/2}}{1+|\xi|^2} \hat{\varphi}(\xi')\,d\xi$$
$$= \sqrt{\frac{2}{\pi}} \frac{1}{(2\pi)^{N/2}} \int_{\mathbb{R}^{N-1}} e^{ix'\xi'} (1+|\xi'|^2)^{1/2} \hat{\varphi}(\xi') \int_{\mathbb{R}} \frac{1}{1+|\xi'|^2+\eta^2}\,d\eta\,d\xi'$$
$$= \frac{1}{(2\pi)^{(N-1)/2}} \int_{\mathbb{R}^{N-1}} e^{ix'\xi'} \hat{\varphi}(\xi')\,d\xi'$$
$$= \varphi(x')$$

により確かに成り立つ．（$N-1$ 次元での Fourier 変換の反転公式を使っている．） ■

9.4　trace に関する補遺 *

これまで $W^{1,p}(\Omega)$ の $\partial\Omega$ 上への trace（境界値）について述べてきたが，関連していろいろな疑問が考えられる．たとえば $W^{1,p}$ を $W^{m,p}$ に替えたら trace はどのような空間に属することになるのかという疑問や，ベクトル解析で必要な境界上での法線微分は，Sobolev 空間ではどのように扱われるのかという疑問がすぐ思い浮かぶ．本節ではこれらの問題についての結果を述べ（一部は紹介のみ），最後に Lipschitz 領域の場合も trace が定義できることを例によって示す．

9.4.1　高階の Sobolev 空間の trace

これまで主に $W^{1,p}(\Omega)$ の元の $\partial\Omega$ 上への trace を考えてきたが，$\partial\Omega$ がなめらかな場合には $m \geq 1$ に対する $W^{m,p}(\Omega)(\subset W^{1,p}(\Omega))$ の元の trace は単に $L^p(\partial\Omega)$ に属する以上のなめらかさを持っていることが期待される．半空間の場合にこれを確かめ，一般の場合については結果を紹介するだけにしよう．

定理 9.19　$m \in \mathbb{N}$, $1 \leq p \leq \infty$ とすると，任意の $u \in W^{m,p}(\mathbb{R}^N_+)$ に対して $\gamma(u) \in W^{m-1,p}(\mathbb{R}^{N-1})$ であり，ある定数 $C > 0$ で $\|\gamma(u)\|_{W^{m-1,p}(\mathbb{R}^{N-1})} \leq C\|u\|_{W^{m,p}(\mathbb{R}^N_+)}$ が成り立つ．ここで γ は定理 9.3 で定められる trace operator で，$\partial\mathbb{R}^N_+$ を $\mathbb{R}^{N-1}$ と同一視している．

$p = \infty$ のときは $u \in W^{m,\infty}(\mathbb{R}^N_+)$ に対して $\gamma(u) \in W^{m,\infty}(\mathbb{R}^{N-1})$ であり，それぞれのノルムに関して γ は連続となる．

証明． これまでと同様に $x \in \mathbb{R}^N$ を $x = (x', x_N)$ ($x' \in \mathbb{R}^{N-1}$) と表し，x' を $(x', 0)$ と同一視する．

$1 \leq p < \infty$ の場合をはじめに考える．$m = 1$ の場合は定理 9.3 そのものなので，$m \geq 2$ としよう．定理 3.21（あるいは定理 6.10）により $C_0^\infty(\mathbb{R}^N)|_{\mathbb{R}^N_+}$ が $W^{m,p}(\mathbb{R}^N_+)$ で稠密なので，定理を証明するためには，ある定数 C で，任意の

$u \in C_0^\infty(\mathbb{R}^N)$ に対して $\|u(\cdot, 0)\|_{W^{m-1,p}(\mathbb{R}^{N-1})} \leq C\|u|_{\mathbb{R}_+^N}\|_{W^{m,p}(\mathbb{R}_+^N)}$ が成り立つことを示せばよい．

さて，まず定理 9.3 から，ある定数 C で trace operator $\gamma \colon W^{1,p}(\mathbb{R}_+^N) \to L^p(\partial \mathbb{R}_+^N)$ に対し $\|\gamma(u)\|_{L^p(\mathbb{R}^{N-1})} \leq C\|u\|_{W^{1,p}(\mathbb{R}_+^N)}$ となるものがある．多重指数 α の第 N 成分を α_N とすると，$|\alpha| \leq m-1$ かつ $\alpha_N = 0$ をみたす α について，∂^α は x_N 方向の微分をまったく含まない $m-1$ 階以下の微分作用素である．よって，このような α に対して $u \in C_0^\infty(\mathbb{R}^N)$, $\varphi \in C_0^\infty(\mathbb{R}^{N-1})$ ならば

$$\int_{\mathbb{R}^{N-1}} (\partial^\alpha u)(x', 0) \varphi(x')\, dx' = (-1)^{|\alpha|} \int_{\mathbb{R}^{N-1}} u(x', 0) \partial^\alpha \varphi(x')\, dx'$$

が成り立つ．この式は $u \in C_0^\infty(\mathbb{R}^N)$（正確には $u|_{\mathbb{R}_+^N}$）の $\mathbb{R}^{N-1}$ への trace $\gamma(u)$ の ∂^α に関する弱導関数が $\gamma(\partial^\alpha u)$ であることを意味している．一般の $u \in W^{m,p}(\mathbb{R}_+^N)$ に対して，$C_0^\infty(\mathbb{R}^N)$ の関数列 $\{u_n\}_n$ で $\|u_n|_{\mathbb{R}_+^N} - u\|_{W^{m,p}(\mathbb{R}_+^N)} \to 0$ となるものが存在するが，このとき $|\alpha| \leq m-1$ かつ $\alpha_N = 0$ をみたす多重指数 α に対して $\|(\partial^\alpha u_n)|_{\mathbb{R}_+^N} - \partial^\alpha u\|_{W^{1,p}(\mathbb{R}_+^N)} \to 0$ が成り立つ．これから $L^p(\mathbb{R}^{N-1})$ において $\gamma((\partial^\alpha u_n)|_{\mathbb{R}_+^N}) \to \gamma(\partial^\alpha u)$ がわかる．よって，任意の $\varphi \in C_0^\infty(\mathbb{R}^{N-1})$ に対して成り立つ

$$\int_{\mathbb{R}^{N-1}} \gamma((\partial^\alpha u_n)|_{\mathbb{R}_+^N})(x') \varphi(x')\, dx' = (-1)^{|\alpha|} \int_{\mathbb{R}^{N-1}} \gamma(u_n|_{\mathbb{R}_+^N})(x') \partial^\alpha \varphi(x')\, dx'$$

で $n \to \infty$ として

$$\int_{\mathbb{R}^{N-1}} \gamma(\partial^\alpha u)(x') \varphi(x')\, dx' = (-1)^{|\alpha|} \int_{\mathbb{R}^{N-1}} \gamma(u)(x') \partial^\alpha \varphi(x')\, dx'$$

が得られ，$\partial^\alpha \gamma(u) = \gamma(\partial^\alpha u) \in L^p(\mathbb{R}^{N-1})$ がわかる．α は $|\alpha| \leq m-1$ かつ $\alpha_N = 0$ をみたす任意の多重指数だったから，これは $\gamma(u) \in W^{m-1,p}(\mathbb{R}^{N-1})$ を示している．また，

$$\|\gamma(u)\|_{W^{m-1,p}(\mathbb{R}^{N-1})} = \sum_{\substack{|\alpha| \leq m-1 \\ \alpha_N = 0}} \|\gamma(\partial^\alpha u)\|_{L^p} \leq C\|u\|_{W^{m,p}(\mathbb{R}_+^N)}$$

も容易にわかる．

$p = \infty$ の場合には定理 9.3 の証明と同様に，$W^{m,\infty}(\mathbb{R}_+^N)$ から $W^{m,p}(\mathbb{R}^N)$ への拡張 E を使い，$u \in W^{m,\infty}(\mathbb{R}_+^N)$ の拡張 Eu に定理 3.9 を繰り返し用いて，Eu の適当な代表元（「a.e. に等しい」という関係での同値類の）が，$\mathbb{R}^N$ で C^{m-1} 級かつ $m-1$ 階導関数が一様に Lipschitz 連続であることがわかる．

よって，その代表元の $\partial\mathbb{R}^N_+$ への制限 $\gamma(u)$ は $W^{m,\infty}(\mathbb{R}^{N-1})$ に属し，対応の連続性も成り立つ．∎

Remark 9.20（低次元部分空間への trace） これまで $\mathbb{R}^N$ の中の $\mathbb{R}^{N-1}$ や開集合 $\Omega \subset \mathbb{R}^N$ の境界への trace を考えてきたが，次元という点からは，これらは「1 次元だけ低い」部分集合への trace である．しかし $m \geq 2$ とすると，定理 9.19 から $u \in W^{m,p}(\mathbb{R}^N)$ に対して $\gamma(u) \in W^{m-1,p}(\mathbb{R}^{N-1}) \subset W^{1,p}(\mathbb{R}^{N-1})$ となる．（$\gamma(u)$ は $\gamma(u|_{\mathbb{R}^N_+})$ の意味．）よって $\gamma(u)$ の $\mathbb{R}^{N-2}(\subset \mathbb{R}^{N-1})$ への trace が考えられる（定理 9.2）．従って $u \in W^{m,p}(\mathbb{R}^N)$ の $N-2$ 次元部分空間 $\mathbb{R}^{N-2}$ への制限が $W^{m,p}(\mathbb{R}^N)$ から $L^p(\mathbb{R}^{N-2})$ への有界線型写像として意味を持つことになる．このように，高階の Sobolev 空間の元に対しては階数が上になるほど，より次元の低い部分集合（部分多様体）への制限が意味を持つことになる．また，ここでは無視しているが Morrey の定理の示すように，どこまで低い次元に対して trace が意味を持つかは p にも関係している．

高階の Sobolev 空間の trace と埋蔵定理 $W^{m,p}(\mathbb{R}^N_+)$ の元の $\partial\mathbb{R}^N_+$ への trace については，定理 5.12 と平行したような埋蔵が成り立つ．本書では一部証明を省略せざるを得ないが，事実を述べておこう．

定理 9.21 $m \in \mathbb{N}, 1 < p < \infty$ とすると定理 9.3 で定められる trace operator γ は次をみたす．ただし $\partial\mathbb{R}^N_+$ を $\mathbb{R}^{N-1}$ と同一視している．

(i) $\boldsymbol{m - N/p < 0}$ のとき：
$p^* \in (p, \infty)$ を $p^* = (N-1)p/(N-mp)$ で定めると，任意の $q \in [p, p^*]$ に対して $\gamma(W^{m,p}(\mathbb{R}^N_+)) \subset L^q(\mathbb{R}^{N-1})$ となり，ある定数 $C > 0$ で $\|\gamma(u)\|_{L^q} \leq C\|u\|_{W^{m,p}}$ ($\forall u \in W^{m,p}(\mathbb{R}^N_+)$) が成り立つ．

(ii) $\boldsymbol{m - N/p = 0}$ のとき：
任意の $q \in [p, \infty)$ に対して $\gamma(W^{m,p}(\mathbb{R}^N_+)) \subset L^q(\mathbb{R}^{N-1})$ となり，ある定数 $C > 0$ で $\|\gamma(u)\|_{L^q} \leq C\|u\|_{W^{m,p}}$ ($\forall u \in W^{m,p}(\mathbb{R}^N_+)$) が成り立つ．

(iii) $\boldsymbol{m - N/p > 0}$ かつ $\boldsymbol{m - N/p}$ が整数ではないとき：
このとき $k \in \mathbb{Z}_+$ と $\sigma \in (0,1)$ によって $m - N/p = k + \sigma$ と表されるが，$\gamma(W^{m,p}(\mathbb{R}^N_+)) \subset C^{k,\sigma}(\mathbb{R}^{N-1})$ となり，ある定数 $C > 0$ で $\|\gamma(u)\|_{C^{k,\sigma}} \leq C\|u\|_{W^{m,p}}$ ($\forall u \in W^{m,p}(\mathbb{R}^N_+)$) が成り立つ．

(iv) $\boldsymbol{m - N/p > 0}$ かつ $\boldsymbol{m - N/p}$ が整数のとき：
このとき $k := m - N/p \in \mathbb{N}$ とすると，任意の $\sigma \in (0,1)$ に対して $\gamma(W^{m,p}(\mathbb{R}^N_+)) \subset C^{k-1,\sigma}(\mathbb{R}^{N-1})$ となり，ある定数 $C > 0$ で $\|\gamma(u)\|_{C^{k-1,\sigma}} \leq C\|u\|_{W^{m,p}}$ ($\forall u \in W^{m,p}(\mathbb{R}^N_+)$) が成り立つ．

証明. (iii), (iv) は, $W^{m,p}(\mathbb{R}^N_+)$ から $W^{m,p}(\mathbb{R}^N)$ への拡張作用素の存在と定理 5.12 の (iii), (iv) から直ちに得られる. ($C^{k,\sigma}(\mathbb{R}^N)$ の元の $\mathbb{R}^{N-1}$ への制限は $C^{k,\sigma}(\mathbb{R}^{N-1})$ に属する.)

(i), (ii) は, 定理 9.19 と $\mathbb{R}^{N-1}$ における Sobolev の埋蔵定理の組み合わせでは得られない. [2] の Theorem 4.12, Theorem 5.36 の証明を参照していただきたいが, それは Sobolev の表示公式に基づいている. なお, 補間空間の理論を使って, 定理 9.11 ($\gamma(W^{m,p}(\mathbb{R}^N_+)) \subset W^{m-1/p,p}(\partial \mathbb{R}^N_+)$, 本書では $p = 2$ の場合のみ証明) と, 定理 5.12 の分数次の Sobolev 空間に対する拡張を得ることにより証明することも可能である. 詳しくは [2, Chapter 7] を見ていただきたいが直接この形では述べられておらず, その章で述べられている補間空間の理論や Besov 空間, Lorenz 空間についての結果を組み合わせる必要がある. ■

Remark 9.22 C^m 級の有界な境界を持つ Ω の場合にも, $W^{m,p}(\Omega)$ の元の trace について, 定理 9.19 と定理 9.21 において $\mathbb{R}^N_+, \mathbb{R}^{N-1}$ をそれぞれ $\Omega, \partial\Omega$ で置き換えた主張が成り立つ. しかし $\partial\Omega$ は $N-1$ 次元測度は定義できるものの, $\mathbb{R}^{N-1}$ のように全体を表示する座標系のない $N-1$ 次元 C^m 級微分可能多様体でしかない. 従って $\partial\Omega$ 上においては弱導関数の定義も自明ではなく, 半空間の場合とは異なり $W^{m-1,p}(\partial\Omega)$ の定義を与えることにも手間がかかるので残念ながらここでは述べられない. [19] などを参照していただきたいが, 基本的には拡張定理の証明でも用いたように, 境界を立方体に C^m 級同相な有限個の近傍で覆い, $\mathbb{R}^N_+$ と $\partial\mathbb{R}^N_+$ の場合に還元し 1 の分解で貼り合わせるという方法を用いる. この場合, $W^{1,p}(\partial\Omega)$ などのノルムが境界の覆い方などで変化してしまうが, 有界な境界にしておけば覆い方や 1 の分解を変えても同値な範囲に収まるのである.

9.4.2 境界上の法線微分

$u \in W^{1,p}(\Omega)$ として, $\partial\Omega$ 上への trace が 0 ($\gamma(u) = 0$) ということは $\partial\Omega$ 上で $u = 0$ という (斉次) Dirichlet 境界条件を表していた (定理 9.5). 偏微分方程式の境界条件としてはそのほかに, 未知関数 u を考えている領域の境界上での法線方向の微分 $\partial u/\partial n$ が 0 という (斉次) Neumann 条件がよく登場する. これは弦振動で言えば両端を固定せずに, 上下に自由に動くようにした場合に相当する.

この境界上の法線微分を Sobolev 空間の立場ではどのようにとらえたらよいかを少しだけ説明しておこう. はじめに半空間 $\mathbb{R}^N_+$ で考えると, $u \in W^{2,p}(\mathbb{R}^N_+)$

9.4. trace に関する補遺 *

ならば $\partial u/\partial x_N \in W^{1,p}(\mathbb{R}^N_+)$ だから trace operator γ により $\gamma(\partial u/\partial x_N) \in L^p(\mathbb{R}^{N-1})$ が定まる．これを u の境界上での法線微分 $\partial u/\partial n$ と定義すればよい．

一般の領域 Ω の場合も同様にして $\partial u/\partial n$ が考えられる．

定理 9.23 開集合 $\Omega \subset \mathbb{R}^N$ は C^1 級の有界な境界 $\partial \Omega$ を持ち，$1 \leq p \leq \infty$ とする．このとき有界線型作用素 $\mathscr{N}: W^{2,p}(\Omega) \to L^p(\partial \Omega)$ で，$u \in W^{2,p}(\Omega) \cap C^1(\overline{\Omega})$ に対して $\mathscr{N} u = \partial u/\partial n$ をみたすものが一意的に存在する．

証明． 仮定により trace operator $\gamma: W^{1,p}(\Omega) \to L^p(\partial \Omega)$ が存在する．また，$\partial \Omega$ 上で連続な外向き単位法線ベクトル場 n が存在する．n の成分を $n_1, \ldots, n_N$ とすると，$u \in C^1(\overline{\Omega})$ の場合 $\partial u/\partial n$ は $\sum_{i=1}^N n_i \partial_i u$ で与えられる．$u \in W^{2,p}(\Omega)$ とすると，各 $i = 1, \ldots, N$ に対して，$\partial_i u \in W^{1,p}(\Omega)$ だから $\gamma(\partial_i u) \in L^p(\partial \Omega)$ が定まる．よって $\sum_{i=1}^N n_i \gamma(\partial_i u) \in L^p(\partial \Omega)$ が意味を持つので，これを u に対する法線微分 $\mathscr{N} u := \partial u/\partial n$ と定義すれば，$\mathscr{N}$ は $W^{2,p}(\Omega)$ から $L^p(\Omega)$ への有界線型作用素で，$u \in W^{2,p}(\Omega) \cap C^1(\overline{\Omega})$ に対しては通常の法線方向の微分 $\sum_{i=1}^N n_i \partial u/\partial x_i$ に一致する．

一意性については，$p = \infty$ ならば $W^{2,p}(\Omega) \subset C^1(\overline{\Omega})$ なので明らか．$1 \leq p < \infty$ の場合は，$\partial \Omega$ が C^1 級なので Ω は線分条件をみたし，定理 3.22 により $C_0^\infty(\mathbb{R}^N)|_\Omega$ は $W^{2,p}(\Omega)$ で稠密である．そして，$C_0^\infty(\mathbb{R}^N)|_\Omega \subset W^{2,p}(\Omega) \cap C^1(\overline{\Omega})$ だから，$W^{2,p}(\Omega) \cap C^1(\overline{\Omega})$ も $W^{2,p}(\Omega)$ で稠密となり，従って $\mathscr{N}$ は一意的に決まる．なお，$\partial \Omega$ が C^2 級ということを仮定しておけば，定理 3.22 を使わなくても $\mathscr{N}$ の一意性が言える．実際，このときは拡張作用素 $E: W^{2,p}(\Omega) \to W^{2,p}(\mathbb{R}^N)$ が存在するので，定理 6.10 により $C_0^\infty(\mathbb{R}^N)|_\Omega$ が $W^{2,p}(\Omega)$ で稠密となることからわかる．∎

Remark 9.24 一般の領域 Ω の場合に，境界面の座標系と法線方向の符号付き距離とで局所座標系を構成した上で，その局所座標系における法線方向の偏微分という強い意味で $\partial u/\partial n$ を考えるには境界のなめらかさを C^1 級よりも高く仮定する必要がある．(C^2 級の場合に $\partial \Omega$ の管状近傍が存在するということを想起するとよい．) しかし定理 9.23 における法線微分 $\partial u/\partial n$ は単なる方向微分の意味 ([54, II 巻, p. 32]) なので，境界は C^1 級でも意味が与えられるのである．しかし，法線方向の 2 回微分 $\partial^2 u/\partial n^2$ を考えようとすると $\partial \Omega$ が C^2 級ということが必要になってくる．

ベクトル解析の定理の Sobolev 空間版 trace operator を用いると Gauss の発散定理や Green の公式といったベクトル解析の定理を Sobolev 空間の元に対して拡張することが可能になる．

定理 9.25 $\Omega \subset \mathbb{R}^N$ を有界な開集合とするとき,次が成り立つ.

(i) (**Gauss の発散定理**) $\partial \Omega$ が C^1 級とすると連続な単位法線ベクトル場 n が存在するが,このとき,$1 \leq p \leq \infty$,u を $W^{1,p}(\Omega)$ の元を成分とする Ω 上の N 次元ベクトル値関数とすると

$$\int_\Omega \operatorname{div} u(x)\, dx = \int_{\partial \Omega} \gamma(u)(x) \cdot n(x)\, dS(x) \tag{9.15}$$

が成り立つ.ここに $u(x) = (u_1(x), \ldots, u_N(x))$ $(x \in \Omega)$ とすると $\gamma(u) := (\gamma(u_1), \ldots, \gamma(u_N))$ は u の trace,$\operatorname{div} u(x) := \sum_{i=1}^N \partial_i u_i(x)$ (u の「発散」)であり,dS は $\partial \Omega$ 上の面積要素を表す.

(ii) (**Green の公式 1**) $\partial \Omega$ が C^1 級,$u \in H^2(\Omega), v \in H^1(\Omega)$ とすると

$$\int_\Omega (\Delta u(x)) v(x)\, dx$$
$$= \int_{\partial \Omega} \frac{\partial u}{\partial n}(x) \gamma(v)(x)\, dS(x) - \int_\Omega \nabla u(x) \cdot \nabla v(x)\, dx \tag{9.16}$$

が成り立つ.ここで $\partial u/\partial n$ は定理 9.23 で定めた法線微分である.

(iii) (**Green の公式 2**) $\partial \Omega$ が C^1 級,$u, v \in H^2(\Omega)$ とすると

$$\int_\Omega (\Delta u(x)) v(x) - u(x) \Delta v(x)\, dx$$
$$= \int_{\partial \Omega} \frac{\partial u}{\partial n}(x) \gamma(v)(x) - \gamma(u)(x) \frac{\partial v}{\partial n}(x)\, dS(x) \tag{9.17}$$

が成り立つ.ここで $\partial u/\partial n$ などは定理 9.23 で定めた法線微分である.

証明. (i): u の成分関数が $C^1(\overline{\Omega})$ に属するとき (9.15) が成り立つことはよく知られている.そして Ω が有界なので,(9.15) の両辺は u の各成分について $W^{1,p}$ ノルムで連続となる.$1 \leq p < \infty$ の場合は $C^1(\overline{\Omega})$ が $W^{1,p}(\Omega)$ で稠密なので(定理 6.10 または定理 3.22),これから (9.15) が $W^{1,p}(\Omega)$ 全体で成立することがわかる.$p = \infty$ の場合も,任意の $p \in [1, \infty)$ に対して $W^{1,\infty}(\Omega) \subset W^{1,p}(\Omega)$ となり,$1 \leq p < \infty$ の場合に還元できるからよい.

(ii): (9.16) が $u \in C^2(\overline{\Omega}), v \in C^1(\overline{\Omega})$ に対して成立することはよく知られている(実は Gauss の発散定理を $v \nabla u$ に適用すればよい).そして (9.16) の両

辺とも $u \in H^2(\Omega)$, $v \in H^1(\Omega)$ に対して意味を持ち，それぞれのノルムで連続なので任意の $u \in H^2(\Omega)$, $v \in H^1(\Omega)$ について成り立つ．（$u \mapsto \gamma(\partial u/\partial n)$ が $H^2(\Omega)$ から $L^2(\partial\Omega)$ への連続写像であること，$C^2(\overline{\Omega})$ が $H^2(\Omega)$ で稠密なこと（定理 3.22）に注意．）

(iii): (9.16) を $u, v \in H^2(\Omega)$ に対して使い，u, v を入れ替えたものとの差を取ればよい．■

9.4.3　Lipschitz 領域における trace operator*

これまで半空間の場合と C^1 級の有界な境界を持つ開集合の場合に trace operator の存在を示してきたが，実は Lipschitz 領域（定義 6.28）でも trace operator は定義ができる．ここでは最も初等的な例について説明するにとどめるが，一般の場合も次元は上がっても局所的にはこの例に帰着する．（そして，境界が有界な場合は trace operator の定義ができる．）一般の場合については巻末文献の [8], [18] などを参照していただきたい．

命題 9.26（Lipschitz 領域での trace） $1 \leq p < \infty$, $\psi(x)$ を $\mathbb{R}$ 上で一様に Lipschitz 連続な関数とし，$\Omega := \{(x,y) \in \mathbb{R}^2 \mid y > \psi(x)\}$ とする．このとき，有界線型作用素 $\gamma \colon W^{1,p}(\Omega) \to L^p(\partial\Omega)$ で，$C_0^\infty(\mathbb{R}^2)|_\Omega$ 上で $\gamma(u) = u|_{\partial\Omega}$ をみたすものが一意的に存在する．

証明． $1 < p < \infty$ とする．このとき $u \in C_0^\infty(\mathbb{R}^2)|_\Omega$ とすると，任意の $x \in \mathbb{R}$ に対して $\partial |u(x,y)|^p/\partial y = p|u(x,y)|^{p-1}\operatorname{sgn} u(x,y)\, u_y(x,y)$ と Hölder の不等式，Young の不等式によって

$$|u(x,\psi(x))|^p = \left| -p \int_{\psi(x)}^\infty |u(x,y)|^{p-1} \operatorname{sgn} u(x,y)\, u_y(x,y)\, dy \right|$$

$$\leq p \left(\int_{\psi(x)}^\infty |u(x,y)|^p\, dy \right)^{1-1/p} \left(\int_{\psi(x)}^\infty |u_y(x,y)|^p\, dy \right)^{1/p}$$

$$\leq (p-1) \int_{\psi(x)}^\infty |u(x,y)|^p\, dy + \int_{\psi(x)}^\infty |u_y(x,y)|^p\, dy$$

が得られる．これを x について積分すれば

$$\int_{\mathbb{R}} |u(x,\psi(x))|^p\, dx \leq (p-1)\|u\|_{L^p(\Omega)}^p + \|u_y\|_{L^p(\Omega)}^p \leq p\, \|u\|_{W^{1,p}(\Omega)}^p$$

となる.仮定により a.e. x で $\psi'(x)$ が存在し,ある定数 M に対して $|\psi'(x)| \leq M$ だから,任意の a, b $(a < b)$ に対して $\partial\Omega$ のうち $a < x < b$ の部分の長さは $M' := \sqrt{1+M^2}$ として $M'(b-a)$ 以下である.これから $\partial\Omega$ の長さのパラメータを s で表すと

$$\int_{\partial\Omega} |u|^p \, ds \leq M' \int_{\mathbb{R}} |u(x, \psi(x))|^p \, dx \leq M'p \|u\|^p_{W^{1,p}(\Omega)}$$

が成り立ち,$\|u|_{\partial\Omega}\|_{L^p} \leq (M'p)^{1/p} \|u\|_{W^{1,p}(\Omega)}$ がわかる.Ω は線分条件をみたすから $C_0^\infty(\mathbb{R}^2)|_\Omega$ は $W^{1,p}(\Omega)$ で稠密なので,u に $u|_{\partial\Omega}$ を対応させる写像は $W^{1,p}(\Omega)$ から $L^p(\partial\Omega)$ への有界線型作用素 γ へ一意的に拡張され,よって命題の主張はこの場合に証明された.

$p = 1$ の場合は,$u \in C_0^\infty(\mathbb{R}^2)|_\Omega$ に対して $u(x, \psi(x)) = -\int_{\psi(x)}^\infty u_y(x, y) \, dy$ から $\|u|_{\partial\Omega}\|_{L^1} \leq M' \|u_y\|_{L^1(\Omega)}$ が示されるので,あとは同様にして証明できる.∎

Remark 9.27 (1) $p = \infty$ の場合は $W^{1,\infty}(\Omega) \hookrightarrow C(\overline{\Omega})$ から明らかに通常の意味の境界値で trace operator $W^{1,p}(\Omega) \to L^\infty(\partial\Omega)$ を定めることができる.命題 9.26 に $p = \infty$ を含めなかったのは,この場合には $C_0^\infty(\mathbb{R}^2)|_\Omega$ が $W^{1,p}(\Omega)$ で稠密にはならず,一意性の主張が崩れるからである.

(2) 実は $1 \leq p < \infty$ のとき,$u \in W^{1,p}(\Omega) \cap C(\overline{\Omega})$ に対して命題 9.26 の γ は $\gamma(u) = u|_{\partial\Omega}$ をみたすことが証明できる.これから trace γ は「$W^{1,p}(\Omega) \cap C(\overline{\Omega})$ では普通の境界値に一致する有界線型作用素」という意味では $1 \leq p \leq \infty$ で一意的に定まることが言える.

第 II 部

Sobolev空間の応用

この第 II 部では Sobolev 空間，特に $H^1_0(\Omega)$, $H^2(\Omega)$ の，具体的な関数方程式の問題への応用について解説する．扱う方程式は Poisson 方程式 $-\Delta u + u = f$ と非線型方程式 $-\Delta u = u^p$ であり，主に Dirichlet[1]境界条件の下で考える．

最初の章では Poisson 方程式の解の存在を扱い，次の章でその解の微分可能性（正則性）の問題を扱う．最後の章では，非線型方程式の解の存在と正則性の問題について説明する．解の存在を示す方法は変分法的な手法を中心とし，Poisson 方程式の場合については Lax–Milgram の定理を使う方法についても触れた．非線型方程式の場合は変分法の知識がさらに必要になるのですべてを完全に証明することはできなかったが，その代わりにどのような考えが用いられているのかわかるように説明した．（非線型方程式の章以外では本書内で証明は完結している．）

これらによって Sobolev 空間がどのように役に立つのかを理解していただければ幸いである．

---

[1] 人名．'Dirichlet' の読みは伝統的には「ディリクレ」であるが，「ディリシュレ」という読みも聞かれる．フルネームは 'Johann Peter Gustav Lejeune Dirichlet' であり，前の三つが完全にドイツ系の名前であり，後ろの二つはフランス語の 'Le jeune de Richelet' の変形であることから分かるように，どちらの読み方も正しいと言えるであろう．ちなみに，'Richelet' とは，ベルギーにある父祖の出身地の名前である．

第10章
2階線型楕円型方程式の解の存在

この章では2階楕円型偏微分方程式の境界値問題の解が, Sobolev空間の中に弱解という意味で存在することを示す.

10.1 序

偏微分方程式の最も典型的で重要な例として, 次のPoissonの方程式がある:

$$\begin{cases} -\Delta u(x) = f(x) & (x \in \Omega), \\ u(x) = 0 & (x \in \partial\Omega). \end{cases}$$

ここでΩは$\mathbb{R}^N$の開集合であり, $f(x)$は既知関数, $u(x)$が未知関数である. 物理学ではこの方程式は電磁気学において基本的なものであり, 適当な単位系を取れば, $u(x)$は領域Ω内に密度$f(x)$で分布した電荷の生み出す電位を表している. しかし電荷密度だけからでは電位は一意的に決定されないので, 2番目の境界条件（物理的にはΩの境界をアースして電位を0にすること）を課しているのである.

物理学の常識としては, この方程式はfがある程度よい性質を持っていれば一意的な解uを持つことが当然と思われる. （ここで「解」と言っているのは$\Delta u(x)$が普通の意味で値を持つ古典解を指す.）しかしながらこのことは数学的には自明ではないし, 物理学としても電子や陽子という荷電粒子のレベルまで考えると連続な電荷分布という捉え方自体がある種の近似に過ぎないから, Poisson方程式が電気現象の描像として絶対的に正しいものかどうかも疑問になる. このようなわけでPoisson方程式の解の存在と一意性を確立することはそれ自身として重要な問題なのである.

歴史的には, 上の方程式の解の存在は様々な手法で部分的に証明されたが, その一つに, $\partial\Omega$で0になる関数uの中で,

$$I(u) := \frac{1}{2}\int_\Omega |\nabla u(x)|^2\,dx - \int_\Omega f(x)u(x)\,dx$$

という汎関数を最小にするものが解である，という「Dirichlet 原理」(Riemann による命名) による「証明」がある．しかし，汎関数 $I(u)$ が 2 回微分可能な関数 I の中で最小値を取るかどうかが自明ではない，という Weierstrass の批判により，その証明の不完全性が明らかになった．Weierstrass の批判が Hilbert らの努力により克服されるのに 50 年ほど要したが，その方法は「解」の概念をひとまず拡張してその存在を保証し，その後その広義の解が本当に微分可能であることを示すという 2 段階の戦略である．具体的には，

(1) まず汎関数 $I(u)$ を適当な Sobolev 空間（この場合は $H_0^1(\Omega)$）で考えて最小値の存在を厳密に証明し，最小値を実現する関数がある意味で方程式の解（弱解）であることを示す；
(2) (1) で得られた解の通常の意味での微分可能性を吟味する（**正則性の問題**）

ということになる．（弱解については定義 10.9 を参照のこと．）上の (1) に述べた「汎関数の最小値やそれを実現する関数」を求める問題を**変分問題**と言う．また，ここでは一応 2 段階ということで説明したが，「方程式を解く」という立場から言えばこの 2 段階の前に「最小値を取る関数が方程式の解になるような汎関数を見つける」（変分問題への翻訳）という段階がある．

ともあれ，Sobolev 空間という枠組みで Poisson 方程式の解の存在と一意性の問題が解決されることの発見は，現代的な偏微分方程式論の発展において大きな一歩だったのである．

これから微分方程式の問題を主に変分問題に直して解の存在を考えるが，以下では現れる関数はすべて実数値とする．

10.2 2 階線型楕円型方程式に対応する変分問題の解の存在

この章と次章では Poisson 方程式の解（といっても後に述べる**弱解**の意味だが）の一意的存在とその正則性（微分可能性）を Sobolev 空間の枠組みで示すが，実は後者のためには方程式 $-\Delta u = f$ をもう少し一般の形にしておいたほうが便利なのである．

定義 10.1 $\Omega \subset \mathbb{R}^N$ を開集合，各 $i, j = 1, 2, \ldots, N$ に対して Ω 上の有界可測関数 $a_{ij}(x)$ が与えられており，$a_{ij}(x) = a_{ji}(x)$ $(1 \leq i, j \leq N)$ とする．さらに

10.2. 2 階線型楕円型方程式に対応する変分問題の解の存在

ある定数 $C_1, C_2 > 0$ があって，任意の $x \in \Omega$ で

$$C_1 |\xi|^2 \le \sum_{i,j=1}^{N} a_{ij}(x)\xi_i\xi_j \le C_2 |\xi|^2 \quad (\forall \xi = (\xi_1, \ldots, \xi_N) \in \mathbb{R}^N) \tag{10.1}$$

が成り立つとき，次式で定められる形式的な微分作用素 $\mathscr{A}$

$$\mathscr{A}u(x) := \sum_{i,j=1}^{N} \frac{\partial}{\partial x_i}\left(a_{ij}(x)\frac{\partial u(x)}{\partial x_j}\right)$$

は Ω 上で（一様に）**楕円型**であるという．

微分作用素 $\partial/\partial x_i$ を ∂_i で表し，$\mathscr{A}$ を

$$\mathscr{A} := \sum_{i,j=1}^{N} \partial_i(a_{ij}(x)\partial_j)$$

と表すこともよくある．

$a_{ij}(x) = \delta_{i,j}$（Kronecker のデルタ）の場合は $\mathscr{A} = \Delta$（ラプラシアン）となり，Δ は最も典型的な楕円型微分作用素である．

Remark 10.2 (10.1) を仮定すれば $a_{ij}(x)$ の有界性が自動的に導かれることは，線型代数でよく知られている．

後のための準備として，一様楕円型性 (10.1) から導かれる性質を思い出しておこう．

補題 10.3 $a_{ij}(x)$ が (10.1) をみたしていれば，任意の $x \in \Omega$ と $\xi, \eta \in \mathbb{R}^N$ に対して次の不等式が成り立つ：

$$\Big|\sum_{i,j=1}^{N} a_{ij}(x)\xi_i\eta_j\Big| \le C_2 |\xi||\eta|. \tag{10.2}$$

証明． これは正定値行列に関してよく知られており，Schwarz の不等式の一般化であるが，念のために簡単に証明を述べておこう．$\xi, \eta \in \mathbb{R}^N$ に対して

$$\Phi_x(\xi, \eta) := \sum_{i,j=1}^{N} a_{ij}(x)\xi_i\eta_j \tag{10.3}$$

と置くと，(10.1) から $\Phi_x(\xi, \xi) \ge C_1|\xi|^2 \ge 0$ である．よって，任意の $t \in \mathbb{R}$ に対して $0 \le \Phi_x(t\xi + \eta, t\xi + \eta) = t^2\Phi_x(\xi, \xi) + 2t\Phi_x(\xi, \eta) + \Phi_x(\eta, \eta)$ となるの

で，この t の 2 次式が常に定符号となる．よって判別式を取って $|\Phi_x(\xi,\eta)| \leq \Phi_x(\xi,\xi)^{1/2}\Phi_x(\eta,\eta)^{1/2}$ となり，ここでもう一度 (10.1) を用いれば (10.2) が得られる．∎

次の結果が「Dirichlet の原理」の現代版である．

定理 10.4 $\Omega \subset \mathbb{R}^N$ を開集合，$\mathscr{A} := \sum_{i,j=1}^{N} \partial_i(a_{ij}(x)\partial_j)$ を Ω 上で一様に楕円型の微分作用素で，$a_0(x)$ はある正の定数 C_0 に対して $a_0(x) \geq C_0$ (a.e. $x \in \Omega$) をみたす有界可測関数とする．このとき，任意の $f \in L^2(\Omega)$ に対して，$H_0^1(\Omega)$ 上の汎関数

$$I(u) := \frac{1}{2}\int_\Omega \sum_{i,j=1}^{N} a_{ij}(x)\frac{\partial u(x)}{\partial x_i}\frac{\partial u(x)}{\partial x_j}\,dx + \frac{1}{2}\int_\Omega a_0(x)u(x)^2\,dx$$
$$- \int_\Omega f(x)u(x)\,dx \tag{10.4}$$

は最小値を持つ．しかも，最小値を取る関数はただ一つに定まる．

証明のためにもう一つ準備をしておく．

補題 10.5 (10.4) で定められた汎関数は次の性質を持つ．

(i) 各 $u \in H_0^1(\Omega)$ に対して $I(u)$ は有限な値を取り，さらに $H_0^1(\Omega)$ の上でノルム位相で連続である．
(ii) $I(u)$ は $H_0^1(\Omega)$ 上で狭義凸関数である．すなわち，任意の $u, v \in H_0^1(\Omega)$，$0 < t < 1$ に対して $I(tu+(1-t)v) \leq tI(u) + (1-t)I(v)$ が成り立ち，ここで等号が成り立つのは $u = v$ の場合に限る．
(iii) $I(u)$ は $H_0^1(\Omega)$ の弱位相で下半連続である．

証明． (i) $I(u)$ の定義の第一の積分は，(10.3) の記号を使うと

$$\int_\Omega \Phi_x(\nabla u(x), \nabla u(x))\,dx$$

と書けるが，仮定によりある定数 C_2 に対して

$$0 \leq \Phi_x(\nabla u(x), \nabla u(x)) \leq C_2|\nabla u(x)|^2$$

10.2. 2 階線型楕円型方程式に対応する変分問題の解の存在

が成り立つので，$I(u)$ の定義の第一の積分は $C_2 \int_\Omega |\nabla u(x)|^2 \, dx$ 以下で非負となり，有限である．その他の積分が有限な値を持つことは容易にわかる．

また，$u, v \in H_0^1(\Omega)$ に対して

$$2(I(u) - I(v)) = \int_\Omega \Phi_x(\nabla u(x), \nabla u(x)) - \Phi_x(\nabla v(x), \nabla v(x)) \, dx$$
$$+ \int_\Omega a_0(x)(u(x)^2 - v(x)^2) \, dx - 2 \int_\Omega f(x)(u(x) - v(x)) \, dx$$

であり，$\Phi_x(\xi, \eta)$ の ξ, η に関する線型性から

$$\left| \Phi_x(\nabla u(x), \nabla u(x)) - \Phi_x(\nabla v(x), \nabla v(x)) \right|$$
$$= \left| \Phi_x(\nabla u(x), \nabla(u-v)(x)) + \Phi_x(\nabla(u-v)(x), \nabla v(x)) \right|$$
$$\leq C_2 \left\{ |\nabla u(x)| \, |\nabla(u-v)(x)| + |\nabla(u-v)(x)| \, |\nabla v(x)| \right\}$$

であることと，$0 \leq a_0(x) \leq M$ をみたす定数 M の存在を用いて，

$$2 \left| I(u) - I(v) \right| \leq C_2 \left(\|\nabla u\|_{L^2} + \|\nabla v\|_{L^2} \right) \|\nabla(u-v)\|_{L^2}$$
$$+ M \|u - v\|_{L^2} \|u + v\|_{L^2} + 2 \|f\|_{L^2} \|u - v\|_{L^2}$$

が得られる．(積分についての Schwarz の不等式も用いている．) $\|\nabla(u-v)\|_{L^2} \leq \|u-v\|_{H_0^1}$, $\|u-v\|_{L^2} \leq \|u-v\|_{H_0^1}$ だから，上式により $H_0^1(\Omega)$ のノルムで $u \to v$ とすると $I(u) \to I(v)$ となることがわかる．

(ii) $0 \leq t \leq 1$ とすると，任意の $x \in \Omega, \xi, \eta \in \mathbb{R}^N$ に対して

$$\Phi_x(t\xi + (1-t)\eta, t\xi + (1-t)\eta)$$
$$= t^2 \Phi_x(\xi, \xi) + 2t(1-t) \Phi_x(\xi, \eta) + (1-t)^2 \Phi_x(\eta, \eta)$$
$$\leq t^2 \Phi_x(\xi, \xi) + 2t(1-t) \Phi_x(\xi, \xi)^{1/2} \Phi_x(\eta, \eta)^{1/2} + (1-t)^2 \Phi_x(\eta, \eta) \qquad (10.5)$$
$$= \left(t \Phi_x(\xi, \xi)^{1/2} + (1-t) \Phi_x(\eta, \eta)^{1/2} \right)^2$$
$$\leq t \Phi_x(\xi, \xi) + (1-t) \Phi_x(\eta, \eta) \qquad (10.6)$$

が成り立つ．(最後の不等式は $\mathbb{R}$ 上の 2 次関数 $s \mapsto s^2$ の（狭義）凸性による．) よって，$u, v \in H_0^1(\Omega), 0 \leq t \leq 1$ に対して

$$\Phi_x(\nabla(tu + (1-t)v), \nabla(tu + (1-t)v))$$
$$\leq t \Phi_x(\nabla u, \nabla u) + (1-t) \Phi_x(\nabla v, \nabla v) \qquad (10.7)$$

が得られる．また，

$$a_0(x)(t\,u(x) + (1-t)\,v(x))^2 \leq a_0(x)\,(t\,u(x)^2 + (1-t)\,v(x)^2) \tag{10.8}$$

$$-f(x)(t\,u(x) + (1-t)\,v(x)) = -t\,f(x)u(x) - (1-t)\,f(x)v(x) \tag{10.9}$$

も成り立つので，(10.7), (10.8), (10.9) を積分して $I(u)$ が凸関数であることが証明される．$I(u)$ が狭義凸であることを示すには，$0 < t < 1$ かつ $I(tu + (1-t)v) = tI(u) + (1-t)I(v)$ のとき $u = v$ が成り立つことを言わなければならないが，$I(tu + (1-t)v) = tI(u) + (1-t)I(v)$ が成り立つということは，(10.7), (10.8) の不等号が a.e. で等号になるということである．$a_0(x) \geq C_0 > 0$ なので，(10.8) が a.e. で等号で成り立つということは，a.e. に $(t\,u(x) + (1-t)v(x))^2 = t\,u(x)^2 + (1-t)\,v(x)^2$ が成り立つということであり，これは a.e. に $u(x) = v(x)$ ということなので (ii) が証明される．(2 次関数 $s \mapsto s^2$ の狭義凸性に注意．)

(iii) 任意の $\lambda \in \mathbb{R}$ に対して $I^{-1}((-\infty, \lambda])$ はすでに証明した (i) により $H_0^1(\Omega)$ の閉集合であり，また (ii) により凸集合である．よって関数解析のよく知られた事実 ([55, 命題 2.100]) により，$I^{-1}((-\infty, \lambda])$ は $H_0^1(\Omega)$ の弱位相でも閉集合となる．故に $I(u)$ は $H_0^1(\Omega)$ の弱位相で下半連続である．∎

定理 10.4 の証明：Step 1. $c := \inf_{u \in H_0^1(\Omega)} I(u) > -\infty$ となることを確認する．

仮定 (10.1) と $a_0(x) \geq C_0 > 0$ から，任意の $u \in H_0^1(\Omega)$ に対して

$$I(u) \geq \frac{1}{2}C_1 \|\nabla u\|_{L^2}^2 + \frac{1}{2}C_0 \|u\|_{L^2}^2 - \|f\|_{L^2}\|u\|_{L^2}$$

が成り立つ．$\|u\|_{H^1}^2 = \|\nabla u\|_{L^2}^2 + \|u\|_{L^2}^2$ だから，上式からある定数 $C > 0$ によって

$$\begin{aligned} I(u) &\geq \frac{C}{2}\|u\|_{H^1}^2 - \|f\|_{L^2}\|u\|_{L^2} \\ &\geq \frac{C}{2}\|u\|_{H^1}^2 - \|f\|_{L^2}\|u\|_{H^1} \\ &= \frac{C}{2}\left(\|u\|_{H^1} - \frac{\|f\|_{L^2}}{C}\right)^2 - \frac{\|f\|_{L^2}^2}{2C} \end{aligned} \tag{10.10}$$

となり，$I(u)$ が下に有界であることが示された．

Step 2. Step 1 により，$H_0^1(\Omega)$ 内の点列 $\{u_n\}_n$ で $I(u_n) \to c$ $(n \to \infty)$ をみたすものが存在する．まずこの点列が有界であることに注意しよう．このことはすでに示した (10.10) から容易にわかる．よって，$H_0^1(\Omega)$ は Hilbert 空間な

ので反射的だから，$\{u_n\}_n$ は弱収束する部分列 $\{u_{n_i}\}_i$ を持つ (定理 2.25, [55, 定理 2.144])．u_{n_i} の弱収束極限を u_0 とすると，補題 10.5 の (iii) から $I(u_0) \leq c$ となるが，c の定義から $I(u_0) = c$ となり，$I(u)$ が $u = u_0$ で最小値を取ることが示された．

最後に最小値 c を取る関数の一意性を示そう．$u, v \in H_0^1(\Omega)$ が $I(u) = I(v) = c$ をみたしているとすると，I の凸性から $c \leq I((u+v)/2) \leq (I(u)+I(v))/2 = c$ となるので，$I((u+v)/2) = (I(u)+I(v))/2$ となる．よって補題 10.5 の (ii) から $u = v$ となり，一意性が証明された．∎

Remark 10.6 (10.4) に登場する f は $L^2(\Omega)$ の元と仮定されており，定理 10.4 の証明では $\left|\int_\Omega f(x)u(x)\,dx\right| \leq \|f\|_{L^2}\|u\|_{L^2}$ という評価が用いられた．しかし証明をよく検討すると，(10.10) の直前の行にあるように，ここは $\|u\|_{H^1}$ の定数倍で押さえれば十分である．従って $f \in L^2(\Omega)$ でなくとも，$u \mapsto \int_\Omega f(x)u(x)\,dx$ が $H_0^1(\Omega)$ 上の連続線型汎関数となるような f であれば定理は成り立つ．(たとえば連続埋め込み $H_0^1(\Omega) \hookrightarrow L^p(\Omega)$ が成り立っているなら，$(1/p) + (1/q) = 1$ で定まる q に対して $f \in L^q(\Omega)$ でよい．) 同様のことがこの後の解の存在定理についても言える．

10.3　汎関数 $I(u)$ の最小値を実現する関数の意味

定理 10.4 で得られた，汎関数 $I(u)$ を最小にする関数 $u_0 \in H_0^1(\Omega)$ がどのような性質を持つのかを明らかにしよう．

定理 10.7　$\Omega \subset \mathbb{R}^N$, $\mathscr{A} := \sum_{i,j=1}^N \partial_i(a_{ij}(x)\partial_j)$, $a_0(x)$, $f \in L^2(\Omega)$ は定理 10.4 と同じものとし，$I(u)$ は (10.4) で定めたものとする．このとき，汎関数 I を最小にする関数 $u_0 \in H_0^1(\Omega)$ は，任意の $v \in H_0^1(\Omega)$ に対して

$$\sum_{i,j=1}^N \int_\Omega a_{ij}(x)\partial_j u_0(x)\partial_i v(x)\,dx + \int_\Omega a_0(x)u_0(x)v(x)\,dx - \int_\Omega f(x)v(x)\,dx = 0 \tag{10.11}$$

をみたす．さらに，u_0 は超関数の意味で（$\mathscr{D}'(\Omega)$ の元として）

$$-\mathscr{A}u_0 + a_0 u_0 = f \tag{10.12}$$

をみたす．

証明．任意の $v \in H_0^1(\Omega)$ と $t \in \mathbb{R}$ に対して $u_0 + tv \in H_0^1(\Omega)$ であるから，t の関数 $I(u_0 + tv)$ は $t = 0$ で最小値を取る．簡単な計算で

$$I(u_0+tv) = I(u_0) + t\int_\Omega \Phi_x(\nabla u_0, \nabla v)\,dx + \frac{t^2}{2}\int_\Omega \Phi_x(\nabla v, \nabla v)\,dx$$
$$+ t\int_\Omega a_0(x)u_0(x)v(x)\,dx + \frac{t^2}{2}\int_\Omega a_0(x)v(x)^2\,dx - t\int_\Omega f(x)v(x)\,dx$$

となり，$I(u_0 + tv)$ は t の 2 次式である．この関数が $t = 0$ で最小値ということから $(d/dt)I(u_0 + tv)$ は $t = 0$ で 0 となる．これより

$$\int_\Omega \Phi_x(\nabla u_0, \nabla v)\,dx + \int_\Omega a_0(x)u_0(x)v(x)\,dx - \int_\Omega f(x)v(x)\,dx = 0 \quad (10.13)$$

がわかる．ここで

$$\int_\Omega \Phi_x(\nabla u_0, \nabla v)\,dx = \sum_{i,j=1}^N \int_\Omega a_{ij}(x)\partial_j u_0(x) \partial_i v(x)\,dx$$

だから，(10.13) は

$$\sum_{i,j=1}^N \int_\Omega a_{ij}(x)\partial_j u_0(x) \partial_i v(x)\,dx + \int_\Omega a_0(x)u_0(x)v(x)\,dx - \int_\Omega f(x)v(x)\,dx = 0$$

と書け，(10.11) が示された．

さて，$\mathscr{D}(\Omega) = C_0^\infty(\Omega) \subset H_0^1(\Omega)$ なので，(10.11) の v に $\varphi \in \mathscr{D}(\Omega)$ を代入したものが成り立つ．ここで，a_{ij} が有界可測で $\partial_j u_0 \in L^2(\Omega)$ だから，$a_{ij}(x)\partial_j u_0(x)$ も $L^2(\Omega)$ に属し，Ω で局所可積分である．よって超関数の意味で

$$\int_\Omega a_{ij}(x)\partial_j u_0(x) \partial_i \varphi(x)\,dx = -\int_\Omega \partial_i \{a_{ij}(x)\partial_j u_0(x)\}\varphi(x)\,dx$$

と書くことができて，(10.11) はさらに

$$\int_\Omega (-\mathscr{A}u_0 + a_0 u_0 - f)\varphi\,dx = 0$$

と書き換えられる．$\varphi \in \mathscr{D}(\Omega)$ は任意なので，これは超関数として $-\mathscr{A}u_0 + a_0 u_0 = f$ が成り立つことを意味する．∎

$a_{ij}(x) = \delta_{ij}$（Kronecker のデルタ）の場合を考えると次の系が得られる．

10.3. 汎関数 $I(u)$ の最小値を実現する関数の意味

系 10.8 $\Omega \subset \mathbb{R}^N$ を任意の開集合, $f \in L^2(\Omega)$ とすると, $u \in H_0^1(\Omega)$ で

$$\int_\Omega \nabla u(x)\cdot \nabla v(x)\,dx + \int_\Omega u(x)v(x)\,dx = \int_\Omega f(x)v(x)\,dx \quad (\forall v \in H_0^1(\Omega)) \quad (10.14)$$

をみたすものが一意的に存在する. また, この u は超関数の意味で $-\Delta u + u = f$ をみたす.

証明. 一意性以外のことは定理 10.7 の特別の場合である. 実は (10.11) をみたす u の一意性も成り立つのであるが, 特に簡単なこの場合を改めて示そう. さて, $u \in H_0^1(\Omega)$ が (10.14) をみたすとすると, u は $H_0^1(\Omega)$ 上の汎関数

$$I(v) := \frac{1}{2}\left\{\int_\Omega |\nabla v(x)|^2\,dx + \int_\Omega v(x)^2\,dx\right\} - \int_\Omega v(x)f(x)\,dx$$

を最小にするものとなる. 実際, (10.14) は $H_0^1(\Omega)$ の内積 $(\cdot,\cdot)_{H^1}$ を使えば, 任意の $v \in H_0^1(\Omega)$ に対して $(u,v)_{H^1} = (f,v)_{L^2}$ が成り立つことと言い換えられる. $((\cdot,\cdot)_{L^2}$ は $L^2(\Omega)$ の内積.) 故に任意の $v \in H_0^1(\Omega)$ に対して

$$\begin{aligned}2(I(v)-I(u)) &= \|v\|_{H^1}^2 - \|u\|_{H^1}^2 - 2(f,v-u)_{L^2} \\ &= \|u+(v-u)\|_{H^1}^2 - \|u\|_{H^1}^2 - 2(f,v-u)_{L^2} \\ &= \|v-u\|_{H^1}^2 + 2(u,v-u)_{H^1} - 2(f,v-u)_{L^2} \\ &= \|v-u\|_{H^1}^2 \geq 0\end{aligned}$$

となって, 汎関数 I は u で最小値を取ることが示された. この等式はまた u が I を最小にする唯一の点であることを示しており, 系の証明が終わる. (最小値を取る点の一意性は定理 10.4 でも示されている.) ■

定理 10.7 を受けて, Dirichlet 条件の下での偏微分方程式 $-\mathscr{A}u + a_0 u = f$ の**弱解**という概念を導入しよう.

定義 10.9 $\Omega \subset \mathbb{R}^N$, $a_{ij}(x)$ $(i,j=1,2,\ldots,N)$, $a_0(x)$ は Ω 上の有界可測関数, $f \in L^2(\Omega)$ とする. このとき, 任意の $v \in H_0^1(\Omega)$ に対して (10.11) をみたすような, すなわち

$$\sum_{i,j=1}^N \int_\Omega a_{ij}(x)\partial_j u(x)\partial_i v(x)\,dx + \int_\Omega a_0(x)u(x)v(x)\,dx - \int_\Omega f(x)v(x)\,dx = 0$$

$$(\forall v \in H_0^1(\Omega)) \quad (10.15)$$

をみたすような $u \in H_0^1(\Omega)$ は，$\mathscr{A} := \sum_{i,j=1}^N \partial_i(a_{ij}(x)\partial_j)$ に関する方程式 $-\mathscr{A}u + a_0 u = f$ の Dirichlet 条件での**弱解**であるという．この弱解の概念は，$u \in H_0^1(\Omega)$ ということから「境界 $\partial\Omega$ 上で $u = 0$」という境界条件をゆるい意味で取り入れていることに注意したい（定理 9.8 参照）．また，(10.15) の v を $C_0^\infty(\Omega)$ の元に限定して考えることにより，弱解 u は超関数の意味で $-\mathscr{A}u + a_0 u = f$ をみたしていることがわかることに注意したい．

よって，**定理 10.7 は，与えられた条件下で** $-\mathscr{A}u + a_0 u = f$ **の Dirichlet 条件をみたす（定義 10.9 の意味の）弱解の存在を示していると言える．**

弱解の意義 定義 10.9 では「弱解」を境界条件（Dirichlet の条件）つきの微分方程式 $-\mathscr{A}u + a_0 u = f$ の解として定義した．境界条件は $u \in H_0^1(\Omega)$ という形で考慮されているが，u は古典的な意味では 2 回微分可能とは限らないので，微分方程式をみたすという意味は弱くなっている．しかしその分だけ存在証明がしやすくなるのが利点であり，条件がよければ次章の正則性定理によって微積分的な意味で方程式をみたす古典解 (classical solution) にもなるので，弱解というものを導入することは数学的に意義が大きいのである．ただし，古典解の概念は方程式や境界条件が変わっても解釈の多様性はほとんどなく，いちいち古典解を定義しなくても済むが，弱解は境界条件と方程式のセットごとに定義を与えなくてはならない．本書ではこの後に，定義 10.9 の方程式に 1 階微分が加わった方程式の弱解と，境界条件を Neumann 条件に変えたものの弱解を定義している．重複感があってちょっと煩わしいが必要なことである．そして，非線型の方程式まで考えた場合，方程式ごとに適切に解の意味を見直し，どのような関数空間で解を探すべきなのかを考えることが非常に重要になるのである．

Remark 10.10（弱解と超関数解） 弱解は方程式そのものと境界条件のセットに対して定義されるが，方程式だけを考えるならもっと弱い意味の解が定義できる．具体例で言うと，$f \in L^2(\Omega)$ として，境界条件を考慮せずに $-\Delta u + u = f$ をみたす u として本書の範囲で最も一般的と考えられるのは，$u \in L_{loc}^1(\Omega)$ で超関数として $-\Delta u + u = f$ をみたすものである．このような u を仮に $-\Delta u + u = f$ の超関数解と呼ぶことにしよう．[33] のようにこの意味の超関数解を「弱解」と呼んでいる場合もある．超関数解は境界条件をまったく考慮に入れていないので，もちろん定義 10.9 の弱解と超関数解は一致しないが，すでに見てきたように弱解は超関数解である．また，$u \in L_{loc}^1(\Omega)$ よりも強い前提を置けば，弱解と超関数解は一致することがある．たとえば $u \in H_0^1(\Omega)$ がわかっているとすれば，u が $-\Delta u + u = f$ の弱解であることと超関数解であることは

10.3. 汎関数 $I(u)$ の最小値を実現する関数の意味

同値である．実際，$u \in H_0^1(\Omega)$ が $-\Delta u + u = f$ の超関数解であれば，(10.14) の等式の両辺が任意の $v \in C_0^\infty(\Omega)$ で成り立つ．この等式の両辺が v に関して H^1 ノルムで連続であることと，$C_0^\infty(\Omega)$ が $H_0^1(\Omega)$ で稠密であることから，このとき (10.14) の等式は任意の $\varphi \in H_0^1(\Omega)$ に対しても成り立ち，u は弱解となる．

また，後の定理 11.6 では境界条件を考える必要がないので，弱解ではなく超関数解 $u \in H_{loc}^1(\Omega)$ について結果を述べている．

有界領域の場合の注意 ここまでの議論で，$I(u)$ の定義に $\int_\Omega a_0(x) u(x)^2 \, dx$ という項を加えてあるが，実は Ω が有界の場合にはこの項はなくてもよいのである．たとえば $a_{ij}(x) \equiv \delta_{ij}$, $a_0(x) \equiv 1$ の場合，$I(u)$ を最小にする $u \in H_0^1(\Omega)$ は方程式 $-\Delta u + u = f$ の解（弱解）となっているが，ここで左辺にわざわざ "$+u$" という項が入っているのは，一般の領域ではこうしないと実際に解の存在が保証できないからである．しかし有界領域の場合には次の **Poincaré の不等式**により，この項がなくても大丈夫になる．

定理 10.11（Poincaré の不等式） Ω を $\mathbb{R}^N$ の**有界な**開集合，$1 \le p \le \infty$ とすると，ある定数 $C > 0$ で任意の $u \in W_0^{1,p}(\Omega)$ に対して

$$\|u\|_{L^p} \le C \, \|\nabla u\|_{L^p} \tag{10.16}$$

をみたすものが存在する．

証明． ある $a, b \in \mathbb{R}$ に対して，すべての $x \in \Omega$ は第 1 座標 x_1 が $a < x_1 < b$ をみたすとしてよい．$u \in C_0^\infty(\Omega)$ とすると，Ω の外では $u = 0$ と定めれば $u \in C_0^\infty(\mathbb{R}^N)$ となり，これからの計算ではこのように延長したものを使っても差し支えない．そうすると，$1 \le p < \infty$ のときは，$1 < q \le \infty$ を $1/p + 1/q = 1$ で定めると，$x = (x_1, \ldots, x_N) \in \Omega$ に対して

$$\begin{aligned}
|u(x_1, x_2, \ldots, x_N)| &= \left| \int_a^{x_1} \frac{\partial u}{\partial x_1}(t, x_2, \ldots, x_N) \, dt \right| \\
&\le \int_a^{x_1} \left| \frac{\partial u}{\partial x_1}(t, x_2, \ldots, x_N) \right| dt \\
&\le (x_1 - a)^{1/q} \left(\int_a^{x_1} \left| \frac{\partial u}{\partial x_1}(t, x_2, \ldots, x_N) \right|^p dt \right)^{1/p} \\
&\le (b - a)^{1/q} \left(\int_a^b \left| \frac{\partial u}{\partial x_1}(t, x_2, \ldots, x_N) \right|^p dt \right)^{1/p}
\end{aligned} \tag{10.17}$$

が成り立つ（Hölder の不等式を使っている）．これから

$$\int_\Omega |u(x_1,\ldots,x_N)|^p\, dx_1\cdots dx_N$$
$$\leq (b-a)^{p/q} \int_{(a,b)\times \mathbb{R}^{N-1}} \int_a^b \left|\frac{\partial u}{\partial x_1}(t,x_2,\ldots,x_N)\right|^p dt\, dx_1\cdots dx_N$$
$$\leq (b-a)^{1+p/q} \left\|\frac{\partial u}{\partial x_1}\right\|_{L^p}^p \leq (b-a)^p \|\nabla u\|_{L^p}^p$$

となる．これは $u \in C_0^\infty(\Omega)$ で (10.16) が成り立つことを示す．$p=\infty$ のときは，(10.17) から直ちに $\|u\|_{L^\infty} \leq (b-a)\|\partial_1 u\|_{L^\infty}$ が得られるので，この場合にも (10.16) が $u \in C_0^\infty(\Omega)$ に対して成り立つ．(10.16) の両辺は $\|\cdot\|_{W^{1,p}}$ に関して連続で，$C_0^\infty(\Omega)$ は $W_0^{1,p}(\Omega)$ で稠密なので，任意の $u \in W_0^{1,p}(\Omega)$ で (10.16) が成り立つ．よって，定理は証明された．■

Remark 10.12 上の証明から，Ω が有界でなくとも，一つの座標方向に有界であれば Poincaré の不等式は成り立つことがわかる．さらに変数変換まで考えれば，座標方向とは限らずに，任意の一方向に有界であればよいこともわかる．また，実は Poincaré の不等式は Lebesgue 測度が有限な領域においても成り立つことが知られている．特に $p=2$ のとき，このことは，Dirichlet の境界条件で考えた $-\Delta$ の第一固有値に関する Rayleigh–Faber–Krahn の不等式というものを援用すれば示される．

Poincaré の不等式を用いると，有界領域については定理 10.4 が $a_0=0$ の場合にも成り立つことを示すことができる．

定理 10.13 $\Omega \subset \mathbb{R}^N$ を**有界**な開集合，$\mathscr{A} := \sum_{i,j=1}^N \partial_i(a_{ij}(x)\partial_j)$ を Ω 上で一様に楕円型の微分作用素とすると，任意の $f \in L^2(\Omega)$ に対して，$H_0^1(\Omega)$ 上の汎関数

$$I(u) := \frac{1}{2}\int_\Omega \sum_{i,j=1}^N a_{ij}(x)\frac{\partial u(x)}{\partial x_i}\frac{\partial u(x)}{\partial x_j}\, dx - \int_\Omega f(x)u(x)\, dx \tag{10.18}$$

は最小値を持つ．しかも最小値を取る関数 u はただ一つで，方程式 $-\mathscr{A}u = f$ の弱解となる．

証明． 簡略に述べれば十分であろう．仮定から，$I(u)$ が $H_0^1(\Omega)$ 上で連続かつ狭義凸であることが，補題 10.5 の証明とまったく同様に示される．ただし，そこでは狭義凸性の証明は $a_0(x) > 0$ を使っているので，同じ証明では通用しな

10.3. 汎関数 $I(u)$ の最小値を実現する関数の意味

いが，次のように考えればよい．$u,v \in H_0^1(\Omega)$ かつ $0 < t < 1$ で $I(tu+(1-t)v) = tI(u) + (1-t)I(v)$ が成り立てば，(10.7) で a.e. に等号が成立し，従って $\xi = \nabla u(x)$, $\eta = \nabla v(x)$ を代入した (10.5), (10.6) において，不等号の代わりに等号にしたものが a.e. $x \in \Omega$ で成り立つ．よって，等号の成り立つ点において $\Phi_x(\nabla u, \nabla u) = \Phi_x(\nabla v, \nabla v) = \Phi_x(\nabla u, \nabla v)$ が成り立つ．(はじめの等号は (10.6) で等号が成り立つことから得られ，これと (10.5) での等号から 2 番目の等号が得られる．) よって，これらの点では $\Phi_x(\nabla u - \nabla v, \nabla u - \nabla v) = \Phi_x(\nabla u, \nabla u) - 2\Phi_x(\nabla u, \nabla v) + \Phi_x(\nabla v, \nabla v) = 0$ となり，$\mathscr{A}$ の一様楕円型性から a.e. に $\nabla(u-v) = 0$ であることがわかる．$u - v \in H_0^1(\Omega)$ なので，$u-v$ に Poincaré の不等式を適用すれば $u = v$ (a.e.) がわかる．

また，定理 10.4 の証明と同様にして $I(u) \geq \frac{1}{2} C_1 \|\nabla u\|_{L^2}^2 - \|f\|_{L^2} \|u\|_{L^2}$ がわかる．Poincaré の不等式により，ある定数 $C > 0$ で $\|u\|_{L^2} \leq C\|\nabla u\|_{L^2}$ であることから

$$\frac{1}{2} C_1 \|\nabla u\|_{L^2}^2 - \|f\|_{L^2} \|u\|_{L^2} \geq \frac{C_1}{2C^2} \|u\|_{L^2}^2 - \|f\|_{L^2} \|u\|_{L^2}$$
$$= \frac{C_1}{2C^2} \left(\|u\|_{L^2} - \frac{C^2}{C_1} \|f\|_{L^2} \right)^2 - \frac{C^2}{2C_1} \|f\|_{L^2}^2$$

となって，$I(u)$ が下に有界であることがわかる．よって定理 10.4 の証明と同様にして，$I(u)$ は，一意的に定まるある $u \in H_0^1(\Omega)$ で最小値を取ることが示される．

最小値を取る u が $-\mathscr{A} u = f$ の弱解であることは，定理 10.7 の場合とまったく同様にして示される．■

発散型微分作用素と非発散型微分作用素　これまで一様に楕円型の微分作用素 $\mathscr{A} := \sum_{i,j=1}^N \partial_i(a_{ij}(x)\partial_j)$ に対する方程式 $-\mathscr{A} u(x) + a_0(x)u(x) = f(x)$ の境界値問題を考えてきた．$\mathscr{A}$ は 2 階の微分作用素であり，発散型 (divergence form) と呼ばれる形をしている．しかし初学者にとっては $\sum_{i,j=1}^N a_{ij}(x)\partial_i\partial_j$ の方が 2 階の微分作用素としてもっと自然に思えるのではないだろうか．後者の非発散型と呼ばれる微分作用素は 2 階の微分作用素だけから組み立てられているのに，発散型の方は $a_{ij}(x)$ がなめらかとすれば

$$\mathscr{A} u = \sum_{i,j=1}^N a_{ij}(x)\partial_i\partial_j u + \sum_{i,j=1}^N (\partial_i a_{ij}(x))\partial_j u$$

と変形され，1 階微分も入ってきて「不純」なのになぜこちらを採用したのだろうか．(この変形はたとえば $u \in H_{loc}^2(\Omega)$ かつ $a_{ij} \in C^1(\Omega)$ なら超関数として確かに許される．) その理由の一つは，すでに見てきたように，2 階微分の係数 $a_{ij}(x)$ が有界可測というきわめてゆるい条件下で，発散型の方程式に対応する汎関数を $H_0^1(\Omega)$ の上で容易に構成できるからである．そして，もう一つの大きな理由は，Hilbert 空間内の作用素としての自己共役性 (定義 11.15) に自然に結びつくからである．一方，非発散型の微分作用素に対応する汎関数を $H_0^1(\Omega)$ の上で構成するためには，$\int_\Omega \left(\sum_{i,j=1}^N a_{ij}(x) \partial_i \partial_j u(x) \right) u(x)\, dx = u$ の 1 階微分しか登場しない形に書き換えられなければいけないが，そのためには $a_{ij}(x)$ のなめらかさが必要になってしまう．また，$a_{ij}(x)$ がなめらかとしても $\sum_{i,j=1}^N a_{ij}(x) \partial_i \partial_j u = \sum_{i,j=1}^N \partial_i(a_{ij}(x) \partial_j u) - \sum_{i,j=1}^N (\partial_i a_{ij}(x)) \partial_j u$ と変形されるので，非発散型を扱うことは，結局は発散型の微分方程式に 1 階微分の項が付加された微分方程式を扱うことになり，それを汎関数の変分問題として取り扱うことは一般にはできない．しかし非発散型の方程式もやはり重要なので，汎関数の変分問題に帰着するのとは別の方法で弱解の存在が示されている．次のパラグラフにおいてこのことを解説しよう．

低階項を持った発散型微分作用素の境界値問題＊　発散型の項に 1 階微分が追加された場合の弱解の存在は Lax–Milgram の定理というものを使って示されるが，まず必要な定義を述べよう．

定義 10.14　$\mathcal{H}$ を実係数 Hilbert 空間とし，$a\colon \mathcal{H} \times \mathcal{H} \longrightarrow \mathbb{R}$ とする．a が双線型 ($a(x,y)$ が x, y のそれぞれについて線型) で，ある定数 C_1 に対して $|a(x,y)| \leq C_1 \|x\|\,\|y\|$ ($\forall x, y \in \mathcal{H}$) をみたすとき a は有界であるという．さらにある定数 $C_2 > 0$ に対して $a(x,x) \geq C_2 \|x\|^2$ ($\forall x \in \mathcal{H}$) をみたすとき a は**強圧的 (coercive)** という．

定理 10.15 (Lax–Milgram の定理)　a を実係数 Hilbert 空間 $\mathcal{H}$ 上の有界かつ強圧的な双線型形式とすると，$\mathcal{H}$ 上の任意の有界線型汎関数 F に対して次の条件をみたす $x \in \mathcal{H}$ が一意的に存在する：$a(x,y) = F(y)$ ($\forall y \in \mathcal{H}$).

証明．簡略に述べておく．(詳しくはたとえば [31, p. 92], [55, 定理 4.54] など参照．) a が有界であることから，Riesz の表現定理を経由して，$\mathcal{H}$ 上のある有界線型作用素 A によって $a(x,y) = (Ax, y)$ と表される．一方，Riesz の表現定理

10.3. 汎関数 $I(u)$ の最小値を実現する関数の意味

によって F はある $z \in \mathcal{H}$ によって,$F(y) = (y, z)$ $(\forall y \in \mathcal{H})$ と表される.よって,$a(y,x) = F(y)$ $(\forall y \in \mathcal{H})$ となることは $(Ay, x) = (y, z)$ が任意の $y \in \mathcal{H}$ で成り立つこと,すなわち $A^*x = z$ と同値である.(A^* は A の共役作用素.定義 11.15 参照.)従って Lax–Milgram の定理は A^* が全単射であることを示せば証明される.

a が強圧的であるという仮定から,A はある定数 $\alpha > 0$ に対して $(x, A^*x) = (Ax, x) \geq \alpha \|x\|^2$ $(\forall x \in \mathcal{H})$ をみたす.Schwarz の不等式 $\|A^*x\| \|x\| \geq |(x, A^*x)|$ と合わせて,$\|A^*x\| \geq \alpha \|x\|$ がわかる.これから A^* は単射であり,A^* の値域 $\mathcal{R}(A^*)$ は閉部分空間であることがわかる.従って直交直和分解により,もし $\mathcal{R}(A^*) = \mathcal{H}$ でないとすると,ある 0 でない $x_0 \in \mathcal{R}(A^*)^\perp$ が存在するが,$0 < \alpha \|x_0\|^2 \leq (x_0, A^*x_0) = 0$ となって矛盾である.(最後の等号は $A^*x_0 \in \mathcal{R}(A^*)$ による.)∎

定理 10.16 Ω は $\mathbb{R}^N$ の開集合,$a_{ij} \in L^\infty(\Omega)$ $(1 \leq i,j \leq N)$ は (10.1) をみたし,$b_i \in L^\infty(\Omega)$ $(1 \leq i \leq N)$, $a_0 \in L^\infty(\Omega)$ とする.このとき (10.1) の C_1 と $\|b_i\|_{L^\infty}$ のみから決まるある定数 $C_0 \geq 0$ があって,$a_0(x) \geq C_0$ (a.e. $x \in \Omega$) ならば任意の $f \in L^2(\Omega)$ に対してある $u \in H_0^1(\Omega)$ で,すべての $v \in H_0^1(\Omega)$ に対して

$$\int_\Omega \sum_{i,j=1}^N a_{ij}(x) \frac{\partial u(x)}{\partial x_j} \frac{\partial v(x)}{\partial x_i} \, dx + \sum_{i=1}^N \int_\Omega b_i(x) \frac{\partial u(x)}{\partial x_i} v(x) \, dx$$
$$+ \int_\Omega a_0(x) u(x) v(x) \, dx = \int_\Omega f(x) v(x) \, dx \tag{10.19}$$

をみたすものが一意的に存在する.

証明. 各 $u, v \in H_0^1(\Omega)$ に対して (10.19) の左辺は意味を持つので,これを $a(u, v)$ と置くと,a は $H_0^1(\Omega)$ 上の双線型形式であり,$a_{ij}, b_i, a_0 \in L^\infty(\Omega)$ から a が有界となることは明らかである.そして $a_0(x) \geq C_0$ (a.e. x) とすると,$M := \sum_{i=1}^N \|b_i\|_{L^\infty}$ と置けば

$$a(u, u) \geq C_1 \|\nabla u\|_{L^2}^2 - M \|\nabla u\|_{L^2} \|u\|_{L^2} + C_0 \|u\|_{L^2}^2$$

が成り立つ.相加平均・相乗平均の不等式から

$$M \|\nabla u\|_{L^2} \|u\|_{L^2} \leq \frac{C_1}{2} \|\nabla u\|_{L^2}^2 + \frac{M^2}{2C_1} \|u\|_{L^2}^2$$

が成り立つので,さらに

$$a(u,u) \geq \frac{C_1}{2}\|\nabla u\|_{L^2}^2 + \left(C_0 - \frac{M^2}{2C_1}\right)\|u\|_{L^2}^2$$

が得られる.この不等式から,$C_0 > M^2/(2C_1)$ ならば a は強圧的であることがわかる.

一方,$u \in H_0^1(\Omega)$ に $\int_\Omega f(x)u(x)\,dx$ を対応させる写像 F は $H_0^1(\Omega)$ 上の有界線型汎関数だから,Lax–Milgram の定理によりある $u \in H_0^1(\Omega)$ で,任意の $v \in H_0^1(\Omega)$ に対して (10.19) をみたすものが一意的に存在する.よって,$C_0 > M^2/(2C_1)$ ならば定理の結論が成り立つことが示された. ∎

定理 10.16 により,1 階微分の項がある場合にも,任意の $v \in H_0^1(\Omega)$ に対して (10.19) をみたす $u \in H_0^1(\Omega)$ を方程式 (10.20) の (Dirichlet 境界条件 $u|_{\partial\Omega} = 0$ の) **弱解**と呼ぼう.この弱解の定義は,$b_i(x) \equiv 0$ で 1 階微分の項が無い場合は定義 10.9 における定義と一致している.$C_0^\infty(\Omega) \subset H_0^1(\Omega)$ だから弱解 u は今度も超関数として

$$-\sum_{i,j=1}^N \partial_i(a_{ij}(x)\partial_j u(x)) + \sum_{i=1}^N b_i(x)\partial_i u(x) + a_0(x)u(x) = f(x) \qquad (10.20)$$

をみたしている.弱解という言葉を使えば,ここまでの議論により「微分方程式 (10.20) は定理 **10.16** の条件下で,任意の $f \in L^2(\Omega)$ に対して一意的な弱解 $u \in H_0^1(\Omega)$ を持つ」という主張が証明されたことになる.

10.4 他の境界条件の取り扱い

これまで弱解は $H_0^1(\Omega)$ の元としてきた.これは「Ω の境界上で $u = 0$」という Dirichlet 境界条件で考えた方程式の解を取り扱ってきたからである.しかし,応用面では種々の境界条件が必要になる.ここでは他の 2 つの場合について説明する.

Neumann の境界条件 重要な例の一つが,「Ω の境界上で u の法線方向の微分 $\partial u/\partial n$ (p.204) が 0」という Neumann 条件である.$\partial u/\partial n$ を trace を通して意味づけるためには,Ω の境界のなめらかさの仮定を強めなければならないが,実はそうしなくても変分法的に扱って Neumann 条件をみたす弱解の存

10.4. 他の境界条件の取り扱い

在を示すことが可能なのである．詳しく言うと，定理 10.4 と同じ仮定の下で $\mathscr{A} := \sum_{i,j=1}^N \partial_i(a_{ij}(x)\partial_j)$ として方程式 $-\mathscr{A}u + a_0 u = f$ の解を Neumann 条件で求めるには，(10.4) の汎関数 $I(u)$ を，定義域を $H_0^1(\Omega)$ の代わりに $H^1(\Omega)$ で考えるだけでよい．こうすると $I(u)$ を最小にする $H^1(\Omega)$ の元の一意的な存在が言え，その元 u は

$$\sum_{i,j=1}^N \int_\Omega a_{ij}(x)\partial_j u(x)\partial_i v(x)\,dx + \int_\Omega a_0(x)u(x)v(x)\,dx - \int_\Omega f(x)v(x)\,dx = 0$$

$$(\forall v \in H^1(\Omega))$$

をみたすという意味で，Neumann 条件の下での $-\mathscr{A}u + a_0 u = f$ の弱解となる．Dirichlet 条件の場合と比べて (10.11) での φ の動ける範囲が異なるというだけの違いであるが，この弱解は境界条件 $\partial u/\partial n = 0$ を弱い意味でみたしていると考えられるのである．実際，条件がよければ弱解は Neumann 条件を「普通の意味」でみたすことになる．たとえば Ω が有界で境界 $\partial\Omega$ が C^1 級，かつ $-\Delta u + u = f \in L^2(\Omega)$ の Neumann 条件での弱解 u が $C^2(\overline{\Omega})$ に属するとする．このとき，弱解の定義から任意の $v \in C^1(\overline{\Omega})$ に対して

$$\int_\Omega \nabla u \cdot \nabla v\,dx + \int_\Omega uv\,dx = \int_\Omega fv\,dx$$

が成り立つが，Green の公式（定理 9.25）から

$$\int_\Omega \nabla u \cdot \nabla v\,dx = \int_{\partial\Omega} v\frac{\partial u}{\partial n}\,dS - \int_\Omega (\Delta u)v\,dx$$

が成り立つので

$$\int_{\partial\Omega} v\frac{\partial u}{\partial n}\,dS = -\int_\Omega (-\Delta u + u - f)v\,dx \tag{10.21}$$

が得られる．ここで $v \in C_0^\infty(\Omega)$ とすれば（あるいは弱解の定義から直接に）u が超関数として $-\Delta u + u - f = 0$ をみたしていることがわかる．ところが仮定より $-\Delta u + u - f$ は $L^2(\Omega)$ に属するので，変分法の基本補題から a.e. に $-\Delta u + u - f = 0$ が成り立つ．よって (10.21) から $\int_{\partial\Omega} v(\partial u/\partial n)\,dS = 0$ ($\forall v \in C^1(\overline{\Omega})$) となる．$\partial\Omega$ が C^1 級ならば $C^1(\overline{\Omega})$ の元の $\partial\Omega$ への制限の全体は $C(\partial\Omega)$ で稠密だから[1]，これから境界上で $\partial u/\partial n = 0$ であることがわかる．なお，この議論は $u \in H^2(\Omega)$ としても，$\partial u/\partial n$ を trace の意味（9.4.2 項）で考えれば有効である．

---

[1] Stone–Weierstrass の定理（[55, 定理 7.59]）により，多項式で表される関数全体は $C(\partial\Omega)$ で稠密である．

非斉次な Dirichlet 条件　この章のはじめに，考えている領域の中では $-\Delta u = f$，境界上では $u = 0$ という Poisson の方程式を提示したが，電磁気学的にはこの方程式と並んで，領域 Ω 内で $-\Delta u = 0$ かつ境界上で u が指定された値 f を取るという，Laplace 方程式の境界値問題が重要である．物理的にはこれは Ω の中には電荷が無く，$\partial\Omega$ で電位が指定されているとき，Ω の中での電位分布を求める問題である．

この問題は，直観的には f が境界上で連続であればいつでも解を持ちそうな気がするが，それほど単純ではないことが判明し，Sobolev 空間の概念が提出される前から，境界値の意味を広義に解釈して解を求めることが行われた．このあたりのことは「ポテンシャル論」の書物に述べられている．

では「境界上で $u = f$」という**非斉次 Dirichlet 条件**を与えられた方程式 $-\Delta u = 0$ は，どう取り扱ったらいいのだろうか．有力な方法は，せっかくここまで調べてきた Poisson 方程式に帰着することである．Ω が有界で C^1 級の境界を持つとすれば，$H^1(\Omega)$ から $L^2(\partial\Omega)$ への trace γ が存在する（定理 9.7）．そこで，$f \in L^2(\partial\Omega)$ がもしもある $v \in H^1(\Omega)$ に対して $\gamma(v) = f$ をみたしているならば，定理 9.8 により u の境界値が f に等しいこと，つまり $\gamma(u) = f$ は，$u - v \in H^1_0(\Omega)$ と同値になる．よって「境界上で与えられた f に一致し，内部 Ω では $-\Delta u = 0$ をみたす $u \in H^1(\Omega)$ を見つけよ」，という境界値問題は $\gamma(v) = f$ をみたす $v \in H^1(\Omega)$ が与えられたとすれば，$\tilde{u} := u - v$ に関する問題に変換して，境界条件はいままで扱ってきたものに還元できる．そして $-\Delta u = 0$ を書き直すと，超関数としては $-\Delta \tilde{u} = \Delta v$ となる．しかし有界領域でこれまで扱ってきた問題は，定理 10.13 のように $-\Delta u = f$ の右辺 f は $L^2(\Omega)$ の元だったので，この形になるためには，たとえば $v \in H^2(\Omega)$ 程度の制限が必要である．まとめると，

$$\begin{cases} -\Delta u(x) = 0 & (x \in \Omega), \\ u(x) = f(x) & (x \in \partial\Omega) \end{cases}$$

という非斉次 Dirichlet 境界条件の問題は，$\gamma(v) = f$ をみたす $v \in H^2(\Omega)$ が存在するならば，$g := \Delta v \in L^2(\Omega)$ に対する Dirichlet 条件の境界値問題

$$\begin{cases} -\Delta u(x) = g(x) & (x \in \Omega), \\ u(x) = 0 & (x \in \partial\Omega) \end{cases}$$

に還元されることになり，弱解 $\tilde{u} \in H^1_0(\Omega)$ が存在する．そして $u := \tilde{u} + v$ が

10.4. 他の境界条件の取り扱い

非斉次問題の解と考えられる.

この方法の問題点は,境界値の f が「ある $v \in H^2(\Omega)$ に対して $\gamma(v) = f$ となる」という制約を受けることである(定理 9.17 参照).帰着された先の斉次 Dirichlet 条件の問題は, $g \in L^2$ でなくても(たとえば $g \in H^{-1}(\Omega)$)弱解の存在は言えるのでこの制約を少し緩和することも可能であるが,まったく無制限というわけにはいかない.また,f についての条件はもっと直接的に表現されることが望ましい.この境界値問題についてさらに詳しく調べるには,Sobolev 空間以外の関数空間やポテンシャル論の手法が用いられる.

第11章
2階線型楕円型方程式の解の正則性

　この章では前章で得られた $H_0^1(\Omega)$ に属する弱解が，実はさらに高階のSobolev空間に属することになるという，いわゆる解の正則性定理とその応用を述べる．章の最後には他の方法によって得られている精密な結果のいくつかを紹介する．

11.1　序

　この章では系 10.8 で存在が証明された，$\Omega \subset \mathbb{R}^N$, $f \in L^2(\Omega)$ に対する偏微分方程式の境界値問題

$$\begin{cases} -\Delta u(x) + u(x) = f(x) & (x \in \Omega), \\ u(x) = 0 & (x \in \partial\Omega) \end{cases}$$

の弱解 $u \in H_0^1(\Omega)$ の**正則性定理**について説明する．この定理は $u \in H_0^1(\Omega)$ しか保証されていなかった弱解が実は $u \in H^2(\Omega)$ をみたすことを主張するものであり，正則性（なめらかさ，微分可能性）が自動的に向上することを言っている．実はさらに $f \in H^k(\Omega)$ $(k \in \mathbb{N})$ ならば $u \in H^{k+2}(\Omega)$ も示され，Sobolevの埋蔵定理を併用すれば，$f \in C^\infty(\Omega)$ のとき $u \in C^\infty(\Omega)$ であることがわかるのである．

　正則性定理の証明の手順としては，はじめに $\Omega = \mathbb{R}^N$ の場合に示し，それから一般の Ω での局所的な正則性 $u \in H_{loc}^2(\Omega)$ を示す．ここで $u \in H_{loc}^2(\Omega)$ とは任意の $\omega \Subset \Omega$ に対して $u|_\omega \in H^2(\omega)$ が成り立つことを言い，これは任意の $\varphi \in C_0^\infty(\Omega)$ に対して $\varphi u \in H^2(\Omega)$ となることと同値である．次に Ω が半空間 $\mathbb{R}_+^N$ の場合に Ω 全体での正則性 $u \in H^2(\Omega)$ を示し，これを用いて $\partial\Omega$ が C^1 級の場合の大域的正則性に進む．

　証明は $H^1(\Omega)$ の元の差分商による特徴付け（定理 3.25）を用い，弱解 u が任意の $\varphi \in H_0^1(\Omega)$ に対して (10.11) をみたすことを利用して，φ に u とその平行移動したものから組み立てられた関数を代入するというアイデアで行われる．

念のために次のことを証明しておこう.

命題 11.1 $\Omega \subset \mathbb{R}^N, m \in \mathbb{N}$ とすると, $u \in L^1_{loc}(\Omega)$ に対して次は同値である:

(i) $u \in H^m_{loc}(\Omega)$, すなわち任意の $\omega \Subset \Omega$ をみたす開集合 ω に対して $u|_\omega \in H^m(\omega)$.

(ii) 任意の $\varphi \in C_0^\infty(\Omega)$ に対して $\varphi u \in H^m(\Omega)$.

証明. (i)⇒(ii): $\varphi \in C_0^\infty(\Omega)$ の台を K とすると, $K \subset \omega \Subset \Omega$ となる開集合 ω が存在する. φu を ω に制限したものが $H^m(\omega)$ に属することが言えれば $\varphi u \in H^m(\Omega)$ となるが, $(\varphi u)|_\omega = (\varphi|_\omega)(u|_\omega) \in H^m(\omega)$ は明らか (定理 4.2).

(ii)⇒(i): $\omega \Subset \Omega$ とすると, $\varphi \in C_0^\infty(\Omega)$ で ω 上で $\varphi = 1$ をみたすものが存在する. $\varphi u \in H^m(\Omega)$ なので $(\varphi u)|_\omega \in H^m(\omega)$ であるが, ω 上で $u = \varphi u$ だから結局 $u|_\omega \in H^m(\omega)$ となる. ∎

11.2 $\mathbb{R}^N$ の場合

差分商に関する準備 一般に $v \in L^2(\mathbb{R}^N)$, $0 \neq h \in \mathbb{R}^N$ に対して $(\mathrm{D}_h)v(x) := (v(x+h) - v(x))/|h|$ ($x \in \mathbb{R}^N$) と置くと, 明らかに $\mathrm{D}_h v \in L^2(\mathbb{R}^N)$ である. また, $w \in L^2(\mathbb{R}^N)$ に対して

$$\int_{\mathbb{R}^N} (\mathrm{D}_h v)(x) w(x)\, dx = \int_{\mathbb{R}^N} v(x)(\mathrm{D}_{-h} w)(x)\, dx \tag{11.1}$$

が成り立つことも容易にわかる. さらに $v \in H^1(\mathbb{R}^N)$ ならば $\mathrm{D}_h v \in H^1(\mathbb{R}^N)$ ということも, $H^1(\mathbb{R}^N)$ の元は平行移動してもやはり $H^1(\mathbb{R}^N)$ に属することから明らかである. また $\nabla(\mathrm{D}_h v) = \mathrm{D}_h(\nabla v)$ も成り立つ. そして, 定理 3.25 の最後の主張から $v \in H^1(\mathbb{R}^N)$ ならば

$$\|\mathrm{D}_h v\|_{L^2} \leq \|\nabla v\|_{L^2} \tag{11.2}$$

が成り立つ.

正則性定理 さて, 以上の準備の下に弱解の差分商の評価を用いて正則性定理を証明しよう.

11.2. $\mathbb{R}^N$ の場合

定理 11.2 ($\mathbb{R}^N$ における正則性定理) $u \in H_0^1(\mathbb{R}^N) = H^1(\mathbb{R}^N)$ が $f \in L^2(\mathbb{R}^N)$ に対する微分方程式 $-\Delta u + u = f$ の弱解であるとすると，実は $u \in H^2(\mathbb{R}^N)$ が成り立つ．さらに，次元 N にのみ依存する定数 C があって $\|u\|_{H^2} \leq C\|f\|_{L^2}$ が成り立つ．

証明． $u \in H_0^1(\mathbb{R}^N) = H^1(\mathbb{R}^N)$ は $f \in L^2(\mathbb{R}^N)$ に対する微分方程式 $-\Delta u + u = f$ の弱解であるとする．このとき，任意の $0 \neq h \in \mathbb{R}^N$ に対して $\mathrm{D}_h u$ の定義により $\mathrm{D}_h u \in H^1(\mathbb{R}^N)$ であるから，さらに $\mathrm{D}_{-h}(\mathrm{D}_h u) \in H^1(\mathbb{R}^N)$ となる．弱解 u は任意の $v \in H_0^1(\mathbb{R}^N)$ に対して

$$\int_{\mathbb{R}^N} \nabla u \cdot \nabla v \, dx + \int_{\mathbb{R}^N} uv \, dx = \int_{\mathbb{R}^N} vf \, dx \tag{11.3}$$

をみたすから，v として $\mathrm{D}_{-h}(\mathrm{D}_h u)$ を代入したものが成り立つ．よって，差分商について準備した (11.1) から

$$\begin{aligned}
\int_{\mathbb{R}^N} \nabla u \cdot \nabla(\mathrm{D}_{-h}(\mathrm{D}_h u)) \, dx &= \int_{\mathbb{R}^N} \nabla u \cdot (\mathrm{D}_{-h} \nabla(\mathrm{D}_h u)) \, dx \\
&= \int_{\mathbb{R}^N} \mathrm{D}_h(\nabla u) \cdot \nabla(\mathrm{D}_h u) \, dx \\
&= \int_{\mathbb{R}^N} \nabla(\mathrm{D}_h u) \cdot \nabla(\mathrm{D}_h u) \, dx
\end{aligned}$$

となるので

$$\int_{\mathbb{R}^N} \nabla(\mathrm{D}_h u) \cdot \nabla(\mathrm{D}_h u) \, dx + \int_{\mathbb{R}^N} |\mathrm{D}_h u|^2 \, dx = \int_{\mathbb{R}^N} \mathrm{D}_{-h}(\mathrm{D}_h u) f \, dx$$

が得られる．上式の左辺は $\|\mathrm{D}_h u\|_{H^1}^2$ であり，右辺について

$$\left| \int_{\mathbb{R}^N} \mathrm{D}_{-h}(\mathrm{D}_h u) f \, dx \right| \leq \|f\|_{L^2} \|\mathrm{D}_{-h}(\mathrm{D}_h u)\|_{L^2} \leq \|f\|_{L^2} \|\nabla(\mathrm{D}_h u)\|_{L^2}$$

だから

$$\|\mathrm{D}_h u\|_{H^1}^2 \leq \|f\|_{L^2} \|\nabla(\mathrm{D}_h u)\|_{L^2} \leq \|f\|_{L^2} \|\mathrm{D}_h u\|_{H^1}$$

となって，結局 $\|\mathrm{D}_h u\|_{H^1} \leq \|f\|_{L^2}$ がわかる．よって各 $i = 1, 2, \ldots, N$ について $\|\mathrm{D}_h(\partial_i u)\|_{L^2} = \|\partial_i(\mathrm{D}_h u)\|_{L^2} \leq \|f\|_{L^2}$ であるから，定理 3.25 により $\partial_i u \in H^1(\mathbb{R}^N)$ となる．これは $u \in H^2(\mathbb{R}^N)$ を示している．

次に u の H^2 ノルムの評価に進もう．任意の $\varphi \in C_0^\infty(\mathbb{R}^N)$ に対して上に示した $\|D_h(\partial_i u)\|_{L^2} \le \|f\|_{L^2}$ から

$$\left| \int_{\mathbb{R}^N} (D_h \partial_i u) \varphi \, dx \right| \le \|f\|_{L^2} \|\varphi\|_{L^2} \tag{11.4}$$

が成り立っている．ここで各 $j = 1, 2, \ldots, N$ に対して e_j を x_j 方向の単位ベクトルとして $h = te_j$ と置き，$t \downarrow 0$ の極限を考えると

$$\lim_{t \downarrow 0} \int_{\mathbb{R}^N} (D_{te_j} \partial_i u) \varphi \, dx = \lim_{t \downarrow 0} \int_{\mathbb{R}^N} \partial_i u D_{-te_j} \varphi \, dx$$
$$= -\int_{\mathbb{R}^N} \partial_i u \partial_j \varphi \, dx$$
$$= \int_{\mathbb{R}^N} (\partial_j \partial_i u) \varphi \, dx$$

が得られる．よって (11.4) により $\left| \int_{\mathbb{R}^N} (\partial_j \partial_i u) \varphi \, dx \right| \le \|f\|_{L^2} \|\varphi\|_{L^2}$ となり，$\|\partial_j \partial_i u\|_{L^2} \le \|f\|_{L^2}$ がわかる．また，(11.3) で v に u 自身を代入すると

$$\|u\|_{H^1}^2 = \int_{\mathbb{R}^N} fu \, dx \le \|f\|_{L^2} \|u\|_{L^2} \le \|f\|_{L^2} \|u\|_{H^1}$$

だから $\|u\|_{H^1} \le \|f\|_{L^2}$ である．よって

$$\|u\|_{H^2}^2 = \sum_{|\alpha|=2} \|\partial^\alpha u\|_{L^2}^2 + \|u\|_{H^1}^2 \le (N(N+1)/2 + 1)\|f\|_{L^2}^2$$

となってノルム評価が証明された．■

Remark 11.3 $H^m(\mathbb{R}^N)$ の Fourier 変換による特徴付け（定理 5.18，特に (5.19)）を用いれば，定理 11.2 の証明中の評価 $\|u\|_{H^2} \le \sqrt{(N^2+N+2)/2} \|f\|_{L^2}$ はもっとよくできる（$N \ge 3$ の場合）．実際，$-\Delta u = f - u$ から $\|\Delta u\|_{L^2} \le (\|f\|_{L^2} + \|u\|_{L^2}) \le 2\|f\|_{L^2}$ であり，$\sum_{|\alpha|=2} |\xi^\alpha|^2 \le \sum_{i,j=1}^N |\xi_i \xi_j|^2 = |\xi|^4$ だから，$\|u\|_{H^2}^2 \le \left\| |\xi|^2 \hat{u}(\xi) \right\|_{L^2}^2 + \|u\|_{H^1}^2 = \|\Delta u\|_{L^2}^2 + \|u\|_{H^1}^2 \le 4\|f\|_{L^2}^2 + \|u\|_{H^1}^2 \le 5\|f\|_{L^2}^2$ となる．

系 11.4（$\mathbb{R}^N$ における一般正則性定理） $m \in \mathbb{N} \cup \{0\}$ として，$u \in H^1(\mathbb{R}^N)$ が $f \in H^m(\mathbb{R}^N)$ に対する微分方程式 $-\Delta u + u = f$ の弱解であるとすると，実は $u \in H^{m+2}(\mathbb{R}^N)$ が成り立つ．特に $m - N/2 > 0$ ならば，$m - N/2 > \ell$ となる非負整数 ℓ に対して $u \in C^{\ell+2}(\mathbb{R}^N)$ である．（従って，このとき特に $u \in C^2(\mathbb{R}^N)$ となり，普通の意味で Δu が存在して u は $-\Delta u + u = f$ のいわゆる古典解となる．）

ノルム評価については，N, m にのみ依存する定数 C があって $\|u\|_{H^{m+2}} \leq C\|f\|_{H^m}$ が成り立つ.

証明． m に関する帰納法で示される．$m = 0$ の場合は定理 11.2 で示されている．系が $m = k$ で成り立っているとして $f \in H^{k+1}(\mathbb{R}^N)$ としよう．このとき $-\Delta u + u = f$ の両辺を超関数として偏微分して $-\Delta(\partial_i u) + (\partial_i u) = \partial_i f \in H^k(\mathbb{R}^N)$ となるが ($1 \leq i \leq N$)，$\partial_i u \in H^1(\mathbb{R}^N)$ はもうわかっているので，これは $\partial_i u \in H^1(\mathbb{R}^N)$ が $\partial_i f \in H^k(\mathbb{R}^N) \subset L^2(\mathbb{R}^N)$ を右辺とする方程式 $-\Delta v + v = \partial_i f$ の弱解であることを意味する．(Remark 10.10 を参照．) よって帰納法の仮定から $\partial_i u \in H^{k+2}(\mathbb{R}^N)$ となり，これは $u \in H^{k+3}(\mathbb{R}^N)$ を意味し，系が $m = k+1$ でも成り立つことが示された．

C^ℓ への埋め込みは Sobolev の埋蔵定理（定理 5.12）から直ちに得られる．

ノルム評価は $m = 0$ の場合は定理 11.2 で示されている．$m = k$ の場合に成り立っていたとして $f \in H^{k+1}(\mathbb{R}^N)$ とすると，すでに示したように弱解 u は $H^{k+3}(\mathbb{R}^N)$ に属し，$1 \leq i \leq N$ に対して $\partial_i u \in H^{k+2}(\mathbb{R}^N) \subset H^1(\mathbb{R}^N)$ は $-\Delta(\partial_i u) + \partial_i u = \partial_i f \in H^k(\mathbb{R}^N)$ の弱解となる．よって帰納法の仮定から $\partial_i u \in H^{k+2}(\mathbb{R}^N)$ と $\|\partial_i u\|_{H^{k+2}} \leq C\|\partial_i f\|_{H^k}$ をみたす定数 C が存在する．また，同じく帰納法の仮定から $\|u\|_{H^{k+2}} \leq C'\|f\|_{H^k}$ をみたす定数 C' も存在する．これらから，ある定数 C'' で $\|u\|_{H^{k+3}} \leq C''\|f\|_{H^{k+1}}$ をみたすものが存在することは容易にわかる． ∎

Remark 11.5 (1) 定理 11.2 はラプラシアン Δ を一般の一様に楕円型の微分作用素 $\mathscr{A} := \sum_{i,j=1}^N \partial_i(a_{ij}(x)\partial_j)$ に置き換えても成立する．証明は困難ではないが，本書では大域的正則性定理のために必要な限りにおいてのみ，後にこの場合を扱う．

(2) u の正則性は実は $f \in H^m(\mathbb{R}^N)$ といった大局的な性質によらず導かれるので，後に定理 11.6 で示されるように，$f \in C^\infty(\mathbb{R}^N)$ から $u \in C^\infty(\mathbb{R}^N)$ が証明されるのである．

11.3 内部正則性

定理 11.2 の証明は $\mathbb{R}^N$ を $\Omega \subset \mathbb{R}^N$ に置き換えた場合通用しないが，Ω 全体でなく局所的な形でなら，容易に定理を一般化できる．ここでは仮定の方も少し弱めた結果を紹介しよう．

定理 11.6（内部正則性） $\Omega \subset \mathbb{R}^N$, $m \in \mathbb{N} \cup \{0\}$ として，$u \in H^1_{loc}(\Omega)$ が $f \in H^m_{loc}(\Omega)$ に対して超関数の意味で $-\Delta u + u = f$ をみたしているとする．このとき実は $u \in H^{m+2}_{loc}(\Omega)$ が成り立つ．特に $m - N/2 > 0$ ならば，$m - N/2 > \ell$ となる非負整数 ℓ に対して $u \in C^{\ell+2}(\Omega)$ である．(従って，このとき特に $u \in C^2(\Omega)$ となり普通の意味で Δu が存在して，u は $-\Delta u + u = f$ のいわゆる古典解となる．) さらに，$f \in C^\infty(\Omega)$ ならば $u \in C^\infty(\Omega)$ となる．

ノルム評価については次のようになる：任意の $\omega \Subset \omega' \Subset \Omega$ が与えられると，ω, ω', m にのみ依存するある定数 C で，u に対して

$$\|u\|_{H^{m+2}(\omega)} \leq C(\|u\|_{L^2(\omega')} + \|f\|_{H^m(\omega')})$$

をみたすものが存在する．(正確には，$\|u\|_{H^{m+2}(\omega)}$ などは関数を ω や ω' に制限したものの Sobolev ノルムを表す．)

証明． はじめに $f \in H^m_{loc}(\Omega)$ ならば $u \in H^{m+2}_{loc}(\Omega)$ となることを m に関する帰納法で示す．

まず $m = 0$ の場合に成り立つことを示す．$u \in H^1_{loc}(\Omega)$ は超関数として $-\Delta u + u = f$ をみたし，一方，$\varphi \in C^\infty_0(\Omega)$ に対してやはり超関数として $\Delta(\varphi u) = \varphi \Delta u + 2\nabla\varphi \cdot \nabla u + (\Delta\varphi)u$ が成り立つ（命題 2.14）．よって $-\Delta u + u = f$ の両辺に φ をかけた式と合わせて，φu は超関数として

$$-\Delta(\varphi u) + (\varphi u) = \varphi f - 2\nabla\varphi \cdot \nabla u - (\Delta\varphi)u \tag{11.5}$$

をみたす．$u \in H^1_{loc}(\Omega)$ だから $\varphi u \in H^1_0(\Omega)$ であり（命題 11.1 参照），かつ φu は $\partial\Omega$ の近傍で恒等的に 0 なので，φu を Ω の補集合では 0 として $\mathbb{R}^N$ へ延長した関数 $\overline{\varphi u}$ は $H^1(\mathbb{R}^N)$ に属する（補題 3.16）．また $g := \varphi f - 2\nabla\varphi \cdot \nabla u - (\Delta\varphi)u$ は $L^2(\Omega)$ に属するが，Ω の補集合上では 0 として $\mathbb{R}^N$ へ延長した関数を $\overline{g}$ とすると $\overline{g} \in L^2(\mathbb{R}^N)$ である．よって $\overline{\varphi u} \in H^1(\mathbb{R}^N)$ は (11.5) により，$\overline{g} \in L^2(\mathbb{R}^N)$ に対して $-\Delta(\overline{\varphi u}) + \overline{\varphi u} = \overline{g}$ の弱解となることがわかる．(Remark 10.10 参照．) 従ってすでに証明した $\mathbb{R}^N$ における正則性定理（定理 11.2）から $\overline{\varphi u} \in H^2(\mathbb{R}^N)$ となる．よって Ω に制限して $\varphi u \in H^2(\Omega)$ が得られる．

次に $m = k$ で成り立っているとして，$f \in H^{k+1}_{loc}(\Omega)$ としよう．このとき，任意の $\varphi \in C^\infty_0(\Omega)$ に対して，$m = 0$ の場合の証明の記号をそのまま使うと，$\overline{\varphi u} \in H^1(\mathbb{R}^N)$ が $-\Delta(\overline{\varphi u}) + \overline{\varphi u} = \overline{g}$ の弱解となっているが，帰納法の仮定により $u \in H^{k+2}_{loc}(\Omega)$ が成り立つので，$\overline{g}$ の定義より $\overline{g} \in H^{k+1}(\mathbb{R}^N)$ であることが

わかる．（$\overline{g}$ が $\partial\Omega$ の近傍で恒等的に 0 であることに注意．）よって系 11.4 により $\overline{\varphi u} \in H^{k+3}(\mathbb{R}^N)$ が得られて，$m = k+1$ の場合にも主張が正しいことが示された．

C^ℓ への埋め込みは $\overline{\varphi u} \in H^{m+2}(\mathbb{R}^N)$ に Sobolev の埋蔵定理（定理 5.12）を適用すれば直ちに得られる．最後の主張は $f \in C^\infty(\Omega)$ ならば任意の $m \in \mathbb{N}$ に対して $f \in H_{loc}^m(\Omega)$ となることからわかる．

ノルム評価は，$\omega \Subset \omega' \Subset \Omega$ に対して ω 上で 1 かつ $\mathrm{supp}\,\varphi \subset \omega'$ となるような $\varphi \in C_0^\infty(\Omega)$ を一つ固定し，それに対する (11.5) を Ω の外では 0 と見なして得られる $\mathbb{R}^N$ における方程式 $-\Delta(\overline{\varphi u}) + \overline{\varphi u} = \overline{g}$ を考え，これに定理 11.4 で得られた評価を使えば m についての帰納法で得られる．($\|u\|_{H^{m+2}(\omega)} \leq \|\overline{\varphi u}\|_{H^{m+2}(\mathbb{R}^N)}$ などに注意．）■

Remark 11.7 (i) $-\Delta u + u = f$ の弱解 u の $\omega \Subset \Omega$ における正則性は実は f の ω における正則性だけから決まる．たとえば $f|_\omega \in C^\infty(\omega)$ ならば $u|_\omega \in C^\infty(\omega)$ である．このことは台が ω に含まれる任意の $\varphi \in C_0^\infty(\Omega)$ に対して φu が Ω 上で $-\Delta(\varphi u) + \varphi u = \varphi f - 2\nabla\varphi \cdot \nabla u - (\Delta\varphi)u \in C^\infty(\Omega)$ をみたすことからわかる．

(2) 内部正則性定理ではこれまでの結果に合わせて $-\Delta u + u = f$ という方程式になっているが，$-\Delta u = f$ をみたすとしてもまったく同じである．実際 $f \in H_{loc}^m(\Omega)$ ($m \in \mathbb{N}$) として，$u \in H_{loc}^1(\Omega)$ が超関数として $-\Delta u = f$ をみたしていれば u は $-\Delta u + u = f + u$ をみたしている．これから "bootstrap argument"（「靴ひも」の議論）という論法で $u \in H_{loc}^{m+2}(\Omega)$ がわかるのである．はじめに $u \in H_{loc}^1(\Omega)$ がわかっているから $f + u \in H_{loc}^0(\Omega) = L_{loc}^2(\Omega)$ となり，従って内部正則性定理から $u \in H_{loc}^2(\Omega)$ がわかる．すると，これが右辺 $f + u$ に反映して $-\Delta u + u = f + u \in H_{loc}^1(\Omega)$ となり，内部正則性定理から $u \in H_{loc}^3(\Omega)$ がわかる．するとこれがまた右辺 $f + u$ に反映して u の正則性が上がり，というふうに右辺の正則性が f の正則性に一致するまで上昇し続けるので，結局 $u \in H_{loc}^{m+2}(\Omega)$ が導かれるのである[1]．

特に $u \in H_{loc}^1(\Omega)$ が $-\Delta u = 0$ をみたしている場合 $u \in C^\infty(\Omega)$ が得られる．このことは **Weyl** の補題として古くから知られている事実の特別な場合である．

11.4　$\mathbb{R}_+^N$ の場合の大域的正則性

$\Omega = \mathbb{R}^N$ の場合の正則性定理の証明には，$u \in H^1(\mathbb{R}^N)$ ならば任意の $0 \neq h \in \mathbb{R}^N$ に対して $\mathrm{D}_{-h}u \in H^1(\mathbb{R}^N)$ となることを利用したが，半空間 $\mathbb{R}_+^N$ では，

---

[1] この論法で方程式の左辺と右辺の 2 か所を行ったり来たりして正則性が上がっていくところが，編み上げ靴の靴ひもを締める様を連想させるので "bootstrap argument" という名前が付いたのである．

$u \in H^1(\mathbb{R}_+^N)$ とすると,h が $\mathbb{R}_+^N$ の境界(これは $\mathbb{R}^{N-1}$ と同一視できる)に平行な場合だけ $\mathrm{D}_h u \in H^1(\mathbb{R}_+^N)$ が保証される.従って半空間の場合の大域的正則性 $u \in H^2(\mathbb{R}_+^N)$ の証明は,$\mathbb{R}^N$ の場合の証明のうち h をこのような場合に限定したものと,方程式 $-\Delta u + u = f$ 自身を用いるのである.

定理 11.8(半空間での大域的正則性) $f \in L^2(\mathbb{R}_+^N)$ に対し,$u \in H_0^1(\mathbb{R}_+^N)$ を方程式 $-\Delta u + u = f$ の弱解とする.このとき実は $u \in H^2(\mathbb{R}_+^N)$ となる.また f, u に無関係な定数 C があって $\|u\|_{H^2} \leq C\|f\|_{L^2}$ が成り立つ.

証明. $h \in \mathbb{R}^N$ とすると,その第 N 成分が 0 であることは幾何学的ベクトルとして h が $\mathbb{R}_+^N$ の境界に平行であることと同値なので,この条件をみたすことを $h // \partial \mathbb{R}_+^N$ で表す.このとき,$0 \neq h // \partial \mathbb{R}_+^N$ ならば定理 11.2 のときと同様に $\mathrm{D}_h u \in H_0^1(\mathbb{R}_+^N)$ となる.よって $0 \neq h // \partial \mathbb{R}_+^N$ ならば $\Omega = \mathbb{R}^N$ の場合と同様に,(10.11) の φ に $\mathrm{D}_{-h}(\mathrm{D}_h u)$ を代入することができる.よって定理 11.2 の証明と完全に同じ議論で,$0 \neq h // \partial \mathbb{R}_+^N$ に対して $\|\mathrm{D}_h u\|_{H^1} \leq \|f\|_{L^2}$ が導かれる.よって,任意の $i = 1, 2, \ldots, N$ と $0 \neq h // \partial \mathbb{R}_+^N$ に対して

$$\|\mathrm{D}_h(\partial_i u)\|_{L^2} \leq \|f\|_{L^2} \tag{11.6}$$

が成り立つ.これより $j = 1, 2, \ldots, N-1$ に対して超関数の意味での導関数 $\partial_j(\partial_i u)$ が $L^2(\mathbb{R}_+^N)$ に属することがわかるのである.これを示すには定理 3.25 の証明を $p = 2$ として次のように見直せばよい.$1 \leq j \leq N-1$ に対して e_j を x_j 方向の単位ベクトル $(0, \ldots, 0, 1, 0, \ldots, 0)$ とし,$0 \neq t \in \mathbb{R}$ に対して $h = te_j$ とすれば (11.6) より

$$\left\| \frac{1}{t}(\partial_i u(\cdot + h) - \partial_i u(\cdot)) \right\|_{L^2} \leq \|f\|_{L^2}$$

となる.よって,任意の $\varphi \in C_0^\infty(\mathbb{R}_+^N)$ に対して

$$\left| \int_{\mathbb{R}_+^N} (\partial_i u)(x) \frac{1}{t} \{\varphi(x - te_j) - \varphi(x)\} \, dx \right|$$
$$= \left| \int_{\mathbb{R}_+^N} \frac{1}{t} \{(\partial_i u)(x + te_j) - (\partial_i u)(x)\} \varphi(x) \, dx \right|$$
$$\leq \|f\|_{L^2} \|\varphi\|_{L^2}$$

11.4. $\mathbb{R}^N_+$ の場合の大域的正則性

となるが，ここで $t \downarrow 0$ とすれば

$$\left| \int_{\mathbb{R}^N_+} (\partial_i u)(x)(\partial_j \varphi)(x)\, dx \right| \leq \|f\|_{L^2} \|\varphi\|_{L^2} \tag{11.7}$$

が得られる．故に Hilbert 空間における Riesz の表現定理から，ある $v_{ij} \in L^2(\mathbb{R}^N_+)$ によって

$$- \int_{\mathbb{R}^N_+} (\partial_i u)(x)(\partial_j \varphi)(x)\, dx = \int_{\mathbb{R}^N_+} v_{ij}(x)\varphi(x)\, dx \quad (\forall \varphi \in C_0^\infty(\mathbb{R}^N_+))$$

となり，超関数の意味で $\partial_j(\partial_i u) = v_{ij} \in L^2(\mathbb{R}^N_+)$ となる．($1 \leq i \leq N, 1 \leq j \leq N-1$ であったことを思い出そう．）よって特に $1 \leq i \leq N-1$ に対して $\partial_i^2 u \in L^2(\mathbb{R}^N_+)$ となる．

一方，超関数として $-\sum_{i=1}^N \partial_i^2 u = -\Delta u = f - u \in L^2(\mathbb{R}^N_+)$ であったから，上に示したことと合わせて $\partial_N^2 u \in L^2(\mathbb{R}^N_+)$ がわかる．よって，すべての $i, j = 1, 2, \ldots, N$ に対して，超関数の意味で $\partial_j(\partial_i u) \in L^2(\mathbb{R}^N_+)$ となり（$\partial_i(\partial_j u) = \partial_j(\partial_i u)$ に注意），$u \in H^2(\mathbb{R}^N_+)$ であることが示された．

また (11.7) は $\|\partial_j \partial_i u\|_{L^2} \leq \|f\|_{L^2}$（$(i,j) \neq (N, N)$）を示している．よって $-\Delta u = f - u$ から $\|\partial_N^2 u\|_{L^2} \leq N\|f\|_{L^2} + \|u\|_{L^2}$ がわかる．そして弱解の定義から成り立つ (10.14) において，φ に u 自身を代入して $\|u\|_{H^1}^2 \leq \|f\|_{L^2} \|u\|_{L^2} \leq \|f\|_{L^2} \|u\|_{H^1}$ が得られ，$\|u\|_{H^1} \leq \|f\|_{L^2}$ となる．以上から，定理 11.2 の証明の最後の部分と同様にして，ある定数 C で $\|u\|_{H^2} \leq C\|f\|_{L^2}$ が成り立つことがわかる．∎

一般領域での大域的正則性を示す準備として，もう少し微分作用素を一般化した結果を示しておく必要がある．ただし都合上，半空間の代わりにその一部である立方体 $Q_+ := \{x \in \mathbb{R}^N_+ \mid \sup_i |x_i| < 1, x_N > 0\}$ を舞台とする．（x_i は x の第 i 成分を表す．）また，Q_+ の境界の一部を表す $Q_0 := \{x \in \mathbb{R}^N \mid x_N = 0, \sup_i |x_i| < 1\}$ という記号を思い出しておこう．

定理 11.9 $\mathscr{A} := \sum_{i,j=1}^N \partial_i(a_{ij}(x)\partial_j)$ が Q_+ 上で一様に楕円型の微分作用素で，$a_{ij} \in C^1(\overline{Q_+})$ とする．このとき $u \in H_0^1(Q_+)$ が $f \in L^2(Q_+)$ に対する方程式 $-\mathscr{A}u = f$ の弱解で，かつ u が $\partial Q_+ \setminus Q_0$ の近傍で 0 とすると，$u \in H^2(Q_+)$ が成り立つ．また，$\mathscr{A}$，つまり a_{jk} ($1 \leq j, k \leq N$) のみで決まる定数 C があって，$\|u\|_{H^2} \leq C\|f\|_{L^2}$ が成り立つ．

証明. $u \in H_0^1(Q_+)$ が定理の仮定をみたす $-\mathscr{A}u = f$ の弱解とすると,$0 \neq h \in \mathbb{R}^N$ の第 N 成分が 0 で $|h|$ が十分小さいならば $\mathrm{D}_{-h}(\mathrm{D}_h u) \in H_0^1(Q_+)$ であることがわかる.よって弱解の定義により,(10.11) で $a_0 = 0$ とした式が v に $\mathrm{D}_{-h}(\mathrm{D}_h u)$ を代入して成り立つが,それを (11.1) を用いて変形すると

$$\sum_{i,j=1}^N \int_{Q_+} \mathrm{D}_h(a_{ij}\partial_i u)(\mathrm{D}_h \partial_j u)\,dx = \int_{Q_+} f \mathrm{D}_{-h}(\mathrm{D}_h u)\,dx \tag{11.8}$$

が得られる.ここで

$$[\mathrm{D}_h(a_{ij}\partial_i u)](x) = a_{ij}(x+h)(\mathrm{D}_h \partial_i u)(x) + (\mathrm{D}_h a_{ij})(x)\partial_i u(x)$$

が成り立つから,(11.8) により

$$\sum_{i,j=1}^N \int_{Q_+} a_{ij}(x+h)(\mathrm{D}_h \partial_i u)(x)(\mathrm{D}_h \partial_j u)(x)\,dx$$
$$= \int_{Q_+} f \mathrm{D}_{-h}(\mathrm{D}_h u)\,dx - \sum_{i,j=1}^N \int_{Q_+} (\mathrm{D}_h a_{ij})(x)\,(\partial_i u)(x)\,(\mathrm{D}_h \partial_j u)(x)\,dx$$
$$\equiv \mathrm{I} - \mathrm{II}$$

が得られる.$a_{ij} \in C^1(\overline{Q_+})$ という仮定から,h に無関係なある定数 $C > 0$ に対して $|\mathrm{D}_h a_{ij}| \leq C$ となるので,

$$|\mathrm{I}| \leq \|f\|_{L^2} \|\mathrm{D}_{-h}(\mathrm{D}_h u)\|_{L^2} \leq \|f\|_{L^2} \|\mathrm{D}_h u\|_{H^1} \tag{11.9}$$

$$|\mathrm{II}| \leq C \sum_{i,j=1}^N \|\partial_i u\|_{L^2} \|\mathrm{D}_h \partial_j u\|_{L^2} \leq N^2 C \|u\|_{H^1} \|\mathrm{D}_h u\|_{H^1} \tag{11.10}$$

が得られる.また,$\mathscr{A}$ が一様楕円型であるという仮定と Poincaré の不等式から,ある定数 $C_1 > 0$ で

$$C_1 \|\mathrm{D}_h u\|_{H^1}^2 \leq \sum_{i,j=1}^N \int_{Q_+} a_{ij}(x+h)(\mathrm{D}_h \partial_i u)(x)\,(\mathrm{D}_h \partial_j u)(x)\,dx \tag{11.11}$$

が成り立つので,(11.9), (11.10) と合わせて

$$C_1 \|\mathrm{D}_h u\|_{H^1}^2 \leq (\|f\|_{L^2} + N^2 C \|u\|_{H^1}) \|\mathrm{D}_h u\|_{H^1}$$

11.4. $\mathbb{R}^N_+$ の場合の大域的正則性

が得られる．（ここで定数 C_1 は $\mathscr{A}$ にのみ依存することに注意しておこう．）よって，$|h|$ が十分小かつ第 N 成分が 0 である任意の h に対して，$\|\mathrm{D}_h u\|_{H^1} \leq (\|f\|_{L^2} + N^2 C \|u\|_{H^1})/C_1 =: M$ が成り立つことがわかる．よって同様な h と任意の $i = 1, 2, \ldots, N$ に対して $\|\mathrm{D}_h(\partial_i u)\|_{L^2} \leq M$ が成り立つ．故に定理 11.8 の証明の後半と同様にして，$1 \leq j \leq N-1$ に対して超関数の意味で $\partial_j \partial_i u \in L^2(Q_+)$ と $\|\partial_j \partial_i u\|_{L^2} \leq M$ が成り立つことが示される．

最後に，弱解 u が超関数の意味で $-\mathscr{A} u = f$ をみたすことから

$$-a_{NN} \partial_N^2 u = \sum_{(i,j) \neq (N,N)} \partial_i(a_{ij} \partial_j u) + f \tag{11.12}$$

となるが，すでに示した $(i,j) \neq (N,N)$ に対する $\partial_j \partial_i u \in L^2(Q_+)$ と $a_{ij} \in C^1(\overline{Q_+})$ ということから，上式の右辺は $L^2(Q_+)$ に属することがわかる．また，$\mathscr{A}$ の一様楕円型性から $\inf_{x \in Q_+} a_{NN}(x) > 0$ なので，上式から超関数として $\partial_N^2 u \in L^2(Q_+)$ であることが言える．以上で $u \in H^2(Q_+)$ であることが証明された．

さらに，ノルム評価については，$(i,j) \neq (N,N)$ に対する $\|\partial_i \partial_j u\|_{L^2} \leq M$ と (11.12) から，$\mathscr{A}$ のみで決まるある定数 C_2 があって $\|u\|_{H^2} \leq C_2(\|f\|_{L^2} + \|u\|_{H^1})$ となることにまず注意する．また u が $-\mathscr{A} u = f$ の弱解なので，(11.11) と同様に $\mathscr{A}$ の一様楕円性を使うと

$$C_1 \|u\|_{H^1}^2 \leq \int_{Q_+} \sum_{j,k=1}^N a_{jk} \partial_j u \partial_k u \, dx = \int_{Q_+} fu \, dx$$
$$\leq \|f\|_{L^2} \|u\|_{L^2} \leq \|f\|_{L^2} \|u\|_{H^1}$$

となり，$\|u\|_{H^1} \leq \|f\|_{L^2}/C_1$ が得られる．故に $\|u\|_{H^2} \leq C_2(\|f\|_{L^2} + \|u\|_{H^1})$ と合わせれば定理の主張が確かに成り立つ．■

Remark 11.10 定理 11.9 では $a_{ij} \in C^1(\overline{Q_+})$ を仮定したが，証明で用いているのは $\mathrm{D}_h a_{ij}$ の有界可測性だけなので，少し弱く a_{ij} の Q_+ における一様 Lipschitz 連続性を仮定するだけでもよい．

11.5 C^2 級の有界な境界を持つ領域の場合の大域的正則性

一般領域における $-\Delta u + u = f$ の Dirichlet 条件での解の正則性定理は次のようになる.ただし次の定理における高階の結果は,定理 11.12 でさらに発展させられている.

定理 11.11 $\Omega \subset \mathbb{R}^N$ を C^2 級で有界な境界を持つ領域とすると,$f \in L^2(\Omega)$ に対して $-\Delta u + u = f$ の弱解 $u \in H_0^1(\Omega)$ は $H^2(\Omega)$ に属する.また,Ω だけに依存するある定数 C に対して $\|u\|_{H^2} \leq C \|f\|_{L^2}$ が成り立つ.

さらに,$m \in \mathbb{N} \cup \{0\}$ に対して $f \in H^m(\Omega)$ かつ $u \in H_0^{m+1}(\Omega)$ とすると $u \in H^{m+2}(\Omega)$ となり,Ω と m だけによって決まるある定数 C' に対して $\|u\|_{H^{m+2}} \leq C' \|f\|_{H^m}$ が成り立つ.ただし $H_0^{m+1}(\Omega)$ は $H^{m+1}(\Omega)$ における $C_0^\infty(\Omega)$ の閉包を表す.

証明. $u \in H_0^1(\Omega)$ が $-\Delta u + u = f$ の弱解,すなわち

$$\int_\Omega \nabla u \cdot \nabla v \, dx + \int_\Omega uv \, dx = \int_\Omega fv \, dx \quad (\forall v \in H_0^1(\Omega)) \tag{11.13}$$

をみたすものとする.

Step 1: 1 の分解による分析 仮定により各 $x \in \partial\Omega$ に対して,$\mathbb{R}^N$ での x のある近傍 U_x の閉包から $\mathbb{R}^N$ の開立方体 Q の閉包の上への C^2 級同相写像 H_x で,$H_x(U_x \cap \Omega) = Q_+$,$H_x(U_x \cap \partial\Omega) = Q_0$ となるものが存在する.(記号 Q_+, Q_0 は p.121 と同様とする.)このとき $\bigcup_{x \in \partial\Omega} U_x \supset \partial\Omega$ で $\partial\Omega$ がコンパクトだから,有限個の $x_1, x_2, \ldots, x_n \in \partial\Omega$ で $\bigcup_{i=1}^n U_{x_i} \supset \partial\Omega$ をみたすものが存在する.以後簡単のため U_{x_i} を U_i,また H_{x_i} を H_i で表すことにする.そうすると,$\bigcup_{i=1}^n U_i \supset \partial\Omega$ から命題 1.20 により $i = 1, \ldots, n$ に対して $\varphi_i \in C_0^\infty(\mathbb{R}^N)$ で次をみたすものが存在する:

$$0 \leq \varphi_i \leq 1, \ \operatorname{supp} \varphi_i \subset U_i, \ \partial\Omega \text{ のある近傍上で} \sum_{i=1}^n \varphi_i = 1. \tag{11.14}$$

このとき Ω 上で $\varphi_0 := 1 - \sum_{i=1}^n \varphi_i$ という関数を考えよう.**Ω が有界な場合**は,(11.14) の最後の性質から $\varphi_0 \in C_0^\infty(\Omega)$ となる.よって定理 11.6 により

11.5. C^2 級の有界な境界を持つ領域の場合の大域的正則性

$\varphi_0 u \in H^2(\Omega)$ が成り立っている．また，Ω が有界でない場合も，定理 11.6 の (11.5) と同様に，Ω 上の超関数として

$$-\Delta(\varphi_0 u) + (\varphi_0 u) = \varphi_0 f - 2\nabla\varphi_0 \cdot \nabla u - (\Delta\varphi_0)u =: g \tag{11.15}$$

が成り立つ．ここで φ_0 の定義と $\varphi_i \in C_0^\infty(\mathbb{R}^N)$ ($1 \leq i \leq n$) ということから，$\varphi_0 \in C^\infty(\Omega)$ が $\partial\Omega$ の近傍では 0 であり，1 回偏導関数 $\partial_j \varphi_0$ や $\Delta\varphi_0$ が有界であることがわかる．よって $\varphi_0 u$ は Ω の外では 0 と考えて $H^1(\mathbb{R}^N)$ の元となり，(11.15) の右辺の g も，Ω の外では 0 として延長した場合 $L^2(\mathbb{R}^N)$ の元となる．従って $\varphi_0 u$ や g を $\mathbb{R}^N$ 上の関数と考えて，任意の $\psi \in C_0^\infty(\mathbb{R}^N)$ に対して

$$\begin{aligned}\int_{\mathbb{R}^N} g\psi\,dx &= \int_{\mathbb{R}^N} \varphi_0 u(-\Delta\psi + \psi)\,dx \\ &= \int_{\mathbb{R}^N} \nabla(\varphi_0 u) \cdot \nabla\psi\,dx + \int_{\mathbb{R}^N} (\varphi_0 u)\psi\,dx \end{aligned} \tag{11.16}$$

が示される．ここを少し詳しく述べよう．$\inf\{\operatorname{dist}(x, \Omega^c) \mid x \in \operatorname{supp}\varphi_0\} > 0$ だから次のような性質を持つ $\psi_0 \in C^\infty(\mathbb{R}^N)$ が得られる：$\operatorname{supp}\varphi_0$ 上で $\psi_0 = 1$，$\operatorname{supp}\psi_0 \subset \Omega$．これを用いると (11.16) に現れる積分は ψ を $\psi_0\psi \in C_0^\infty(\Omega)$ に置き換えても同じで，そうすれば Ω 上の超関数としての等式 (11.15) から (11.16) を導くことができる．($\operatorname{supp} g \subset \operatorname{supp}\varphi_0$ にも注意．)

さて (11.16) に戻ると，$\mathbb{R}^N$ 上の関数と見なして $\varphi_0 u \in H^1(\mathbb{R}^N)$ なので，(11.16) の両端の積分は $\psi \in H^1(\mathbb{R}^N)$ に対しても等しいことがわかる．よって $\varphi_0 u$ は $-\Delta v + v = g \in L^2(\mathbb{R}^N)$ の弱解となり，定理 11.2 により $\varphi_0 u \in H^2(\mathbb{R}^N)$，従って Ω 上の関数として $\varphi_0 u \in H^2(\Omega)$ となる．

以上より Ω が有界でも非有界でも $\varphi_0 u \in H^2(\Omega)$ となり，$u = \sum_{i=0}^n (\varphi_i u)$ だから，定理を証明するには各 $i = 1, \ldots, n$ に対して $\varphi_i u$ が $H^2(\Omega)$ に属することを示せばよい．しかし $\varphi_i u$ を $U_i \cap \Omega$ に制限したものが $H_0^1(U_i \cap \Omega)$ に属することは明らかであり，従って定理 4.9 によって $(\varphi_i u) \circ H_i^{-1} \in H_0^1(Q_+)$ となる．これが確認されたので次は $(\varphi_i u) \circ H_i^{-1}$ がみたす微分方程式を調べよう．

Step 2: **変換された関数のみたす方程式** 記号を見やすくするため φ_i や H_i，U_i の添字 i をここでは省略することにする．さて，まず $v := \varphi u$ は $U \cap \Omega$ に制限して考えると $H_0^1(U \cap \Omega)$ に属するが，すでに (11.5) で示したように $-\Delta u + u = f$ から

$$-\Delta v = -\varphi u + \varphi f - 2\nabla\varphi \cdot \nabla u - (\Delta\varphi)u =: \tilde{g} \tag{11.17}$$

を超関数としてみたす.明らかに $\tilde{g} \in L^2(U \cap \Omega)$ である.このとき定理 4.9 により $w := v \circ H^{-1}$ は $H_0^1(Q_+)$ の元となり,かつその構成法から w は $\partial Q_+ \setminus Q_0$ の近傍で 0 である.また,定理 4.9 の証明中では式 (4.10) すなわち合成関数の微分法則が,Sobolev 空間の元についてもなめらかな関数の場合と同じ形で成立することが示されている.よって $x \in U \cap \Omega$ に対して $y := H(x)$ とし,それらの第 i 成分を x_i, y_i で表すと,

$$\frac{\partial v}{\partial x_i} = \sum_{j=1}^{N} \frac{\partial w}{\partial y_j} \frac{\partial y_j}{\partial x_i} \tag{11.18}$$

が成り立つ.(定義から $w(y) = u(x)$ であるが,これを $u(x) = w(y(x))$ と考えるとわかりやすい.)また,(11.18) の右辺の $\partial w/\partial y_j$ は,詳しく言うと,y の関数 w を y_j で偏微分したものに $y = H(x)$ を代入(H を合成)して x の関数と見たものを表している.

さて,$v \in H_0^1(U \cap \Omega)$ は $U \cap \Omega$ 上の超関数として $-\Delta v = \tilde{g}$ をみたしていたので,任意の $\psi \in C_0^\infty(U \cap \Omega)$ に対して

$$\int_{U \cap \Omega} \tilde{g} \psi \, dx = \int_{U \cap \Omega} \nabla v \cdot \nabla \psi \, dx$$

が成り立つ.$J_{H^{-1}}$ で H^{-1} のヤコビアンを表すと,上式は変数変換によって

$$\int_{Q_+} (\tilde{g} \psi) \circ H^{-1} |J_{H^{-1}}| \, dy = \int_{Q_+} (\nabla v \cdot \nabla \psi) \circ H^{-1} |J_{H^{-1}}| \, dy \tag{11.19}$$

と書ける.ここで $\rho := \psi \circ H^{-1}$ と置くと合成関数の微分法則から

$$\frac{\partial \psi}{\partial x_i} = \sum_{j=1}^{N} \frac{\partial \rho}{\partial y_j} \frac{\partial y_j}{\partial x_i}$$

なので

$$\nabla v \cdot \nabla \psi = \sum_{i=1}^{N} \left(\sum_{j=1}^{N} \frac{\partial w}{\partial y_j} \frac{\partial y_j}{\partial x_i} \right) \left(\sum_{j=1}^{N} \frac{\partial \rho}{\partial y_j} \frac{\partial y_j}{\partial x_i} \right)$$

$$= \sum_{j,k=1}^{N} \left(\sum_{i=1}^{N} \frac{\partial y_j}{\partial x_i} \frac{\partial y_k}{\partial x_i} \right) \frac{\partial w}{\partial y_j} \frac{\partial \rho}{\partial y_k}$$

となる.ここでの $\partial w/\partial y_j$ は (11.18) のあとの注意のように解釈すべきなので(これは $\partial \rho/\partial y_k$ も同じ),次の等式

$$(\nabla v \cdot \nabla \psi) \circ H^{-1} = \sum_{j,k=1}^{N} \left(\sum_{i=1}^{N} \frac{\partial y_j}{\partial x_i} \frac{\partial y_k}{\partial x_i} \right) \circ H^{-1} \frac{\partial w}{\partial y_j} \frac{\partial \rho}{\partial y_k}$$

11.5. C^2 級の有界な境界を持つ領域の場合の大域的正則性

が,今度は $\partial w/\partial y_j$, $\partial \rho/\partial y_k$ を本来の y の関数と見て成立する.よって

$$a_{jk}(y) := \Big(\sum_{i=1}^N \frac{\partial y_j}{\partial x_i}\frac{\partial y_k}{\partial x_i}\Big) \circ H^{-1}(y) \quad (y \in Q_+)$$

と置くと $a_{jk} \in C^1(\overline{Q_+})$ で,(11.19) は

$$\int_{Q_+} (\tilde{g} \circ H^{-1})|J_{H^{-1}}|\rho \, dy = \int_{Q_+} \sum_{j,k=1}^N a_{jk}\frac{\partial w}{\partial y_j}\frac{\partial \rho}{\partial y_k}|J_{H^{-1}}|\, dy \tag{11.20}$$

と書き換えられる.ここで ψ が $C_0^\infty(U \cap \Omega)$ を動くときの $\rho = \psi \circ H^{-1}$ 全体を考えると,$C^2(\overline{Q_+})$ におけるその閉包は $C_0^2(Q_+)(\supset C_0^\infty(Q_+))$ を含むことに注意しよう.実際,$\varphi \in C_0^2(Q_+)$ に対して $\phi := \varphi \circ H \in C_0^2(U \cap \Omega)$ と置くと,mollifier を用いて ϕ を $C_0^\infty(U \cap \Omega)$ の元 ψ によって $C^2(\overline{U \cap \Omega})$ の位相でいくらでも近似できて,それに対して $\psi \circ H^{-1}$ が φ の必要な近似を与える.ゆえに,極限移行により (11.20) は ρ を $C_0^\infty(Q_+)$ の任意の元としても成り立つ.これは w が超関数として

$$-\sum_{j,k=1}^N \frac{\partial}{\partial y_k}\Big(a_{jk}|J_{H^{-1}}|\frac{\partial w}{\partial y_j}\Big) = (\tilde{g} \circ H^{-1})|J_{H^{-1}}| \quad (\in L^2(Q_+)) \tag{11.21}$$

をみたしていることを示しており,さらに $w \in H_0^1(Q_+)$ がわかっているので,(11.20) は w がこの方程式の弱解であることも導く.((11.20) の右辺は ρ に関して $H_0^1(Q_+)$ のノルムで連続であることに注意せよ.)

微分作用素 $\mathscr{A} := \sum_{j,k=1}^N \frac{\partial}{\partial y_k}\big(a_{jk}|J_{H^{-1}}|\frac{\partial}{\partial y_j}\big)$ が Q_+ 上で一様に楕円型であることを示すためには,$|J_{H^{-1}}|$ を除いた $\sum_{j,k=1}^N \frac{\partial}{\partial y_k}\big(a_{jk}\frac{\partial}{\partial y_j}\big)$ が一様楕円型であることを言えば十分であるが,これにはまず $\xi \in \mathbb{R}^N$ に対して

$$\sum_{j,k=1}^N a_{jk}\xi_j\xi_k = \Bigg[\sum_{j,k=1}^N \Big(\sum_{i=1}^N \frac{\partial y_j}{\partial x_i}\frac{\partial y_k}{\partial x_i}\Big)\xi_j\xi_k\Bigg] \circ H^{-1}$$

$$= \Bigg[\sum_{i=1}^N \Big(\sum_{j=1}^N \xi_j\frac{\partial y_j}{\partial x_i}\Big)\Big(\sum_{k=1}^N \xi_k\frac{\partial y_k}{\partial x_i}\Big)\Bigg] \circ H^{-1}$$

$$= \Bigg[\sum_{i=1}^N \Big(\sum_{j=1}^N \xi_j\frac{\partial y_j}{\partial x_i}\Big)^2\Bigg] \circ H^{-1} \tag{11.22}$$

となることに注意する.ここで $\partial y_j/\partial x_i$ は $\overline{U \cap \Omega}$ 上(実は $\overline{U}$ 上)の連続関数であり,これを (i,j) 成分とする $N \times N$ 行列を $D_1(x)$ としよう.このとき (11.22) の [ ] 内の和は全体で $|D_1(x)\xi|^2$ と等しい.ここで $D_1(x)\xi$ は行列とベクトルの積を表しており,各 x に対して $\mathbb{R}^N$ のベクトルである.$D_1(x)$ の各成分はコンパクトな $\overline{U \cap \Omega}$ で連続なのでそこで有界だから,ある定数 C_1 があって任意の $x \in U \cap \Omega, \xi \in \mathbb{R}^N$ に対して $|D_1(x)\xi|^2 \le C_1 |\xi|^2$ が成り立つ.一方,$\partial x_j/\partial y_i$ を H と合成して $\overline{U \cap \Omega}$ 上の関数と見たものを (i,j) 成分とする行列 $D_2(x)$ は $D_1(x)$ の逆行列であり,その成分がやはり $\overline{U \cap \Omega}$ で有界である.よって,$\xi = D_2(x)(D_1(x)\xi)$ という関係から,ある定数 $C_2 > 0$ があって,任意の $x \in U \cap \Omega, \xi \in \mathbb{R}^N$ に対して $C_2|\xi|^2 \le |D_1(x)\xi|^2$ が成り立つことがわかる.

以上より $\sum_{j,k=1}^N \frac{\partial}{\partial y_k}\bigl(a_{jk}\frac{\partial}{\partial y_j}\bigr)$ が $C^1(\overline{Q_+})$ の係数を持つ Q_+ 上の一様楕円型微分作用素であることが示され,結局 $\mathscr{A}$ も同じ性質を持つことが確かめられた.

Step 3: 正則性とノルム評価 Step 2 により,各 $i = 1, \ldots, n$ に対して,$(\varphi_i u) \circ H_i^{-1}$ が定理 11.9 における u と同じ仮定をみたしていることがわかった.よって定理 11.9 より $(\varphi_i u) \circ H_i^{-1} \in H^2(Q_+)$ となり,さらに定理 4.9 により $\varphi_i u \in H^2(U_i \cap \Omega)$ がわかる.$\varphi_i u$ は $\Omega \cap \partial U_i$ の近傍では 0 なので,U_i の外での値を 0 と考えて自然に $H^2(\Omega)$ の元とみなすことができ,このとき $u = \varphi_0 u + \sum_{i=1}^n \varphi_i u$ だから $u \in H^2(\Omega)$ が示された.

ノルム評価については,まず弱解の定義から,(11.13) で v に u を代入して

$$\|u\|_{H^1(\Omega)}^2 = \int_\Omega |\nabla u|^2 \, dx + \int_\Omega u^2 \, dx$$
$$= \int_\Omega fu \, dx \le \|f\|_{L^2(\Omega)} \|u\|_{L^2(\Omega)} \le \|f\|_{L^2(\Omega)} \|u\|_{H^1(\Omega)}$$

となって,$\|u\|_{H^1(\Omega)} \le \|f\|_{L^2(\Omega)}$ であることに注意する.これから (11.15) の右辺 g について,u, f によらないある定数 C_1 によって $\|g\|_{L^2(\Omega)} \le C_1 \|f\|_{L^2(\Omega)}$ と評価できる.従って $\mathbb{R}^N$ における正則性定理(定理 11.2)によって,別の定数 C_2 で,$\|\varphi_0 u\|_{H^2(\Omega)} \le C_2 \|f\|_{L^2(\Omega)}$ と評価される.そして (11.17) の $\tilde{g}$ についても,ある定数 C_3 で $\|(\tilde{g} \circ H^{-1})|J_{H^{-1}}|\|_{L^2(Q_+)} \le C_3 \|f\|_{L^2(\Omega)}$ が成り立つことが容易にわかる.($\|u\|_{H^1(\Omega)} \le \|f\|_{L^2(\Omega)}$ が役に立つ.)そして $w \in H_0^1(Q_+)$(実は $w = (\varphi_i u) \circ H^{-1}$)が一様に楕円型の (11.21) の弱解だから,定理 11.9 に

11.5. C^2 級の有界な境界を持つ領域の場合の大域的正則性

よってある定数 C_4 で

$$\|w\|_{H^2(Q_+)} \leq C_4 \|(\tilde{g} \circ H^{-1})|J_{H^{-1}}|\|_{L^2(Q_+)} \leq C_3 C_4 \|f\|_{L^2(\Omega)}$$

が成り立つ．以上より，定理 4.9 を用いて，ある定数 C_5 に対して $\|\varphi_i u\|_{H^2(\Omega)} \leq C_5 \|f\|_{L^2(\Omega)}$ が成り立つことがわかる．$\|\varphi_0 u\|_{H^2(\Omega)}$ に対する評価と合わせると，結局ある定数 C に対して $\|u\|_{H^2(\Omega)} \leq C \|f\|_{L^2(\Omega)}$ という評価が得られる．

Step 4: 高階の場合 定理の最後の主張については m について帰納的に証明すればよい．$m=0$ の場合はすでに示したので，$m=k$ まで成り立っているとして，$m=k+1$ の場合を考えよう．$u \in H_0^{k+1}(\Omega)$ とすると $i=1,2,\ldots,N$ に対して $\partial_i u \in H_0^k(\Omega)$ となり，かつ $\partial_i u$ は $-\Delta v + v = \partial_i f \in H^k(\Omega)$ の弱解となるので，帰納法の仮定から $\partial_i u \in H^{k+2}(\Omega)$ かつ $\|\partial_i u\|_{H^{k+2}} \leq C' \|f\|_{H^{k+1}}$ となる．よって $u \in H^{k+3}(\Omega)$ となり，さらに $m=k+1$ の場合も定理の主張がノルム不等式まで含めて成り立つことがわかる（C' は変わる）．∎

前定理の高階の微分可能性の部分は，m についての帰納法を手軽に使うため，u に関する仮定をかなり強くしてある．しかしもっと精密に考察することにより，次の定理に示すように実は $u \in H_0^1(\Omega)$ という仮定で十分なことがわかる．（その代わり Ω の境界のなめらかさに対する要求が強くなる．）

定理 11.12（高階の大域的正則性*） $m \in \mathbb{N} \cup \{0\}$ とし，$\Omega \subset \mathbb{R}^N$ を C^{m+2} 級で有界な境界を持つ領域とすると，$f \in H^m(\Omega)$ に対して $-\Delta u + u = f$ の弱解 $u \in H_0^1(\Omega)$ は $H^{m+2}(\Omega)$ に属する．また，u, f に依存しないある定数 C に対して $\|u\|_{H^{m+2}} \leq C \|f\|_{H^m}$ が成り立つ．

証明．Evans[12]，第 6 章 Theorem 5 の証明に倣い，m についての帰納法で示す．$m=0$ の場合は前定理ですでに証明されている．

$m=k$ の場合に定理の主張が正しいとして，$m=k+1$ の場合も成り立つことを示そう．そこで $\partial\Omega$ は C^{k+3} 級で $f \in H^{k+1}$ とし，$u \in H_0^1(\Omega)$ は $-\Delta u + u = f$ の弱解とする．以下の証明で C は u, f に関係しない定数を表し，出現場所によって異なっていてもよいとする．

前定理の証明の Step 1, 2 はこの定理の仮定の下でも有効なので，記号も同じものを使うことにする．そうすると (11.15) の g が帰納法の仮定から H^{k+1} に属し，ある定数 C に対して $\|g\|_{H^{k+1}} \leq C \|f\|_{H^{k+1}}$ をみたすことがわかる．

($\|u\|_{H^{k+2}} \leq C\|f\|_{H^k} \leq C\|f\|_{H^{k+1}}$ も用いている．）よって，$\varphi_0 u \in H^{k+3}(\Omega)$ かつ $\|\varphi_0 u\|_{H^{k+3}} \leq C\|f\|_{H^{k+1}}$ が，前定理と同じ論法で（定理 11.2 の代わりに系 11.4 を使って）示される．

よって，あとは $\varphi_i u \in H^{k+3}(\Omega)$ とノルム評価式を示せばよいが，前定理の Step 2 と同じく Q_+ 上の話に帰着される．ここで前定理と異なる部分は，立方体への変換写像 H が今度は C^{k+3} 級であることと，(11.21) の右辺が帰納法の仮定により $H^{k+1}(Q_+)$ に属し，そのノルムが $C\|f\|_{H^{k+1}}$ で押さえられるということである．変換写像 H が C^{k+3} 級であることから，(11.21) の $a_{jk}|J_{H^{-1}}|$ が C^{k+2} 級となることに注意しよう．もう一つ，帰納法の仮定から $w \in H^{k+2}(Q_+)$ かつ $\|w\|_{H^{k+2}} \leq C\|f\|_{H^k}$ もわかっている．

以上より次の主張を証明すれば定理の証明が終わることがわかる：

Claim: $\mathscr{A} := \sum_{i,j=1}^{N} \partial_i(a_{ij}(x)\partial_j)$ が Q_+ 上で一様に楕円形で $a_{ij} \in C^{k+2}(\overline{Q_+})$ とし，$g \in H^{k+1}(Q_+)$ は $\|g\|_{H^{k+1}} \leq C\|f\|_{H^{k+1}}$ をみたすものとする．このとき，方程式 $-\mathscr{A}w = g$ の弱解 $w \in H_0^1(Q_+) \cap H^{k+2}(Q_+)$ で，$\partial Q_+ \setminus Q_0$ の近傍で 0 であるものは $H^{k+3}(Q_+)$ に属し，ある定数 C で $\|w\|_{H^{k+3}} \leq C\|f\|_{H^{k+1}}$ が成り立つ．ただし $\|w\|_{H^{k+2}} \leq C\|f\|_{H^k}$ も成り立っているとする．

以下この Claim を証明しよう．α を $|\alpha| = k+1$ かつ第 N 成分 α_N が 0 である多重指数とする．このとき $\tilde{w} := \partial^\alpha w$ は，後に証明する補題 11.13 により $\tilde{w} \in H_0^1(Q_+)$ をみたす．（w は $\partial Q_+ \setminus Q_0$ の近傍で 0 だから自然に $H_0^1(\mathbb{R}_+^N) \cap H^{k+2}(\mathbb{R}_+^N)$ の元と見なせる．）一方，$-\mathscr{A}w = g$ の両辺を超関数として ∂^α で微分すると，a_{ij} のなめらかさにより

$$-\mathscr{A}\tilde{w} + \{w \text{ の } k+2 \text{ 階以下の偏導関数の和}\} = \partial^\alpha g \tag{11.23}$$

と書ける．もう少し正確に言うと，上式の $\{\cdots\}$ の中は，w の $k+2$ 階以下の偏導関数に a_{ij} の $k+2$ 階以下の偏導関数を掛けたものの一次結合であり，それは帰納法の仮定から全体として $L^2(Q_+)$ の元であり，そのノルムは $C\|f\|_{H^k}$ で押さえられる．$\|\partial^\alpha g\|_{L^2} \leq \|g\|_{H^{k+1}} \leq C\|f\|_{H^{k+1}}$ であるから，(11.23) で $\{\cdots\}$ を移項して $-\mathscr{A}\tilde{w} = h$ とすると，$h \in L^2(Q_+)$ かつ $\|h\|_{L^2} \leq C\|f\|_{H^{k+1}}$ が成り立つ．従って定理 11.9 によって，$\tilde{w} \in H^2$ かつ $\|\tilde{w}\|_{H^2} \leq C\|f\|_{H^{k+1}}$ がわかる．

$\tilde{w}$ の定義により，この結果は $l = 2, \ldots, k+3$ に対する次の主張 (P_l) が $l = 2$ の場合には正しいことを言っている：

$$(P_l) : \begin{cases} 0 \leq \alpha_N \leq l, \ |\alpha| \leq k+3 \text{ をみたす任意の多重指数 } \alpha \text{ に対して} \\ \partial^\alpha w \in L^2(Q_+) \text{ かつ } \|\partial^\alpha w\|_{L^2} \leq C\|f\|_{H^{k+1}}. \end{cases}$$

11.5. C^2 級の有界な境界を持つ領域の場合の大域的正則性   249

よって, (P_l) が成り立っているとして ($2 \leq l \leq k+2$ とする), (P_{l+1}) が成り立つことを示せばよい. そこで α を $\alpha_N = l+1$ かつ $|\alpha| \leq k+3$ をみたす多重指数とすると, 多重指数 $\beta := (\alpha_1, \ldots, \alpha_{N-1}, \alpha_N - 2)$ が定まり, $\beta_N = l-1$ かつ $|\beta| \leq k+1$ をみたす. また, $\partial^\beta \partial_N^2 = \partial^\alpha$ である. ここで $-\mathscr{A}w = g$ の両辺を超関数の意味で ∂^β で微分すると

$$\partial^\beta g = -\partial^\beta \mathscr{A}w = -a_{NN}\partial^\alpha w + \{\cdots\}$$

となるが, 上式の $\{\cdots\}$ は詳しく言うと, 多重指数 γ が $\gamma_N \leq l$ かつ $|\gamma| \leq k+3$ をみたすもの全体を動くとして

$$\sum_\gamma (\partial^\gamma w) \times \bigl(a_{ij} \text{ の } k+2 \text{ 階までの偏導関数の一次結合}\bigr)$$

という形になる. よって, $\{\cdots\}$ の部分は (P_l) により $L^2(Q_+)$ に属し, そのノルムは $C\|f\|_{H^{k+1}}$ で上から押さえられることがわかる. 故に $-a_{NN}\partial^\alpha w = \partial^\beta g - \{\cdots\}$ と $\inf_{x \in Q_+} a_{NN}(x) > 0$ から, $\partial^\alpha w \in L^2(Q_+)$ かつ $\|\partial^\alpha w\|_{L^2} \leq C\|f\|_{H^{k+1}}$ が得られる. α は $\alpha_N = l+1$ かつ $|\alpha| \leq k+3$ をみたす任意の多重指数だったから, これは (P_{l+1}) が成り立つことを示している.

以上で帰納的に (P_{k+3}) が成り立つことが示され, それは Claim が確かめられたことを意味する. ∎

次に定理 11.12 の証明の中で利用した事実の証明を述べておこう.

補題 11.13 $k \in \mathbb{N}$, $u \in H_0^1(\mathbb{R}_+^N) \cap H^k(\mathbb{R}_+^N)$ とする. このとき, $|\alpha| < k$ かつ $\alpha_N = 0$ をみたすすべての多重指数 α に対して, $\partial^\alpha u \in H_0^1(\mathbb{R}_+^N)$ が成り立つ.

証明. p.238 に述べた意味で $0 \neq h // \partial \mathbb{R}_+^N$ のとき, $u \in H_0^1(\mathbb{R}_+^N)$ ならば $\mathrm{D}_h u(x) := \bigl(u(x+h) - u(x)\bigr)/|h|$ は $\mathrm{D}_h u \in H_0^1(\mathbb{R}_+^N)$ となることを思い出しておこう.

Step 1: まず $u \in H_0^1(\mathbb{R}_+^N) \cap H^2(\mathbb{R}_+^N)$ とすると各 $j = 1, 2, \ldots, N-1$ に対して $\partial_j u \in H_0^1(\mathbb{R}_+^N)$ となることを示そう. そのためには $j = 1, 2, \ldots, N-1$, $(0 \neq) t \in \mathbb{R}$ に対して次の (a), (b) を示せば十分である (e_j は x_j 方向の単位ベクトル):

(a) $u \in H^2(\mathbb{R}_+^N)$ とすると $\|\mathrm{D}_{te_j} u\|_{H^1} \leq \|\partial_j u\|_{H^1}$,

(b) u が $C_0^\infty(\mathbb{R}^N)$ の元の $\mathbb{R}_+^N$ への制限であるとき, $\lim_{t \to 0} \|\mathrm{D}_{te_j} u - \partial_j u\|_{H^1} = 0$.

実際 (a), (b) が証明されたとすれば，次のようにして $u \in H_0^1(\mathbb{R}_+^N) \cap H^2(\mathbb{R}_+^N)$, $j = 1, 2, \ldots, N-1$ に対して $\partial_j u \in H_0^1(\mathbb{R}_+^N)$ が示される．まず，定理 3.21 により，任意の $\varepsilon > 0$ に対して $\varphi \in C_0^\infty(\mathbb{R}^N)$ で $\|u - \varphi|_{\mathbb{R}_+^N}\|_{H^2(\mathbb{R}_+^N)} < \varepsilon$ をみたすものがある．このとき $v := \varphi|_{\mathbb{R}_+^N}$ とすれば，(a) から $j = 1, 2, \ldots, N-1, t \neq 0$ に対して

$$\|\mathrm{D}_{te_j} u - \mathrm{D}_{te_j} v\|_{H^1} \leq \|\partial_j(u-v)\|_{H^1} \leq \|u-v\|_{H^2} < \varepsilon$$

となる．一方，t が十分 0 に近いと (b) から $\|\mathrm{D}_{te_j} v - \partial_j v\|_{H^1} < \varepsilon$ となる．このような t に対して $\|\mathrm{D}_{te_j} u - \partial_j u\|_{H^1} \leq \|\mathrm{D}_{te_j} u - \mathrm{D}_{te_j} v\|_{H^1} + \|\mathrm{D}_{te_j} v - \partial_j v\|_{H^1} + \|\partial_j v - \partial_j u\|_{H^1} < 3\varepsilon$ となり，$\mathrm{D}_{te_j} u \in H_0^1(\mathbb{R}_+^N)$ と $\varepsilon > 0$ の任意性から $\partial_j u \in H_0^1(\mathbb{R}_+^N)$ がわかる．

<u>(a) の証明</u>：実質的にはすでに定理 3.25 の証明の中で示されているが，改めて述べよう．証明すべき不等式の両辺は $H^2(\mathbb{R}_+^N)$ のノルムでともに連続なので，$H^2(\mathbb{R}_+^N)$ の稠密な部分集合上で成り立つことを示せばよい．すぐ上で述べたように $C_0^\infty(\mathbb{R}^N)$ の元を $\mathbb{R}_+^N$ に制限した関数全体は $H^2(\mathbb{R}_+^N)$ で稠密なので，u をそのような関数としよう．このとき $t > 0, \varphi \in C_0^\infty(\mathbb{R}_+^N)$ に対して

$$\begin{aligned}
\int_{\mathbb{R}_+^N} (\mathrm{D}_{te_j} u)(x) \varphi(x)\, dx &= \int_{\mathbb{R}_+^N} u(x)(\mathrm{D}_{-te_j} \varphi)(x)\, dx \\
&= \frac{1}{t} \int_{\mathbb{R}_+^N} u(x)(\varphi(x - te_j) - \varphi(x))\, dx \\
&= -\frac{1}{t} \int_{\mathbb{R}_+^N} u(x) \int_0^t \partial_j \varphi(x - se_j)\, ds\, dx \\
&= -\frac{1}{t} \int_0^t \left[\int_{\mathbb{R}_+^N} u(x) \partial_j \varphi(x - se_j)\, dx \right] ds \\
&= \frac{1}{t} \int_0^t \left[\int_{\mathbb{R}_+^N} (\partial_j u)(x) \varphi(x - se_j)\, dx \right] ds \\
&= \int_{\mathbb{R}_+^N} (\partial_j u)(x) \left(\frac{1}{t} \int_0^t \varphi(x - se_j)\, ds \right) dx \quad (11.24)
\end{aligned}$$

11.5. C^2 級の有界な境界を持つ領域の場合の大域的正則性

が成り立つ．ここで Schwarz の不等式から

$$\int_{\mathbb{R}_+^N} \Big(\frac{1}{t}\int_0^t \varphi(x-se_j)\,ds\Big)^2 dx \le \int_{\mathbb{R}_+^N} \frac{1}{t}\int_0^t \varphi(x-se_j)^2\,ds\,dx$$

$$= \frac{1}{t}\int_0^t \int_{\mathbb{R}_+^N} \varphi(x-se_j)^2\,dx\,ds$$

$$= \|\varphi\|_{L^2}^2$$

であるから，この評価を (11.24) に Schwarz の不等式を適用したものに使って

$$\Big|\int_{\mathbb{R}_+^N} (\mathrm{D}_{te_j}u)(x)\varphi(x)\,dx\Big| \le \|\partial_j u\|_{L^2}\|\varphi\|_{L^2}$$

が得られる．上式で $\varphi \in C_0^\infty(\mathbb{R}_+^N)$ を $\|\varphi\|_{L^2} \le 1$ の範囲で動かして sup を取れば $\|\mathrm{D}_{te_j}u\|_{L^2} \le \|\partial_j u\|_{L^2}$ がわかる．この不等式は $u \in C_0^\infty(\mathbb{R}^N)|_{\mathbb{R}_+^N}$ 一般に対して証明されたので，$k=1,2,\ldots,N$ に対する $\partial_k u$ に適用することができて，$\mathrm{D}_{te_j}(\partial_k u) = \partial_k(\mathrm{D}_{te_j}u)$ によって $\|\partial_k(\mathrm{D}_{te_j}u)\|_{L^2} = \|\mathrm{D}_{te_j}(\partial_k u)\|_{L^2} \le \|\partial_j \partial_k u\|_{L^2}$ が得られる．従って

$$\|\mathrm{D}_{te_j}u\|_{H^1}^2 = \|\mathrm{D}_{te_j}u\|_{L^2}^2 + \sum_{k=1}^N \|\partial_k(\mathrm{D}_{te_j}u)\|_{L^2}^2$$

$$\le \|\partial_j u\|_{L^2}^2 + \sum_{k=1}^N \|\partial_k \partial_j u\|_{L^2}^2 = \|\partial_j u\|_{H^1}^2$$

となって，$t>0$ の場合の (a) が証明された．$t<0$ のときも $1/t$ を $1/|t|$ に変え，$\int_0^t$ を $\int_t^0$ に変えれば同じ議論が通用するので，(a) は証明された．

(b) の証明：u を $C_0^\infty(\mathbb{R}^N)$ の元を $\mathbb{R}_+^N$ に制限した関数としよう．このとき，$t>0$, $x \in \mathbb{R}_+^N$ に対して

$$|(\mathrm{D}_{te_j}u)(x) - \partial_j u(x)| = \Big|\frac{1}{t}\int_0^t \partial_j u(x+se_j)\,ds - \partial_j u(x)\Big|$$

$$= \frac{1}{t}\Big|\int_0^t \partial_j u(x+se_j) - \partial_j u(x)\,ds\Big|$$

$$\le \frac{1}{t}\int_0^t |\partial_j u(x+se_j) - \partial_j u(x)|\,ds$$

$$\le \frac{1}{\sqrt{t}}\Big(\int_0^t |\partial_j u(x+se_j) - \partial_j u(x)|^2\,ds\Big)^{1/2}$$

が成り立つので,

$$\|\mathrm{D}_{te_j}u - \partial_j u\|_{L^2}^2 \leq \frac{1}{t}\int_{\mathbb{R}_+^N}\int_0^t |\partial_j u(x+se_j) - \partial_j u(x)|^2 \, ds\, dx$$

$$= \frac{1}{t}\int_0^t \left[\int_{\mathbb{R}_+^N} |\partial_j u(x+se_j) - \partial_j u(x)|^2 \, dx\right] ds$$

$$= \frac{1}{t}\int_0^t \|\partial_j u(\,\cdot\, + se_j) - \partial_j u(\,\cdot\,)\|_{L^2}^2 \, ds$$

となる.よって,定理 1.7 により $t \to +0$ のとき $\|\mathrm{D}_{te_j}u - \partial_j u\|_{L^2} \to 0$ がわかる.$t \to -0$ のときも,$1/t$ を $1/|t|$ に変え,$\int_0^t$ を $\int_t^0$ に変えれば同じ証明が通用するので,結局 $\lim_{t\to 0}\|\mathrm{D}_{te_j}u - \partial_j u\|_{L^2} = 0$ が示される.この結果は $k = 1, 2, \ldots, N$ に対する $\partial_k u$ にも適用できて $\lim_{t\to 0}\|\mathrm{D}_{te_j}(\partial_k u) - \partial_j \partial_k u\|_{L^2} = 0$ となるが,$\mathrm{D}_{te_j}(\partial_k u) = \partial_k(\mathrm{D}_{te_j}u)$ だから,結局 $\lim_{t\to 0}\|\mathrm{D}_{te_j}u - u\|_{H^1} = 0$ となって,(b) が証明された.

Step 2: $u \in H_0^1(\mathbb{R}_+^N) \cap H^k(\mathbb{R}_+^N)$ $(k \geq 2)$ の場合に,$|\alpha| < k$ かつ $\alpha_N = 0$ ならば $\partial^\alpha u \in H_0^1(\mathbb{R}_+^N)$ となることの証明.

k について帰納的に考えれば容易に示される.まず Step 1 で $k = 2$ の場合にはすでに証明されている.そこで k の場合に成り立つとして,$k + 1$ の場合にも成り立つことを示そう.$u \in H^{k+1}(\mathbb{R}_+^N) \cap H_0^1(\mathbb{R}_+^N) \subset H^2(\mathbb{R}_+^N) \cap H_0^1(\mathbb{R}_+^N)$ とすると,$k = 2$ の場合の結果から任意の $j = 1, 2, \ldots, N-1$ に対して $\partial_j u \in H_0^1(\mathbb{R}_+^N)$ である.一方,仮定から $\partial_j u \in H^k(\mathbb{R}_+^N)$ なので,結局 $\partial_j u \in H^k(\mathbb{R}_+^N) \cap H_0^1(\mathbb{R}_+^N)$ となる.よって帰納法の仮定から,$|\beta| < k$ かつ $\beta_N = 0$ をみたす任意の多重指数 β に対して $\partial^\beta \partial_j u \in H_0^1(\mathbb{R}_+^N)$ となる.これは $k + 1$ の場合も (b) が成り立っていることを示している. ∎

Remark 11.14 (1) これまで正則性定理は,記述を簡単にするため $-\Delta u + u = f$ の弱解 $u \in H_0^1(\Omega)$ を考えてきたが,大域的正則性を示すためには変数変換が必要となり,新しい変数ではラプラシアンがもっと一般な楕円型作用素になり,複雑になってしまった.しかしそれでも正則性が言えたということは,逆にラプラシアン以外の楕円型微分作用素の場合も正則性が成り立つ可能性を示している.実際,定理 11.9 はそのような例であり,内部正則性定理をはじめとしてこれまで述べてきた結果は,a_{ij} のなめらかささえ強く仮定しておけば,ラプラシアンの代わりに $\sum_{i,j=1}^N \partial_i(a_{ij}(x)\partial_j)$ としても成り立つ.(非有界領域で考えるときは a_{ij} の導関数の有界性まで必要となる.)

(2) 本書では正則性定理は L^2 理論($W^{m,2}$ を用いる理論)のみ解説した.一般の p に対する $W^{m,p}$ を用いる L^p 理論もできていて,後述の Agmon–Douglis–Nirenberg 理

論が最も一般的に扱っている．$p \neq 2$ の場合は弱解は定義できるが，ここまで活躍した「v として $D_{-h}(D_h u)$ を代入」という方法はまったく使えない．L^p 理論の文献としては Agmon による [3] が読みやすい．

11.6　正則性定理の応用

Dirichlet Laplacian の自己共役性　正則性定理の応用として，Dirichlet 境界条件をつけたラプラシアンの自己共役性を示そう．領域 $\Omega \subset \mathbb{R}^N$ において Dirichlet 境界条件をつけたラプラシアン Δ_D とは，定義域 $D(\Delta_D)$ と作用を

$$D(\Delta_D) := H^2(\Omega) \cap H_0^1(\Omega), \quad \Delta_D u := \sum_{i=1}^{N} \frac{\partial^2 u}{\partial x_i^2} \tag{11.25}$$

で定めたものであり，Hilbert 空間 $L^2(\Omega)$ 内で稠密な定義域を持った線型作用素である．定義の中の 2 階偏導関数はもちろん弱導関数の意味でのものであるが，$u \in D(\Delta_D)$ のときは $L^2(\Omega)$ の元となり，Δ_D は $L^2(\Omega)$ の部分空間 $D(\Delta_D)$ で定義され $L^2(\Omega)$ に値を取る線型作用素となる．当面の目標は上に定めたラプラシアン Δ_D が $L^2(\Omega)$ における自己共役作用素となることを示すことであるが，念のために定義を復習しておこう．

定義 11.15　T は Hilbert 空間 $\mathcal{H}$ の稠密な部分空間 $\mathcal{D}$ を定義域とし，$\mathcal{H}$ に値を取る線型作用素とする．$\mathcal{H}$ の内積を (u, v) $(u, v \in \mathcal{H})$ で表すとき，T の共役作用素 T^* は次のように定義される：

T^* の定義域 $D(T^*)$ は

$$D(T^*) := \left\{ v \in \mathcal{H} \,\middle|\, \begin{array}{l} \text{ある } w \in \mathcal{H} \text{ で } (Tu, v) = (u, w) \,(\forall u \in \mathcal{D}) \text{ をみたすもの} \\ \text{が存在する．} \end{array} \right\}$$

で定められる．$\mathcal{D}$ が稠密としたので，$v \in \mathcal{H}$ に対して $(Tu, v) = (u, w)$ $(\forall u \in \mathcal{D})$ をみたす w が存在するとすればそれは一意に決まるので，このとき $T^* v := w$ とおいて $T^* v$ が定義される．T^* を T の**共役作用素**という．

作用素として T と T^* が等しいとき（定義域も作用も一致するとき），T は**自己共役** (self-adjoint) という．

自己共役作用素は Hilbert 空間上の線型作用素の中で特に扱いやすく，構造に関する一般理論ができているのであるが，それについては巻末文献 [31] をはじめとするテキストに任せて次の定理に進もう．

定理 11.16 $\Omega \subset \mathbb{R}^N$ を C^2 級で有界な境界を持った領域とすると,その上の Dirichlet 境界条件をつけたラプラシアン Δ_D は $L^2(\Omega)$ で自己共役である.

証明. Step 1: まず,Δ_D の共役作用素が Δ_D 自身の拡張になっていることを示す.このことが,任意の $u, v \in D(\Delta_D)$ に対して $(\Delta_D u, v) = (u, \Delta_D v)$ が成り立つことと同値であることは容易にわかるであろう.($(\Delta_D u, v)$ などは $L^2(\Omega)$ での内積を表す.) そしてこの等式は次のようにして確かめられる.$u \in D(\Delta_D)$ とすると任意の $\varphi \in C_0^\infty(\Omega)$ に対して超関数としての微分の意味から

$$(\Delta_D u, \varphi) = \int_\Omega (\Delta_D u)\varphi\, dx = -\int_\Omega \nabla u \cdot \nabla \varphi\, dx \tag{11.26}$$

となるが,$u \in D(\Delta_D)$ だから $\Delta_D u \in L^2(\Omega)$ かつ u の 1 階偏導関数も $L^2(\Omega)$ に属するので,上式中の積分は φ に関して H^1 ノルムで連続である.従って,$C_0^\infty(\Omega)$ の $H_0^1(\Omega)$ における稠密性により (11.26) は $\varphi \in H_0^1(\Omega)$ についても成立する.よって $u, v \in D(\Delta_D)$ に対して $(\Delta_D u, v) = \int_\Omega \nabla u \cdot \nabla v\, dx$ となり,対称性から $(\Delta_D u, v) = (u, \Delta_D v)$ がわかる.(ここでは関数は実数値として計算したが,複素数値でも同様である.)

Step 2: $D(\Delta_D)$ から $L^2(\Omega)$ への線型写像 $u \longmapsto -\Delta_D u + u$ (この写像を $-\Delta_D + I$ で表す) が全射であることを示す.実際,任意の $f \in L^2(\Omega)$ に対して,系 10.8 により方程式 $-\Delta_D u + u = f$ は弱解 $u \in H_0^1(\Omega)$ を持ち,しかも定理 11.11 により $u \in H^2(\Omega)$ が成り立つ.よって $u \in D(\Delta_D)$ となり,$-\Delta_D + I$ が全射であることが示された.

Step 3: Δ_D の共役作用素 Δ_D^* の定義域 $D(\Delta_D^*)$ から $L^2(\Omega)$ への線型写像 $v \longmapsto -\Delta_D^* v + v$ が単射であることを示す.このためには $v \in D(\Delta_D^*)$ かつ $-\Delta_D^* v + v = 0$ として $v = 0$ となることを示せばよいが,$-\Delta_D^* v + v = 0$ ということは任意の $u \in D(\Delta_D)$ に対して $(\Delta_D u, v) = (u, v)$,すなわち $(-\Delta_D u + u, v) = 0$ が成り立つことである.ところが Step 2 により $u \in D(\Delta_D)$ で $-\Delta_D u + u = v$ をみたすものが存在するから,$(v, v) = 0$ となって $v = 0$ がわかる.

Step 4: Δ_D の共役作用素が Δ_D 自身の拡張であることがすでに確かめられたので,任意の $v \in D(\Delta_D^*)$ に対して $v \in D(\Delta_D)$ が示されれば証明は終わる.さて $v \in D(\Delta_D^*)$ とすると,$-\Delta_D^* v + v \in L^2(\Omega)$ だから Step 2 よりある $u \in D(\Delta_D)$ があって $-\Delta_D u + u = -\Delta_D^* v + v$ となる.しかし Δ_D^* は Δ_D の拡張なので $\Delta_D u = \Delta_D^* u$ である.よって $-\Delta_D^*(v - u) + (v - u) = 0$,従って Step 3 により $v = u$ となり,$v \in D(\Delta_D)$ がわかった.∎

Remark 11.17 一般の開集合 $\Omega \subset \mathbb{R}^N$ については,ラプラシアンの定義域を $C_0^\infty(\Omega)$ に制限して得られる対称作用素の Friedrichs 拡張 ([53, 第 8 章 10 節] 参照) を考察することにより,$\mathcal{D}_0 := \{u \in H_0^1(\Omega) \mid \Delta u \in L^2(\Omega)\}$ を定義域として,写像 $u \mapsto \Delta u$ は $L^2(\Omega)$ において自己共役となることが分かる.ただし,ここに現れる Δu は超関数の意味で解釈するものとする.よって,$H^2(\Omega) \cap H_0^1(\Omega) \subsetneq \mathcal{D}_0$ の場合は我々の Δ_D は $L^2(\Omega)$ において自己共役ではないことになる.実際,次のような Ω に対してこの包含関係が成り立つ:$\mathbb{R}^2$ を $\mathbb{C}$ と標準的に同一視し,$\pi < \alpha < 2\pi$ として $\Omega := \{z \in \mathbb{C} \mid 0 < |z| < 1, 0 < \arg z < \alpha\}$ と定める.このとき $\beta := \pi/\alpha$ として,$v(z)$ を Ω 上の正則関数 z^β の虚部,$\eta \in C^\infty(\mathbb{R}^2)$ を原点の近傍では 1, 単位円の近傍では 0 となるものとすれば,$\eta v \in \mathcal{D}_0$ であるが,$\eta v \notin H^2(\Omega)$ である.

Dirichlet 境界条件のラプラシアンの自己共役性に加えて関数解析の標準的知識を使えば,次の定理を証明することができる.

定理 11.18 領域 $\Omega \subset \mathbb{R}^N$ が有界で,境界は C^2 級とすると,その上の Dirichlet 境界条件をつけたラプラシアン Δ_D に対して $-\Delta_D$ の固有関数からなる $L^2(\Omega)$ の完全正規直交系 $\{\varphi_n\}_n$ が存在し,φ_n の固有値 λ_n は $0 < \lambda_1 \leq \lambda_2 \leq \cdots \to \infty$ をみたすとしてよい.

さらに,各 φ_n は $C^\infty(\Omega)$ の元となり,φ_n は $-\Delta u = \lambda_n u$ の古典解(普通の微積分の意味で方程式をみたす)である.また,境界が十分なめらか($k > N/2$ なる k に対して C^k 級)ならば $\varphi_n \in C(\overline{\Omega})$ となり,φ_n は Dirichlet 境界条件までを普通の意味でみたす $-\Delta u = \lambda_n u$ の古典解となり,特に境界が C^∞ 級ならば $\varphi_n \in C^\infty(\overline{\Omega})$ である.

証明. 前定理により Δ_D は $L^2(\Omega)$ で自己共役であり,かつ定理の証明の Step 2 で示したように $-\Delta_D + I$ は全射である.そして $\Delta_D = \Delta_D^*$ と Step 3 から $-\Delta_D + I$ は単射でもある.よって $(-\Delta_D + I)^{-1}$ は $L^2(\Omega)$ 全体から $D(\Delta_D) = H^2(\Omega) \cap H_0^1(\Omega)$ への線型写像である.また,定理 11.11 から,$-\Delta_D u + u = f$ ならば $\|u\|_{H^2} \leq C\|f\|_{L^2}$ となるから,$(-\Delta_D + I)^{-1}$ は $L^2(\Omega)$ から $H^2(\Omega)$ への有界線型写像となる.そして Ω は有界と仮定しているので,Rellich–Kondrashov の定理により埋め込み $H^2(\Omega) \hookrightarrow L^2(\Omega)$ はコンパクトである.従ってこれらの合成として $(-\Delta_D + I)^{-1}$ は $L^2(\Omega)$ から $L^2(\Omega)$ への作用素としてコンパクトとなる.

さらに $(-\Delta_D + I)^{-1}$ は $L^2(\Omega)$ から $L^2(\Omega)$ 自身への作用素と見て自己共役である.実際,$f, g \in L^2(\Omega)$ とすると,ある $u, v \in D(\Delta_D)$ で $(-\Delta_D + I)u = f$,

$(-\Delta_D + I)v = g$ となるが，Δ_D の自己共役性により

$$((-\Delta_D + I)^{-1}f, g) = ((-\Delta_D + I)^{-1}(-\Delta_D + I)u, g)$$
$$= (u, g) = (u, (-\Delta_D + I)v)$$
$$= ((-\Delta_D + I)u, v)$$
$$= (f, (-\Delta_D + I)^{-1}g)$$

が成り立ち，$(-\Delta_D + I)^{-1}$ が自己共役であることが示される．

以上により $(-\Delta_D+I)^{-1}$ が $L^2(\Omega)$ 上の有界自己共役作用素であることがわかり，さらに逆作用素であるから $(-\Delta_D+I)^{-1}$ が 0 を固有値にしないので，関数解析のよく知られた理論（たとえば [55, 系 4.71]）により $(-\Delta_D+I)^{-1}$ の固有関数からなる $L^2(\Omega)$ の完全正規直交系が存在する．$(-\Delta_D+I)^{-1}$ の固有関数は $-\Delta_D$ の固有関数と一致し，$(-\Delta_D+I)^{-1}$ の固有値 μ は $-\Delta_D$ の固有値 $1/\mu - 1$ に対応するので，あとは定理の $\lambda_1 > 0$ すなわち $-\Delta_D$ の最小固有値が正であることを示せばよい．そしてこの主張は Pointcaré の不等式から導かれる．実際，ある定数 $C > 0$ があって $\|u\|_{L^2} \leq C\|\nabla u\|_{L^2}$ $(\forall u \in H_0^1(\Omega))$ だから，$0 \neq u \in D(\Delta_D)$ が $-\Delta_D u = \lambda u$ をみたしていれば $\lambda \|u\|_{L^2}^2 = (\lambda u, u) = (-\Delta_D u, u) = \|\nabla u\|_{L^2}^2$ から $\lambda = (\|\nabla u\|_{L^2}/\|u\|_{L^2})^2 \geq 1/C^2$ となる．

φ_n のなめらかさについては定理 11.6 を用いればよい．実際，まず $-\Delta_D \varphi_n = \lambda_n \varphi_n \in H^2(\Omega)$ だから，定理 11.6 により $\varphi_n \in H^4_{loc}(\Omega)$ がわかる．従ってまた $-\Delta_D \varphi_n = \lambda_n \varphi_n \in H^4_{loc}(\Omega)$ に同じ定理を適用して，今度は $\varphi_n \in H^6_{loc}(\Omega)$ がわかる．これを反復して，任意の $m \in \mathbb{N}$ に対して $\varphi_n \in H^m_{loc}(\Omega)$ が得られ，従って Sobolev の埋蔵定理により $\varphi \in C^\infty(\Omega)$ が証明される．

最後に境界まで込めたなめらかさについては，境界が C^k 級 $(k \geq 2)$ ならば定理 11.12 と bootstrap argument により $\varphi_n \in H^k(\Omega)$ であることがわかる．よって Sobolev の埋蔵定理（定理 6.12）によって $k > N/2$ ならば $\varphi_n \in C(\overline{\Omega})$ となり，定理 9.7, 定理 9.8 により $\varphi_n|_{\partial \Omega} = 0$ が成り立つ．（$\varphi_n \in H_0^1(\Omega)$ であることに注意．）境界が C^∞ 級であるときすぐ上で見たように，任意の $k \in \mathbb{N}$ で $\varphi_n \in H^k(\Omega)$ となるので，やはり Sobolev の埋蔵定理から $\varphi_n \in C^\infty(\overline{\Omega})$ であることがわかる．∎

11.7 補　遺 *

　本節ではここまでの流れの先へ行く話と，これまで用いてきた微分積分学的なものよりも高度な技法を用いて得られる結果について多少の案内を述べる．Poincaré–Wirtinger の不等式以外は証明を述べられないが，読者のこれからの勉学の参考になれば幸いである．

Poincaré–Wirtinger の不等式　　Poincaré の不等式（定理 10.11）は，Ω を有界とするときの $H_0^1(\Omega)$ に関する不等式であったが，$H^1(\Omega)$ 全体に対する不等式も Poincaré–Wirtinger の不等式として知られている．これを述べる前に，Ω で可積分な関数 u に対してその平均値を $u_\Omega := \int_\Omega u(x)\,dx / |\Omega|$ で表そう（$|\Omega|$ は Ω の測度）．このとき，定理は次のように述べられる．

定理 11.19（**Poincaré–Wirtinger の不等式**）　$\Omega \subset \mathbb{R}^N$ を C^1 級の境界を持つ有界な連結開集合とするとき，Ω にのみ依存する定数 C があって

$$\|u - u_\Omega\|_{L^2} \leq C \|\nabla u\|_{L^2} \quad (\forall u \in H^1(\Omega))$$

が成り立つ．

証明． Rellich–Kondrashov の定理やその他のこれまでに証明した定理を使った抽象的な証明を述べよう．

　まず $X := \{ u \in H^1(\Omega) \mid u_\Omega = 0 \}$ と置くと，X は $H^1(\Omega)$ の閉部分空間であり，それ自身 Hilbert 空間である．そして $u \in X$ なら $u - u_\Omega = u$ であるので，証明すべき不等式はこの場合は $\|u\|_{L^2} \leq C \|\nabla u\|_{L^2}$ となる．また，一般の $u \in H^1(\Omega)$ について $u - u_\Omega \in X$ かつ $\nabla(u - u_\Omega) = \nabla u$ が成り立つので，$u \in X$ に対して $\|u\|_{L^2} \leq C \|\nabla u\|_{L^2}$ が成り立つことを示せば定理は証明される．

　よって，$\|u\|_{L^2} \leq C \|\nabla u\|_{L^2}$ $(\forall u \in X)$ をみたす定数 C が存在しないとして矛盾を導けばよい．このような C が存在しないとすると，任意の $n \in \mathbb{N}$ に対して $u_n \in X$ で $\|u_n\|_{L^2} > n \|\nabla u_n\|_{L^2}$ をみたすものが存在するが，定数倍して $\|u_n\|_{H^1} = 1$ としてよい．こうすると点列 $\{u_n\}_n$ は Hilbert 空間 X の中の有界列なので弱収束する部分列を持つ（[55, 定理 4.41]）．この部分列自身を $\{u_n\}_n$ で表し，その弱収束極限を $u_0 \in X$ とする．このとき Rellich–Kondrashov の定理から埋め込み写像 $X \hookrightarrow L^2(\Omega)$ はコンパクトなので，u_n は u_0 に L^2 ノルムで収束する（[55, 定理 3.56]）．ここで $\|u_n\|_{L^2} > n \|\nabla u_n\|_{L^2}$ かつ $1 = \|u_n\|_{H^1}^2 =$

$\|u_n\|_{L^2}^2 + \|\nabla u_n\|_{L^2}^2$ であるから，$n \to \infty$ のとき $\|u_n\|_{L^2} \to 1$, $\|\nabla u_n\|_{L^2} \to 0$ となることに注意しよう．従って $\|u_0\|_{L^2} = 1$ である．一方，$H^1(\Omega)$ における内積を $\langle u, v \rangle$ で表すと，任意の $v \in X$ に対して，すでに示した $\|u_n - u_0\|_{L^2} \to 0$ と $\|\nabla u_n\|_{L^2} \to 0$ から

$$\langle u_n, v \rangle = \int_\Omega u_n v \, dx + \int_\Omega \nabla u_n \cdot \nabla v \, dx \longrightarrow \int_\Omega u_0 v \, dx$$

となる．一方，u_n が u_0 に弱収束するから $\langle u_n, v \rangle \to \langle u_0, v \rangle$ である．よって任意の $v \in X$ に対して

$$\int_\Omega u_0 v \, dx + \int_\Omega \nabla u_0 \cdot \nabla v \, dx = \int_\Omega u_0 v \, dx$$

となるから，$\int_\Omega \nabla u_0 \cdot \nabla v \, dx = 0$ がわかる．ここで $v \in X$ は任意だったので，$v = u_0$ として $\nabla u_0 = 0$ がわかる．普通の意味の導関数と弱導関数の微分の関係は微妙なので，これから直ちに u_0 が（局所的に）定数ということは言えないが，弱導関数の意味で $\nabla u_0 = 0$ ならば同じく $\Delta u_0 = 0$ となる．よって Remark 11.7 に述べた Weyl の補題により $u_0 \in C^\infty(\Omega)$ と見なしてよいので，$\nabla u_0 = 0$ から u_0 は局所的に定数である．そして Ω が連結だったので u_0 は Ω 全体で定数であり，$u_0 \in X$ からその定数は 0 でなければならない．しかしこれは $\|u_0\|_{L^2} = 1$ に矛盾する．∎

Remark 11.20 上に述べた Poincaré–Wirtinger の定理の証明は抽象的で見通しがよいが，その反面，定数 C についての情報は何も得られない．しかし $W^{1,p}(\Omega)$ に対しても $\|u - u_\Omega\|_{L^{p^*}} \leq C \|\nabla u\|_{L^p}$ が成り立つことが同様にして証明される（$1 \leq p < N$, $p^* = Np/(N-p)$）．これに対し，[14, Section 7.8] にあるポテンシャル論的証明を使えば C を具体的に与えることが可能になる．（ただしそこで扱われているのは凸領域に限られている．）また，境界が C^2 級の場合は定数 C は Neumann 条件のラプラシアンの 0 でない最小固有値の逆数で与えられる．

また，Poincaré–Wirtinger の不等式では u から適当な定数関数を引いてノルムを小さくしているのであるが，u から多項式関数を引いたらどうなるかということも調べられている（[19, p. 11]）．[15, Chapter 12] では 1 次式との差の評価を**有限要素法**へ応用する話が解説されている．また，[18, Chapter 4] には応用として **Friedrichs** の不等式が述べられているが，それは $u \in H^1(\Omega)$ あるいは $u \in H^2(\Omega)$ のノルムを，その trace $\gamma(u)$ のノルムと u の最高階導関数だけの L^2 ノルムで評価する次の不等式である（Ω は有界，$|u|_{2,2,\Omega}$ については定義 8.2 参照）：

$$\|u\|_{H^1(\Omega)} \leq C(\|\gamma(u)\|_{L^2(\partial\Omega)} + \|\nabla u\|_{L^2(\Omega)}),$$
$$\|u\|_{H^2(\Omega)} \leq C(\|\gamma(u)\|_{L^2(\partial\Omega)} + |u|_{2,2,\Omega}).$$

11.7. 補　遺 *

はじめの不等式が Poincaré の不等式を含んでいることに注意しよう.

De Giorgi–Nash–Moser の定理　これまで $\mathscr{A} := \sum_{i,j=1}^{N} \partial_i(a_{ij}(x)\partial_j)$ を 2 階の発散型一様楕円型微分作用素として, $-\mathscr{A}u + a_0 u = f$ の弱解 $u \in H_0^1(\Omega)$ の存在と正則性を議論してきた. 存在については a_{ij} が有界可測というだけで十分であったが, 正則性については定理 11.9 を見ればわかるように, a_{ij} のなめらかさが必要になってくる. このため a_{ij} が u にも依存する $a_{ij}(x, u(x))$ という形になった, 準線型というタイプの方程式については解の正則性を示すことがこれまでの方法ではできないということになる. この困難を打ち破ったのが De Giorgi, Nash, Moser 等の得た結果であり, a_{ij} が有界可測という仮定だけで弱解の正則性が H_0^1 以上に上がることを示している.

結果を紹介しておこう.

定理 11.21 (De Giorgi, Nash, Moser)　$\Omega \subset \mathbb{R}^N$ は開集合で, $\mathscr{A}$ は定義 10.1 の意味で Ω 上で一様に楕円型な 2 階微分作用素とする. このとき $u \in H^1(\Omega)$ が $-\mathscr{A}u = 0$ を超関数の意味でみたしているならば, u は Ω で Hölder 連続である. より正確には, 次元 N と $\mathscr{A}$ の楕円形性を示す (10.1) の C_1, C_2 の比 C_2/C_1 のみで決まる $0 < \gamma \leq 1$ と C があって, 任意の $0 < r < 1$ に対して $\Omega' := \{x \in \Omega \mid \operatorname{dist}(x, \partial\Omega) \geq r\}$ とおくと

$$|u(x) - u(y)| \leq C r^{-N/2-\gamma} |x-y|^\gamma \|u\|_{L^2} \quad (\forall x, y \in \Omega')$$

が成り立つ. (u は $L^2(\Omega)$ での同値類の適当な代表元を取っている.)

この結果はその後, 非線型の場合に一般化されている. 連立系の場合は同じ仮定では成り立たないことが De Giorgi 自身によって示されたが, 係数が連続で, ある特別な条件を満たす場合などでの結果がある ([13] 参照).

Agmon–Douglis–Nirenberg の結果　本書では, 2 階の一様楕円型の微分方程式に関する境界値問題の弱解の一意性および正則性について, $H_0^1(\Omega)$ を舞台に考えてきた. この空間は Sobolev 空間 $W^{m,p}$ 全体の中では $p = 2$ の特別な場合であり, Hilbert 空間になっているので扱いやすい. しかし, $H_0^1(\Omega)$ でなく $W_0^{1,p}(\Omega)$ を使うのではうまく行かないのかとか, もっと高階の微分方程式の境界値問題を Sobolev 空間の枠組みで扱えるのかという疑問が当然湧いてくる. この疑問に答える大きな理論が Agmon–Douglis–Nirenberg や Schechter によっ

て建設されている．彼らの理論は $2m$ 階 ($m \in \mathbb{N}$) の高階の「楕円型」微分方程式の境界値問題について，解の存在を $W^{m,p}$ ($1 < p < \infty$) 空間で解決している．しかし，彼らの結果はそれを完全に述べるだけでもかなりの準備が必要であり，証明は大変長いので参考書を挙げるだけにするが，ものすごく乱暴に言えば「適切な意味で楕円型な微分方程式に適切な境界条件をつけたものは解を持ち，解の正則性も成り立つ」ということである．参考文献として和書で最も詳しいのは [46] と思われるが，それでも証明の一部が原著に任されている．$p=2$ の場合については [33]，[59] や [40] に述べられている．

Agmon らや Schechter の原著は [4], [22]–[24] である．なお彼らは Sobolev 空間での結果だけでなく，Hölder 空間を用いた次に述べる Schauder 評価も得ている（[40] 参照）．

Schauder 理論 $\mathbb{R}^N$ の領域 Ω で $-\Delta u = f$，境界 $\partial\Omega$ 上で $u = 0$ をみたす u を求める問題を扱ってきたが，これについては Sobolev 空間の登場以前に，ポテンシャル論の方法を用いて結果が得られていた．その研究によると，Ω が素直な領域である場合でも f が $\overline{\Omega}$ 上で連続と仮定しただけでは必ずしも古典解 u（通常の微積分の意味で $\Delta u = f$ をみたすもの）が存在しないが，f に Hölder 連続性を仮定すれば解が存在することがわかったのである．この結果を述べるためには定義 6.11 で述べた Hölder 空間が必要になる．典型的な結果を述べると次のようになる：$0 < \alpha \leq 1$ で $\Omega \subset \mathbb{R}^N$ を有界かつ境界が $C^{2,\alpha}$ 級の領域とすると，任意の $f \in C^{0,\alpha}(\overline{\Omega})$ に対して $\Delta u = f$ をみたす $u \in C^{2,\alpha}(\overline{\Omega})$ が一意的に存在し，ある定数 C に対して $\|u\|_{C^{2,\alpha}(\overline{\Omega})} \leq C(\|u\|_{C^0(\overline{\Omega})} + \|f\|_{C^{0,\alpha}(\overline{\Omega})})$ が成り立つ．ここで $\partial\Omega$ が $C^{2,\alpha}$ 級であるとは，C^k 級の境界の定義（定義 6.4）で登場している H の成分関数がすべて $C^{2,\alpha}$ 級となることを言う．

このように Hölder 空間とそのノルムを用いた存在定理やノルム評価は，1934 年に変数係数の 2 階線型楕円型方程式の場合にそれらを最初に得た J. Schauder にちなんで Schauder 理論，Schauder 評価という．これらについては，たとえば [14] を参照していただきたい．

ポテンシャル論の方法 本書でいろいろな定理の証明に用いている手法は初等的で，微分積分学的なものに限られているが，Sobolev の埋蔵定理や解の正則性に関する精密な結果，Schauder 理論などにおいて大きな役割を果たす手法としてポテンシャルを用いる方法がある．ポテンシャルは，歴史的には力学におけ

11.7. 補　遺 *

る位置エネルギーの質量分布による積分表示や，電磁気学における電荷分布によって電位を表す積分表示からきており，それは N 次元空間では次の **Newton 核** $\Gamma(x,y)$ を用いている：

$$\Gamma(x,y) := \begin{cases} \dfrac{1}{N(2-N)\omega_N} |x-y|^{2-N} & (N > 2), \\ \dfrac{1}{2\pi} \log |x-y| & (N = 2). \end{cases}$$

そして $\Omega \subset \mathbb{R}^N$ が有界で $f \in L^1(\Omega)$ とするとき

$$w(x) := \int_\Omega \Gamma(x,y) f(y)\, dy$$

を f の **Newton ポテンシャル**という．ここで ω_N は N 次元空間での単位球の体積 $\bigl(= 2\pi^{N/2}/(N\Gamma(N/2))\bigr)$ であり，従って $N\omega_N$ は N 次元空間の単位球面の面積である．Newton ポテンシャルに関する著しい事実として，**f が Hölder 連続**ならば $w(x)$ は 2 回微分可能で $\Delta w = f$ をみたす，ということがある．f が単に連続なだけではこの結論は得られず，このことが Schauder 理論で Hölder 空間が登場する理由である．一方，Sobolev 空間の立場からは次の結果が興味深い．

定理 11.22（[14] Theorem 9.9） $\Omega \subset \mathbb{R}^N$ が有界で $f \in L^p(\Omega)$ $(1 < p < \infty)$ とすると，f の Newton ポテンシャル w は $W^{2,p}(\Omega)$ に属し $\Delta w = f$ をみたす．また N と p にのみ依存する定数 C があって，$\|\partial_i \partial_j w\|_{L^p} \leq C\|f\|_{L^p}$ $(1 \leq i,j \leq N)$ が成り立つ．

この定理の応用として，これまで述べてきた L^2 理論（$p=2$ の Sobolev 空間 $W^{m,p}(\Omega)$ を基にしたもの）の L^p 理論への一般化ができる．最も簡単な形にして結果を述べよう．（文献 [14] にはもっと一般な形で述べられている．しかし Agmon–Douglis–Nirenberg の結果の方が一般的．)

定理 11.23（[14], Theorem 9.15, Lemma 9.17） $\Omega \subset \mathbb{R}^N$ を C^2 級の境界を持つ有界領域とすると，任意の $1 < p < \infty$, $f \in L^p(\Omega)$ に対して $\Delta u = f$ を超関数としてみたす一意的な解 $u \in W^{2,p}(\Omega) \cap W_0^{1,p}(\Omega)$ が存在し，u に無関係な定数 C で $\|u\|_{W^{2,p}} \leq C\|f\|_{L^p}$ が成り立つ．

Sobolev 空間の理論のためには Newton ポテンシャルを一般化した **Riesz ポテンシャル**を導入しなければならないが，それは形式的には $\Omega \subset \mathbb{R}^N$, $\mu \in (0,1]$

とするとき，Ω 上の可測関数 f に対して次の積分で定義される：

$$(V_\mu f)(x) := \int_\Omega |x-y|^{N(\mu-1)} f(y)\,dy.$$

$\mu = 2/N$ のときは，定数倍を除いて $V_\mu f$ は f の Newton ポテンシャルに一致している．

合成積に関する Young の不等式を用いれば，Ω が有界で q が $0 \leq 1/p - 1/q < \mu$ をみたしているとき，$f \in L^p(\Omega)$ に対して $V_\mu f$ は a.e. $x \in \Omega$ について意味を持ち，V_μ は $L^p(\Omega)$ から $L^q(\Omega)$ への有界線型作用素となることが示される ([14, Lemma 7.12])．このことから Sobolev の埋蔵定理の一部を導くこともできる．しかし Ω が有界でないと，$V_\mu f$ の定義および f についての有界性の証明は難しくなる．Sobolev 自身は $\Omega = \mathbb{R}^N$, $\mu = 1/p - 1/q > 0$ の場合にも V_μ が L^p から L^q への有界線型作用素となることを示し，精密な埋蔵定理を得た．([53] の第 7 章 2 節参照．Sobolev の結果は巻末の「あとがきに代えて」で詳しい証明を述べる．)

また，Riesz ポテンシャルを用いて埋蔵定理の $m - N/p = 0$ という微妙なケースの一つである $m = 1, p = N$ の場合について，次の **Trudinger の不等式**が証明される[2]．

定理 11.24（[14] **Theorem 7.15**）　$\Omega \subset \mathbb{R}^N$ が有界とすると，N だけに依存する定数 C_1, C_2 があって，任意の $u \in W_0^{1,N}(\Omega)$ に対して

$$\int_\Omega \exp\left[\left(\frac{|u|}{C_1 \|\nabla u\|_{L^N}}\right)^{N/(N-1)}\right] dx \leq C_2 |\Omega|$$

が成り立つ．

---

[2] [2], Theorem 8.27 は，有界な Ω に対して一般の $mp = N$ で成り立つ埋め込みを示しているが，それは Orlicz 空間というものを通して表現されている．現在では小川卓克，小澤徹，田中和永らによって非有界な Ω の場合に対応する結果も得られている．

第12章
Sobolev 空間を用いた非線型問題の解析

　10 章で Poisson 方程式の境界値問題を Sobolev 空間 $H_0^1(\Omega)$ における変分問題として解く方法を述べた．しかし問題が境界条件を含めて線型であったので，変分法に頼らずとも Lax-Milgram の定理を用いる方法で扱うことも可能であった．その意味で 10 章では変分法の本領がまだ発揮されていなかったが，より一般な非線型問題になると，まさに変分法が適切な方法となる状況が現れる．（境界条件が非線型の場合も含む．）この章では改めて変分法に関する基礎事項を述べながら，Sobolev 空間が非線型問題で活躍する様子を解説する．

　しかしこれまでに扱われていない事実も必要となるので，この章では Sobolev 空間の有用性を例示することを重視し，証明の一部は参考書に任せて，概観を得ていただくことを目標にした．読者がこれをきっかけにして [45], [51], [27] などの変分法の書物へ進んでいただけたら幸いである．

12.1　変分法と Fréchet 微分

変分法　すでに 10 章でその一端に触れたが，改めて変分法とは何かを述べよう．変分法とは，一定の長さを持った曲線で囲まれる面積が最大になる場合を決定するという幾何学の問題や，いろいろ考えられる運動経路の中で実際に実現されるのは「エネルギー」を最小（一般には極値）にするものになるという力学の原理的なとらえ方を数学的に取り扱うことから生まれた分野である．これらの例にあるように，変分法では最大値や最小値を考えるが，「変数」にあたるものが曲線や経路であって，通常の微積分のように実数あるいはその有限個の組ではなく，無限次元の自由度を持って動くものである．しかし，平面上の曲線とは 1 変数の写像（関数） $[a,b] \to \mathbb{R}^2$ のグラフであるから，変分法では「変数」に当たるものが関数であると考えられる．従って，とりあえずの定義と

しては，変分法とは，関数のある集まりの上で定義された実数値関数 Φ が与えられたとき，Φ を最大あるいは最小にする関数を求める問題であると言える．「変数」も関数，最大，最小値を考える対象も関数で混乱するので，通常は，関数に対して実数値を対応させるものを**汎関数（はんかんすう）**(functional) と呼ぶ．

数学的には，もう少し状況を一般化してさらに枠組みをはっきりさせて，変分法あるいは変分問題とは次のような問題として整理される：

定義 12.1 （変分法の問題） X を Banach 空間，$U \subset X$ として，(汎) 関数 $\Phi: U \to \mathbb{R}$ を考え，Φ の極値や極値を取る点の存在やその個数を求める．

例 12.2 $X = C^1([0,1])$ （ノルムは $\|u\| := \sup_t |u(t)| + \sup_t |u'(t)|$），$U := \{\, u \in X \mid u(0) = 0, u(1) = 1 \,\}$ とし，

$$\Phi(u) := \int_0^1 \sqrt{1 + u'(t)^2}\, dt$$

として，U における Φ の最小値を求める問題．これは，平面上で点 $(0,0)$ と点 $(1,1)$ を結ぶ曲線のうち最も短いものを求めることと同じで，答はすぐわかる．

Fréchet 微分　実変数関数の極値を求めるとき，普通はまず微分して 0 になる点を求める．汎関数の極値問題でも微分を使えると便利ということは容易に想像できる．簡単のため Banach 空間 X 全体で定義された汎関数 Φ を考える．（微分を考えるには定義域は X の開集合でもよい．）微分可能ということの意味をよく考えると，Φ の微分可能性を次のように定義するとよいことがわかる．

定義 12.3 X を Banach 空間，X^* を X の共役 Banach 空間（X 上の有界線型汎関数の全体，[55, 定義 2.29] 参照）とする．このとき $\Phi: X \to \mathbb{R}$, $u_0 \in X$ に対してある $F \in X^*$ があって，$u \to u_0$ のとき

$$\Phi(u) = \Phi(u_0) + F(u - u_0) + o(\|u - u_0\|) \tag{12.1}$$

が成り立つとき，Φ は u_0 において Fréchet 微分可能と言う．ここで $o(\|u-u_0\|)$ は Landau の記号で，$\|u-u_0\|$ に比べて無限小であることを表し，結局 (12.1) は

$$\lim_{u \to u_0} \frac{\|\Phi(u) - \Phi(u_0) - F(u - u_0)\|}{\|u - u_0\|} = 0$$

12.1. 変分法と Fréchet 微分

と同値である．一意的に定まる $F \in X^*$ は Φ の u_0 における微分係数と呼ばれ，$\Phi'(u_0)$ で表す．各点で Fréchet 微分可能で，$u_0 \mapsto \Phi'(u_0)$ が連続なとき，Φ は C^1 級と言われる．

(12.1) は $\Phi(u)$ が $u = u_0$ の近傍では**連続な一次関数** $\Phi(u_0) + F(u - u_0)$ に非常に近いことを言っていることに注意しよう．

例 12.4 (1) $\Omega \subset \mathbb{R}^N$ を開集合とするとき，$u \in H_0^1(\Omega)$ に対して $\Phi(u) := \frac{1}{2} \int_\Omega |\nabla u(x)|^2 \, dx$ は $H_0^1(\Omega)$ 上の汎関数となる．このとき $u_0 \in H_0^1(\Omega)$ を固定して，$u \in H_0^1(\Omega)$ に対して $\Phi(u) - \Phi(u_0)$ を考えると，

$$|\nabla u|^2 = |\nabla(u - u_0) + \nabla u_0|^2 = \bigl(\nabla(u-u_0) + \nabla u_0\bigr) \cdot \bigl(\nabla(u-u_0) + \nabla u_0\bigr)$$

から

$$\begin{aligned}\Phi(u) - \Phi(u_0) &= \frac{1}{2} \int_\Omega |\nabla u(x)|^2 - |\nabla u_0(x)|^2 \, dx \\ &= \int_\Omega \nabla(u(x) - u_0(x)) \cdot \nabla u_0(x) \, dx + \frac{1}{2} \int_\Omega |\nabla(u(x) - u_0(x))|^2 \, dx\end{aligned}$$

となる．$\int_\Omega |\nabla(u(x) - u_0(x))|^2 \, dx \leq \|u - u_0\|_{H_0^1}^2$ だから，Φ は u_0 で Fréchet 微分可能で，$\Phi'(u_0)$ は連続線型汎関数

$$v \longmapsto \int_\Omega \nabla v(x) \cdot \nabla u_0(x) \, dx$$

で与えられることがわかり，Φ は C^1 級であることが示される．

(2) $X := \{ u \in C^1([0,1]) \mid u(0) = u(1) = 0 \}$（ノルムは $\|u\| := \max_t |u(t)| + \max_t |u'(t)|$）．$F(t, u, p)$ は $[0,1] \times \mathbb{R}^2$ で C^2 級の関数とする．このとき $u \in X$ に対して

$$\Phi(u) := \int_0^1 F(t, u(t), u'(t)) \, dt$$

として X 上の汎関数 Φ が定まる．F が C^2 級なので，Taylor の定理から任意の $R > 0$ に対してある $M > 0$ があって，任意の $t \in [0,1]$ と $|u|, |v|, |p|, |q| \leq R$ をみたす u, v, p, q に対して

$$\begin{aligned}&|F(t, v, q) - F(t, u, p) - (v - u) F_u(t, u, p) - (q - p) F_p(t, u, p)| \\ &\leq M(|u - v|^2 + |p - q|^2)\end{aligned}$$

となる．これを用いると Φ が Fréchet 微分可能で $\Phi'(u_0)$ は線型汎関数

$$v \in X \mapsto \int_0^1 v(t) F_u(t, u_0(t), u_0'(t)) + v'(t) F_p(t, u_0(t), u_0'(t))\, dt$$
$$= \int_0^1 v(t) \left\{ F_u(t, u_0(t), u_0'(t)) - \frac{d}{dt} F_p(t, u_0(t), u_0'(t)) \right\} dt$$

であることがわかる．最後の等号は部分積分をして $v(0) = v(1) = 0$ を使えば得られる．これより $\Phi'(u_0) = 0$ となるのは u_0 が次の **Euler–Lagrange** の微分方程式の解であることと等しいことがわかる：

$$\frac{d}{dt} F_p(t, u(t), u'(t)) - F_u(t, u(t), u'(t)) = 0.$$

12.2 汎関数の臨界点 (critical point)

極値問題と臨界点 各点で Fréchet 微分可能な汎関数 $\Phi: X \to \mathbb{R}$ が u_0 で極値を取れば $\Phi'(u_0) = 0$ でなければならないことは容易にわかる．このことは任意の $v \in X$ に対して，t を実数を動くパラメータとして

$$\frac{d}{dt} \Phi(u_0 + tv) \big|_{t=0} = \Phi'(u_0) v$$

ということから簡単にわかる．実際，$\Phi(u)$ が $u = u_0$ で極大（極小）であれば任意の $v \in X$ に対して $\Phi(u_0 + tv)$ は $t = 0$ で極大（極小）なので上式から $\Phi'(u_0) v = 0$ となり，$\Phi'(u_0) = 0$ が得られる．従って，Fréchet 微分可能な場合には，変分問題の解を求めるためには方程式 $\Phi'(u) = 0$ を解けばよいことになるが，一般にはこの方程式は解くどころか解の存在さえ明らかでないのが普通である．（例 12.4 の (2) では，臨界点のみたす微分方程式は常微分方程式なので例外的に解の存在を示しやすいが，いわゆる正規形ではないので自明ではない．）そして現在では，逆にある方程式が与えられたとき，その方程式が $\Phi'(u) = 0$ と同値になるような汎関数 Φ を構成して，Φ に対する極値問題の解の存在を直接示すことにより最初の方程式の解の存在をいうことも多い．本書の残りはその実例を一つ説明することに捧げられている．

Remark 12.5 第 10 章で用いた $I(u)$ は，実は $H_0^1(\Omega)$ 上の C^1 級の汎関数なので，第 10 章で存在を示した，I を最小にする関数 u_0 は $I'(u_0) = 0$ をみたす．そしてこれは u_0 が $-\mathscr{A}u + a_0 u = f$ の弱解であることと同値なのである．

12.2. 汎関数の臨界点 (critical point)

汎関数 Φ に対してその Fréchet 微分 Φ' を 0 にする点を，Φ の **臨界点 (critical point)** という．以下，本節では臨界点の存在を保証するのに役に立つ Palais–Smale 条件について説明する．

Palais–Smale 条件 C^1 級の汎関数 $\Phi: X \to \mathbb{R}$ に対して，その臨界点の存在を示すのは一般に困難であるが，次の一見非常にご都合主義的な条件がこの問題についてかなり役に立つのである．

定義 12.6（Palais–Smale 条件） $\Phi(u_n)$ が有界かつ $\|\Phi'(u_n)\| \to 0$ となるような任意の点列 $\{u_n\}_n$ が収束部分列を持つとき，Φ は Palais–Smale 条件をみたすと言う．「$\Phi(u_n)$ が有界」という条件は「$\Phi(u_n)$ がある値に収束している」という条件に置き換えても同等であることに注意．

Palais–Smale 条件の簡単な応用として次が得られる．

定理 12.7 Banach 空間 X 上の C^1 級汎関数 Φ が Palais–Smale 条件をみたすとき，Φ が下に有界ならば $\Phi'(u) = 0$ は解を持つ．

証明． 一般の場合の証明は舞台設定に準備を要するので，最も簡単な $X = \mathbb{R}$ の場合でどのような議論をするのかを示すだけにする．仮定も Φ が C^2 級と強めておく．

$u_0 \in \mathbb{R}$ を任意に選び，常微分方程式

$$\frac{du}{dt}(t) = -\Phi'(u(t)), \quad u(0) = u_0 \tag{12.2}$$

を考える．Φ が C^2 級と仮定したので $\Phi'(u)$ は u について（局所）Lipschitz 連続となるから，(12.2) は一意的な局所解を持つ．このことから常微分方程式論でよく知られたように，存在範囲において極大な解が存在する．つまりある $0 < T \leq \infty$ があって，(12.2) は $t \in [0, T)$ の範囲で一意解 $u(t)$ を持ち，$u(t)$ はそれ以上は解として延長できない．この極大解 $u(t)$ を用いて Φ の臨界点の存在を示そう．

はじめに $u(t)$ が

$$\frac{d}{dt}\Phi(u(t)) = \Phi'(u(t))\frac{d}{dt}u(t) = -\Phi'(u(t))^2 \tag{12.3}$$

をみたすことに注意する．従って $\Phi(u(t))$ は単調減少で，仮定により Φ が下に有界であるから $\lim_{t\uparrow T} \Phi(u(t))$ が存在する．次に場合を分けて，まず $T = \infty$ とする．このとき (12.3) を積分して，任意の $n \in \mathbb{N}$ に対して

$$\Phi(u(n+1)) - \Phi(u(n)) = -\int_n^{n+1} \Phi'(u(t))^2 \, dt$$

が得られ，$n \to \infty$ のとき左辺は 0 に収束するので，各 n に対してある $n \leq t_n \leq n+1$ で $\lim_{n\to\infty} \Phi'(u(t_n)) = 0$ となるものが取れる．よって Palais–Smale 条件から $\{u(t_n)\}_n$ は収束部分列 $\{u(t_{n_i})\}_i$ を持つ．この部分列の極限を u_∞ とすれば Φ' の連続性から $\Phi'(u_\infty) = 0$ が成り立ち，臨界点の存在が示された．

次に $T < \infty$ のときは，$0 \leq t < T$ に対して

$$\int_0^t \Phi'(u(s))^2 \, ds = \Phi(u_0) - \Phi(u(t))$$

は単調増加で上に有界なので，広義積分として $\int_0^T \Phi'(u(t))^2 \, dt < \infty$ となる．従って，Schwarz の不等式から，広義積分 $\int_0^T \Phi'(u(t)) \, dt$ も存在する．これは $u_T := \lim_{t\uparrow T} u(t) = u_0 - \int_0^T \Phi'(u(t)) \, dt$ の存在を意味するが，u_0 の代わりに u_T を初期値とする方程式 (12.2) の局所解の存在から，$u(t)$ が $t = T$ を超えて解として延長できることになり，T の定義に矛盾する．よってこの場合は起こりえず，証明が終わる．∎

この定理の証明の要は微分方程式 (12.2) の解であるが，これを Φ の定める**勾配流** ("gradient flow") という．(正確には (12.2) の解を $u(t, u_0)$ と表したとき，$t \in \mathbb{R}$ をパラメータとする写像の族 $\varphi(t) \colon u_0 \mapsto u(t, u_0)$ を指す．) Banach 空間の場合の勾配流の説明は手間がかかるので，Hilbert 空間の場合について説明しよう．まず Hilbert 空間 X 上の汎関数 Φ の勾配 (gradient) $\nabla \Phi$ を定義する．X が Hilbert 空間であれば，Riesz の表現定理によって X^* は X と同一視できる．従って，Φ の Fréchet 微分 $\Phi'(u) \in X^*$ も X の元とみなすことができる．このようにみなしたときの $\Phi'(u)$ を $\nabla \Phi(u) \in X$ と書くのである．そうすると X における常微分方程式

$$\frac{d}{dt} u(t) = -\nabla \Phi(u(t)), \quad u(0) = u_0$$

を考えることができて，この方程式の解軌道が Φ の勾配流である．(Φ' が Lipschitz 連続ならばこの微分方程式の初期値問題の解の一意性が成り立つ．) 勾配

流に沿って Φ の値が単調減少することは，$X = \mathbb{R}$ の場合と同様に

$$\frac{d}{dt}\Phi(u(t)) = -\|\nabla\Phi(u(t))\|^2 \tag{12.4}$$

からわかる．

Remark 12.8 Hilbert 空間における $\nabla\Phi$ と同様の役割を Banach 空間で果たすものが Φ の**擬勾配ベクトル**であるが，その定義と存在証明は [45] の命題 1.7 を見ていただきたい．なおその証明では距離空間のパラコンパクト性が必要になるが，それについてはたとえば [55] 定理 7.48 に証明がある．

12.3 峠の定理

方程式の観点からは，極値でなくとも $\Phi'(u) = 0$ をみたす u の存在が重要である．そのような点（鞍点）をとらえる定理が次の峠の定理である．

定理 12.9（峠の定理 (Ambrosetti–Rabinowitz)） Banach 空間 X 上の C^1 級汎関数 Φ が Palais–Smale 条件をみたし，さらに次の条件をみたす $u^* \in X$ と $\rho > 0$ が存在するとする．

$$\begin{cases} \inf\{\Phi(u) \mid \|u\| = \rho\} > \max\{\Phi(0), \Phi(u^*)\}, \\ \|u^*\| > \rho. \end{cases}$$

このとき方程式 $\Phi'(u) = 0$ は 0 でない解を持つ．

証明． 勾配流を用いるので感覚的な説明だけにし，X は Hilbert 空間で $u \mapsto \nabla\Phi(u)$ は Lipschitz 連続とする．詳しい証明は [45], [51] を見ていただきたい．さて，図 12.1 が Φ のグラフであるとすると，直観的には図 12.1 の「外輪山」の手前の方の峠の点は Φ の臨界点となるものと思われる．この図では他にも極大値を取る臨界点が 3 つ見えるが，とりあえず峠点[1]を探すことにする．このときの峠点の高度（Φ の値）のうち最小のものをどう捕まえるかを考えると，いろいろな道の中で「一番楽な道」を探せばよかろうということが思い浮かぶ．つまり，

$$\Gamma := \{\gamma \mid \gamma\colon [0,1] \to X, \ \gamma \text{ は連続}, \ \gamma(0) = 0, \gamma(1) = u^*\}$$

---

[1] 常識的な意味での，峠道の頂点と理解していただきたい．昔だったら「峠の茶屋」があったようなところである．

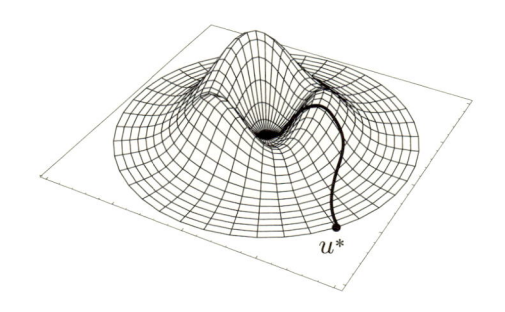

図 12.1 峠の定理のために

を 0 と u^* を結ぶ連続な道の全体として

$$c := \inf_{\gamma \in \Gamma} \max_{t \in [0,1]} \Phi(\gamma(t))$$

とおくと，c はすべての道の中で道中の高度が一番低くなる値となる．図 12.1 で言えばこの c が手前に見える峠の高さであることが納得されるであろう．なお，$\gamma \in \Gamma$ はある t で必ず $\|\gamma(t)\| = \rho$ となるので，定理の仮定から $c > \Phi(0)$ が成り立っている．

あとはこの c が，実際にある臨界点 u で Φ が取る値（**臨界値**という）であることを示せばよい．（$c > \Phi(0)$ だから $u \neq 0$ となる．）これを示すには背理法を用いる．その考えの基本は次のようなものである．図 12.1 に実線で描いた道を見てみよう．これはある $\gamma \in \Gamma$ に対して $(\gamma(t), \Phi(\gamma(t)))$ $(0 \leq t \leq 1)$ の描く道である．この道で高度が一番高い点の付近を，勾配流に沿って少し変形してやれば最高の高度が確実に下がるであろう．（勾配流で変形を受けるのは γ で，それに従って山肌に沿う道が変形される．）c の定義から，最高高度がほとんど c に等しい $\gamma \in \Gamma$ があるが，この道をいま述べたように少し変形すれば，最高高度が c よりも低い道ができて矛盾が起きるのではないかと考えられる．しかし (12.4) によれば，勾配 $\nabla \Phi$ が小さいと変形してもあまり高度は変化しないので，c より下がらない可能性がある．ところが Palais–Smale 条件の下では c が臨界値でないと仮定すると次に示すように高度 c の付近では勾配の大きさはある正の定数以上であることが言えて，上の論法が成り立つのである．

よって次のことを言えば十分である：c が臨界値でないとすると，ある $\varepsilon > 0$ と $C > 0$ があって，$u \in X$ が $|\Phi(u) - c| < \varepsilon$ をみたすならば $\|\nabla \Phi(u)\| \geq C$ が

成り立つ．実際，この主張が成り立たないとすると，任意の $n \in \mathbb{N}$ に対して，$u_n \in X$ で $\|\nabla \Phi(u_n)\| < 1/n$ かつ $|\Phi(u_n) - c| < 1/n$ をみたすものがある．このとき Palais–Smale 条件から $\{u_n\}_n$ は収束部分列 $\{u_{n_i}\}_i$ を持つが，その極限 u_0 は $\nabla \Phi(u_0) = 0$ かつ $\Phi(u_0) = c$ をみたすので，c が臨界値でないということに矛盾する．∎

12.4 半線型楕円型方程式の非自明解の存在

峠の定理によって非自明解の存在が示される例を述べよう．考える方程式は Ω を $\mathbb{R}^N$ ($N \geq 3$) の有界領域，$p \geq 1$ を定数として，

$$\begin{cases} u \geq 0 \text{ かつ } \Delta u + u^p = 0 & (\Omega \text{ 内で}), \\ u = 0 & (\partial\Omega \text{ 上で}) \end{cases} \tag{12.5}$$

という境界条件と不等式制約条件を持ったものである．この方程式は $u = 0$ が常に解であるので，それ以外の解の存在が問題である．$u \geq 0$ という制約条件のため，解 u を探す範囲が線型空間全体にならず少々厄介なので，u の正の部分 u_+ を $u_+(x) := \max\{u(x), 0\}$ によって導入して，

$$\begin{cases} \Delta u + u_+^p = 0 & (\Omega \text{ 内で}), \\ u = 0 & (\partial\Omega \text{ 上で}) \end{cases} \tag{12.6}$$

という不等式制約を外した形を考えてみよう．(12.5) の古典解 $u \in C^2(\Omega) \cap C(\overline{\Omega})$ は明らかに (12.6) の古典解である．また，(12.6) の古典解 u は $\Delta u = -u_+^p \leq 0$ と $u|_{\partial\Omega} = 0$ から最大値原理[2]（[43] 2.2.2 項参照）によって Ω 全体で $u \geq 0$ をみたすので (12.5) の古典解になる．よって，古典解に関しては，この二つの方程式は同値である．

本節における目標は (12.5) の非自明な古典解の存在を示すことであるが，それは上記のように (12.6) の非自明古典解の存在を示すことと同等である．しかし，本書のこれまでの話からわかるように，いきなり古典解の存在を示すのは困難で，弱解ないしは超関数解の存在をまず示した後，その解の正則性を議論

---

[2] Ω が有界で $u \in C^2(\Omega) \cap C(\overline{\Omega})$ かつ $\Delta u \geq 0$ とすると，u は $\partial\Omega$ 上で最大値を取るという定理．

するのが自然な筋道である．このため，古典解であることが判明する前のなるべく早い段階で，(12.6) の解が実は (12.5) の解であることが示される方が望ましい．次の補題はこのために役立ち，古典解に対する最大値原理を用いる必要を無くしてくれる．

補題 12.10 （弱最大値原理） $\Omega \subset \mathbb{R}^N$ は有界開集合，$2N/(N+2) \leq q \leq \infty$，$f \in L^q(\Omega)$ とし，$u \in H_0^1(\Omega)$ は $-\Delta u = f$ の超関数解とする．このとき $f \geq 0$ (a.e.) ならば $u \geq 0$ (a.e.) が成り立つ．ただし，$N \geq 3$ とする．

証明． 仮定から，任意の $\varphi \in C_0^\infty(\Omega)$ に対して
$$\int_\Omega \nabla u \cdot \nabla \varphi \, dx = -\int_\Omega (\Delta u) \varphi \, dx = \int_\Omega f\varphi \, dx$$
である．一方，$1/q + 1/r = 1$ をみたす r は q についての仮定から $1 \leq r \leq 2N/(N-2)$ をみたすので，Hölder の不等式と Sobolev の埋蔵定理から，ある定数 C で
$$\left|\int_\Omega f\varphi \, dx\right| \leq \|f\|_{L^q} \|\varphi\|_{L^r} \leq C \|f\|_{L^q} \|\varphi\|_{H^1}$$
が成り立つ．故に極限移行によって
$$\int_\Omega \nabla u \cdot \nabla v \, dx = \int_\Omega fv \, dx \quad (\forall v \in H_0^1(\Omega)) \tag{12.7}$$
が成り立つことがわかる．ここでとりあえず $u_- \in H_0^1(\Omega)$ であることを認めれば，(12.7) で $v = u_-$ と置くことができて，$f \geq 0$ ならば
$$-\int_{\{u<0\}} |\nabla u|^2 \, dx = \int_\Omega f u_- \, dx \geq 0$$
となる．従って $0 = \int_{\{u<0\}} |\nabla u|^2 \, dx = \int_\Omega |\nabla u_-|^2 \, dx$ となり，Poincaré の不等式から $u_- = 0$ (a.e.) がわかる．よって $u = u_+ \geq 0$ (a.e.) である．

従って，あとは $u_- \in H_0^1(\Omega)$ さえ証明すればよい．まず定理 4.6 により $u_- \in H^1(\Omega)$ は成り立っている．次に，$u \in H_0^1(\Omega)$ の定義と命題 1.18 の反復適用により，$C_0^\infty(\Omega)$ の点列 $\{\varphi_n\}_n$ で，$\|\varphi_n - u\|_{H^1} \to 0$ かつ a.e. に各点収束で $\varphi_n \to u$，$\partial_i \varphi_n \to \partial_i u$ $(1 \leq i \leq N)$ が成り立つものの存在がわかる．このとき，各 n で φ_n の負の部分 $(\varphi_n)_-$ は $H_0^1(\Omega)$ に属することが容易にわかる[3]．そして定理

---

[3] $(\varphi_n)_- \in H^1(\Omega)$ を Ω^c で 0 として延長したものは補題 3.16 により $H^1(\mathbb{R}^N)$ の元である．延長したものも同じ記号で表すとすると，Friedrichs の mollifier ρ_ε に対して，$\varepsilon > 0$ が十分小さいとき $(\varphi_n)_- * \rho_\varepsilon \in C^\infty(\mathbb{R}^N)$ の台は Ω に含まれる（命題 1.14 参照）．このことと $\|(\varphi_n)_- * \rho_\varepsilon - (\varphi_n)_-\|_{H^1(\mathbb{R}^N)} \to 0$ $(\varepsilon \downarrow 0)$ から $(\varphi_n)_- \in H_0^1(\Omega)$ がわかる．

12.4. 半線型楕円型方程式の非自明解の存在

4.6 により

$$\partial_i(\varphi_n)_- - \partial_i u_- = \chi_{\{u<0\}}\partial_i u - \chi_{\{\varphi_n<0\}}\partial_i \varphi_n$$
$$= (\chi_{\{u<0\}} - \chi_{\{\varphi_n<0\}})\partial_i u + \chi_{\{\varphi_n<0\}}(\partial_i u - \partial_i \varphi_n)$$

となる．ここで $\{u \neq 0\}$ 上では a.e. に $\chi_{\{u<0\}} - \chi_{\{\varphi_n<0\}} \to 0$, $\{u=0\}$ 上では a.e. に $\partial_i u = 0$ （定理 4.6），$\|\partial_i \varphi_n - \partial_i u\|_{L^2} \to 0$ $(n \to \infty)$ であることから $L^2(\Omega)$ で $\partial_i(\varphi_n)_- \to \partial_i u_-$ が成り立つことがわかる．また，$L^2(\Omega)$ で $(\varphi_n)_- \to u_-$ であることも，$|\varphi_n| \to |u|$ と $(\varphi_n)_- = (|\varphi_n| - \varphi_n)/2$, $u_- = (|u|-u)/2$ からわかる．以上で $H^1(\Omega)$ において $(\varphi_n)_- \to u_-$ であることが示されたので，$(\varphi_n)_- \in H_0^1(\Omega)$ と合わせて $u_- \in H_0^1(\Omega)$ が確かめられた． ∎

系 12.11 $\Omega \subset \mathbb{R}^N$ $(N \geq 3)$ を有界領域，$1 \leq p \leq (N+2)/(N-2)$ とするとき，$u \in H_0^1(\Omega)$ が (12.6) の超関数解，すなわち

$$\int_\Omega \nabla u \cdot \nabla \varphi \, dx = \int_\Omega u_+^p \varphi \, dx \quad (\forall \varphi \in C_0^\infty(\Omega))$$

をみたすならば $u \geq 0$ (a.e.) であり，従って u は (12.5) の超関数解となる．

証明． $u \in H_0^1(\Omega)$ が (12.6) の超関数解ということは，$f = u_+^p$ として u が $-\Delta u = f$ の超関数解であるということである．一方，$u \in H_0^1(\Omega)$ ならば $u_+ \in H_0^1(\Omega)$ だから，Sobolev の埋蔵定理によって $u_+ \in L^{2N/(N-2)}$ である．従って $u_+^p \in L^{2N/(N+2)}$ となり（Ω の有界性も効く），前補題によって $u \geq 0$ (a.e.) が得られ，証明が終わる． ∎

系 12.11 では p について $1 \leq p \leq (N+2)/(N-2)$ という条件が付けられているが，この条件は実は (12.6) を変分法で取り扱うためにも自然に要求されることになる．しかしこれは決して不当な制約ではなく，$p \geq (N+2)/(N-2)$ とすると一般には (12.5) は古典解を持たないことが Pohozaev によって示されているのである（[51], [43] 参照）．

さて，ここからは変分法によってまず (12.6) の非自明な超関数解の存在を示そう．方程式 $\Delta u + u_+^p = 0$ が $\Phi'(u) = 0$ と一致するような汎関数 Φ を定義域の空間とともに見つけなければいけないが，実はちょっと慣れれば Φ の形は

$$\Phi(u) := \frac{1}{2}\int_\Omega |\nabla u(x)|^2 \, dx - \frac{1}{p+1}\int_\Omega u_+(x)^{p+1} \, dx \tag{12.8}$$

であろうという見当がつく．そして定義域については，1 階の偏導関数が登場
していること（しかも 2 乗で）と，方程式の境界条件から $H_0^1(\Omega)$ が候補とし
て自然なものである．このとき残りの u_+^{p+1} の積分が意味を持つかどうかであ
るが，Sobolev の埋蔵定理（定理 6.20）

$$H_0^1(\Omega) \hookrightarrow L^q(\Omega) \quad \left(2 \leq q \leq 2^* := \frac{2N}{N-2}\right)$$

によって（Ω を有界としているので実際は $1 \leq q \leq 2^*$ まで埋め込める），

$$p+1 \leq 2^* \text{ すなわち } p \leq \frac{N+2}{N-2}$$

の場合に，(12.8) は $H_0^1(\Omega)$ 上の汎関数として意味を持つことがわかる．そして
この条件の下で，Φ は実際に $H_0^1(\Omega)$ 上で Fréchet 微分可能で

$$\Phi'(u)v = (\nabla u, \nabla v)_{L^2} - \int_\Omega u_+(x)^p v(x)\,dx \quad (u, v \in H_0^1(\Omega)) \tag{12.9}$$

をみたし，C^1 級であることが示される．（証明は次に補題 12.12 として述べる．）

よって，$u \in H_0^1(\Omega)$ が $\Phi'(u) = 0$ をみたせば，任意の $v \in C_0^\infty(\Omega)$ に対して

$$-\int_\Omega u_+(x)^p v(x)\,dx = -(\nabla u, \nabla v)_{L^2} = \int_\Omega (\Delta u)(x)v(x)\,dx$$

が Δu を超関数の意味で理解して成り立つ．これは u が $\Delta u + u_+^p = 0$ の超関
数解であることを示している．よって我々の目標のうち，(12.6) の非自明超関
数解の存在問題は，(12.8) の非自明な臨界点の存在を示すという変分法の問題
に帰着されたのである．

補題 12.12 $\Omega \subset \mathbb{R}^N$, $N \geq 3$, $1 < p \leq (N+2)/(N-2)$ とすると，(12.8) は
$H_0^1(\Omega)$ 上で C^1 級の汎関数となり，(12.9) が成り立つ．

証明． Φ の定義式のうち，$\|\nabla u\|_{L^2}^2/2$ の Fréchet 微分可能性とその微分係数に
ついては例 12.4 の (1) で述べられているので，$r := p+1 > 2$ として $u \in H_0^1(\Omega) \mapsto \|u_+\|_{L^r}^r$ の Fréchet 微分可能性を調べればよい．そのために $t \in \mathbb{R}$ の
関数 $f(t) := (t_+)^r$ ($t_+ := \max\{t, 0\}$) が 2 回微分可能で，$f'(t) = r(t_+)^{r-1}$,
$f''(t) = r(r-1)(t_+)^{r-2}$ が成り立つことに注意する．従って微積分の Taylor の
定理によって，任意の $a, b \in \mathbb{R}$ に対して，a, b の中間のある ξ があって

$$(b_+)^r - (a_+)^r = r(a_+)^{r-1}(b-a) + \frac{r(r-1)}{2}(\xi_+)^{r-2}(b-a)^2$$

12.4. 半線型楕円型方程式の非自明解の存在

が成り立つ．ここで $(\xi_+)^{r-2} \leq \max\{(a_+)^{r-2}, (b_+)^{r-2}\} \leq (a_+)^{r-2} + (b_+)^{r-2}$ であるから，結局

$$|(b_+)^r - (a_+)^r - r(a_+)^{r-1}(b-a)| \leq \frac{r(r-1)}{2}\{(a_+)^{r-2} + (b_+)^{r-2}\}(b-a)^2 \tag{12.10}$$

が成り立つ．これより $u, v \in H_0^1(\Omega)$ に対して，各 $x \in \Omega$ で $b = (u+v)(x)$，$a = u(x)$ として (12.10) を適用して

$$\begin{aligned}
&\left| \|(u+v)_+\|_{L^r}^r - \|u_+\|_{L^r}^r - \int_\Omega r u_+(x)^{r-1} v(x)\, dx \right| \\
&\leq \frac{r(r-1)}{2} \int_\Omega \{u_+(x)^{r-2} + (u+v)_+(x)^{r-2}\} v(x)^2\, dx \\
&\leq C \int_\Omega \{u_+(x)^{r-2} + v_+(x)^{r-2}\} v(x)^2\, dx \\
&= C \int_\Omega u_+(x)^{r-2} v(x)^2\, dx + C \|v_+\|_{L^r}^r
\end{aligned} \tag{12.11}$$

が得られる．この評価では，

$$(u+v)_+(x)^{r-2} \leq (u_+(x) + v_+(x))^{r-2} \leq 2^{r-2}(u_+(x)^{r-2} + v_+(x)^{r-2})$$

を用い，$C := (1 + 2^{r-2})r(r-1)/2$ とした．Hölder の不等式により

$$\int_\Omega u_+(x)^{r-2} v(x)^2\, dx \leq \|u_+\|_{L^r}^{r-2} \|v\|_{L^r}^2$$

であり，Sobolev の埋蔵定理から $\|v\|_{L^r} \leq C'\|v\|_{H_0^1}$ (C' は v に無関係な定数)であるから，(12.11) は $H_0^1(\Omega)$ 上の汎関数 $\Psi : u \mapsto \|u_+\|_{L^r}^r$ の Fréchet 微分可能性を示している．そして微分係数 $\Psi'(u)$ は $v \mapsto \int_\Omega r u_+(x)^{r-1} v(x)\, dx$ で与えられる．$u \in H_0^1(\Omega)$ に対して $u_+(x)^{r-1} \in L^{r/(r-1)} \simeq (L^r)^*$ であることに注意すると，$\Psi'(u)$ を次のように考えることができる．一般に $w \in L^{r/(r-1)}(\Omega)$ の定める $L^r(\Omega)^*$ の元 $v \mapsto \int_\Omega w(x) v(x)\, dx$ を $F(w)$ とし，Sobolev の埋蔵定理による埋め込み写像 $H_0^1(\Omega) \hookrightarrow L^r(\Omega)$ を ι で表せば，$\Psi'(u) = F(r u_+^{r-1}) \circ \iota$ である．このことと，F が $L^{r/(r-1)}(\Omega)$ から $L^r(\Omega)^*$ への等長同型であるというよく知られた事実 ([55, 定理 6.44])，さらに $u \mapsto r u_+(x)^{r-1}$ が $H_0^1(\Omega)$ から $L^{r/(r-1)}(\Omega)$ への連続写像である[4]ということから，$u \mapsto \Psi'(u)$ が H_0^1 ノルムで連続となり，Ψ が C^1 級であることがわかる．

$\|\nabla u\|_{L^2}^2$ の項に関する結果と加え合わせれば補題の主張が得られる．∎

---
[4] $(b_+)^{r-1} - (a_+)^{r-1} = (r-1)(\xi_+)^{r-2}(b-a)$ となる ξ の存在を用いて同様に考えればよい

Φ の臨界点が存在することを示すためには，問題の変分法的定式化のための条件 $p \leq (N+2)/(N-2)$ をほんの少し強化して $p < (N+2)/(N-2)$ （等号のつかない不等号）にする必要がある．（これは埋め込み $H_0^1(\Omega) \hookrightarrow L^{p+1}(\Omega)$ のコンパクト性（Rellich–Kondrashov の定理）を使うためである．）また，$p=1$ では非負解に関して問題は線型になって，非自明解の存在は Dirichlet 条件のラプラシアンの固有値問題に直結してしまい，ほとんどの場合非自明な正値解は存在しない[5]．従って $1 < p < (N+2)/(N-2)$ の範囲で考えるのが自然であり，この場合にはまさに Φ が Palais–Smale 条件をみたすことをチェックして，峠の定理を使って次の定理を示すことができるのである．

定理 12.13 $\Omega \subset \mathbb{R}^N$ $(N \geq 3)$ を有界領域，$1 < p < (N+2)/(N-2)$ とすると，ある $0 \neq u \in H_0^1(\Omega)$ で，$u \geq 0$ (a.e.) かつ超関数として $\Delta u + u^p = 0$ をみたすものが存在する．

証明． 略証を述べる．補題 12.12 により (12.8) で定義された $H_0^1(\Omega)$ 上の汎関数の微分係数は (12.9) で与えられるので，$\Phi'(u) = 0$ は

$$(\nabla u, \nabla v)_{L^2} - \int_\Omega u_+(x)^p v(x)\, dx = 0 \quad (\forall v \in H_0^1(\Omega))$$

と同値である．よって $\Phi'(u) = 0$ なら $u \in H_0^1(\Omega)$ は超関数として $\Delta u + u_+^p = 0$ をみたす．そしてこの u は系 12.11 により $u \geq 0$ (a.e.) をみたし，超関数として $\Delta u + u^p = 0$ をみたす．よって，定理を証明するには Φ が非自明な臨界点を持つことを言えばよい．以下にこれを Φ が Palais–Smale 条件と，峠の定理の仮定をみたすことを示すことによって証明する．

Palais–Smale 条件の確認：$H_0^1(\Omega)$ の点列 $\{u_n\}_n$ が，$\Phi'(u_n) \to 0$ をみたし，さらにある $c \in \mathbb{R}$ に対して $\Phi(u_n) \to c$ をみたしているとしよう．このとき $|\Phi'(u_n)u_n| \leq \|\Phi'(u_n)\|\, \|u_n\|_{H_0^1}$ だから，任意の $\varepsilon > 0$ に対して n を十分大きく取ると $|\Phi'(u_n)u_n| \leq \varepsilon \|u_n\|_{H_0^1}$ が成り立つ．ところで Poincaré の不等式により $H_0^1(\Omega)$ では $\|u\|_{H_0^1}$ と $\|\nabla u\|_{L^2}$ は同値なノルムなので，n が十分大きいとき $|\Phi'(u_n)u_n| \leq \varepsilon \|\nabla u_n\|_{L^2}$ としてよい．ここで (12.9) により $\Phi'(u_n)u_n = \|\nabla u_n\|_{L^2}^2 - \int_\Omega u_{n+}(x)^{p+1}\, dx$ だから，n が十分大なるとき

$$-\varepsilon \|\nabla u_n\|_{L^2} \leq \|\nabla u_n\|_{L^2}^2 - \int_\Omega u_{n+}(x)^{p+1}\, dx \leq \varepsilon \|\nabla u_n\|_{L^2}$$

---

[5] Dirichlet 境界条件のラプラシアン Δ_D が 1 を最小固有値にするときだけそのような解がある．

12.4. 半線型楕円型方程式の非自明解の存在

となる. これから十分大きい n に対して, $\|\nabla u_n\| \geq 1$ ならば

$$(1-\varepsilon)\|\nabla u_n\|_{L^2}^2 \leq \int_\Omega u_{n+}(x)^{p+1}\,dx \leq (1+\varepsilon)\|\nabla u_n\|_{L^2}^2 \tag{12.12}$$

が成り立つことが分かる. 一方, $\Phi(u_n) \to c$ から, やはり十分大きい n に対して

$$c - \varepsilon < \frac{1}{2}\|\nabla u_n\|_{L^2}^2 - \frac{1}{p+1}\int_\Omega u_{n+}(x)^{p+1}\,dx < c+\varepsilon$$

であるが, (12.12) を利用すると, これから十分大きくかつ $\|\nabla u_n\| \geq 1$ を満たす n について

$$\left(\frac{1}{2} - \frac{1+\varepsilon}{p+1}\right)\|\nabla u_n\|_{L^2}^2 < c+\varepsilon$$

が得られる. $p+1 > 2$ で $\varepsilon > 0$ は任意だったので, $1/2 - (1+\varepsilon)/(p+1) > 0$ をみたすように取れば, 上式より $\|\nabla u_n\|_{L^2}$ が n に無関係な定数以下であることがわかり, $\{u_n\}_n$ が $H_0^1(\Omega)$ の有界列であることが示された.

$\{u_n\}_n$ が $H_0^1(\Omega)$ で有界なことがわかったので, $\{u_n\}_n$ はある $u \in H_0^1(\Omega)$ に弱収束する部分列を持つが, 簡単のためその部分列をまた同じ記号 $\{u_n\}_n$ で表すことにする. このとき Rellich–Kondrashov の定理によって $\{u_n\}_n$ は u に $L^{p+1}(\Omega)$ でノルム収束する. また, $n \to \infty$ で $\|\Phi'(u_n)\| \to 0$ だから, このとき $n, m \to \infty$ で $\Phi'(u_n)(u_n - u_m) \to 0$, $\Phi'(u_m)(u_n - u_m) \to 0$ が成り立つ. ここで

$$\begin{aligned}&\Phi'(u_n)(u_n - u_m) - \Phi'(u_m)(u_n - u_m)\\&= \|\nabla u_n - \nabla u_m\|_{L^2} - \int_\Omega \left(u_{n+}(x)^p - u_{m+}(x)^p\right)\left(u_n(x) - u_m(x)\right)dx\end{aligned} \tag{12.13}$$

であり, 補題 12.12 の証明にあったのと同様な方法で

$$\left|u_{n+}(x)^p - u_{m+}(x)^p\right| \leq p\left(u_{n+}(x)^{p-1} + u_{m+}(x)^{p-1}\right)|u_n(x) - u_m(x)|$$

が言える. そして, Hölder の不等式により ($(p-1)/(p+1) + 2/(p+1) = 1$ に注意)

$$\begin{aligned}&\int_\Omega \left(u_{n+}(x)^{p-1} + u_{m+}(x)^{p-1}\right)|u_n(x) - u_m(x)|^2\,dx\\&\qquad \leq \left(\|u_{n+}\|_{L^{p+1}}^{p-1} + \|u_{m+}\|_{L^{p+1}}^{p-1}\right)\|u_{n+} - u_{m+}\|_{L^{p+1}}^2\end{aligned}$$

なので, $L^{p+1}(\Omega)$ で $u_n \to u$ となることから, 上式右辺は $n, m \to \infty$ のとき 0 に収束する ($|u_{n+} - u_{m+}| \leq |u_n - u_m|$ に注意). よって $n, m \to \infty$ のとき

(12.13) の積分は 0 に収束する．$\Phi'(u_n)(u_n - u_m) \to 0$, $\Phi'(u_m)(u_n - u_m) \to 0$ も成り立っていたので，結局 $\|\nabla u_n - \nabla u_m\|_{L^2} \to 0\ (n, m \to \infty)$ がわかり，u_n は u に $H_0^1(\Omega)$ ノルムで収束することが示され，Palais–Smale 条件が成り立つことが確かめられた．

峠の定理の仮定の確認：これは容易に確かめられる．まず，Poincaré の補題により，$H_0^1(\Omega)$ においては $\|u\|_{H_0^1}$ は $\|\nabla u\|_{L^2}$ と同値なことに注意する．そして $p + 1 < 2^* := 2N/(N-2)$ なので，Sobolev の埋蔵定理によりある定数 $C > 0$ があって，任意の $u \in H_0^1(\Omega)$ に対して

$$\|u\|_{L^{p+1}} \leq C \|\nabla u\|_{L^2}$$

が成り立つ．よって，$r > 0$ を定数として，$\|\nabla u\|_{L^2} = r$ とすると，

$$\begin{aligned}\Phi(u) &= \frac{1}{2} r^2 - \frac{1}{p+1} \int_\Omega u_+^{p+1}\, dx \\ &\geq \frac{1}{2} r^2 - \frac{C^{p+1}}{p+1} r^{p+1}\end{aligned}$$

となる．$2 < p+1$ なので，$\rho > 0$ を十分小さく取ると，$\|\nabla u\|_{L^2} = \rho$ をみたす u に対して，$\Phi(u)$ は ρ のみで定まる正の定数 $\rho^2/2 - C^{p+1} \rho^{p+1}/(p+1)$ 以上であることがわかる．

一方，$u_0 \in H_0^1(\Omega)$ を $u_{0+} \not\equiv 0$ をみたす任意の元とすると，正の実数 t に対して

$$\Phi(t u_0) = \frac{1}{2} t^2 \|\nabla u_0\|_{L^2} - \frac{t^{p+1}}{p+1} \int_\Omega u_{0+}^{p+1}\, dx$$

となる．ここで右辺第 2 項の積分は 0 でなく，$2 < p+1$ なので，t を十分大きく取れば $\Phi(t u_0) < 0$ となることがわかる．よって，t をすぐ上で選んだ ρ よりも十分大きく取れば $u^* := t u_0$ として，峠の定理の仮定がみたされることが示された．■

Remark 12.14 $(1/(p+1)) \int_\Omega |u(x)|^{p+1}\, dx = 1$ という制約条件下での $\|\nabla u\|_{L^2}$ の最小値を求めるという条件付極値問題を考察することにより，定理 12.13 を証明することもできる（[43] を参照）．

領域がなめらかな場合は L^p 理論や Schauder 理論を援用すれば我々の目標の後半も達成できる．

12.4. 半線型楕円型方程式の非自明解の存在

定理 12.15 $\Omega \subset \mathbb{R}^N$ ($N \geq 3$) を $C^{2,\sigma}$ 級 ($0 < \sigma \leq 1$) の境界を持つ有界領域, $1 < p < (N+2)/(N-2)$ とすると, (12.5) は非自明な非負古典解を持つ.

証明には次の補題が必要となるが, その証明には p.261 で紹介した L^p 理論の結果を使わなくてはならない.（別法として L^p 理論を使わずに Fourier 変換を用いることも可能.）

補題 12.16 $\Omega \subset \mathbb{R}^N$ ($N \in \mathbb{N}$) を C^2 級の境界を持つ有界領域, $q \in (1, \infty)$ とすると, $v \in W_0^{1,q}(\Omega)$ が超関数として $\Delta v = 0$ をみたしていれば ($L^q(\Omega)$ の元として) $v = 0$ である.

証明. v が定理の条件をみたしているとすると, 任意の $\varphi \in C_0^\infty(\Omega)$ に対して

$$0 = \int_\Omega v(x) \Delta \varphi(x)\, dx = -\sum_{i=1}^N \int_\Omega \partial_i v(x)\, \partial_i \varphi(x)\, dx$$

が成り立つ. ここで $\partial_i v$ はすべて $L^q(\Omega)$ の元だから, $q' := q/(q-1)$ とすると

$$\varphi \longmapsto \sum_{i=1}^N \int_\Omega \partial_i v(x)\, \partial_i \varphi(x)\, dx$$

は φ について $\|\cdot\|_{W^{1,q'}(\Omega)}$ で連続である. よって任意の $\varphi \in W_0^{1,q'}(\Omega)$ に対して

$$\sum_{i=1}^N \int_\Omega \partial_i v(x)\, \partial_i \varphi(x)\, dx = 0$$

が成り立つ. ここでさらに $\varphi \in W^{2,q'}(\Omega) \cap W_0^{1,q'}(\Omega)$ とすれば

$$\sum_{i=1}^N \int_\Omega \partial_i v(x)\, \partial_i \varphi(x)\, dx = -\int_\Omega v(x) \Delta \varphi(x)\, dx$$

だから, 結局 v は

$$\int_\Omega v(x) \Delta \varphi(x)\, dx = 0 \quad (\forall \varphi \in W^{2,q'}(\Omega) \cap W_0^{1,q'}(\Omega)) \tag{12.14}$$

をみたす（命題 3.11 参照）. そして定理 11.23 により, 任意の $f \in L^{q'}(\Omega)$ に対して $\Delta \varphi = f$ をみたす $\varphi \in W^{2,q'}(\Omega) \cap W_0^{1,q'}(\Omega)$ があるので, v は任意の

$f \in L^{q'}(\Omega)$ に対して $\int_\Omega v(x) f(x)\, dx = 0$ をみたす[6]. よって $v = 0$ が証明された. ∎

定理 12.15 の証明 定理 12.13 により, 0 でない $u \in H_0^1(\Omega)$ で, $u \geq 0$ (a.e.) かつ $\Delta u = -u^p$ を超関数としてみたすものが存在する. 基本方針としては, L^p 理論を援用して, "bootstrap argument" により解の正則性を高めていく方法を用い, Sobolev の埋蔵定理により u が Hölder 連続なことを示す. その後 Schauder 理論により u が古典解になることを示す, という手順である.

Step 1: u の Hölder 連続性の証明. $2^* := 2N/(N-2)$ とすると p についての仮定から $2^*/p > 1 + 1/p$ であり, Sobolev の埋蔵定理 $H^1(\Omega) \hookrightarrow L^{2^*}(\Omega)$ から $u \in L^{2^*}(\Omega)$ となる. よって $u^p \in L^{2^*/p}(\Omega)$ がわかる.

$q_1 := \min\{2, 2^*/p\}$ と置くと $1 < q_1 \leq 2$ で, $-u^p \in L^{q_1}(\Omega)$ となる. よって, 定理 11.23 からある $v \in W^{2,q_1}(\Omega) \cap W_0^{1,q_1}(\Omega)$ で, 超関数の意味で $\Delta v = -u^p$ をみたすものが存在する. 一方, $q_1 \leq 2$ より $u \in W^{1,q_1}(\Omega)$ であり, u も超関数の意味で $\Delta u = -u^p$ をみたす. よって $u - v \in W^{1,q_1}(\Omega)$ は超関数の意味で $\Delta(u-v) = 0$ をみたすので, 補題 12.16 によって $u = v$ (a.e.) である. ($u \in W^{2,q_1}(\Omega)$ がわかっていないので定理 11.23 の一意性が使えず, そのために補題 12.16 を用いている.) よって $u \in W^{2,q_1}(\Omega) \cap W_0^{1,q_1}(\Omega)$ となる. ここで場合を分けて考えよう.

<u>Case 1: $2 - N/q_1 > 0$ のとき.</u> この場合, Sobolev の埋蔵定理 (定理 6.12) により u は Ω で一様に Hölder 連続となり, 第一段の目的は達成される.

<u>Case 2: $2 - N/q_1 < 0$ のとき.</u> この場合は, やはり同じ定理から $1/r = 1/q_1 - 2/N$ で定まる $1 < r < \infty$ に対して $u \in L^r(\Omega)$ だから, $u^p \in L^{r/p}(\Omega)$ となる. よって, また L^p 理論を用いて $u \in W^{2,r/p}(\Omega)$ がわかる. $q_2 := r/p$ とすると, 結局この場合は $u \in W^{2,q_1}(\Omega) \cap W_0^{1,q_1}(\Omega)$ から出発して $u \in W^{2,q_2}(\Omega) \cap W_0^{1,q_2}(\Omega)$ が得られるのである. そして

$$\frac{1}{q_2} = p\left(\frac{1}{q_1} - \frac{2}{N}\right) \tag{12.15}$$

であり, $q_1 = 2$, $q_1 = 2^*/p$ の場合に分けて計算すれば, 少し面倒だが $q_2 > q_1$ で

---

[6] $q \geq 2$ のときは $v \in L^2(\Omega)$ なので, 定理 10.13 と定理 11.11 により $\varphi \in H^2(\Omega) \cap H_0^1(\Omega)$ で $\Delta \varphi = v$ をみたすものが存在する. $\varphi \in W^{2,q'}(\Omega) \cap W_0^{1,q'}(\Omega)$ でもあるので, (12.14) から $\int_\Omega v^2\, dx = 0$. 従って $v = 0$ となり, この場合は L^p 理論を使わずに証明できる.

あることがわかる．$t > 0$ の関数 $\rho(t) := Nt/(p(N-2t))$ を用いれば $q_2 = \rho(q_1)$ と書けることに注意しておく．

<u>Case 3: $2 - N/q_1 = 0$ の場合</u>．この場合は，Sobolev の埋蔵定理から任意の $q_2 \in (1, \infty)$ に対して $u^p \in L^{q_2}$ となるので，L^p 理論と補題 12.16 から $u \in W^{2,q_2}(\Omega)$ となる．$q_2 > 1$ は任意に大きく取れるので，$2 - N/q_2 >$ となるように取れば定理 6.12 により u が Hölder 連続であることが示される．

以上より Case 2 の場合は直ちには Hölder 連続性が言えないのだが，そこでの推論を繰り返すことによって目的を達成できる．実際，Case 2 の場合に q_2 を得て，それが Case 1, Case 3 で q_1 を q_2 に置き換えた条件をみたしていれば終わりであるが，そうでない場合は Case 2 に述べた推論を q_1 の代わりに q_2 から出発してたどれば，$q_3 := \rho(q_2)$ に対して $u \in W^{2,q_3}(\Omega)$ が得られる．q_3 が Case 1 か Case 3 の条件をみたせばそれでよいが，そうでないときはまた Case 2 の推論を繰り返して $q_4 := \rho(q_3)$ に対して $u \in W^{2,q_4}(\Omega)$ を得る．このプロセスは Case 1 または Case 3 に到達するまで何度でも続けられるが，必ず有限回で終了する．なぜならば $q_1, q_2, \ldots$ と Case 2 を繰り返して得られるとすれば，$q_{n+1} = \rho(q_n)$ という関係を (12.15) の形に書き直すことにより

$$\frac{1}{q_n} - \frac{1}{q_{n+1}} = p\left(\frac{1}{q_{n-1}} - \frac{1}{q_n}\right) = \cdots = p^{n-1}\left(\frac{1}{q_1} - \frac{1}{q_2}\right)$$

が得られるが，q_n は単調増加なのでこの条件をみたす q_n は無限個は作れない．よって Case 2 から始まる場合も，いつかは Case 1 または Case 3 の場合に到達し，u が Hölder 連続であることが示される．

Step 2: Schauder 理論の適用．u がある $0 < \alpha \leq 1$ に対して $u \in C^{0,\alpha}(\overline{\Omega})$ であることが示されたので，u^p も同様である．よって Schauder 理論 (p.260) により $u \in C^{2,\alpha}(\overline{\Omega})$ となる．（正確には $\Delta w = -u^p$ をみたす $w \in C^{2,\alpha}(\overline{\Omega})$ が存在し，この w は u を既知と考えた $v \in H_0^1(\Omega)$ に対する方程式 $\Delta v = -u^p$ の超関数解でもあるから，超関数解の一意性により $w = u$ となるのである．）従って，はじめに得た u は $\Delta u = -u^p$ と境界条件 $u = 0$ をみたす (12.5) の古典解であることが証明された．∎

Remark 12.17 定理 12.15 は $N = 2$ の場合は p を $1 < p < \infty$ をみたす任意の数として成り立つ．証明は $N \geq 3$ の場合と同様の方針でできる．

あとがきに代えて

　本書では補間空間の理論やいわゆる実解析の精密な議論は用いてこなかったが，読者諸賢が入門を越えて専門的な勉学に進むと Sobolev 空間以外の関数空間やそれらを扱うための手法に接することになる．ここでははじめに本文の補題 3.3 の (ii)（絶対連続関数の微分可能性）の F. Riesz による直接証明を述べ，次に本来の目的である Sobolev 空間に特に関連の深い実解析的手法と補間空間について，若干の解説と文献案内を行う．読者がさらに学ぶ誘い水となれば喜ばしいが，用語について多少なりとも「免疫」が形成されるだけでも著者としては幸いである．また，弱導関数と微分積分学の意味の導関数の関連を明らかにするのに必要な，Lebesgue 積分における微分定理の完全な証明を念のために述べておく．そして最後に，系統的に書かれた読みやすい教科書で，本書と並行に，あるいは読了後に読むとよいと思われるものをいくつか紹介する．

A.1　絶対連続関数の微分可能性の直接証明

補題 A.1　f を有界閉区間 $[a,b]$ 上の実数値連続関数とし，

$$E := \{\, x \in (a,b) \mid \text{ある } \xi > x \text{ に対して } f(x) < f(\xi) \,\}$$
$$F := \{\, x \in (a,b) \mid \text{ある } \xi < x \text{ に対して } f(x) < f(\xi) \,\}$$

と置く．このとき E は互いに交わらない高々可算個の開区間 (a_n, b_n) の和集合となり，各 n で $[a_n, b_n]$ 上 $f \leq f(b_n)$ が成り立つ．同様に F は互いに交わらない高々可算個の開区間 (c_n, d_n) の和集合となり，各 n について $[c_n, d_n]$ 上で $f(c_n) \geq f$ が成り立つ．

証明．　f の連続性から E が開集合であることは明らかである．また，E の各連結成分は開区間なので，$E = \bigcup_n (a_n, b_n)$ と交わらない開集合の和として表され

る. 次に $x \in (a_n, b_n)$ とすると, E の定義から, ある $\xi > x$ で $f(x) < f(\xi)$ となるが, 実は $\xi \leq b_n$ に取れることを示そう. $b_n = b$ のときは何も言うことはないので $b_n < b$ とすると, $b_n \notin E$ なので $y > b_n$ なら $f(y) \leq f(b_n)$ となる. 従って, $\xi > b_n$ ならば $f(x) < f(\xi) \leq f(b_n)$ となる. よって ξ として b_n を取り直して, $x < \xi \leq b_n$ かつ $f(x) < f(\xi)$ が成り立つ. $\xi \leq b_n$ なら取り直す必要はないので我々の主張が確かめられた.

次に, 任意の $x \in [a_n, b_n]$ で $f(x) \leq f(b_n)$ であることを示そう. 実際, もしもある $x \in [a_n, b_n]$ で $f(x) > f(b_n)$ となったとすると, 中間値の定理から, ある $y \in (x, b_n)$ で $f(y) = (f(x) + f(b_n))/2$ となるが, このような y のうちで最大のものが存在するので, それを y_0 とする. このとき上に示したことから, ある $\xi \in (y_0, b_n]$ で $f(y_0) < f(\xi)$ となるが, $f(\xi) > f(b_n)$ だから $\xi < b_n$ である. よって, 再び中間値の定理により, ある $z \in (\xi, b_n)$ で $f(z) = (f(x) + f(b_n))/2$ となるが, $y_0 < z < b_n$ だからこれは y_0 の取り方に矛盾する.

F についての主張も同様に証明されるが, $[-b, -a]$ 上の関数 $g(x) := f(-x)$ を考えて, E の場合に帰着させることも可能である. ■

補題 A.2 f を $[a, b]$ 上の単調増加な連続関数, $\mu > 0$ とし,

$$E_\mu := \{ x \in (a, b) \mid \text{ある } \xi > x \text{ に対して } f(x) - \mu x < f(\xi) - \mu \xi \}$$

と置く. このとき E_μ は長さの和が $(f(b) - f(a))/\mu$ 以下の高々可算個の互いに素な開区間の和集合である.

証明. 補題 A.1 を関数 $f(x) - \mu x$ に適用すれば, E_μ は $E_\mu = \bigcup_n (a_n, b_n)$ という互いに交わらない開区間の和として表され, 各 n で $f(a_n) - \mu a_n \leq f(b_n) - \mu b_n$ が成り立つ. よって $\mu(b_n - a_n) \leq f(b_n) - f(a_n)$ であり, これを n について加えると補題の主張が確かめられる. もう少し詳しく言うと, $\sum_n (f(b_n) - f(a_n))$ の評価は, 任意の部分和について区間が「左方にある」順番に ($b_m \leq a_n$ のときに区間 (a_m, b_m) は (a_n, b_n) の左方にあると言う) 加えて行けば, その和は f の単調増加性により『f(一番右の区間の右端点) $- f$(一番左の区間の左端点)』以下であり, これはまた $f(b) - f(a)$ 以下である. ■

定理 A.3 f が $[a, b]$ 上の絶対連続関数ならば, f は a.e. に微分可能である.

A.1. 絶対連続関数の微分可能性の直接証明

証明．**Step 1:** はじめに f が単調増加の場合に証明すればよいことを示す．まず，$x \in [a,b]$ として区間 $[a,x]$ の任意の有限分割 $a = x_0 < x_1 < x_2 < \cdots < x_n = x$ に対する $\sum_{k=1}^n \max\{f(x_k) - f(x_{k-1}), 0\}$ の全体の上限は，絶対連続性の仮定により有限な実数となることがわかるので，これを $g(x)$ と置く．実際，ある $\delta > 0$ があって，互いに交わらず長さの和が δ より小さいような開区間の任意の族 (a_i, b_i) $(1 \leq i \leq m)$ に対して $\sum_{i=1}^m |f(b_i) - f(a_i)| < 1$ となる．和 $\sum_{k=1}^n \max\{f(x_k) - f(x_{k-1}), 0\}$ は分割点を増やして細かくする方が大きくなるので，必要なら細分して $|x_k - x_{k-1}| < \delta/2$ としてよい．そして，小区間 (x_{k-1}, x_k) $(k=1, \ldots, n)$ の全体を高々 $1 + 2(x-a)/\delta$ 個の組に分けて，各々の組に属する区間の長さの和が δ より小さくできる．これは次のように考えればわかる．長さの短い区間の順に寄せ集めて，長さの和が $\delta/2$ より初めて大きくなった時点で一組とし（従ってその和は δ より小），残りをまた同様に長さの和が $\delta/2$ より大きくなった時点でまとめる，ということを繰り返す．この操作が N 回できたとすると，集められた区間の長さ全体の和は $N \times \delta/2$ より大きいが，元は $[a,x]$ の分割なので $N\delta/2 \leq x - a$ となって，長さの和が $\delta/2$ を超える組の数は $2(x-a)/\delta$ 以下である．よって操作をできなくなるまで続けると，残った区間の長さの和は $\delta/2$ 以下なので，区間全部を，長さの和が δ より小さいような，高々 $1 + 2(x-a)/\delta$ 組に分けることができる．このように組み分けして加えれば，$\sum_{k=1}^n \max\{f(x_k) - f(x_{k-1}), 0\} < 1 + 2(x-a)/\delta$ であることがわかる．

以上で $g(x)$ が有限な値として定まることが示されたが，$g(x)$ が単調増加で，$f(x) - f(a) \leq g(x)$ をみたすことは容易にわかる．g の絶対連続性も f の絶対連続性からすぐ示される．また $x < y$ とすると，$[a,x]$ の任意の分割に $[x,y]$ を加えて $[a,y]$ の分割ができることから $g(y) - g(x) \geq \max\{f(y) - f(x), 0\} \geq f(y) - f(x)$ となり，$g(y) - f(y) \geq g(x) - f(x)$ が得られる．よって $g - f$ も単調増加，絶対連続関数となり，$f = g - (g-f)$ として f は単調増加な絶対連続関数の差として表される．従って単調増加な絶対連続関数に対して定理が証明されれば，一般の場合にも定理が成り立つことがわかる．

Step 2: これ以後 f は単調増加な絶対連続関数とする．微分係数の存在を示すために補助的に **Dini** の微分係数を導入する：

$$D^+ f(x) := \limsup_{\xi \to x+0} \frac{f(\xi) - f(x)}{\xi - x}, \quad D_- f(x) := \liminf_{\xi \to x-0} \frac{f(\xi) - f(x)}{\xi - x}.$$

ただし $D^+ f(x)$ は値 ∞ も認めるが，f が単調増加なので $D^+ f(x) \geq 0$, $D_- f(x) \geq$

0 が常に成り立っている．また，$t \in \mathbb{R}$ に対して $\{x \in (a,b) \mid D^+f(x) > t\}$ を $\{D^+f > t\}$ と略記する．$\{D_-f < t\}$ も同様とする（これらは可測集合である）．また，$t \in \mathbb{R}$ に対して

$$F_t := \{x \in (a,b) \mid \text{ある } \xi < x \text{ に対して } f(x) - tx < f(\xi) - t\xi \text{ となる }\}$$

と定義する．このとき $\{D_-f < t\} \subset F_t$ が成り立つことはすぐわかる．

この Step の目標は a.e. に $D^+f \leq D_-f$ が成り立つことを示すことであるが，そのために，任意の $\lambda < \mu$ に対して $\{D^+f > \mu\} \cap \{D_-f < \lambda\}$ の測度が 0 であることを示す．実際，$\{D^+f > D_-f\}$ は $s < t$ をみたす**有理数の対** (s,t) （これは可算個）に対する $\{D^+f > t\} \cap \{D_-f < s\}$ 全体の和集合なので，これを示せば十分である．また，D^+f, D_-f は非負なので $0 \leq \lambda < \mu$ の場合だけ考えれば十分である．

さて $0 \leq \lambda < \mu$ として，まず $f(x) - \lambda x$ に補題 A.1 を用いて，$F_\lambda = \bigcup_n (c_n, d_n)$ （互いに素）かつ各 n で $\lambda(d_n - c_n) \geq f(d_n) - f(c_n)$ が成り立っているということがわかる．次に，各 n について

$$E_\mu^n := \{x \in (c_n, d_n) \mid \text{ある } \xi \in (x, d_n) \text{ に対して } f(x) - \mu x < f(\xi) - \mu\xi\}$$

とすると，f を $[c_n, d_n]$ に制限した関数に対して補題 A.2 を適用して，E_μ^n は長さの和が $(f(d_n) - f(c_n))/\mu$ 以下の互いに素な開区間の和集合であることがわかる．故に，$\lambda(d_n - c_n) \geq f(d_n) - f(c_n)$ と合わせて，$|E_\mu^n| \leq (\lambda/\mu)(d_n - c_n)$ がわかる．これを n について加えれば，$\bigcup_n E_\mu^n$ は長さの和が $\sum_n (\lambda/\mu)(d_n - c_n) \leq (\lambda/\mu)(b-a)$ 以下の互いに素な開区間の和集合であることになる．

$\{D^+f > \mu\} \cap \{D_-f < \lambda\} \subset \bigcup_n E_\mu^n$ だから，結局 $\{D^+f > \mu\} \cap \{D_-f < \lambda\}$ は，高々可算個の互いに素な開区間 I_n で $\sum_n |I_n| \leq (\lambda/\mu)(b-a)$ なるものの和集合に含まれることになる．各 I_n の閉包に f を制限したものにこの結果を適用すると，$I_n \cap \{D^+f > \mu\} \cap \{D_-f < \lambda\}$ は長さの和が $(\lambda/\mu)|I_n|$ 以下の開区間の和集合に含まれることになり，$\{D^+f > \mu\} \cap \{D_-f < \lambda\}$ は，結局，長さの和が $\sum_n (\lambda/\mu)|I_n| \leq (\lambda/\mu)^2(b-a)$ 以下の開区間の和集合に含まれることになる．これを繰り返せば，任意の $k \in \mathbb{N}$ に対して $\{D^+f > \mu\} \cap \{D_-f < \lambda\}$ は長さの和が $(\lambda/\mu)^k(b-a)$ 以下の開区間の和集合に含まれることになり，測度が 0 であることがわかる．

Step 3: $[-b, -a]$ 上の関数 $h(x) := -f(-x)$ は単調増加，絶対連続なのでこれに Step 2 の結果が適用できて，a.e. に $D^+h \leq D_-h$ が成り立つ．しかし h

の定義と D^+h, D_-h の定義から，$D^+h \leq D_-h$ を f で書き直すことができて，(a,b) 上で a.e. x で

$$\limsup_{\xi \to x-0} \frac{f(\xi) - f(x)}{\xi - x} \leq \liminf_{\xi \to x+0} \frac{f(\xi) - f(x)}{\xi - x}$$

が成り立つことがわかる．D^+f, D_-f の定義から

$$D_-f(x) \leq \limsup_{\xi \to x-0} \frac{f(\xi) - f(x)}{\xi - x} \leq \liminf_{\xi \to x+0} \frac{f(\xi) - f(x)}{\xi - x} \leq D^+f(x)$$

であり，一方，a.e. に $D^+f \leq D_-f$ だったから結局 a.e. に f の右側微分係数と左側微分係数が存在して等しいことになり，f は a.e. に微分可能であることが示された．∎

Remark A.4 定理 A.3 は，絶対連続性より弱い，有界変動という条件をみたす関数でも成り立つことが知られている．証明は，Step 2 以後はまったく同様でよい．

A.2 Hardy–Littlewood–Sobolev の不等式

f を $\mathbb{R}^N$ 上の関数，$0 < \alpha < N$ として，次の形式的な表現を考える：

$$(I_\alpha f)(x) := \frac{1}{\gamma_N(\alpha)} \int_{\mathbb{R}^N} \frac{f(y)}{|x-y|^{N-\alpha}} \, dy, \quad \gamma_N(\alpha) := \frac{\pi^{N/2} 2^\alpha \Gamma(\alpha/2)}{\Gamma((N-\alpha)/2)}. \quad (1)$$

ここで $\Gamma(s) := \int_0^\infty t^{s-1} e^{-t} \, dt$ はガンマ関数である．この定義式を「形式的な表現」と言ったわけは，合成積の形をしているが $1/|x|^{N-\alpha}$ は $\mathbb{R}^N$ 全体ではどんな $p \in [1, \infty)$ に対しても p 乗可積分ではないため，合成積の一般論からは意味づけができないからである．しかし，これについて実は次の結果が成り立つのである．なお，定数 C をより精密に評価するのでない限り $\gamma_N(\alpha)$ はまったく気にする必要はない．これをつけてあるのは命題 A.7 の形をきれいにするためである．

定理 A.5（**Hardy–Littlewood–Sobolev の不等式**）$1 < p < q < \infty$, $0 < \alpha < \dfrac{N}{p}$, $\alpha - \dfrac{N}{p} = -\dfrac{N}{q}$ とすると，任意の $f \in L^p(\mathbb{R}^N)$ に対して $I_\alpha f(x)$ は a.e. $x \in \mathbb{R}^N$ に対して意味を持ち，N と α, p にのみ依存する定数 C があって，$\|I_\alpha f\|_{L^q} \leq C \|f\|_{L^p}$ が成り立つ．

Remark A.6 最後の不等式は,N, p, q, α を同じものとして,任意の $f \in L^p(\mathbb{R}^N)$ と $g \in L^{q'}(\mathbb{R}^N)$ $(1/q + 1/q' = 1)$ について次の不等式が成り立つことと同値である(この不等式も Hardy–Littlewood–Sobolev の不等式という):

$$\left| \int_{\mathbb{R}^N} \int_{\mathbb{R}^N} g(x) |x-y|^{-(N-\alpha)} f(y) \, dxdy \right| \leq C \, \|f\|_{L^p} \|g\|_{L^{q'}}. \tag{2}$$

形式的な表現 $I_\alpha f$ が,どのようなとき実際に意味を持つかを確認しておこう.そのために $K(x) := 1/|x|^{N-\alpha}$ に対して任意に $R > 0$ を取り

$$K_1(x) := \begin{cases} K(x) & (|x| \leq R), \\ 0 & (|x| > R), \end{cases} \quad K_\infty(x) := \begin{cases} 0 & (|x| \leq R), \\ K(x) & (|x| > R) \end{cases} \tag{3}$$

と置くと,$K = K_1 + K_\infty$ かつ $K_1 \in L^1(\mathbb{R}^N)$,$K_\infty \in L^\infty(\mathbb{R}^N)$ であることに注意しよう.各 x に対して,積分として $\gamma_N(\alpha)(I_\alpha f)(x) = (K_1 * f)(x) + (K_\infty * f)(x)$ であり,定理 1.10 により任意の $f \in L^p(\mathbb{R}^N)$ $(1 \leq p \leq \infty)$ に対して $(K_1 * f)(x)$ は a.e. x に対して意味を持ち,$L^p(\mathbb{R}^N)$ の元を定める.よってあとは $K_\infty * f$ について考えればよいが,$r(N-\alpha) > N$,すなわち $r > N/(N-\alpha)$ をみたす任意の r に対して $K_\infty \in L^r(\mathbb{R}^N)$ なので,$1/r + 1/r' = 1$ で定まる共役指数 r' に対して,$f \in L^{r'}(\mathbb{R}^N)$ ならば Hölder の不等式により $K_\infty * f \in L^\infty(\mathbb{R}^N)$ となる.言い換えると,$p < N/\alpha$ ならば $f \in L^p(\mathbb{R}^N)$ に対して $K_\infty * f$ は意味を持ち,$L^\infty(\mathbb{R}^N)$ の元を定める.従って,定理 A.5 の条件の下では,$f \in L^p(\mathbb{R}^N)$ に対して $(I_\alpha f)(x)$ は a.e. x に対して定まり,$L^p(\mathbb{R}^N) + L^\infty(\mathbb{R}^N)$ の元となることがすぐわかる.しかし,これが $L^q(\mathbb{R}^N)$ に属することを示すのはこれほど簡単ではない.

$I_\alpha f$ は定数倍を除いて p.262 で述べた Riesz ポテンシャル $V_\mu f$ と形式的には同じである ($\mu = \alpha/N$ とする).また $N \geq 3, \alpha = 2$ のとき,$I_\alpha f$ は f に対する Newton ポテンシャルの符号を変えたものに等しい.従って定理 11.23 あるいはその前の説明から,少なくともコンパクト台の f については,f の滑らかさに応じた意味で $-\Delta(I_2 f) = f$ であることになる.このことは粗く言えば「$I_2 f$ は f を 2 回積分したものである」ということであり,これを一般化して,I_α を「α 次の分数階積分作用素 (fractional integral operator)」と言うが,次の命題は,Fourier 変換と微分との関係を考えるとある意味でこれが正当であることを示している.なお,このために必要な Schwartz の急減少関数 $\mathscr{S}(\mathbb{R}^N)$ やその共役空間 $\mathscr{S}'(\mathbb{R}^N)$(緩増加超関数),および Fourier 変換が $\mathscr{S}'(\mathbb{R}^N)$ からそれ自身への同型写像に自然に拡張されることなどについては 5.3.2 項に簡単に説

A.2. Hardy–Littlewood–Sobolev の不等式

明したが，証明や詳細は [34], [35], [41], [42] などを参照していただきたい．(拡張された Fourier 変換も記号 $\mathscr{F}$ で表す.)

命題 A.7 $f \in \mathscr{S}(\mathbb{R}^N)$ とすると $\mathscr{S}'(\mathbb{R}^N)$ において次の等式が成り立つ：

$$\mathscr{F}(I_\alpha f)(\xi) = |\xi|^{-\alpha} \mathscr{F}f(\xi) \quad (\xi \in \mathbb{R}^N). \tag{4}$$

証明． $f \in \mathscr{S}(\mathbb{R}^N)$ とすると $I_\alpha f$ を定める積分は普通の意味で存在し，上で $K = K_1 + K_\infty$ と分けた議論から $I_\alpha f \in L^\infty(\mathbb{R}^N)$ であることがわかるので，$I_\alpha f$ は $\mathscr{S}'(\mathbb{R}^N)$ の元としてその Fourier 変換が意味を持つ．$T \in \mathscr{S}'(\mathbb{R}^N)$ の $u \in \mathscr{S}(\mathbb{R}^N)$ における値を超関数 $\mathscr{D}'(\Omega)$ のときと同様に $\langle T, u \rangle$ で表すと，$g \in \mathscr{S}(\mathbb{R}^N)$ に対して

$$\begin{aligned}
\langle \mathscr{F}(I_\alpha f), g \rangle &= \langle I_\alpha f, \mathscr{F}g \rangle \\
&= \int_{\mathbb{R}^N} (I_\alpha f)(x) \mathscr{F}g(x) \, dx \\
&= \frac{1}{\gamma_N(\alpha)} \int_{\mathbb{R}^N} \left[\int_{\mathbb{R}^N} \frac{\mathscr{F}g(x)}{|x-y|^{N-\alpha}} \, dx \right] f(y) \, dy
\end{aligned}$$

が成り立つ．ここで $\mathscr{F}g(x) = \mathscr{F}g((x-y)+y) = \mathscr{F}(e^{-iy\cdot}g(\cdot))(x-y)$ だから，一般の $h \in \mathscr{S}(\mathbb{R}^N)$ に対して

$$\frac{1}{\gamma_N(\alpha)} \int_{\mathbb{R}^N} \frac{\mathscr{F}h(x)}{|x|^{N-\alpha}} \, dx = \frac{1}{(2\pi)^{N/2}} \int_{\mathbb{R}^N} \frac{h(x)}{|x|^\alpha} \, dx \tag{5}$$

が示されれば

$$\frac{1}{\gamma_N(\alpha)} \int_{\mathbb{R}^N} \frac{\mathscr{F}g(x)}{|x-y|^{N-\alpha}} \, dx = \frac{1}{(2\pi)^{N/2}} \int_{\mathbb{R}^N} \frac{e^{-iyx}g(x)}{|x|^\alpha} \, dx$$

となる．これと最初の変形を合わせれば

$$\langle \mathscr{F}(I_\alpha f), g \rangle = \int_{\mathbb{R}^N} \frac{(\mathscr{F}f)(x)g(x)}{|x|^\alpha} \, dx$$

が得られ，これは (4) を示している．

残ったのは (5) の証明であるが，いわゆる Gauss 核

$$G_t(x) := \exp\bigl(-|x|^2/4t\bigr) / (4\pi t)^{N/2} \quad (t > 0, \, x \in \mathbb{R}^N)$$

を使った次の巧みな証明が知られている．まず $\mathscr{F}G_t(x) = e^{-t|x|^2}/(2\pi)^{N/2}$ に注意し，容易に得られる等式

$$\int_{\mathbb{R}^N} G_t(x)\mathscr{F}h(x)\,dx = \int_{\mathbb{R}^N} \mathscr{F}G_t(x)h(x)\,dx$$

の両辺に $t^{\alpha/2-1}$ を掛けて $0 < t < \infty$ で積分すると，積分順序の変更（Fubiniの定理が適用可能）と簡単な変数変換によって (5) が得られ，証明が終わる．∎

Remark A.8 (4) は I_α が p.116 でも登場した **Fourier multiplier** であることを示している．しかし今回は L^p から L^p でなく，L^p から L^q への連続性が問題になっている．また，(5) の右辺の $1/(2\pi)^{N/2}$ は Fourier 変換を (5.18) をもとに定義したからであり，この因子のつかない流儀を採用している文献も多い．

Hardy–Littlewood–Sobolev の不等式の証明　定理 A.5 の通常の証明で用いられる「**実解析**」(real analysis) 的と呼ばれる手法にどのような道具立てが登場するのかをまず述べておく．一つは次項で説明する**補間空間**と作用素の補間理論であり，もう一つは可測関数 f の**分布関数** (distribution function) $\mu(t) = \mu_f(t)$ である（集合に絶対値記号をつけたものはその Lebesgue 測度を表す）：

$$\mu_f(t) := \left|\{x \in \mathbb{R}^N \mid |f(x)| > t\}\right|, \quad (t \geq 0).$$

分布関数は右連続な単調減少関数で，$p \geq 1$ に対して

$$\int_{\mathbb{R}^N} |f(x)|^p\,dx = -\int_0^\infty t^p\,d\mu_f(t) = p\int_0^\infty t^{p-1}\mu_f(t)\,dt \tag{6}$$

をみたす．ただし，真ん中の積分は Stieltjes 積分 [44] で，これらの積分の値が ∞ のときも成り立つ．（そしてどれか一つが有限なら，他も有限で等しい．）後に使うため，$1 < p < \infty$ のとき (6) の両端が一致することを確かめておこう．それには Fubini–Tonelli の定理を使用するだけでよい：

$$\int_{\mathbb{R}^N} |f(x)|^p\,dx = \int_{\mathbb{R}^N} \int_0^{|f(x)|} pt^{p-1}\,dt\,dx$$
$$= \int_0^\infty pt^{p-1} \int_{\mathbb{R}^N} \chi_{\{x\,|\,|f(x)|>t\}}\,dx\,dt.$$

そして，定理 A.5 の標準的な証明法は，R を適当に選んで $K = K_1 + K_\infty$ と分ける手法によって，$I_\alpha f$ の分布関数がある f によらない定数 C に対して

$$\left|\{x \in \mathbb{R}^N \mid |I_\alpha f(x)| > t\}\right| \leq C\left(\frac{\|f\|_{L^p}}{t}\right)^q \quad (t > 0)$$

A.2. Hardy–Littlewood–Sobolev の不等式

をみたすことを示し，あとは Marcinkiewicz の補間定理によって定理の結論を導く方法である．(Marcinkiewicz の補間定理の証明も分布関数を用いてなされる．) 詳しくは [25] の Chapter V を見ていただきたい．Marcinkiewicz の補間定理の証明は [46] の 14 章にもある．その一般化については [39] が詳しい．

しかし，ここでは $f \in L^1_{loc}(\mathbb{R}^N)$ に対して

$$(Mf)(x) := \sup\left\{\frac{1}{|B|}\int_B |f(y)|\,dy \,\bigg|\, B \text{ は } x \text{ を中心とする球}\right\} \tag{7}$$

で定義される Hardy–Littlewood の**最大関数** (maximal function) という実解析におけるもう一つの非常に有用な道具を用いる方法 (Hedberg, 1972) で証明する．Mf については，任意の $1 < p \le \infty$ に対してある定数 A_p があって

$$\|Mf\|_{L^p} \le A_p \|f\|_{L^p} \qquad (\forall f \in L^p(\mathbb{R}^N)) \tag{8}$$

が成り立つ．(後に系 A.18 で証明する．) これを使えば定理 A.5 を次のように証明することができる．

まず (3) の分解 $K = K_1 + K_\infty$ を考えると，単純な計算により次元 N, $1 < p < \infty$, $0 < \alpha < N/p$ にのみ依存する定数 c_1, c_2 によって

$$\|K_1\|_{L^1} = c_1 R^\alpha, \quad \|K_\infty\|_{L^{p'}} = c_2 R^{-N/q} \tag{9}$$

と表されることがわかる ($1/p + 1/p' = 1$)．そして $K_1 * f(x)$ については $|K_1 * f(x)| \le \|K_1\|_{L^1} Mf(x)$ が成り立つ．これを示すのに $g(t) := 1/t^{N-\alpha}$ $(t > 0)$ として

$$\begin{aligned}\int_{|y| \le R} |f(x-y)| g(|y|)\,dy &= \int_{|y| \le R} \int_0^{g(|y|)} |f(x-y)|\,ds\,dy \\ &= \int_0^\infty \int_{|y| \le g^{-1}(s) \wedge R} |f(x-y)|\,dy\,ds \\ &\le c_N Mf(x) \int_0^\infty (g^{-1}(s) \wedge R)^N\,ds\end{aligned} \tag{10}$$

となることに注意しよう．ただし $g^{-1}(s) \wedge R := \min\{g^{-1}(s), R\}$，$c_N$ は N 次元単位球の体積を表す．特に f が定数関数 1 の場合は (10) の不等号は等号になるので，(10) の右辺は実は $\|K_1\|_{L^1} Mf(x)$ であることがわかり，我々の主張は確かめられた．次に $K_\infty * f(x)$ は Hölder の不等式で評価して $|K_\infty * f(x)| \le$

$\|f\|_{L^p}\|K_\infty\|_{L^{p'}}$ となるから，以上の評価と (9) により，結局 N, p, α にのみ依存する定数 C があって，任意の $x \in \mathbb{R}^N$ に対して

$$|I_\alpha f(x)| \leq C\big(R^\alpha Mf(x) + \|f\|_{L^p} R^{-N/q}\big)$$

が成り立ち，$R > 0$ は任意だったので，x に対して $R = \big(\|f\|_{L^p}/Mf(x)\big)^{p/N}$ と選ぶことにより

$$|I_\alpha f(x)| \leq 2C\|f\|_{L^p}^{1-p/q}(Mf(x))^{p/q}$$

が得られる．これを q 乗して積分し，(8) を使えば定理 A.5 の結論が得られる．

Sobolev の埋蔵定理との関係　Hardy–Littlewood–Sobolev の不等式は Hardy–Littlewood が 1 次元の場合を証明し，Sobolev が一般次元に拡張したものであるが，これから L^q 空間への Sobolev の埋蔵定理が導かれる．簡単のため $H^m(\mathbb{R}^N) = W^{m,2}(\mathbb{R}^N)$ の場合にこれを確かめよう．

$m \in \mathbb{N}$ とすると定理 5.18 により $u \in H^m(\mathbb{R}^N)$ は $(1+|\xi|^2)^{m/2}\mathscr{F}u(\xi) \in L^2(\mathbb{R}^N)$ と同値であることを思い出そう．よって $u \in H^m(\mathbb{R}^N)$ ならば $|\xi|^m \mathscr{F}u(\xi) \in L^2(\mathbb{R}^N)$ なので，$f \in L^2(\mathbb{R}^N)$ で $\mathscr{F}f(\xi) = |\xi|^m \mathscr{F}u(\xi)$ をみたすものが存在する．(L^2 での Fourier 変換のユニタリ性．) このとき $m < N/2$ とすると $I_m f$ が定義され，命題 A.7 の (4) 式から $\mathscr{F}(I_m f) = \mathscr{F}u$ となり，$u = I_m f$ がわかる．従って，定理 A.5 により $q = 2N/(N-2m)$ に対して $u = I_m f \in L^q(\mathbb{R}^N)$ となるが，これは Sobolev の埋蔵定理 5.12 の (i) で $p = 2$ の場合である．

$W^{m,p}(\mathbb{R}^N)$ における埋蔵定理を導くには定理 5.18 の L^p 版が必要となるが，これは [25] の Chapter V, § 3, Theorem 3 で示されている[1]．

A.3　補間空間と作用素の補間

補間空間とは簡単に言って，二つの Banach 空間 X_0, X_1 があったとき，ある意味で「X_0 と X_1 の間にある」空間のことを指す．「間にある」というのは微妙な表現であるが，たとえば $H^1(\mathbb{R}^N)$ は，集合の意味でもノルムの強さの意味でも確かに $L^2(\mathbb{R}^N) = H^0(\mathbb{R}^N)$ と $H^2(\mathbb{R}^N)$ の間にあると言えるだろう．これに対して $1 \leq p < q < r \leq \infty$ としたとき，$L^p(\mathbb{R}^N), L^q(\mathbb{R}^N), L^r(\mathbb{R}^N)$ の間には

---

[1] 記号が現在とは異なっているので注意が必要．なお同書では "Sobolev" が "Sobolov" と表記されている．

A.3. 補間空間と作用素の補間

このような自然な包含関係はないが,
$$L^p(\mathbb{R}^N) \cap L^r(\mathbb{R}^N) \subset L^q(\mathbb{R}^N) \subset L^p(\mathbb{R}^N) + L^r(\mathbb{R}^N)$$
が成り立っており,定義の自然さや有用な性質(Riesz–Thorin の補間定理 [55, § 6.3])のため,これも「間にある」ケースと考える方がよい.

補間空間の理論とは,これらのケースを統一して,二つの Banach 空間 X_0, X_1 があったとき,各 $\theta \in (0,1)$ に対して「X_0 と X_1 の間にある」Banach 空間 X_θ を構成する理論のことである.(現在ではもっと一般化されている;後述の実補間でも θ の他に実パラメータがもう一つ登場する.)そして簡単のため $X_1 \subset X_0, Y_1 \subset Y_0$ とすると,線型作用素 $T: X_0 \to Y_0$ が有界かつ T の X_1 への制限が X_1 から Y_1 への有界作用素となっていれば,「T は自然に補間空間 X_θ から Y_θ への有界線型写像を誘導する」という作用素の補間定理が成り立つようにできる(Riesz–Thorin の補間定理の一般化).

補間空間の構成法については,大別して複素関数論を使う**複素補間**と,実解析的な**実補間**がある.[6] には両者とも述べられている.しかし,Sobolev 空間にかかわる範囲で実補間を要領よく理解するためには[2]が優れていると思う.[57] は一般理論を詳しく扱い,発展の歴史にも詳しい.

補間空間論には作用素の補間理論が伴い,一般論はどの本にもあるが,それでは扱えない Marcinkiewicz の補間定理関連の結果には [39] が詳しい.

Sobolev 空間に実補間を行って得られる,分数次の Sobolev 空間と言うべきものが **Besov 空間**であるが,Besov 空間を実際に利用するには補間空間としての抽象的定義だけでなく,本文の定義 9.10 に出てきたような積分による特徴付けや,Fourier 変換の「2 進分解」による特徴付けが重要になる.これについては [2] に記述があるが,証明は同書の Theorem 7.47 と [6] の Theorem 6.2.5 を見ていただきたい.

また,補間空間は作用素の分数冪や半群理論と関係が深い.これについては [1], [7], [57] などを参照していただきたい.また Sobolev の不等式や Gagliardo–Nirenberg の不等式などの一部が半群のノルム評価から導けることもわかっている ([21, Chapter 6]).[9, Theorem 2.2.3] では L. Gross による対数型 Sobolev 不等式 (logarithmic Sobolev inequality) との関係も述べられている.

A.4　Lebesgue 積分における微分定理と最大関数の不等式

Lebesgue 積分に関する微分の問題を扱う基礎は，次のようなユークリッド空間の特性にかかわる被覆定理である．

定理 A.9　$E \subset \mathbb{R}^N$ は次式で定められる外測度 $|E|^*$ が有限な集合とする：$|E|^* := \inf\{|A| \mid A$ は可測で $E \subset A\}$．（E が可測なら $|E|^* = |E|$ である．）また，$\mathcal{V}$ は $\mathbb{R}^N$ の開球からなる E の被覆とする．このとき $\mathcal{V}$ から高々可算個の要素 B_n $(n=1,2,\dots)$ で互いに素なものを取って $\sum_n |B_n| \geq |E|^*/5^N$ をみたすようにできる．

証明．一般に $\mathbb{R}^N$ の球 B の半径を $r(B)$ で表すことにし，いくつかの Step に分けて証明するが，$\sup\{r(B) \mid B \in \mathcal{V}\} = \infty$ ならば明らかに 1 個の $B_1 \in \mathcal{V}$ で定理の主張をみたすものが取れるので，以下では $r(B)$ $(B \in \mathcal{V})$ の全体は有界であるとする．

Step 1:　はじめに $\mathcal{V}_1 := \mathcal{V}$ として，帰納的に開球 $B_n \in \mathcal{V}$ と開球の族 $\mathcal{V}_n$ を構成する．まず $r_1 := \sup\{r(B) \mid B \in \mathcal{V}_1\}$ とすると $0 < r_1 < \infty$ であり，$B_1 \in \mathcal{V}_1$ で $r(B_1) > r_1/2$ をみたすものが存在する．次に $\mathcal{V}_2 := \{B \in \mathcal{V}_1 \mid B \cap B_1 = \emptyset\}$ と置く．$\mathcal{V}_2 \neq \emptyset$ ならば $r_2 := \sup\{r(B) \mid B \in \mathcal{V}_2\}$ として $0 < r_2 < \infty$ が定まり，$B_2 \in \mathcal{V}_2$ で $r(B_2) > r_2/2$ をみたすものが取れる．以下同様にして $\mathcal{V}_1, \mathcal{V}_2, \dots, \mathcal{V}_n \neq \emptyset$ と $B_1, B_2, \dots, B_n$ までが定義されたとして，$\mathcal{V}_{n+1} := \{B \in \mathcal{V}_1 \mid B \cap B_j = \emptyset \ (1 \leq j \leq n)\}$ とする．このとき，もしも $\mathcal{V}_{n+1} \neq \emptyset$ ならば $r_{n+1} := \sup\{r(B) \mid B \in \mathcal{V}_{n+1}\}$ $(0 < r_{n+1} < \infty)$ が定まり，$B_{n+1} \in \mathcal{V}_{n+1}$ で $r(B_{n+1}) > r_{n+1}/2$ をみたすものが取れる．

このようにして $\mathcal{V}_n, B_n$ が帰納的に定義されるが，有限個で定義が終了する場合（ある n で $\mathcal{V}_{n+1} = \emptyset$ となるとき）と無限に定義が続く場合がある．

Step 2:　$\mathcal{V}_n \neq \emptyset$ かつ $\mathcal{V}_{n+1} = \emptyset$ となる場合．このとき，球 B_k $(1 \leq k \leq n)$ の中心を変えずに半径を 5 倍にした球を $5B_k$ で表すと，$E \subset \bigcup_{k=1}^n 5B_k$ が成り立つことを見よう．実際，$\mathcal{V}_{n+1} = \emptyset$ ということは，任意の $B \in \mathcal{V}$ が $B_1, B_2, \dots, B_n$ のどれかと必ず交わるということである．よって $B \in \mathcal{V}$ に対して $B \cap B_k \neq \emptyset$ となる一番若い番号 k $(1 \leq k \leq n)$ を取ると，$1 \leq j \leq k-1$ に対して $B \cap B_j = \emptyset$ だから $B \in \mathcal{V}_k$ なので，$r(B) \leq r_k < 2r(B_k)$ が成り立つ．こ

A.4. Lebesgue 積分における微分定理と最大関数の不等式

のことから容易に $B \subset 5B_k$ となるのであるが，念のためもう少し詳しく証明しておく．B の中心を x，B_k の中心を x_k とし，空でない $B \cap B_k$ の任意の要素 z を一つ取る．このとき，任意の $y \in B$ に対して

$$|y - x_k| \leq |y - x| + |x - z| + |z - x_k|$$
$$\leq r(B) + r(B) + r(B_k) < 5\,r(B_k)$$

となり $B \subset 5B_k$ がわかる．（ここでは絶対値は $\mathbb{R}^N$ のベクトルの長さを表す．）任意の $B \in \mathcal{V}$ について以上のことが成り立つので，$E \subset \bigcup_{B \in \mathcal{V}} B \subset \bigcup_{k=1}^{n} 5B_k$ となり，$|E|^* \leq \left|\bigcup_{k=1}^{n} 5B_k\right| \leq \sum_{k=1}^{n} |5B_k| = \sum_{k=1}^{n} 5^N |B_k|$ となって定理の主張が成り立つ．

Step 3: これから先はすべての $n \in \mathbb{N}$ に対して $\mathcal{V}_n$ と $B_n \in \mathcal{V}_n$ が定義されているとして証明を進める．また $\sum_{n=1}^{\infty} |B_n| = \infty$ ならば定理の主張は成り立つので $\sum_{n=1}^{\infty} |B_n| < \infty$ としてよい．このとき $E \subset \bigcup_{n=1}^{\infty} 5B_n$ が成り立つことを確かめよう．任意の $x \in E$ に対して仮定よりある $B \in \mathcal{V}$ で $x \in B$ となるものが存在する．まず，ある n に対して $B \cap B_n \neq \emptyset$ となることに注意する．実際，すべての n で $B \cap B_n = \emptyset$ ならば $r_{n+1} \geq r(B) > 0$ が任意の n で成り立ち，$\sum_{n=1}^{\infty} |B_n| < \infty$ と矛盾する．よって $B \cap B_k \neq \emptyset$ となる最初の番号 k が決まるが，このとき Step 2 で述べたように $B \subset 5B_k$ が成り立つ．よって $x \in 5B_k$ となり，$x \in E$ は任意だったので $E \subset \bigcup_{n=1}^{\infty} 5B_n$ が示され，$|E|^* \leq \left|\bigcup_{n=1}^{\infty} 5B_n\right| \leq \sum_{n=1}^{\infty} |5B_n| = \sum_{n=1}^{\infty} 5^N |B_n|$ となって定理の証明が終わる．∎

Remark A.10 定理 A.9 では開球の族による被覆 $\mathcal{V}$ から出発したが，さらに各 $x \in E$ に対して $x \in B \in \mathcal{V}$ で半径 $r(B)$ をいくらでも小さいものが取れるという **Vitali 被覆** の場合には，同じく高々可算個の互いに素な球 $B_n \in \mathcal{V}$ で $|E \setminus \bigcup_n B_n|^* = 0$ をみたすものの存在が言える（Vitali の被覆定理, [44, §8.3]）．さらに一般の形については [36, 定理 33.1] を参照していただきたい．

補題 A.11 $f \in L^1(\mathbb{R}^N)$，$t \in \mathbb{R}$ とし，$A_t := \{x \in \mathbb{R}^N \mid f(x) \leq t\}$ とすると，A_t 上で a.e. に

$$\limsup_{r \downarrow 0} \frac{1}{|B(x,r)|} \int_{B(x,r)} (f(y) - t)^+ \, dy = 0 \tag{11}$$

が成り立つ．ここで $(f(y) - t)^+$ は $\max\{f(y) - t, 0\}$ を表す．

証明. 各 $R > 0$ に対して $A_t \cap B(0,R)$ で a.e. に (11) が成り立てば十分なことは明らかである。(11) の左辺を $g(x)$ と置き,任意の $\alpha > 0$, $R > 0$ に対して $E := \{x \in A_t \mid |x| < R,\ g(x) > \alpha\}$ とする。目標は $|E| = 0$ と同値な,外測度 $|E|^* = 0$ を示すことである。そこで,$\int_{A_t \cap B(0,R)} (f(y) - t)^+ \, dy = 0$ より,任意の $\varepsilon > 0$ に対して有界な開集合 O で,$O \supset A_t \cap B(0,R)$ かつ $\int_O (f(y) - t)^+ \, dy < \varepsilon$ をみたすものが取れることに注意する。(Lebesgue 測度の正則性と Lebesgue の収束定理からわかる。) このとき $E \subset O$ であり,さらに E の定義から,任意の $x \in E$ に対して,ある $r > 0$ で $B(x,r) \subset O$ かつ $\int_{B(x,r)} (f(y) - t)^+ \, dy / |B(x,r)| > \alpha$ をみたすものが存在する。よって,この条件をみたす $B(x,r)$ の全体は E の被覆となる。従って定理 A.9 により,高々可算個の $x_n \in E$, $r_n > 0$ で

$$\frac{1}{|B(x_n, r_n)|} \int_{B(x_n, r_n)} (f(y) - t)^+ \, dy > \alpha \tag{12}$$

かつ $B(x_n, r_n)$ は互いに素で O に含まれ,$\sum_n |B(x_n, r_n)| \geq |E|^*/5^N$ をみたすものが存在する。(12) を足し合わせると

$$\varepsilon > \int_O (f(y) - t)^+ \, dy \geq \sum_n \int_{B(x_n, r_n)} (f(y) - t)^+ \, dy$$
$$\geq \alpha \sum_n |B(x_n, r_n)| \geq \alpha |E|^*/5^N$$

が得られる。$\varepsilon > 0$ は任意であったから $|E|^* = 0$ となって我々の主張は証明された。∎

補題 A.12 $f \in L^1(\mathbb{R}^N)$, $t \in \mathbb{R}$ とし,$A_t := \{x \in \mathbb{R}^N \mid f(x) \leq t\}$ とすると,A_t 上で a.e. に

$$\limsup_{r \downarrow 0} \frac{1}{|B(x,r)|} \int_{B(x,r)} f(y) \, dy \leq t \tag{13}$$

が成り立つ。また $B_s := \{x \in \mathbb{R}^N \mid f(x) \geq s\}$ 上で a.e. に

$$\liminf_{r \downarrow 0} \frac{1}{|B(x,r)|} \int_{B(x,r)} f(y) \, dy \geq s \tag{14}$$

が成り立つ。

証明. 補題 A.11 と常に成り立つ

$$\frac{1}{|B(x,r)|}\int_{B(x,r)} f(y)\,dy = \frac{1}{|B(x,r)|}\int_{B(x,r)} (f(y)-t)\,dy + t$$
$$\leq \frac{1}{|B(x,r)|}\int_{B(x,r)} (f(y)-t)^+\,dy + t$$

から (13) は容易に得られる．f の代わりに $-f$ を考えれば (14) は (13) から得られる．∎

定理 A.13（Lebesgue 積分の微分定理） $f \in L^1(\mathbb{R}^N)$ とすると a.e. に

$$\lim_{r\downarrow 0} \frac{1}{|B(x,r)|}\int_{B(x,r)} f(y)\,dy = f(x)$$

が成り立つ．

証明. 補題 A.12 の記号を用いると，任意の $t,s \in \mathbb{Q}$ に対して Lebesgue 測度 0 の集合 $\mathcal{N}_t^1$ と $\mathcal{N}_s^2$ があって，$A_t \setminus \mathcal{N}_t^1$ 上で (13) が成り立ち，$B_s \setminus \mathcal{N}_s^2$ 上で (14) が成り立つ．$\mathcal{N}$ を $s < t$ をみたす有理数 s, t に対する $\mathcal{N}_t^1 \cup \mathcal{N}_s^2$ 全体の和集合とすると，$\mathcal{N}$ の測度は 0 である．そして $x \notin \mathcal{N}$ とすると，$s < f(x) < t$ をみたす任意の有理数 s, t に対して前補題から

$$s \leq \liminf_{r\downarrow 0} \frac{1}{|B(x,r)|}\int_{B(x,r)} f(y)\,dy$$
$$\leq \limsup_{r\downarrow 0} \frac{1}{|B(x,r)|}\int_{B(x,r)} f(y)\,dy \leq t$$

が成り立つので定理が証明される．∎

系 A.14 $f \in L^1(\mathbb{R}^N)$ とすると a.e. に

$$\lim_{r\downarrow 0} \frac{1}{|B(x,r)|}\int_{B(x,r)} |f(y)-f(x)|\,dy = 0$$

が成り立つ．

証明. 定理 A.13 により，各有理数 t に対して測度 0 の集合 $\mathcal{N}_t$ があって，$x \notin \mathcal{N}$ ならば
$$\lim_{r \downarrow 0} \frac{1}{|B(x,r)|} \int_{B(x,r)} |f(y) - t|\, dy = |f(x) - t| \tag{15}$$
が成り立つ．$\mathcal{N} := \bigcup_{t \in \mathbb{Q}} \mathcal{N}_t$ とすると $\mathcal{N}$ は測度 0 で，$x \notin \mathcal{N}$ ならば任意の $t \in \mathbb{Q}$ に対して (15) が成り立つので，有理数列 $\{t_n\}_n$ で $t_n \to f(x)$ となるものを取れば，系の主張が成り立つことがわかる．■

系 A.15 $f \in L^1(\mathbb{R})$ とすると $\int_a^x f(y)\, dy$ は a.e. x で微分可能で
$$\frac{d}{dx} \int_a^x f(y)\, dy = f(x)$$
が成り立つ．ここで a は任意の定数である．

証明. 系 A.14 により，a.e. x で $h \downarrow 0$ のとき $(1/2h) \int_{x-h}^{x+h} |f(y) - f(x)|\, dy = 0$ だから，同じ x で
$$\frac{1}{h} \int_x^{x+h} f(y)\, dy - f(x) = \frac{1}{h} \int_x^{x+h} f(y) - f(x)\, dy \to 0 \quad (h \downarrow 0)$$
がわかる．これは問題の不定積分が a.e. x で右側微分係数 $f(x)$ を持つことを示している．同様にして a.e. に左側微分係数 $f(x)$ を持つこともわかり，系が証明される．■

せっかく被覆定理を証明したので，最大関数についての重要な不等式も証明しよう．

定理 A.16（最大関数の不等式） $f \in L^1(\mathbb{R}^N)$ に対して Mf を (7) で定義される最大関数とすると，次元 N にのみ依存する定数 C があって，任意の $\lambda > 0$ に対して
$$|\{x \mid (Mf)(x) > \lambda\}| \leq \frac{C}{\lambda} \|f\|_{L^1} \tag{16}$$
が成り立つ．

A.4. Lebesgue 積分における微分定理と最大関数の不等式

証明. $\int_{B(x,r)} |f(y)|\,dy / |B(x,r)|$ は $r > 0$ について連続だから，Mf の定義における $r > 0$ についての上限は，$r > 0$ が有理数だけ動くときの上限と一致する．従って Mf は可測関数となり，$\lambda > 0$ に対して $E_\lambda := \{x \mid (Mf)(x) > \lambda\}$ は可測集合となる．また，(16) を示すためには，任意の $R > 0$ に対して $|E_\lambda \cap B(0,R)| \leq C\|f\|_{L^1}/\lambda$ を示せばよい．

さて，E_λ の定義から，任意の $x \in E_\lambda$ に対してある $r > 0$ で
$$\frac{1}{|B(x,r)|} \int_{B(x,r)} |f(y)|\,dy > \lambda \tag{17}$$
をみたすものが存在する．よって，$x \in E_\lambda \cap B(0,R)$ とそれに対して条件 (17) をみたすような $r > 0$ を半径とする球 $B(x,r)$ の全体からなる族 $\mathcal{V}$ は，$E_\lambda \cap B(0,R)$ の被覆となる．従って定理 A.9 により，高々可算個の互いに素な $\mathcal{V}$ の元 $\{B_n\}_n$ で，$\sum_n |B_n| \geq |E_\lambda \cap B(0,R)|/5^N$ をみたすものが存在する．B_n のみたす性質のうち互いに素であることと B_n に対する (17) から
$$\|f\|_{L^1} \geq \int_{\cup_n B_n} |f(x)|\,dx = \sum_n \int_{B_n} |f(x)|\,dx \geq \lambda \sum_n |B_n|$$
となり，最後の $\sum_n |B_n| \geq |E_\lambda \cap B(0,R)|/5^N$ と合わせて
$$|E_\lambda \cap B(0,R)| \leq \frac{5^N}{\lambda} \|f\|_{L^1}$$
が得られる．ここで $R \to \infty$ とすれば定理の主張 (16) が得られる．∎

Remark A.17 (16) は f に対するほとんど自明な Chebyshef の不等式 $|\{x \mid |f(x)| > \lambda\}| \leq \|f\|_{L^1}/\lambda$ と同様の評価が Mf についても成立することを示している．

系 A.18（最大関数の L^p 有界性） $1 < p \leq \infty$ とすると，ある定数 $A_p > 0$ があって，任意の $f \in L^p(\mathbb{R}^N)$ に対して $\|Mf\|_{L^p} \leq A_p \|f\|_{L^p}$ が成り立つ．

証明． 明らかに $\|Mf\|_{L^\infty} \leq \|f\|_{L^\infty}$ は成り立つことに注意しよう．そこで $1 < p < \infty$ として $f \in L^p(\mathbb{R}^N)$ を取ると，任意の $\lambda > 0$ に対して
$$f_\infty(x) := \begin{cases} f(x) & (|f(x)| < \lambda/2 \text{ のとき}), \\ 0 & (|f(x)| \geq \lambda/2 \text{ のとき}) \end{cases}$$

と定め,$f_1 := f - f_\infty$ と置く. このとき $\|f_\infty\|_{L^\infty} \leq \lambda/2$ かつ $f_1 \in L^1(\mathbb{R}^N)$ が成り立つ. そして,$Mf(x) \leq Mf_1(x) + Mf_\infty(x)$ と $\|Mf_\infty\|_{L^\infty} \leq \lambda/2$ から

$$\{x \mid Mf(x) > \lambda\} \subset \{x \mid Mf_1(x) > \lambda/2\} \cup \{x \mid Mf_\infty(x) > \lambda/2\}$$
$$= \{x \mid Mf_1(x) > \lambda/2\}$$

となる. よって, 定理 A.16 により分布関数の評価式

$$\mu(\lambda) := |\{x \mid Mf(x) > \lambda\}| \leq \frac{C}{\lambda}\|f_1\|_{L^1} = \frac{C}{\lambda}\int_{|f|\geq \lambda/2} |f(x)|\, dx$$

が成り立つ. 故に (6) により

$$\int_{\mathbb{R}^N} Mf(x)^p\, dx = p\int_0^\infty \lambda^{p-1}\mu(\lambda)\, d\lambda$$
$$\leq p\int_0^\infty \lambda^{p-1}\frac{C}{\lambda}\int_{|f|\geq \lambda/2}|f(x)|\, dx\, d\lambda$$
$$= pC\int_{\mathbb{R}^N}|f(x)|\int_0^{2|f(x)|}\lambda^{p-2}\, d\lambda\, dx$$
$$= \frac{pC2^{p-1}}{p-1}\int_{\mathbb{R}^N}|f(x)|^p\, dx$$

となって, 我々の主張は証明された. ∎

A.5 文献案内

これまで話題ごとに参考文献を挙げてきたが, 筆者が目を通した範囲で, 本書と平行にあるいは読了後に読むとよいもので, わかりやすいと思われたテキストを中心に紹介しておく. 読者が本を選択する参考になればということで, 本書の著者の無知を晒すことを省みず述べるが, 個人的な狭い範囲から選んでいるので, あくまでもヒントとして受け取っていただければ幸いである.

Sobolev 空間を広い展望の中で入門書としてうまく記述している本としては, やはりブレジス [48] が挙げられる. 現在のところ和書でもっとも Sobolev 空間を詳しく解説しているのは田辺 [46] であると思われるが, それだけに初心者には難しい. [46] は特異積分作用素や微分方程式への応用についても詳しい. Adams and Fournier [2] には, 非有界領域でありながら Rellich–Kondrashov 型

A.5. 文献案内

の埋め込みのコンパクト性が成り立つ例や，各種の反例なども載っており，内容が高度な割には読みやすい．同書には補間空間についても抽象理論からコンパクトにわかりやすく述べられており，Besov 空間についてもかなり触れられている．Besov 空間 $B_{p,q}^s$ ([2] では，$B^{s;p,q}$) のパラメータのうち s, p はそれぞれ通常の Sobolev 空間 $W^{m,p}$ の m, p に相当するが，s は整数でなくてもよい．Besov 空間は Sobolev 空間の実補間空間であるが，$m \in \mathbb{N}$ に対して $B_{p,q}^m(\mathbb{R}^N)$ が $W^{m,p}(\mathbb{R}^N)$ と一致するのは $p = q = 2$ の場合だけであり，「補間」というには若干抵抗がある．しかし定理 9.11 の空間 $W^{1-\frac{1}{p},p}(\mathbb{R}^{N-1})$ は実は $B_{p,p}^{1-1/p}(\mathbb{R}^{N-1})$ であり，整数次で元の Sobolev 空間からずれるからといって無視することはできない．

Ziermer [32] は早くから分布関数や Hausdorff measure, Lorenz 空間などを持ち出し，精密な結果を述べている．Besov 空間などは取り上げていないが，代わりに有界変動関数の空間が論じられている．また，わかりやすいとは言えないが網羅的なハンドブックとして Maz'ja [19] がある．

筆者は実解析には詳しくないのでまったく僣越であるが，文献を挙げるとすればまず Stein [25] になる．この本はもうかなり年月を経たが生きた古典としての地位を確立しているように思える．しかし BMO 空間はまだ登場後まもなくで，決定的な結果が得られていなかったのでわずかに章末問題の形で紹介されているだけである．その後の著作 Stein [26] では BMO 空間も詳しく扱われているが，こちらは 600 ページを越える大冊なので利用の仕方が難しい．Bennett and Sharpley [5] は作用素の補間定理，補間空間の理論と Besov 空間，そして BMO 空間についての基礎事項までかなり詳しく説明している．DiBenedetto [10] は位相や測度から始めて分数次の Sobolev 空間や maximal function, BMO 空間に至るまでひと通り述べていて，ある程度予備知識のある人には大変便利である．

Sobolev 空間をはじめとする関数空間が活用されている偏微分方程式のテキストは枚挙にいとまがないほどあるが，Sobolev 空間を導入しながらわかりやすく述べたものとして Evans [12] がある．村田・倉田 [56] は密度が高いので万人向きとは言えないかもしれないが，最近の結果まで紹介されており，何が問題とされ，どのような関数空間や手法が使われているのかを概観するのによい．最後に念のため述べると，偏微分方程式について何も知識がない場合は，Sobolev 空間などを駆使する現代的な理論を勉強する前に物理的な意味などとともに古典的なことを学んでおく方がよいと思われる．その目的には，たとえ

ば俣野 – 神保 [50] は大いに役に立つ.

参考文献

[1] R.A. Adams, "Sobolev Spaces," Academic Press, 1965.

[2] R.A. Adams and J.J.F. Fournier, "Sobolev Spaces" (2nd edition), Academic Press, 2003.

[3] S. Agmon, *"The L^p approach to the Dirichlet problem, I: Regularity theorems,"* Ann. Scuola Norm. Sup. Pisa, **13**(1959), 405–448.

[4] S. Agmon, A. Douglis and L. Nirenberg, *"Estimates near the boundary for solutions of elliptic partial differential equations satisfying general boundary conditions* I, II", Comm. Pure and Appl. Math., **12**(1959), 623–727, Comm. Pure and Appl. Math., **17**(1964), 35–92.

[5] C. Bennett and R. Sharpley, "Interpolation of Operators," Pure and Applied Mathematics vol. 129, Academic Press, 1988.

[6] J. Bergh and J. Löfström, "Interpolation Spaces — An Introduction," Grundlehren der mathematischen Wissenschaften 223, Springer Verlag, 1976.

[7] P.L. Butzer and H. Berens, "Semi-groups of operators and approximation," Grundlehren der mathematischen Wissenschaften 145, Springer Verlag, 1967.

[8] M. Chipot, "Elements of Nonlinear Analysis," Birkhäuser Advanced Texts/Basler Lehrbücher, Birhäuser Verlag, Basel-Boston-Berlin, 2000.

[9] E.B. Davies, "Heat Kernels and Spectral Theory," Cambridge University Press, 1989.

[10] E. DiBenedetto, "Real Analysis," Birkhäuser Advanced Text/Basler Lehrbücher, Birkhäuser, 2002.

[11] D.E. Edmunds and W.E. Evans, "Spectral Theory and Differential Operators," Oxford University Press, 1987.

[12] L.C. Evans, "Partial Differential Equations," Graduate Studies in Mathematics Vol. 19, American Mathematical Society, 1998.

[13] M. Giaquinta, "Multiple Integrals in the Calculus of Variations and Nonlinear Elliptic Systems," Annals of Mathematics Studies No. 105, Princeton Univ. Press, 1983.

[14] D. Gilbarg and N.S. Trudinger, "Elliptic Partial Differential Equations of Second Order," (Reprint of the 1998 Edition), Springer Verlag, 2001.

[15] V. Hutson, J.S. Pym and M. Cloud, "Applications of Functional Analysis and Operator Theory" (2nd edition), Elsevier Science, 2005.

[16] E. Giusti, "Direct Methods in the Calculus of Variations," World Scientific, 2003.

[17] J.L. Lions and E. Magene, "Non-homogeneous Boundary Value Problems and Applications I, II, III," Grund. der Math. Wiss., Vol. 181–183, Springer Verlag, 1972.

[18] J.T. Marti, "Introduction to Sobolev Spaces and Finite Element Solution of Elliptic Boundary Value Problems," Academic Press, 1986.

[19] V. G. Maz'ja, "Sobolev Spaces," Springer Series in Soviet Mathematics, Springer Verlag, 1986.

[20] V. G. Maz'ja and S. Pobozchi, "Differentiable Functions on Bad Domains", World Scientific, 1998.

[21] E.M. Ouhabaz, "Analysis of Heat Equations on Domains," London Math. Soc. Monograph, Princeton Univ. Press, 2005.

[22] M. Schechter, *"Integral inequalities for partial differential operators and functions satisfying general boundary conditions"*, Comm. Pure and Appl. Math., **12**(1959), 37–66.

[23] M. Schechter, *"General boundary value problems for elliptic partial differential equations"*, Comm. Pure and Appl. Math., **12**(1959), 457–486.

[24] M. Schechter, *"Remarks on elliptic boundary value problems"*, Comm. Pure and Appl. Math., **12**(1959), 561–578.

[25] E.M. Stein, "Singular Integrals and Differentiability of Functions," Princeton University Press, 1970.

[26] E.M. Stein, "Harmonic Analysis: Real-Variable Mthods, Orthogonality, and Oscillatory Integrals," Princeton University Press, 1993.

[27] M. Struwe, "Variational Methods: Applications to Nonlinear Partial Differential Equations and Hamiltonian Systems," Ergebnisse Der Mathematik Und Ihrer Grenzgebiete, 3. Folge, Bd. 34, Springer Verlag, 1996.

[28] H. Triebel, "Interpolation Theory, Function Spaces, Differential Operators," VEB Deutsch. Verl. Wissenschaften, Berlin 1978 and North-Holland, Amsterdam 1978.

[29] H. Triebel, "Theory of Function Spaces II," Birkhäuser, 1992.

[30] J. Wloka, "Partial differential equations," Cambridge Univ. Press, 1987.

[31] K. Yosida, "Functional Analysis (6th printing)," Springer–Verlag, 1980.

[32] W.P. Ziemer, "Weakly Differentiable Functions," Graduate Texts in Mathematics Vol. 120, Springer Verlag, 1989.

[33] S. アグモン（村松寿延訳),『楕円型境界値問題』, 吉岡書店, 1968.

[34] 猪狩惺,『実解析入門』, 岩波書店, 1996.

[35] 垣田高夫,『シュワルツ超関数入門』, 日本評論社, 1985.

[36] 河田敬義・三村征雄,『現代数学概説 II』, 岩波書店, 1965.

[37] 黒田成俊,『関数解析』（共立数学講座）, 共立出版, 1980.

[38] 黒田成俊,『スペクトル理論 II』（岩波講座基礎数学), 岩波書店, 1979.

参考文献

[39] 小松彦三郎，『Fourier 解析』（岩波講座基礎数学），岩波書店，1978.
[40] 島倉紀夫，『楕円型偏微分作用素』（紀伊國屋数学叢書 12），紀伊國屋書店，1978.
[41] L. シュワルツ（岩村聯，石垣春夫，鈴木文夫訳），『超関数の理論』（原書第 3 版），岩波書店，1971.
[42] L. シュワルツ（吉田耕作，渡辺二郎訳），『物理数学の方法』，岩波書店，1966.
[43] 鈴木貴・上岡友紀，『偏微分方程式講義 — 半線形楕円型方程式入門』，培風館，2005.
[44] 竹之内脩，『ルベーグ積分』（現代数学レクチャーズ），培風館，1980.
[45] 田中和永，『非線型問題 2』（岩波講座『現代数学の展開』），岩波書店，2000.
(2008 年に『変分問題入門 非線形楕円型方程式とハミルトン系』と改題し単行本化)
[46] 田辺広城，『関数解析（下）』，実教出版，1981.
[47] F. トレーブ（松浦重武訳），『位相ベクトル空間・超関数・核（上下）』，吉岡書店，1973, 1976.
[48] H. ブレジス（小西芳雄訳），『関数解析 — その理論と応用に向けて』，産業図書，1988.
[49] 堀内利郎・下村勝孝，『関数解析の基礎 — ∞ 次元の微積分』，内田老鶴圃，2005.
[50] 俣野博・神保道夫，『熱・波動と微分方程式』（シリーズ『現代数学への入門』），岩波書店，2004.
[51] 増田久弥，『非線型数学』（新数学講座 15），朝倉書店，1985.
[52] 水田義弘，『実解析入門：測度・積分・ソボレフ空間』，培風館，1999.
[53] 溝畑茂，『偏微分方程式論』，岩波書店，1965.
[54] 宮島静雄，『微分積分学 I, II』，共立出版，2003.
[55] 宮島静雄，『関数解析』，横浜図書，2005.
[56] 村田實・倉田和浩，『偏微分方程式 1』（岩波講座『現代数学の基礎』），1997.
(2006 年に『楕円型・放物型偏微分方程式』と改題し単行本化)
[57] 村松壽延，『補間空間論と線型作用素』（紀伊國屋数学叢書 25），紀伊國屋書店，1985.
[58] 谷島賢二，『ルベーグ積分と関数解析』（数学の考え方 13），朝倉書店，2002.
[59] 吉田耕作・伊藤清三（編），『函数解析と微分方程式』（現代数学演習叢書 4），岩波書店，1976.

索　　引

■記号■

$\forall$　　4
$\hookrightarrow$　　95, 99, 106, 109, 110, 133, 139, 159, 165, 255, 274
$\Longrightarrow$　　4
$\Longleftrightarrow$　　4
$\mapsto$　　4
$\in$　　4, 25, 66, 82, 93, 158, 231

$|\alpha|$　　5
$\alpha!$　　5
$\beta \leq \alpha$　　5
$\alpha - \beta$　　5
$\binom{\alpha}{\beta}$　　5
A^c　　3
A°　　4
$\overline{A}$　　4
∂A　　4
$A \cap B$　　3
$A \cup B$　　3
$A \setminus B$　　3
$A \subset B$　　3
$|A|$ $(A \subset \mathbb{R}^N)$　　7

$B(x, \varepsilon)$　　4

$C_0^\infty(\Omega)$　　9, 27
$C_0^k(\Omega)$　　9
$C_0(\Omega)$　　8
$C_c^\infty(\Omega)$　　27
$C^\infty(\Omega)$　　33
$C^k(\overline{\Omega})$　　132
$C^{k,\sigma}(\mathbb{R}^N)$　　105, 121
$C^{k,\sigma}(\overline{\Omega})$　　132
$C(S)$　　8

∂^α　　5
$\partial_i u$　　5
$D_h v$　　232
$\mathrm{dist}(x, K)$　　4
Δ　　5

$\mathscr{D}(\Omega)$　　27
$\mathscr{D}'(\Omega)$　　28

$\mathscr{F}$　　111
$f * g$　　14
$f(A)$　　3
$f^{-1}(B)$　　3
$f|_A$　　3

$H_0^1(\Omega)$　　37
$H_{loc}^2(\Omega)$　　231
$H_0^m(\Omega)$　　37, 242
$H^m(\Omega)$　　35
$H_{loc}^m(\Omega)$　　232
$H^{-m}(\Omega)$　　41
$h//\partial\mathbb{R}_+^N$　　238

χ_A　　9

$L_{loc}^1(\Omega)$　　28

$\mu(A)$　　7

$\mathbb{N}$　　4

Q　　121
Q_+　　121, 239
Q_-　　121
Q_0　　121, 239

$\mathbb{R}$　　4
$\mathbb{R}_+^N$　　70, 121
$\mathbb{R}_-^N$　　122

$\mathscr{S}(\mathbb{R}^N)$　　115, 288
$\mathscr{S}'(\mathbb{R}^N)$　　115, 288
sgn　　89, 207
$\mathrm{supp}\,\varphi$　　8, 27

$\tau_h f$　　11
$\langle T, \varphi \rangle$　　28

$\|u\|$　4
$\|\nabla u\|$　5, 81
$|u|_{j,p,\Omega}$　24, 169, 174, 258
$|u|_{j,p}$　169, 177

$W^{1,p}(\Omega)$　35
$W_0^{1,p}(\Omega)$　37
$W^{m,p}(\Omega)$　35
$W_0^{m,p}(\Omega)$　37
$W^{-m,q}(\Omega)$　41

X^*　38, 264
$|x|\ (x \in \mathbb{R}^N)$　4

$\mathbb{Z}_+$　4

■欧文■
a.e.　4
bootstrap argument　237, 280
coercive　224
convolution　14
cut-off　189
ε-net　154
mollifier　14
self-adjoint　253
support　8, 9, 27

■あ行■
Ascoli–Arzela（アスコリ–アルツェラ）の定理　154
1 の分解　19, 20, 68, 121, 130, 136, 192
一様楕円型（微分作用素）　213
ε-近傍　4
Euler–Lagrange（オイラー–ラグランジュ）の微分方程式　266
Orlicz（オルリッツ）空間　262

■か行■
拡張作用素　119
緩増加超関数　115, 288
基本解　32
急減少関数　115, 288
強圧的　224
狭義凸　214
共役作用素　253

共役空間　38
共役指数　39, 40, 61, 81
局所可積分　28
限定円錐条件　135, 138, 173
合成積 convolution　14, 15
勾配流　268
コンパクト（作用素）　153

■さ行■
最大関数　291
差集合　3
C^k 級（境界が）　121
$C^{k,\sigma}$ 級（境界が）　121
自己共役　253
Schauder（シャウダー）評価　260
弱解　212, 220, 226
弱導関数　34, 45
Lebesgue 測度の正則性　7
正則性　212
正則性定理　231
積（C^∞ 級関数と超関数の）　33
積の微分法則　5
絶対連続　46, 47
線分条件　70
Sobolev（ソボレフ）の埋蔵定理　99, 106, 132, 138

■た行■
台　8, 9, 27
楕円型（微分作用素）　213
多重指数　5, 112
超関数　27, 28
定義関数　9, 89
Dirac（ディラック）の超関数　29
Dirichlet（ディリクレ）境界条件　204, 210, 226, 253, 254
　非斉次 —　228
テスト関数　27
同程度連続　154

■な行■
長さ（多重指数の）　5
軟化子（Friedrichs の）　14
Newton（ニュートン）
　— 核　261

索　引

　　—　ポテンシャル　261
Neumann（ノイマン）境界条件　204, 226

■は行■
発散型　223
汎関数　28, 212, 264
半空間　70, 121, 122, 130, 188, 238
反射的　41
反転公式　114
BMO 空間　103
Vitali（ヴィタリ）の被覆定理　295
非発散型　223
表示公式（Sobolev の）　108, 137
Fourier（フーリエ）変換　111
　　—　の反転公式　114, 197
Fourier Multiplier（フーリエマルチプライヤー）　116, 290
不等式
　　Friedrichs（フリードリクス）の —　258
　　Gagliardo–Nirenberg（ガッリャルド–ニーレンバーグ）の —　174
　　最大関数の —（maximal inequality）　298
　　Sobolev（ソボレフ）の —　95
　　Trudinger（トゥルーディンガー）の —　262
　　Hardy–Littlewood–Sobolev（ハーディ–リトルウッド–ソボレフ）の —　287
　　Poincaré（ポアンカレ）の —　221
　　Poincaré–Wirtinger（ポアンカレ–ヴィルティンガー）の —　257
　　Young（ヤング）の —　12, 64, 262
　　logarithmic Sobolev —　293
部分集合　3
Planchrel（プランシュレル）の定理　111, 197
分数階積分作用素　288
分布関数　290
Besov（ベソフ）空間　195, 293

Heaviside（ヘヴィサイド）の関数　31
Hölder（ヘルダー）
　　—　空間　105, 260
　　—　連続　105, 132
変分法の基本補題　17
変分問題　212
補集合　3
ほとんどいたるところ　4

■ま行■
埋蔵定理　99, 106, 132, 138, 139
Morrey（モリィ）の定理　103

■や・ら・わ行■
有限要素法　43, 258

Radon–Nikodym（ラドン–ニコディム）の定理　48, 141
ラプラシアン　5
Riesz（リース）ポテンシャル　261, 288
Lipschitz（リプシッツ）
　　—　定数　59
　　—　連続　59
Lipschitz（リプシッツ）領域　146
臨界値　270
臨界点　267
Lebesgue–Stieltjes（ルベーグ–スティルチェス）測度　48
Rellich–Kondrashov（レリッヒ–コンドラショフ）の定理　159, 163

Weyl（ワイル）の補題　237, 258

著者紹介

宮島　静雄（みやじま　しずお）

1977年　東京大学大学院理学系研究科博士課程修了
1977年　理学博士（東京大学）
現　在　東京理科大学理学部数学科教授を経て，
　　　　東京理科大学名誉教授
主　著　『微分積分学I, II』，共立出版，2003．
　　　　『関数解析』，横浜図書，2005．

ソボレフ空間の基礎と応用 *A Course in Sobolev Spaces* *— with applications to* *Partial Differential Equations* 2006年8月25日　初版1刷発行 2025年5月15日　初版5刷発行 検印廃止 NDC415.5 ISBN 978-4-320-01828-0	著　者　宮島静雄　ⓒ 2006 発行者　南條光章 発行所　共立出版株式会社 　　　　東京都文京区小日向 4-6-19 　　　　電話 03-3947-2511（代表） 　　　　郵便番号 112-0006 ／振替口座 00110-2-57035 　　　　URL www.kyoritsu-pub.co.jp 印　刷　加藤文明社 製　本　ブロケード 　　　　一般社団法人 　　　　自然科学書協会 　　　　会員 Printed in Japan

JCOPY ＜出版者著作権管理機構委託出版物＞
本書の無断複製は著作権法上での例外を除き禁じられています．複製される場合は，そのつど事前に，出版者著作権管理機構（ＴＥＬ：03-5244-5088, ＦＡＸ：03-5244-5089, e-mail：info@jcopy.or.jp）の許諾を得てください．

新しい数学体系を大胆に再構成した教科書シリーズ!!

共立講座 **21世紀の数学** 全27巻

編集委員：木村俊房・飯高　茂・西川青季・岡本和夫・楠岡成雄

高校での数学教育との繋がりを配慮し、全体として大綱化（4年一貫教育）を踏まえるとともに、数学の多面的な理解や目的別に自由な選択ができるよう、同じテーマを違った視点から解説するなど複線的に構成し各巻ごとに有機的な繋がりをもたせている。豊富な例題と分り易い解答付きの演習問題を挿入し具体的に理解できるように工夫した、21世紀に向けて数理科学の新しい展開をリードする大学数学講座

❶ 微分積分
黒田成俊著・・・・・・・・定価4180円
【主要目次】 大学の微分積分への導入／実数と連続性／曲線，曲面　他

❷ 線形代数
佐武一郎著・・・・・・・・定価2860円
【主要目次】 2次行列の計算／ベクトル空間の概念／行列の標準化　他

❸ 線形代数と群
赤尾和男著・・・・・・・・定価3850円
【主要目次】 ジョルダン標準形の応用／多項式行列と単因子論　他

❹ 距離空間と位相構造
矢野公一著・・・・・・・・定価3960円
【主要目次】 距離空間／位相空間／コンパクト空間／完備距離空間　他

❺ 関数論
小松　玄著・・・・・・・・・続　刊
【主要目次】 複素数／初等関数／コーシーの積分定理・積分公式　他

❻ 多様体
荻上紘一著・・・・・・・・定価3300円
【主要目次】 Euclid空間／曲線／3次元Euclid空間内の曲面／多様体　他

❼ トポロジー入門
小島定吉著・・・・・・・・定価3520円
【主要目次】 ホモトピー／閉曲面とリーマン面／特異ホモロジー　他

❽ 環と体の理論
酒井文雄著・・・・・・・・定価3520円
【主要目次】 代数系／多項式と環／代数幾何とグレブナ基底　他

❾ 代数と数論の基礎
中島匠一著・・・・・・・・定価4180円
【主要目次】 初等整数論／群／環と体／付録：基礎事項のまとめ　他

❿ ルベーグ積分から確率論
志賀徳造著・・・・・・・・定価3520円
【主要目次】 集合の長さとルベーグ測度／ランダムウォーク　他

⓫ 常微分方程式と解析力学
伊藤秀一著・・・・・・・・定価4400円
【主要目次】 微分方程式の定義する流れ／可積分系とその摂動　他

⓬ 変分問題
小磯憲史著・・・・・・・・定価3520円
【主要目次】 種々の変分問題／平面曲線の変分／曲面の面積の変分　他

⓭ 最適化の数学
茨木俊秀著・・・・・・・・定価3520円
【主要目次】 最適化問題と最適性条件／最適化問題の双対性　他

⓮ 統　計 第2版
竹村彰通著・・・・・・・・定価3080円
【主要目次】 データと統計計算／線形回帰モデルの推定と検定　他

⓯ 偏微分方程式
磯　祐介・久保雅義著・・・続　刊
【主要目次】 楕円型方程式／最大値原理／極小曲面の方程式　他

⓰ ヒルベルト空間と量子力学
≪改訂増補版≫
新井朝雄著・・・・・・・・定価4180円
【主要目次】 ヒルベルト空間　他

⓱ 代数幾何入門
桂　利行著・・・・・・・・定価3520円
【主要目次】 可換環と代数多様体／代数曲線論／代数幾何符号の理論他

⓲ 平面曲線の幾何
飯高　茂著・・・・・・・・定価3740円
【主要目次】 いろいろな曲線／射影曲線／平面曲線の小平次元　他

⓳ 代数多様体論
川又雄二郎著・・・・・・・定価3740円
【主要目次】 代数多様体の定義／特異点の解消／代数曲面の分類　他

⓴ 整数論
斎藤秀司著・・・・・・・・定価3740円
【主要目次】 初等整数論／4元数環／単純環の一般論／局所類体論　他

㉑ リーマンゼータ函数と保型波動
本橋洋一著・・・・・・・・定価3740円
【主要目次】 リーマンゼータ函数論の古典論，最近の展開　他

㉒ ディラック作用素の指数定理
吉田朋好著・・・・・・・・定価4400円
【主要目次】 作用素の指数／幾何学におけるディラック作用素　他

㉓ 幾何学的トポロジー
本間龍雄他著・・・・・・・定価4180円
【主要目次】 3次元の幾何学的トポロジー／レンズ空間／良い写像　他

㉔ 私説 超幾何関数
対称領域による点配置空間の一意化
吉田正章著・・・・・・・・定価4180円
【主要目次】 配置空間　他

㉕ 非線形偏微分方程式
解の漸近挙動と自己相似解
儀我美一・儀我美保著・・・定価4400円
【主要目次】 積分論の収束定理　他

㉖ 量子力学のスペクトル理論
中村　周著・・・・・・・・定価3960円
【主要目次】 導入：1次元の量子力学／議論の枠組み／自己共役性他

㉗ 確率微分方程式
長井英生著・・・・・・・・定価3960円
【主要目次】 ブラウン運動とマルチンゲール／確率微分方程式　他

www.kyoritsu-pub.co.jp
https://www.facebook.com/kyoritsu.pub

共立出版

【各巻：A5判・上製・184～448頁】
※税込価格（価格は変更される場合がございます）